CH. GUYOT

l'Enseignement Forestier en France

L'ÉCOLE DE NANCY

ÉCOLE DE NANCY
PAVILLON NANQUETTE

NANCY

CRÉPIN-LEBLOND, ÉDITEUR

Passage du Casino

—

1898

AVERTISSEMENT

L y a plusieurs années déjà, M. L. Daubrée, directeur des Forêts, voulut bien m'engager à entreprendre une Notice historique sur l'enseignement forestier et spécialement sur l'École de Nancy, me laissant, d'ailleurs, une entière liberté pour le plan et la composition de mon travail. Je tiens à rendre cet hommage à l'initiative de notre excellent chef ; je suis heureux en même temps de lui témoigner combien je me suis senti honoré d'être choisi par lui pour traiter un sujet qui m'intéresse de si près. Je devais aussi cette explication à mes lecteurs, afin qu'il soit bien entendu que si l'idée du livre m'a été suggérée, je dois seul supporter la responsabilité de tout ce qui s'y trouve contenu : mes appréciations ne regardent que moi seul, et je ne saurais avoir la prétention de revendiquer pour ce récit un caractère officiel.

Le mérite des pages qui suivent proviendra sans doute de ce que, faisant partie depuis bientôt vingt-cinq ans du corps enseignant de

CH. GUYOT

l'Enseignement Forestier en France

L'ÉCOLE DE NANCY

ÉCOLE DE NANCY
PAVILLON NANQUETTE

NANCY
CRÉPIN-LEBLOND, ÉDITEUR
Passage du Casino

1898

L'ENSEIGNEMENT FORESTIER EN FRANCE

L'ÉCOLE DE NANCY

l'École forestière, je me trouvais bien placé pour recueillir les documents de toute sorte nécessaires à connaître pour traiter un pareil sujet. A cet égard, je m'empresse de remercier M. le directeur Boppe, qui a mis à ma disposition les archives de l'École, depuis son origine jusqu'à l'époque actuelle, me permettant ainsi de compulser un grand nombre de textes et de correspondances qu'il serait impossible d'obtenir ailleurs. Il est une autre source de renseignements que l'on ne rencontre pas dans les archives : ce sont les traditions, cet ensemble de souvenirs si importants pour l'histoire d'une Maison qui a vu déjà passer tant de personnes et qui a subi tant de transformations : dans cet ordre d'idées, j'ai trouvé la collaboration la plus obligeante et la plus sûre auprès de notre doyen, M. le professeur Fliche, qui a bien voulu rectifier mes erreurs, élucider mes doutes et faire ainsi disparaître les imperfections les plus apparentes de mon travail ; qu'il reçoive ici l'expression de ma sincère gratitude.

Enfin, il est de mode aujourd'hui, pour des livres du genre de celui-ci, d'y joindre des illustrations, destinées à fixer par l'image le souvenir des hommes et des choses dont il est question dans le texte. J'ai pensé qu'il était bon de suivre, dans une certaine mesure, ce goût du public, et d'égayer des pages un peu sévères par des planches et des gravures intercalées, dont la plupart reproduisent non seulement le présent, mais encore et surtout le passé de notre École. Pour cela aussi, j'ai été heureux d'obtenir le concours de camarades qui joignent au goût des choses forestières le talent d'artistes consommés ; qu'il me soit permis de citer en première ligne MM. E. Roussel et A. Gérardin, auxquels cet ouvrage devra son principal attrait.

Quant au sujet lui-même, on verra par la nomenclature des chapitres comment je l'ai compris, et de plus longs commentaires avant d'entrer en matière n'auraient aucune utilité. Faire l'histoire de l'enseignement forestier, c'est surtout étudier les institutions qui l'ont fait naître et auxquelles il a dû son développement : tel est le programme auquel je me suis limité. Sans doute, pour être complet, il conviendrait aussi de faire l'histoire des méthodes et des doctrines : cette partie, je l'ai seulement ébauchée chemin faisant, et je souhaite qu'un autre plus compétent se charge de l'approfondir.

CH. GUYOT.

Nancy, août 1897.

Cour d'entrée de l'École. — Pavillon Lorentz.

ORDRE DES MATIÈRES

INTRODUCTION

Recrutement des agents forestiers avant 1824.
Fondation de l'École royale forestière.

Sommaire : *L'Administration forestière sous l'ancien régime : les offices. — Suppression des maîtrises des Eaux-et-Forêts à la Révolution. — Recrutement du corps forestier pendant toute la durée de l'Empire et les premières années de la Restauration. — Projets de Van Recum, de Baudrillart. — Ordonnance du 10 août 1824.*

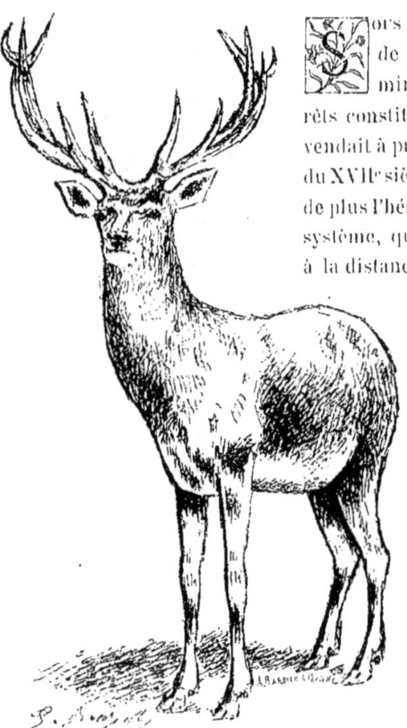

Lors l'ancien régime, à partir de 1554, les fonctions de l'Administration des Eaux et Forêts constituaient des *offices* que le roi vendait à prix d'argent ; dans le cours du XVIIe siècle, les titulaires obtinrent de plus l'hérédité de leurs charges. Ce système, qui nous paraît si vicieux, à la distance où nous sommes de ces temps lointains, semblait pourtant fort acceptable aux contemporains ; la législation et l'usage y avaient en effet apporté des correctifs, grâce auxquels le personnel des maîtrises se trouvait en réalité recruté presque toujours honorablement, assez souvent même comptait des agents suffisamment instruits et dévoués.

D'abord, l'esprit de corps s'était très vite développé dans ces petits collèges de privilégiés que constituaient les maîtrises, et au milieu de préoccupations mesquines ou intéressées, la dignité du fonctionnaire se trouvait, grâce à ce milieu spécial, puissamment sauvegardée. De plus, il s'était formé un certain nombre de familles forestières, à l'exemple du monde parlementaire, dont les officiers des Eaux et Forêts aimaient à se rapprocher : d'où un ensemble de traditions soigneusement conservées, et qui concouraient à assurer la bonne gestion de forêts considérées par leurs régisseurs comme un patrimoine quasi-familial. Enfin, l'Ordonnance de 1669 et d'autres textes postérieurs subordonnaient l'admission des nouveaux titulaires à une réception par la Table de marbre du département, après information du grand-maître sur l'honorabilité et la capacité des candidats (1). C'était donc une sorte d'examen d'entrée que prévoyait l'Ordonnance : examen fort sommaire sans doute, qui se passait en famille et qui ne devait pas être très redoutable. Toutefois, pour ces différentes raisons, le corps des forestiers de l'ancien régime n'était pas, comme on l'admet souvent, une collection d'oisifs ou d'incapables. L'instruction professionnelle se transmettait avec soin, en même temps que les observations séculaires faites par les prédécesseurs. C'est ainsi qu'à côté de forestiers grands seigneurs, courtisans ou même poètes, comme fut le bon

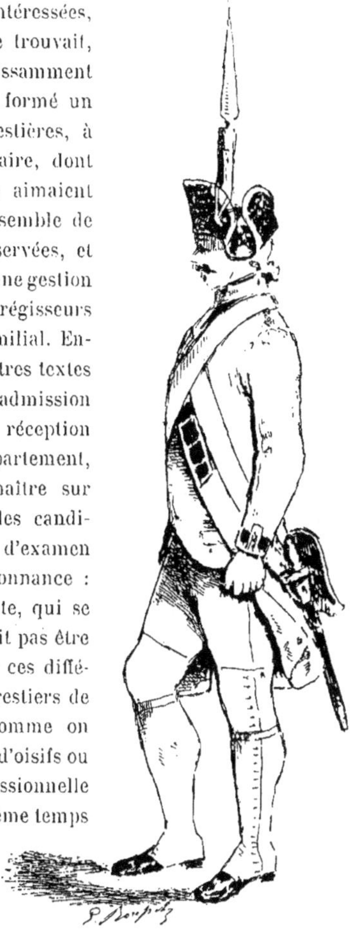

Garde-chasse du Roi
1789

La Fontaine, il s'en trouvait d'autres tels que les de Froidour, les Pecquet, les Chailland, attachés à leurs devoirs, capables de comprendre et

(1) V. Pecquet. *Loix forestières de France*, t. Ier, chap. ii, p. 101 et suiv.

d'appliquer les principes de la science forestière moderne, qui a pour créateurs Buffon et Duhamel (1).

Le personnel des maîtrises ne survécut pas à la Révolution : par leur origine et leur situation, ces officiers faisaient partie des privilégiés dont le nouveau régime poursuivait la destruction. Sans doute, les maîtrises, d'abord supprimées, furent ensuite rétablies avec des attributions restreintes : mais, dans ces corps nouveaux, il ne resta plus que de très rares survivants des forestiers d'autrefois.

Ce renouvellement complet entraîna forcément une interruption totale des traditions administratives ; tout le fruit de cet enseignement local, dont nous avons signalé l'importance, se trouvait à peu près perdu. La suppression, à deux reprises différentes, de l'autonomie de l'Administration des Forêts et sa fusion avec la régie des Domaines durent encore accroître le désordre, tandis que le mode de rétribution des agents, établi au moyen de vacations par la loi du 15 août 1792, favorisait les exploitations abusives et le mépris des règles d'aménagement (2). Moralement et intellectuellement, ce nouveau personnel était notablement inférieur à celui de la période précédente, et cette situation fâcheuse devait se prolonger pendant toute la durée de l'Empire, même pendant les premières années de la Restauration.

Dans ce long espace de temps, l'avancement hiérarchique est complètement inconnu ; les fonctions forestières sont fréquemment attribuées, comme supplément de retraite, à d'anciens militaires, généraux et colonels pour les hauts grades, et ainsi de suite pour les postes inférieurs. Ces glorieux survivants des armées de la République et de l'Empire songent avant tout, — et qui pourrait s'en étonner? — à soigner leurs blessures et à finir en paix ; ils laissent donc aux gardes tout le soin des opérations techniques, et ferment les yeux sur des abus qui seront ensuite difficiles à extirper. Ils ont razzié toute l'Europe, vécu pendant vingt ans en pays conquis : ils sont donc naturellement portés à regarder comme des peccadilles les concussions, les ententes frauduleuses avec usagers et adjudicataires, dont le souvenir a pesé si longtemps sur le bon renom de l'Administration forestière.

Tous les agents de cette époque ne sortaient pas cependant de

(1) De Froidour, grand-maître du département du Languedoc, fin du XVII⁵ siècle ; — Pecquet, grand-maître de Normandie ; — Chailland, procureur à la maîtrise de Rennes, milieu du XVIII⁵ siècle, etc.

(2) Cf. *Notice sur les modifications que l'Administration des Forêts a subies depuis 1789...* (sans nom d'auteur). — *Annales forestières*, 1840, p. 60.

l'armée ; une autre source de recrutement avait été inaugurée, qui devait se prolonger dans la suite, sans règles bien précises : le recrutement par les bureaux des chefs de service ou de l'Administration centrale. L'origine de ce système remonte à une loi du 29 septembre 1791, qui avait tenté d'organiser sur de nouvelles bases le service des Forêts. Les articles x et xi du titre II de cette loi disposent « qu'il y aura auprès des conservateurs une ou deux places d'élèves, lesquels travailleront sous leurs ordres pour acquérir les connaissances propres à être admis aux emplois ». L'élève qui a ainsi travaillé pendant trois ans au moins, et qui a atteint l'âge de vingt-cinq ans, peut obtenir « une commission de suppléant, en vertu de laquelle il sera susceptible de remplir les fonctions des inspecteurs, lorsqu'il sera délégué à cet effet ». Sans doute, la loi de 1791 ne reçut pas d'application ; l'organisation projetée fut suspendue par le Décret du 11 mars 1792. Cependant, dès cette époque, le mode de recrutement par les bureaux se propagea de plus en plus ; à la longue, les grades supérieurs de l'Administration se peuplèrent d'agents qui n'avaient pas d'autre origine. C'est ainsi que M. Lorentz, le futur fondateur de l'École de Nancy, débuta comme secrétaire de l'inspecteur général du département du Mont-Tonnerre (1) ; de même, son successeur, M. de Salomon, avait commencé sa carrière en qualité d'élève forestier auprès du conservateur de Strasbourg (2).

Grâce à ce procédé, on marchait vers une amélioration sensible. Toutefois, les inconvénients de cette institution rudimentaire ne devaient pas tarder à frapper l'attention de ceux qui prévoyaient l'avenir. L'instruction des élèves forestiers devait forcément être très inégale ; on ne leur demandait aucune garantie d'études antérieures, aucune justification des connaissances acquises : pour l'admission dans les bureaux et pour l'entrée dans le service actif, c'était l'arbitraire complet, avec ses fâcheuses conséquences. Dès cette époque cependant, il existait déjà des Écoles forestières en Allemagne, et leurs heureux résultats pour la formation du personnel administratif avaient été appréciés par quelques Français que leurs fonctions ou les hasards de la guerre avaient fait séjourner outre-Rhin. Dans un opuscule daté de 1807, un ancien fonc-

(1) *Lorentz*, par L. Tassy, p. 15 (in-8°, 76 p., 1866).
(2) Dans tout ce qui précède nous avons essayé de donner la note générale de la période antérieure à 1827. Il est presque inutile d'ajouter que de nombreuses réserves doivent être faites ; quant au recrutement, un certain nombre d'agents continuèrent à se former dans le service actif ; quant à la valeur technique, plusieurs des fonctionnaires datant de cette époque ont été des forestiers distingués, aussi remarquables par la dignité de leur caractère que par leurs connaissances techniques.

tionnaire du Palatinat, ancien membre des Assemblées législatives françaises, Van Recum, propose de former en France des Écoles forestières à l'exemple de celles d'Allemagne. On en établirait autant que de conservations ; on y enseignerait d'abord l'histoire naturelle dans ses trois règnes, puis la physique générale et la chimie, les mathématiques, la technologie, la jurisprudence, le dessin et le lever des plans, dans leurs applications forestières (1).

Mais cette proposition se perdit au milieu du tumulte de l'Empire. Elle ne fut reprise qu'en 1821, par un employé de l'Administration centrale des Eaux et Forêts, Baudrillart, auquel les forestiers doivent une profonde reconnaissance : compilateur infatigable, esprit éclairé, instruit autant qu'on pouvait l'être à ce moment, il eut le grand mérite de sauver de l'oubli tout ce qui méritait d'être sauvé dans le naufrage des connaissances forestières, et de servir pour ainsi dire de trait d'union entre l'ancien régime et l'organisation actuelle. En ce qui concerne l'instruction des jeunes agents, son initiative lui fait d'autant plus d'honneur que, placé à Paris, dans les bureaux, il eût pu ne pas apercevoir les vices du recrutement d'alors, et se persuader qu'il n'y avait rien à changer.

Le plan de Baudrillart (2) diffère de celui de Van Recum : il a plus de

Garde forestier
1810

(1) *Observations sur la nécessité d'établir en France des Écoles forestières*, par Van Recum, membre du Corps législatif, conseiller à la Cour de justice du Palatinat. In 8° de 67 p. Paris, 1807.

(2) *Dictionnaire des Eaux et Forêts*, tome II, p. 8-18, vᵒ *Écoles forestières*. — Ce volume porte la date de 1823, mais l'auteur nous avertit que cet article, rédigé depuis plus de dix ans, a été déjà inséré dans le *Dictionnaire des Arbres et Arbustes* de l'*Encyclopédie méthodique*, ouvrage qui a paru en 1821.

simplicité, mais aussi plus de précision. Pour le début, une École suffit, avec deux années d'études et trois professeurs principaux ; les cours doivent alterner avec les exercices pratiques dans le jardin botanique et en forêt. Les élèves sortants doivent être ensuite répartis entre les différents arrondissements forestiers et confiés aux chefs les plus distingués, pour compléter leur instruction pratique. L'auteur entre ensuite dans de minutieux détails, que nous nous dispensons de reproduire, car presque toutes ses propositions ont été incorporées dans la législation ou dans les règlements postérieurs ; on voit clairement que c'est lui qui a tenu la plume pour la préparation de l'œuvre législative qui ne devait pas tarder à remplacer les textes vieillis de 1669 (1). Notons toutefois la partie du projet concernant les Écoles secondaires, dont Van Recum n'avait pas parlé ; selon Baudrillart, ces Écoles doivent satisfaire à un double besoin : former des gardes et préparer des élèves pour l'École supérieure.

Pour cette École, du moins, le projet de Baudrillart put être mis promptement à exécution. L'Ordonnance royale du 26 août 1824, qui organise la Direction générale des Forêts, contient en effet la disposition suivante :

« ART. 8. — Il sera établi, près de l'Administration des Forêts et sous la surveillance du directeur général, une École dans laquelle seront enseignées toutes les parties de l'histoire naturelle, des mathématiques et de la jurisprudence qui ont plus spécialement rapport avec les bois et forêts. Le choix des professeurs, les règlements relatifs à l'organisation forestière, au nombre et à l'admission des élèves, au système et à la durée des études, seront approuvés par le ministre, sur le rapport du directeur général, et après avoir été délibérés dans le Conseil d'administration. Le ministre déterminera également, par règlement, dans quelle proportion, après avoir achevé leur cours d'études, les élèves concourront aux places vacantes de gardes généraux des forêts. »

Telle est la première charte organique de l'École supérieure des forêts. C'est en application de cette Ordonnance que fut fondée l'École de Nancy, dont nous étudierons spécialement l'histoire jusqu'à l'époque actuelle.

(1) Dans un discours prononcé aux obsèques de M. Marcotte (*Revue des Eaux et Forêts*, 1864, p. 103), M. Vicaire a attribué à cet éminent administrateur le double honneur d'avoir préparé la refonte de nos lois forestières et d'avoir proposé la création de l'École. Mais les services que sa haute situation lui permit de rendre ne doivent pas faire oublier l'œuvre, prépondérante à notre avis, de Baudrillart.

CHAPITRE PRÉLIMINAIRE

Notice historique sur le recrutement des Agents forestiers depuis 1824.

SOMMAIRE : *Les deux modes de recrutement d'après l'Ordonnance de 1824 et celle de 1827 : par l'École de Nancy et par le service actif. — Abrogation, en 1837, de l'article 50, § 2, de l'Ordonnance réglementaire. — Système de l'Ordonnance du 25 juillet 1844 : le surnumérariat. — M. Le Grand et M. Parade. — Organisation de l'enseignement secondaire. — Recrutement des gardes généraux adjoints depuis l'arrêté de 1856. — Règlements de 1870. — Projets de 1878. — Essai du système Lorentz, en 1882 ; les centres d'enseignement secondaire remplacés par l'École des Barres. — M. Viette : Décret du 14 janvier 1888. — Règles pour l'avancement.*

AVANT d'entamer le sujet principal de ce livre, — l'Enseignement forestier, — il nous paraît indispensable de donner un aperçu général des modes de recrutement du personnel forestier qui ont été employés depuis 1824. Les deux matières peuvent sembler différentes : elles ont, en réalité, de nombreux points de contact. Toutes les mesures prises en vue de l'enseignement ont pour but un meilleur recrutement du personnel ; de plus, l'institution des Écoles forestières correspond à des dispositions réglementaires concernant l'admission au rang des agents forestiers dans des conditions qui ont souvent varié. Il y a ainsi une relation très étroite entre le recrutement et l'enseignement ; on ne comprendrait pas, notamment, les difficultés éprouvées pour assurer le développement de l'École de Nancy, les alternatives de prospérité et de déchéance partielle subies par cet Établissement, si l'on ne connaissait d'avance comment a été successivement résolue la grande question du recrutement qui domine tout le reste. Dans cette notice historique nous aurons soin de nous borner, d'ailleurs, à ce qui est essentiel pour le développement de notre programme spécial.

On a vu que l'Ordonnance du 26 août 1824 laissait au ministre le soin de régler dans quelle proportion les élèves sortants de l'École pourraient concourir aux places vacantes de gardes généraux. Elle réservait donc, en principe, une part pour un autre mode de recrutement, dont les conditions restaient indéterminées. Ce fut non pas un Arrêté ministériel, mais une nouvelle Ordonnance, celle du 31 décembre 1824, qui organisa l'École à Nancy et détermina en même temps la proportion des places vacantes attribuées aux élèves : le nombre des postes qu'ils pourront occuper ne doit pas dépasser la moitié des vacances, le surplus demeurant réservé aux gardes à cheval en activité (art. 12). Il était arrêté de plus (art. 14) qu'à l'avenir nul ne serait admis à remplir les fonctions de garde général ou tout autre emploi d'agent forestier, s'il n'avait, ou bien fait préalablement partie de l'École royale, ou bien exercé pendant deux ans au moins les fonctions de garde à cheval.

Ainsi, dès le début, nous rencontrons l'indication formelle de ces deux modes de recrutement que nous allons suivre jusqu'à nos jours : recrutement par l'École supérieure, par des jeunes gens qui ont reçu une instruction théorique complète, auxquels on demande des connaissances étendues, une éducation très soignée, mais qui bénéficient en échange de conditions d'âge de nature à leur assurer une notable avance dans la carrière ; — puis, recrutement par les emplois inférieurs, au moyen de préposés qui n'ont reçu qu'une instruction pratique, et qui n'ont à justifier que d'un temps de services suffisamment long, occupé à des fonctions de surveillance.

L'Ordonnance réglementaire du Code forestier ne change rien au système de 1824 ; elle précise seulement (art. 50, § 2) que le nombre des emplois du grade de garde général, réservé pour l'avancement des gardes à cheval en activité, sera exactement de la moitié des vacances. L'Ordonnance de 1827 contient aussi des dispositions pour l'instruction du personnel inférieur, par l'établissement d'Écoles dites secondaires. A ce sujet, M. Lorentz, le premier directeur de Nancy, avait été consulté, mais ses idées n'avaient pas été suivies. Aux questions que lui posait le directeur général, M. de Bouthillier, M. Lorentz répondait, à la date du 15 juin 1827, par une lettre intéressante dont voici le résumé : Point d'écoles de gardes, point d'enseignement primaire ; une école s'adressant aux gardes-chefs, les gardes à cheval de l'époque, donnant pendant onze mois seulement une instruction surtout pratique, consistant essentiellement dans l'étude de forêts variées. Saverne, en Alsace, paraissait répondre très convenablement aux exigences de cet enseignement secondaire.

Les articles 54 à 56 de l'Ordonnance réglementaire prennent absolument le contre-pied de ces propositions. Ils prévoient bien la création d'Écoles dites secondaires, mais ce terme est détourné de son sens véritable : il s'agit de former des sujets aux emplois de simple garde ; c'est donc un enseignement primaire ! De plus, on le prolonge pendant deux années successives ; le programme, bien que réduit aux principes, est presque aussi étendu que pour l'École royale. Bref, il y a disproportion évidente entre les moyens et le but à atteindre. Aussi, jamais les Écoles dites *secondaires* de l'Ordonnance ne furent organisées ; les articles 54 à 56 restèrent lettre morte. C'est M. Lorentz qui avait vu juste, et il est à regretter que, sur ce point, l'Administration ne se soit pas décidée à faire ce qu'il conseillait si sagement.

Pendant ce temps l'École de Nancy se constituait ; on voyait à l'œuvre les élèves issus des premières promotions, qui, malgré le caractère encore embryonnaire de l'enseignement d'alors, se faisaient promptement remarquer par leurs aptitudes et par le vif amour du métier que savait leur inculquer le directeur. On était très satisfait à Paris des résultats de l'Ordonnance de 1824, et l'Administration se montrait toute disposée à favoriser ces jeunes agents, d'une honorabilité au-dessus de tout soupçon, et dont l'instruction paraissait déjà plus complète que celle de leurs collègues issus du rang des préposés. Ces dispositions favorables s'accentuèrent encore lorsque M. Lorentz eut été appelé à Paris au poste d'administrateur des Forêts ; dans cette situation plus élevée, l'ancien directeur de Nancy ne perdait pas de vue ceux qui avaient été ses élèves, et l'Établissement qu'il avait fondé, dans lequel son successeur, M. de Salomon, s'efforçait de continuer ses traditions, était toujours l'objet de sa vive sollicitude.

Ces circonstances expliquent un changement qui se produisit en 1837, et qui, très favorable en apparence à l'École de Nancy, devait être pour l'avenir la cause de difficultés sérieuses : nous voulons parler de l'abrogation du second paragraphe de l'article 30 de l'Ordonnance réglementaire, concernant l'avancement des gardes à cheval (1). La proportion de moitié déterminée par cet article pouvait être critiquée, et il était permis de trouver que la part faite aux anciens préposés était trop considérable ; mais le principe était juste, car il est équitable autant qu'avantageux pour les élèves de l'École eux-mêmes de donner accès aux grades supérieurs, dans une certaine mesure, à des préposés chez lesquels des mérites exceptionnels et de longs services rendus suppléent aux lacunes de l'instruction théorique. En décidant qu'à l'avenir nul ne parviendrait au grade de garde général sans avoir satisfait à l'examen de sortie de l'École royale, on fermait à peu près complètement l'avenir aux anciens préposés ; il était peu présumable, en effet, que des gardes à cheval, parvenus à un âge relativement avancé, fussent capables de se plier aux études exigées des jeunes gens de Nancy. Par l'Ordonnance de 1837, l'Administration voulait témoigner sa sympathie pour l'École ; mais nous verrons plus loin les conséquences fâcheuses de cette règle trop absolue, que la force des choses devait faire bientôt violer, ainsi que les attaques dont elle fut le prétexte contre l'École elle-même.

Tout d'abord, les résultats pouvaient paraître excellents. L'École de Nancy prospérait, et son troisième directeur, M. Parade, obtenait de l'Administration tout ce qu'il pouvait désirer. Le nombre des élèves augmentait considérablement ; coup sur coup, des promotions supplémentaires devenaient nécessaires, et hâtivement il fallait construire ou aménager de nouveaux bâtiments, accroître le personnel, pour faire face à ces besoins qui n'étaient que la conséquence du système inauguré en 1837. Au dehors, on pouvait constater que l'École avait relevé le personnel forestier, qu'elle lui avait donné plus de cohésion, en même temps plus de science, et l'unité de vues qui auparavant lui faisait complètement défaut.

Mais bientôt les relations de l'Administration centrale avec l'École

____

(1) Abrogation réalisée par l'Ordonnance du 15 décembre 1837, portée à la connaissance du service par la Circulaire n° 412, du 11 janvier 1838.

ne furent plus aussi cordiales, les conséquences du recrutement exclusif par cette École parurent fâcheuses ; il s'ensuivit une période de réaction contre l'Ordonnance de 1837, qui se continua longtemps contre l'enseignement supérieur lui-même, et qui faillit causer la perte de l'institution fondée par M. Lorentz en 1825. Le principal auteur de ce changement est M. Le Grand, qui, à quatre reprises différentes, de 1836 à 1852, fut à la tête de l'Administration forestière. Nous exposerons plus loin les phases diverses du conflit entre M. Le Grand et M. Parade, les dangers que courut l'École de Nancy et comment ces dangers purent être évités ; nous nous bornerons, dans ce chapitre, à noter les mesures prises en vue du recrutement. La première fut l'abrogation du système de 1837 et son remplacement par l'institution nouvelle des gardes généraux adjoints, qui étaient substitués aux gardes à cheval supprimés.

L'Ordonnance du 25 juillet 1844, qui réalise ce changement, dispose que les gardes généraux adjoints seront choisis parmi les brigadiers ayant au moins deux ans d'exercice, et qu'au bout du même temps ils pourront être promus gardes généraux. L'application de cette Ordonnance présentait de sérieux dangers : non point à cause de la création des gardes généraux adjoints, qui était nécessaire ; mais on omettait de fixer dans quelle proportion le nouveau mode de recrutement devait fournir des agents concurremment avec l'École de Nancy ; et, de plus, on ne donnait aucune garantie pour le choix de ces brigadiers, qui en quatre ans allaient pouvoir franchir deux degrés de la hiérarchie.

Si ce choix avait été fait parmi les préposés du service actif chez lesquels la pratique et l'expérience du métier peuvent jusqu'à un certain point suppléer au défaut d'instruction supérieure, c'eût été une juste récompense pour ces bons serviteurs et un puissant moyen d'émulation. Mais, en réalité, M. Le Grand se souciait fort peu du sort des préposés vieillis sous le harnais ; il voulait des jeunes gens, plus dociles, plus faciles à conduire que ceux issus de Nancy, moins inféodés à des théories exclusives qui avaient le malheur de déplaire au Ministère des Finances, duquel relevaient alors les Forêts. Dans ce but, le directeur général avait édifié tout un système, qu'il avait fait voter par son Conseil d'administration, et dont il demandait au ministre d'autoriser l'application : c'est le système du *surnumérariat*, qui consiste essentiellement dans les dispositions suivantes. Des jeunes gens d'au moins dix-huit ans, remplissant certaines conditions d'instruction générale, seront nommés brigadiers adjoints et placés, sans traitement, dans les bureaux des conservateurs et des inspecteurs ; ils y apprendront la pratique du métier, passeront au bout de deux ou trois ans un examen dans lequel leurs chefs constateront leur capacité, puis seront commissionnés en qualité de gardes généraux adjoints, de manière à pouvoir arriver au grade de garde général à l'âge de vingt-cinq ans, fixé par l'article 3 du Code forestier.

M. Parade appelle ce système du surnumérariat un favoritisme organisé, et il n'a pas tort de lui appliquer cette épithète flétrissante. C'était revenir de vingt ans en arrière, se priver de toutes les garanties que donnent un concours et des épreuves sérieuses, car *l'examen de famille* que devaient subir les surnuméraires ne pouvait avoir grande valeur. Quant à la pratique, c'est au bureau, en expédiant la correspondance et dans les menus détails de la paperasserie administrative, qu'elle devait surtout être apprise (1) ; les futurs agents allaient être en réalité beaucoup plus ignorants de la forêt que leurs concurrents de l'École. Donc, point d'instruction théorique, des connaissances pratiques absolument restreintes au service intérieur ; en revanche, une liberté complète pour le chef de l'Administration de choisir les candidats agréables et de rejeter les autres. Tel devait être le système, et l'on pouvait prévoir qu'au bout de quelques années d'un pareil régime l'École serait complètement délaissée.

Admis à présenter ses observations dans une séance du Conseil d'administration, M. Parade avait trouvé la question réglée d'avance, et, ne pouvant heurter de front la volonté d'un chef qui eût mal supporté d'être formellement contredit, il dut se borner à insister pour que les nouvelles mesures ne fussent appliquées qu'avec ménagement : au lieu de donner la moitié des vacances aux surnuméraires, comme le voulait M. Le Grand, il demanda qu'ils ne pussent obtenir que quinze nominations par an, au maximum ; il insistait aussi pour que le nombre des admissions à l'École fût porté de vingt à vingt-cinq ; enfin il réclamait pour le stage à la sortie une meilleure organisation et une augmentation de durée.

Il était facile de prévoir que ces demandes n'avaient aucune chance de succès auprès du directeur général. Fixé sur ce point, M. Parade entreprit de faire agir auprès du ministre des Finances, afin d'obtenir

(1) L'idée première de M. Le Grand avait été de commissionner ses surnuméraires dans le service actif, mais on lui fit remarquer l'impossibilité légale de leur donner des dispenses d'âge, le Code ne permettant ces dispenses que pour les élèves sortant de l'École de Nancy.

qu'il ne sanctionnât pas le projet de règlement du surnumérariat qui devait lui être incessamment présenté. Il utilisa dans ce but ses nombreuses relations personnelles et fit appel à tous ceux qui portaient intérêt à l'École forestière. Ainsi averti et éclairé, notamment par des députés dont il devait ménager l'influence politique, M. Laplagne consentit à ce qu'on lui demandait : non seulement aucun règlement ministériel ne parut en ce moment sur le nouveau recrutement, mais le nombre des élèves présents à l'École fut porté de quarante à cinquante. Ce succès ne constituait point pour M. Parade une victoire définitive ; M. Le Grand n'avait nullement abandonné ses projets et attendait seulement pour les réaliser des circonstances plus favorables, qui se présentèrent bientôt.

Pour tenir compte des critiques formulées relativement au défaut de garanties que présentaient les surnuméraires, le règlement du 20 avril 1846 contient un programme complet d'examens oraux et écrits, ainsi que d'épreuves sur le terrain, que devaient désormais subir les aspirants au grade de garde général adjoint ; du côté des mathématiques, ces examens devaient notamment porter sur l'arithmétique complète, la théorie des logarithmes, la géométrie, la trigonométrie (1). On ne manqua pas d'objecter que des matières aussi compliquées étaient hors de la portée des anciens préposés, des hommes pratiques qui ne pouvaient se remettre sur les bancs après de longues années de service ; ces examens n'étaient possibles que pour des jeunes gens. C'était bien en réalité ce que voulait M. Le Grand ; il revenait ainsi au surnumérariat, sous une autre forme et sans lui donner son nom. Si, dans le nombre des agents qui arrivèrent par ce moyen, nous pouvons compter quelques fonctionnaires excellents, il faut dire cependant que ce furent d'ordinaire tous ceux qui ne se sentaient pas capables d'affronter l'examen d'entrée de l'École, les refusés, les *fruits secs* de Nancy, qui se servirent du règlement de 1846 pour arriver, avec trois ans à peine de retard, au grade de garde général.

L'intervention active de M. Parade dans cette affaire devait avoir pour lui et pour l'École des conséquences graves : telle fut l'origine d'une crise qui fut surtout aiguë de 1850 à 1852 et que nous exposerons plus loin. Quant au recrutement, lorsqu'en 1852 M. Le Grand quitta l'Administration des Forêts, les règlements de 1846 ne furent point

(1) L'Arrêté ministériel est complété par un Arrêté du directeur général, du 25 avril 1846, qui règle les détails d'exécution.

abrogés ; mais ils reçurent des modifications successives, tendant à rendre toujours plus difficiles les épreuves à subir par les préposés. Nous n'entrerons pas dans le détail des prescriptions minutieuses qui furent imaginées dans ce but ; il suffira de mentionner les principales. En 1849 (1), introduction d'un minimum général (moitié du nombre total des points) et de minima spéciaux (12 pour l'arpentage, autant pour le nivellement). En 1856 (2), les sujets des compositions, au lieu d'être laissés au choix des commissions locales chargées de procéder aux examens, sont envoyés par l'Administration centrale ; le nombre des épreuves, sur le terrain et au cabinet, se trouve en même temps augmenté. En 1861 (3), nouvelle réglementation, nouveau programme : trois exercices sur le terrain (arpentage, nivellement, sylviculture) ; sept épreuves au cabinet, dont cinq sous forme de compositions écrites (dessin graphique et lavis, cubage, sylviculture, affaires administratives), et deux examens oraux (aménagement, physiologie végétale).

On pensait fortifier ainsi l'instruction des candidats et former par ce moyen des gardes généraux adjoints de plus en plus capables. Les résultats ne furent pas aussi satisfaisants qu'on pouvait l'espérer. D'abord, malgré le soin que prenait le directeur général de centraliser à Paris le résultat des épreuves, et la prédominance de plus en plus marquée des compositions écrites, il se produisait nécessairement une disparité fort grande dans l'appréciation des candidats, par suite de la constitution de commissions locales, excellentes pour se rendre compte sommairement de la capacité d'un préposé, mais manquant d'une commune mesure pour peser minutieusement, comme il le fallait d'après les nouveaux programmes, les mérites d'épreuves qui n'étaient pas toutes identiques. L'inconvénient majeur de cet appareil compliqué était surtout d'écarter ceux qu'il eût été le plus désirable d'appeler au grade supérieur : les brigadiers déjà rompus à la pratique du service actif, qui se trouvaient dans l'impossibilité de préparer les matières si nombreuses dont était chargé le programme.

La direction générale était alors occupée par un administrateur éminent, qui comprenait tout l'intérêt que présentait l'accès des anciens préposés dans le cadre des agents. Pour arriver à ce but, M. Vicaire

(1) Circulaire n° 642, du 31 décembre 1849.
(2) Arrêté ministériel du 17 mai 1856.
(3) Arrêté ministériel du 10 avril 1861.

décida la création de *centres d'enseignement* (1), dans lesquels les candidats ayant fait preuve d'aptitudes suffisantes recevraient pendant les mois d'hiver un enseignement à la fois théorique et pratique. Cette mesure devait avoir de graves conséquences dans l'avenir : elle est le point de départ de l'organisation des Écoles secondaires, non point dans le sens que leur donnait l'article 54 de l'Ordonnance de 1827, mais uniquement en vue de la formation de futurs agents forestiers. Quant à l'instruction des gardes, une organisation analogue ne paraissait pas nécessaire ; sur ce point, M. Vicaire partageait certainement l'opinion que nous trouvons exprimée en 1852 par M. Parade, dans une note adressée au directeur général de cette époque (2) : M. Blondel demandait s'il ne serait pas utile de créer un certain nombre de *dépôts d'instruction*, dans lesquels de simples gardes, convenablement encadrés, viendraient successivement recevoir l'enseignement théorique et pratique. M. Parade déconseilla formellement tout essai de ce genre : les préposés, selon lui, ne peuvent être formés utilement que par leurs chefs immédiats, brigadiers et surtout chefs de cantonnement, auxquels il proposait d'imposer à cet égard certaines obligations plus étroites que par le passé.

L'organisation de l'enseignement secondaire devait se poursuivre pendant longtemps encore avant de trouver sa formule actuelle. En attendant, les mesures prises depuis 1844 portaient leurs fruits, et il est intéressant d'étudier quelle fut leur influence sur le recrutement et l'avancement des agents forestiers.

Jusqu'en 1856 les avantages faits aux préposés pour leur admission au grade supérieur sont tellement considérables qu'on pouvait alors se demander s'il valait la peine de passer par Nancy pour aborder la carrière forestière. Les brigadiers âgés de vingt-quatre ans (Arrêté du 20 avril 1846) et même de vingt-trois ans (Circulaire du 31 décembre 1849) peuvent passer l'examen de garde général adjoint, et une fois arrivés à ce grade sont aptes à devenir gardes généraux sans conditions d'âge ni de durée de services. En supposant même que l'Administration exigeât l'application stricte de l'Ordonnance (deux ans de services au moins dans le grade inférieur), un brigadier, devenu garde général adjoint à vingt-trois ans, pouvait être nommé garde général à vingt-cinq, alors que les élèves de Nancy ne sortaient guère de l'École avant vingt-

<hr>

(1) Arrêté du directeur général du 1ᵉʳ juin 1863. — Circulaire explicative du 3 juin, n° 835.

(2) Note de M. Parade à M. Blondel, du 3 juin 1852 (Archives de l'École).

deux ans. La différence était vraiment trop faible ; on reconnaît là l'influence de M. Le Grand. Ces brigadiers, si prématurément admis, ne pouvaient être, bien entendu, que des sédentaires, l'article 3 du Code forestier faisant obstacle à ce qu'ils fussent pourvus avant vingt-cinq ans de fonctions actives.

Garde
1869

Ce fut seulement l'Arrêté du 17 mai 1856 qui rétablit au profit de l'enseignement supérieur des avantages imprudemment supprimés. Les candidats aux examens de garde général ne purent être désormais que des brigadiers comptant au moins deux ans de service actif (1) : il devint donc impossible d'arriver à ce grade avant l'âge de vingt sept ans. De plus, tout candidat au grade de garde général doit justifier d'au moins deux ans de services de garde général adjoint ; d'où l'âge minimum de vingt-neuf ans, au lieu de vingt-cinq : la situation était ainsi tolérable. Enfin, les gardes généraux adjoints, qui précédemment devenaient gardes généraux sans avoir à subir de nouvelles épreuves, furent astreints, à dater de 1861, à un second examen, considérablement renforcé par la partie théorique, avec épreuves orales et compositions écrites (2) ; cet examen dut être subi à Paris, en présence d'une commission présidée par le directeur général ou un administrateur (3).

Cette organisation, si laborieusement édifiée, présentait toutefois une lacune ; depuis l'Ordonnance du 15 décembre 1837, aucun texte ne

---

(1) Mêmes conditions pour les brigadiers communaux (Circ. du 18 mai 1863). Les deux années de service actif pouvaient cependant être remplacées par quatre ans de service militaire.

(2) Programme n° 2, joint à l'Arrêté du 10 avril 1861.

(3) Arrêté du directeur général du 7 juin 1864.

réglait dans quelle proportion les gardes généraux adjoints devaient concourir avec les élèves de l'École pour former le cadre des agents. Cette proportion restait indéterminée, subordonnée au bon vouloir de l'Administration, qui tantôt pouvait pencher pour l'École en augmentant le nombre des élèves dans certaines promotions, tantôt au contraire se montrer plus large envers les préposés, en déclarant plus facilement leur admissibilité aux examens de garde général adjoint (1). C'était l'exercice d'un pouvoir absolument discrétionnaire, et comme tel facilement critiquable.

Une autre imperfection avait été signalée quant aux conditions de l'avancement pour les grades supérieurs à celui de garde général. Aucune durée minima de service n'était imposée pour l'avancement ; d'après une Ordonnance de 1844 (2), le directeur général dressait seul le tableau des agents dignes d'être promus, et à chaque vacance d'emploi désignait sur ce tableau une liste de trois candidats. Quelques garanties supplémentaires n'eussent pas été superflues. Il est vrai que tel était le sort commun de toutes les administrations financières.

En 1864 mourait M. Parade, le troisième directeur de l'École forestière, dont nous verrons le rôle prépondérant durant cette période ; il était suivi de près dans la tombe par M. Vicaire, l'administrateur éminent auquel étaient dues la plupart des mesures réparatrices dont nous venons de parler. A cette époque, il était déjà possible de prévoir quelles seraient pour l'avenir les conséquences des réformes introduites depuis 1856. La note caractéristique de cette période est une augmentation progressive des promotions de l'École de Nancy, et le nombre de plus en plus restreint des préposés capables de franchir la barrière des examens de garde général adjoint. Le recrutement par les surnuméraires ne fonctionnait plus, et l'on doit s'en féliciter pour l'avenir de l'Administration ; mais en même temps, par suite d'une exagération en sens contraire, on rendait l'avancement très lent pour les élèves de Nancy, à cause de la concurrence excessive entre des agents de la même origine, ayant fait les mêmes études et pouvant prétendre aux mêmes droits. Un découragement général pouvait être la conséquence de cette situation,

____

(1) Arrêté du 10 avril 1861 : « Art. 4. Le directeur général arrête d'après les notes (des conservateurs) la liste des préposés admissibles aux épreuves. — Art. 10. Les candidats admis seront nommés au fur et à mesure des besoins du service. »

(2) Ordonnance du 17 décembre 1844, pour l'organisation du Ministère des Finances (art. 27 à 28).

qui constituait ainsi un sérieux danger non seulement pour l'École, mais aussi pour le service forestier tout entier (1).

Les Écoles secondaires, désignées sous le nom de centres d'enseignement en 1863, ne commencèrent à fonctionner qu'à partir de 1868 (2) ; mais dès 1863, l'Administration demanda au directeur de l'École forestière de se charger des examens à subir par les gardes généraux adjoints. C'est ainsi que de 1863 à 1869, pendant les mois d'août et de septembre, il fut procédé aux épreuves écrites et orales de ces agents, par les soins des professeurs de l'École. En même temps, le directeur général, soucieux d'imprimer à l'enseignement secondaire l'unité de vues qui pouvait lui faire défaut, prescrivit la rédaction d'ouvrages élémentaires, devant être mis entre les mains des préposés et destinés à servir de base aux leçons qui leur étaient données. Ce fut encore aux professeurs de Nancy qu'il s'adressa pour ces *Manuels forestiers* (3), qui ne parurent qu'après 1870, mais dont il est déjà question dans la correspondance administrative, dès 1868.

En 1870, l'institution des centres d'enseignement recevait la sanction d'un Arrêté ministériel, portant à quatre le nombre de ces centres, et spécifiant qu'après les deux années d'études l'examen d'admissibilité serait passé devant les agents chargés des cours, sous la présidence d'un délégué.du directeur général (4). En outre, cet Arrêté innovait sur les règles suivies depuis 1861, en ce que les gardes généraux adjoints pouvaient être nommés gardes généraux sans subir de nouvelles épreuves. C'est seulement pour le grade de sous-inspecteur qu'ils étaient astreints à un examen spécial : celui-ci n'était autre que l'examen de sortie des élèves de l'École de Nancy, passé devant les professeurs de cette École (5). De sorte qu'à partir du grade de sous-inspecteur tous les agents fores-

---

(1) Voir à ce sujet un article fort sensé publié, sous la signature de J. Détienne, et sous le titre : « De la Carrière forestière », dans les *Annales forestières*, année 1864, p. 180.

(2) Les cours furent ouverts le 15 novembre à Villers-Cotterets et à Grenoble. Dans le premier de ces centres, les préposés étaient au nombre de cinq, et de sept dans le second. (*Revue des Eaux et Forêts*, 1868, p. 385.)

(3) Ils forment une série de quatre volumes in-12, savoir : *Sylviculture*, par G. Bagneris, 1873 ; — *Botanique*, par H. Fliche, 1874 ; — *Arpentage et Lever des plans*, par Barré et Roussel, 1874 ; — *Législation*, par A. Puton, 1876.

(4) Arrêté ministériel du 8 avril 1870. Ce texte est complété par un programme des cours (Arrêté ministériel du 11 mai) et par un règlement pour les examens (Arrêté du directeur général du 24 mai 1870).

(5) De 1873 à 1878, il y eut en effet à Nancy des examens passés en exécution des Arrêtés de 1870. Ils furent moins nombreux cependant que ceux subis de 1863 à 1869.

tiers pouvaient être considérés comme ayant la même origine : tous
avaient justifié de la même instruction théorique, subi les mêmes
épreuves. On croyait avoir ainsi résolu de la manière la plus heureuse la
question du recrutement, en écartant les difficultés qui pouvaient
résulter d'une double origine : tous pouvaient se dire élèves sortants de
l'École de Nancy, ayant la même valeur et pouvant justement prétendre
au même avancement.

Le seul inconvénient était la difficulté trop grande des examens de
sortie de l'École pour des hommes qui, n'ayant reçu généralement qu'une
instruction élémentaire, devaient s'élever par eux-mêmes jusqu'à la
connaissance de matières qui ne leur avaient pas été enseignées ; bien
peu étaient capables d'un tel effort, et alors on devait craindre que ce
mode de recrutement ne produisît que des résultats insignifiants, ou
bien que les membres du jury ne se montrassent trop indulgents. Tout
ce que nous voulons retenir de cette solution d'un problème difficile,
c'est la prépondérance qui était à cette époque justement accordée à
l'École supérieure de Nancy pour la direction de l'enseignement et la
sanction des épreuves.

A côté de ces mesures prises pour le recrutement des agents, nous
nous bornerons à mentionner une institution concernant les préposés :
l'École de gardes, dont il avait été si souvent question depuis 1827, dont
nous avons vu discuter le principe et l'opportunité du temps de
M. Parade, fut enfin créée en 1873. L'origine de cette création remonte à
1868 : à cette époque, l'Administration était entrée en possession du
domaine des Barres, appartenant à M. de Vilmorin, qui y avait réuni un
arboretum des principales essences de France et des végétaux ligneux de
l'étranger susceptibles d'être introduits dans notre pays. Peu de temps
après, le Conseil général du Loiret demanda que ce domaine fût utilisé
pour l'instruction des gardes. Le projet, entravé par la guerre, aboutit
enfin à un Arrêté du directeur général, du 31 juillet 1873, qui institue
aux Barres un centre d'enseignement de pratique sylvicole, pour préparer aux emplois de gardes les fils des préposés forestiers. Nous
n'avons pas à entrer dans les détails de cette organisation (1) ; nous
avons dû seulement la signaler ici, à cause de la transformation que

---

(1) Elle résulte des textes suivants : Règlement du directeur général, du 5 juillet
1873, pour l'admission et l'enseignement des élèves-gardes ; — Arrêté du directeur
général, du 12 juin 1876, réglant les conditions du concours d'admission ; — second
Arrêté, sur le même objet, du 27 juin 1877.

subit dans la suite l'École des Barres, au point de vue de l'enseignement secondaire.

Nous arrivons maintenant à une époque mémorable pour l'Administration des Forêts : le Décret du 15 décembre 1877 la distrait du Ministère des Finances. Quelles furent les conséquences de ce changement pour le recrutement et pour l'enseignement ? Ces conséquences n'apparurent pas tout d'abord. Le transfert à l'Agriculture était depuis longtemps discuté, combattu par les uns, ardemment désiré par d'autres. Il avait failli se réaliser en janvier 1870, et l'opinion nettement exprimée du directeur général avait seule arrêté une décision déjà prise par le ministre d'alors. En 1877, les observations présentées par M. Faré en vue du maintien aux Finances ne furent pas écoutées, et ce chef dévoué, auquel l'Administration et l'École doivent garder un reconnaissant souvenir, fut obligé de prendre prématurément sa retraite. Il n'y eut plus de direction générale des Forêts : le sous-secrétaire d'État à l'Agriculture remplit désormais les fonctions de directeur général (1).

Ces transformations furent le point de départ d'une période de transition fort agitée. Il y eut à ce moment comme une fièvre de réorganisation qui devait durer longtemps : ne fallait-il pas, disait-on, se hâter de mettre en harmonie l'Administration des Forêts avec les autres services de l'Agriculture auxquels elle se trouvait réunie ? Beaucoup de forestiers se faisaient alors de grandes illusions ; ils s'imaginaient que, d'une fusion complète avec l'Agriculture, allait résulter immédiatement pour eux une large extension d'attributions, une influence considérable sur d'autres services, tout un avenir de prospérités, d'avancements et de grades, devant beaucoup améliorer leur situation actuelle. Pour obtenir

(1) Décret du 28 décembre 1877. Cette situation devait durer jusqu'au Décret du 18 février 1882, qui rétablit la direction des Forêts.

cet heureux résultat, on ne rêvait qu'innovations ; le vieux moule administratif dans lequel on vivait comprimé depuis plus de cinquante ans devait définitivement disparaître. Si nous rappelons cet état d'esprit et ces projets de réforme, c'est qu'ils devaient avoir de graves résultats dans un avenir prochain, spécialement pour le recrutement des agents et pour l'enseignement forestier, les deux objets de la présente étude.

Des projets importants furent à ce moment formulés par une Commission instituée par Arrêté ministériel du 25 mars 1878, et dont il importe de mentionner ici les travaux. Cette Commission était composée de vingt-huit membres, sous la présidence du sous-secrétaire d'État, M. Girerd. On y rencontrait des députés, des sénateurs, de hauts fonctionnaires du Ministère de l'Agriculture, les inspecteurs généraux des Forêts (1) et d'autres agents supérieurs de l'Administration, enfin le directeur de l'École forestière. On forma immédiatement trois sections ou sous-commissions. De la première, chargée de l'organisation des services centraux et de l'inspection générale, nous n'avons rien à dire ici. La seconde, ayant dans ses attributions le service extérieur, devait examiner notamment les conditions du recrutement et de l'avancement (2). Enfin la troisième, celle de l'enseignement forestier, avait dans son programme l'École de Nancy et les Écoles secondaires. Cette section était présidée par M. L. de Lavergne, sénateur ; elle avait pour membres : un sénateur, M. Corne ; deux secrétaires des Sociétés d'agriculture de Paris, MM. Barral et Lecouteux ; quatre fonctionnaires de l'enseignement agricole : M. Tisserand, directeur de l'Institut agronomique ; MM. Becquerel et Tassy, professeurs au même Institut (ce dernier ancien conservateur des forêts) ; M. Dutertre, directeur de Grignon ; enfin M. Nanquette, directeur de l'École de Nancy (3) ; le rapporteur fut M. Géraud, chef de bureau à l'Administration des Domaines.

(1) Le corps des inspecteurs généraux venait d'être organisé par Décret du 12 janvier 1878.

(2) Elle était ainsi formée : président, M. Lambert de Sainte-Croix ; membres, MM. Chevandier, Alicot, Bédel, de Bry d'Arcy, Carraud, Colin, Guyot, Porlier, Waddington et Wilson ; secrétaire, M. Bruand.

(3) On remarquera que, dans cette section, M. Nanquette se trouvait le seul agent forestier ; l'enseignement forestier devait ainsi être réglé par des commissaires qui, quelle que fût leur capacité, étaient étrangers aux forêts. Il n'y avait d'exception que pour M. Tassy. Cette situation est d'autant plus notable que M. Nanquette, malgré son isolement, parvint à faire triompher la plupart des idées qu'il avait formulées, ainsi qu'on le verra dans un des chapitres suivants.

Nous aurons à relater plus loin, dans les travaux de la Commission, ce qui concerne l'enseignement supérieur ; nous ne retiendrons ici que la partie relative à l'enseignement secondaire. Les institutions alors existantes sont fort maltraitées dans le rapport. On reproche aux trois Écoles de Villers-Cotterets, Grenoble et Toulouse, de ne donner que des résultats insuffisants : non que l'on mette en doute la capacité et le dévouement des agents qui, outre leur service ordinaire, y remplissent les fonctions de professeurs ; mais à cause de l'instabilité de l'organisation et surtout du défaut de préparation des candidats. On fait au contraire un très grand éloge de l'École primaire des Barres, qui reçoit par voie de concours des fils de préposés (1) et tend à devenir une pépinière précieuse pour le recrutement des brigadiers. C'est dans cette voie que l'on propose de marcher, en créant d'autres Écoles régionales sur le plan des Barres, pour l'instruction primaire. En ce qui concerne l'enseignement des sous-officiers qui, depuis la loi du 24 juillet 1873, devaient bénéficier des emplois vacants de gardes dans la proportion des trois quarts, on ne précise pas comment il y sera pourvu ; on demande seulement, et avec raison, que leur stage pratique ne soit point effectué aux Barres, à cause de la différence d'âge avec les élèves de cette École. C'est donc vers l'enseignement primaire qu'on veut faire porter l'effort principal. L'enseignement secondaire n'est pas supprimé ; mais si on le conserve, c'est pour ainsi dire par esprit de symétrie, parce qu'il paraît logique d'en avoir un ; on se borne à remettre à l'Administration le soin de déterminer les conditions d'aptitude des brigadiers pour devenir gardes généraux adjoints. Sur ce point, comme sur bien d'autres, des idées différentes ne devaient pas tarder à prévaloir.

Nous ne mentionnerons que plus brièvement les travaux de la deuxième sous-commission, chargée de la réorganisation du service extérieur. Elle conclut au maintien intégral de la hiérarchie actuelle, y compris le grade de garde général adjoint. Elle veut que tous les agents, sans distinction d'origine, puissent prétendre aux grades supérieurs,

---

(1) Le rapport, en vantant le recrutement de l'École primaire des Barres, donne pour raisons principales de sa prospérité que les fils des préposés y entrent de très bonne heure, vers la vingtième année, et qu'ils font partie des compagnies de chasseurs forestiers, « ce qui les dispense de tout autre service militaire ». Il y avait dans cette assertion une grave erreur, provenant d'une assimilation fautive avec les élèves de Nancy, auxquels la loi donne exclusivement le droit de faire à l'École leur temps de service militaire.

à condition de justifier des connaissances nécessaires : c'est la conséquence du principe d'égalité, qui est de l'essence de la société moderne.
Mais, « s'il est bon d'entr'ouvrir la porte au mérite, il ne faut pas laisser
passer l'incapacité » ; les connaissances exigées seront donc les mêmes pour tous, anciens préposés ou élèves de l'École supérieure ; en d'autres termes, l'ancien préposé ne pourra parvenir au grade d'agent que s'il subit les mêmes épreuves que l'élève de l'École, « devant le même jury, avec le même programme ». C'était donc la confirmation intégrale de la règle appliquée depuis 1870.

Les travaux de la Commission de 1878 n'eurent pas d'effet immédiat. Ce furent plus tard qu'intervinrent les modifica-tions dont il était déjà question alors : nous verrons combien, dans l'intervalle, les idées s'étaient modifiées. Nous n'a-vons à signaler, comme consé-quence prochaine des projets discutés en 1878, que la déci-sion ministérielle du 2 avril 1879 (1) qui, consacrant un des vœux de la Commission, détermine les conditions de l'avancement dans la forma-tion du tableau annuel.

Garde. tenue de campagne
1897

Peu de temps après, l'Ad-ministration des Forêts était profondément agitée par l'essai mémorable
du *système Lorentz*, dont nous devons parler au moins brièvement
ici, à cause des conséquences qui en résultèrent pour le recrutement des
agents forestiers. Par Décret du 18 février 1882, M. Adolphe Lorentz, fils
du fondateur de l'École de Nancy, était élevé à la dignité de directeur des

(1) Cette décision fait suite à un Arrêté du 13 mai 1870, dont l'article 8 est ainsi
conçu : « Les inspecteurs généraux constituent, avec le directeur de l'École forestière
et le chef du personnel, le Comité qui chaque année arrête les tableaux d'avancement
dressés en vertu de l'Ordonnance du 16 décembre 1844. »

Forêts, restaurée en sa faveur. Jouissant de l'entière confiance du ministre (1), il avait l'ambition de marquer son passage par des réformes nombreuses, et notamment par une organisation nouvelle du service actif. Sans entrer dans des détails qui seraient inutiles pour notre sujet, nous rappellerons que, des trois degrés de la hiérarchie des agents, il s'agissait principalement d'en supprimer un, celui de chef de cantonnement ; l'inspecteur, devenu ainsi le seul gérant de la propriété forestière, sous le contrôle du conservateur, devait cependant avoir auprès de lui, avec le titre d'*auxiliaires* et le grade de gardes généraux, un personnel qu'il employait sous sa responsabilité et selon les besoins de son service. C'était l'introduction d'un corps nouveau, assez analogue à celui des conducteurs de l'Administration des Ponts et Chaussées, d'origine différente, recruté par une voie absolument distincte de celle des agents supérieurs. Alors en effet que les élèves sortants de l'École nationale de Nancy devaient immédiatement être nommés chefs de service, avec le grade d'inspecteurs ou d'inspecteurs adjoints, les auxiliaires devaient satisfaire seulement aux examens de sortie des Écoles secondaires (2).

Dès lors, la principale préoccupation de M. Lorentz devait être le recrutement de ce personnel auxiliaire, l'innovation essentielle du système : c'est aux Écoles secondaires qu'il devait naturellement s'adresser pour l'obtenir. Des quatre *centres* organisés en 1870, à Villers-Cotterets, Épinal, Grenoble et Toulouse, l'Arrêté ministériel du 14 juin 1882 n'en conserve qu'un seul, Villers-Cotterets. Mais en même temps, les Barres, où se trouvait depuis 1873 une École primaire, reçurent de plus une École secondaire. Les gardes généraux auxiliaires purent dès lors sortir : soit de Villers Cotterets, après deux ans d'exercice préalable dans le service actif ; soit des Barres, après avoir passé d'abord par l'enseignement primaire (3), puis par l'enseignement secondaire de cet

(1) Voir la lettre du 3 juin 1882, adressée au directeur des Forêts (M. Lorentz) par le ministre de l'Agriculture (M. de Mahy), et portée à la connaissance du personnel par la circulaire n° 291. Cette lettre contient le programme des réformes, évidemment dicté par M. Lorentz, et dont le ministre autorise ainsi l'exécution.

(2) Décret du 1ᵉʳ août 1882, portant réorganisation du service forestier. Nous n'entrons pas dans les détails ayant pour but de ménager une période transitoire et d'utiliser le personnel existant. Mentionnons seulement la suppression du grade de garde général adjoint : les élèves sortant des Écoles secondaires devenaient immédiatement gardes généraux (auxiliaires).

(3) Les conditions d'admission à l'École primaire, réglées par l'Arrêté du 16 juin 1882, en même temps que celles de l'École secondaire, furent modifiées sur des points de détail par une décision du 23 mars 1883.

établissement. Enfin Villers-Cotterets, où l'installation n'avait jamais été que très précaire, — les agents locaux comme professeurs, les élèves logés en ville, l'Administration forcée de louer chaque année une maison pour les salles de cours et les études, — fut supprimé comme centre d'instruction à dater de 1883 (1).

Nous n'avons pas à exposer ici pour quelles raisons le système Lorentz ne put réussir. L'idée première de ce système, la simplification du personnel des agents, était parfaitement admissible, l'intention excellente; mais ce n'est pas d'un trait de plume qu'on peut changer sans péril une organisation presque séculaire. Des motifs d'ordre budgétaire furent surtout l'obstacle contre lequel vinrent échouer des projets dont la mise à exécution avait été hâtivement commencée. Lorsqu'au bout de dix-huit mois l'Administration prit le parti d'abandonner la réorganisation pour revenir au régime antérieur, on se trouva en présence d'un grand nombre de postes nouvellement créés, dont il fallait utiliser les titulaires, et de ce corps des auxiliaires, sur le sort duquel il était urgent de statuer. Ce fut une liquidation difficile, qui se traduisit, pour les agents supérieurs, par des mises à la retraite anticipées extrèmement regrettables, et pour les anciens auxiliaires par un changement de situation dont les effets devaient se faire sentir d'une manière permanente dans tout l'ensemble du personnel.

Les conditions du recrutement des agents forestiers furent profondément changées par le Décret du 23 octobre 1883. On a vu que depuis 1837 nul ne pouvait obtenir les grades supérieurs des agents forestiers sans avoir satisfait aux examens de sortie de l'École de Nancy. Il fut décidé, au contraire, que dorénavant un tiers des postes du dernier grade des agents serait réservé à des préposés n'ayant pas cette origine. Aucune objection de principe ne pouvait être faite à cette innovation; ce n'était qu'un retour partiel à l'article 30 de l'Ordonnance réglementaire, retour avantageux même pour les élèves de Nancy, qui n'avaient qu'à gagner à cette concurrence avec des agents plus âgés qu'eux au début de la carrière et auxquels l'instruction supérieure faisait défaut. Mais un autre article du Décret de 1883 dispose que les élèves sortis de l'École secondaire des Barres (2) seront immédiatement nommés agents

----

(1) Cependant, les élèves qui n'avaient encore qu'une année d'études à la fin de l'année scolaire 1883 revinrent compléter leur instruction en 1883-1884.

(2) Nous ne parlons pas des autres modes de recrutement visés dans l'article 4 du Décret pour le tiers réservé aux agents sortant du rang : les gardes généraux que

forestiers, au même titre et dans les mêmes fonctions que ceux sortis de l'École nationale forestière : cette assimilation complète entre deux degrés d'instruction entièrement dissemblables ne pouvait manquer de provoquer dans le monde forestier un profond étonnement et de vives critiques. Si encore le grade ancien de garde général adjoint avait été conservé, il eût pu marquer très nettement la différence des deux enseignements ; l'École de Nancy donnant seule aux élèves sortants le titre de garde général (1), telle eût été la récompense de ceux qui justifiaient d'une instruction supérieure. Mais, dans la situation créée par le Décret de 1883, on pouvait croire que de ces deux Écoles, ainsi placées sur la même ligne, offrant à leurs élèves des avantages identiques, l'une était superflue ; tout au moins on allait voir bientôt se renouveler l'antagonisme ancien, presque dans les mêmes conditions qu'au temps de M. Le Grand, entre les agents sortants de Nancy et ceux ayant une origine différente.

Un autre résultat de l'avortement du système Lorentz ne tarda pas à se produire sous la forme d'une réduction importante des crédits alloués pour l'enseignement supérieur. Depuis la réunion des Forêts à l'Agriculture, depuis surtout le vote de la loi du 4 avril 1882 sur la restauration des montagnes, qui augmentait les attributions des agents forestiers, des postes nombreux avaient été créés ; à Paris, l'inspection générale avait été organisée, puis développée ; dans toutes les branches du service, des améliorations étaient apportées, auxquelles correspondaient des dépenses nouvelles. Au milieu de cette période d'extension, les mesures prises par M. Lorentz, les polémiques qu'elles avaient soulevées, attiraient l'attention du monde parlementaire sur cette Administration des Forêts qui faisait tant parler d'elle et dont les appétits s'enflaient avec une si inquiétante rapidité.

Déjà en 1883, lors de la discussion du budget à la Chambre, un député, M. Guichard, faisant ressortir les augmentations de crédits, suivant lui excessives, accordées aux Forêts depuis quelques années,

mentionne ce texte sont les *auxiliaires* du système Lorentz, qui ne devaient plus être créés à l'avenir ; quant aux préposés n'ayant passé par aucune École et ne présentant d'autre garantie que leurs quinze ans de service actif, ils furent nommés en assez grand nombre dans les années qui suivirent 1883 : mais ensuite, ce mode de recrutement devait être de moins en moins usité, surtout par suite du défaut de demandes des intéressés eux-mêmes, qui ont presque toujours plus d'avantages à finir leur carrière comme brigadiers. En réalité, il ne reste donc en présence, comme nous le disons au texte, que les élèves de Nancy et les élèves des Barres.

(1) Ce titre, supprimé en 1883, allait être rétabli par le Décret du 27 janvier 1884.

B. LORENTZ

PREMIER DIRECTEUR DE L'ÉCOLE FORESTIÈRE

1824-1830

déposait un amendement qui réduisait de plus de 500,000 francs le chapitre du personnel (1). L'attaque fut repoussée, grâce aux explications fournies par le ministre, M. Méline ; mais elle se renouvela l'année suivante, beaucoup plus vive et aussi plus dangereuse, parce qu'elle était dirigée par le rapporteur de la Commission du budget, M. Viette, qui fit surtout porter ses critiques sur deux points : l'inspection générale, dont il demandait la suppression, et l'enseignement forestier, au sujet duquel il s'élevait contre les privilèges exorbitants dont jouissaient, suivant lui, les élèves de Nancy (2). La conclusion était une réduction de plus de 700,000 francs sur les crédits du personnel de l'administration, et une autre réduction de 50,000 francs sur le personnel de l'enseignement, celle-ci pesant tout entière sur l'École de Nancy, car la dotation des Barres était intégralement maintenue.

Le ministre de l'Agriculture, M. Méline, ne crut pas pouvoir soutenir le projet primitivement présenté par le Gouvernement. S'arrêtant à un moyen terme entre les chiffres de ce projet et ceux de la Commission du budget, il s'attacha du moins à réfuter vigoureusement les arguments de M. Viette, arguments bien fragiles à la vérité, mais qui n'en étaient pas moins redoutables, à cause de la verve du rapporteur, qui savait flatter habilement les préjugés et les faiblesses de la majorité de la Chambre. Pour préparer cette défense de l'enseignement forestier supérieur, M. Méline avait fait appel au directeur de l'École, et comme autrefois M. Parade dans sa lutte contre M. Le Grand, M. Puton s'empressa de fournir non seulement au ministre, mais encore aux députés qu'il parvint à intéresser à sa cause, les arguments les plus propres à combattre les erreurs et les exagérations du rapport (3).

Grâce à M. Méline, les réductions proposées par M. Viette furent repoussées ; mais cette victoire était toute relative. Pour le personnel de l'enseignement, le projet primitif accordait 161,000 francs ; M. Viette réduisait ce chiffre à 111,000 francs ; M. Méline fit voter 132,000 francs. Seulement, circonstance aggravante, la diminution était supportée

(1) Séance du 19 novembre.

(2) Voir des extraits de ce rapport dans la *Revue des Eaux et Forêts*, 1884, p. 529 à 539 : « Compte rendu des séances de la Chambre des 5 et 6 décembre 1884. »

(3) Les archives de l'École contiennent un ensemble de renseignements curieux sur cette période, dans un dossier intitulé : *L'École forestière devant la Commission du budget en 1884*.

intégralement par l'École de Nancy, et les crédits de l'enseignement secondaire demeuraient intacts. C'était donc pour Nancy une véritable déchéance, et nous verrons plus loin les difficultés qui en résultèrent

Garde clairon
1897

pour l'organisation des études avec des ressources ainsi réduites. Mais la crise n'était pas terminée, pour l'Administration et pour l'École ; elle allait sévir encore avec bien plus d'intensité pour aboutir aux Décrets de 1888.

Le 12 décembre 1887, M. Viette, député du Doubs, succédait à M. Barbe au Ministère de l'Agriculture. M. Viette s'était fait connaître comme peu favorable aux forestiers, notamment par son rapport de 1884. Lorsqu'on le vit arriver à la tête d'une Administration dont il passait pour l'adversaire le plus déterminé, l'appréhension fut très vive sur la nature des changements qui ne devaient pas tarder à être imposés au personnel. Ces changements furent en effet très graves ; ils s'appliquèrent à la fois à l'organisation et au recrutement de l'Administration forestière, et à l'École de Nancy. C'est seulement le premier de ces ordres d'idées que nous allons examiner ici ; nous retrouverons dans un autre chapitre l'œuvre de M. Viette en ce qui concerne l'enseignement.

Signalons d'abord le Décret du 20 décembre 1887, qui supprime l'inspection générale. Ce serait sortir de notre sujet que d'insister sur une mesure qui faisait disparaître comme inutile une institution nécessaire : l'inspection générale n'avait besoin que de quelques modifications pour bien remplir la mission de contrôle qui lui était assignée. Mais il en résultait une constitution nouvelle du Conseil d'administration et, par suite, du Comité chargé de préparer le tableau d'avancement ; à ce point de vue, la disparition des inspecteurs généraux eut immédiatement des conséquences importantes. Un Décret du 14 janvier 1888, « portant réorganisation du personnel central du Ministère de l'Agriculture », et fusionnant ensemble les quatre directions de ce Ministère, établit un Conseil d'administration unique, composé des directeurs, du chef de cabinet du ministre, et du chef du premier bureau central comme secrétaire. Ce fut ce Conseil qui dut à l'avenir donner son avis sur la formation du tableau d'avancement. Il pouvait d'abord paraître extraordinaire de faire intervenir, pour les Forêts, dans cette fonction si spéciale, les directeurs de l'Agriculture, de l'Hydraulique et des Haras, auxquels le personnel forestier était nécessairement inconnu. Bien plus, le tableau ainsi dressé chaque année ne valait qu'à titre consultatif, le ministre pouvant parfaitement choisir en dehors de la liste qui lui était présentée : c'était supprimer indirectement une garantie à laquelle les agents attachent le plus grand prix.

Un second Décret, portant la même date, 14 janvier 1888, établit comme il suit le recrutement des agents forestiers. Ils peuvent avoir une triple origine : l'École nationale forestière, l'École secondaire des Barres, enfin le service actif des préposés. On peut faire partie de l'École secondaire après trois ans de service actif dans le rang des préposés (1), à condition d'avoir subi avec succès les examens d'entrée et d'être âgé de moins de trente cinq ans. Pour ceux qui n'ont passé par aucune École, ils doivent justifier de quinze ans de service actif. Le nombre des élèves admis chaque année à l'École secondaire ne peut dépasser six ; et comme d'ailleurs nous verrons les promotions de l'École nationale uniformément réglées à douze élèves, il s'ensuit que la proportion de un tiers et deux tiers établie en 1883 est conservée, sauf l'introduction des préposés n'ayant passé par aucune École, dont le nombre reste indéterminé, mais qui, forcément, ne peut être bien considérable.

C'est à ce régime qu'aujourd'hui encore est soumise l'Administration des Forêts ; nous ne reviendrons pas sur l'appréciation que nous avons faite précédemment au sujet des relations de l'enseignement secondaire et de l'enseignement supérieur. Quant au mode nouveau de recrutement imposé à cette même époque à l'École de Nancy, nous aurons à en parler plus loin. Il nous reste à ajouter ici, en ce qui concerne le tableau d'avancement, que les agents ne sont plus assujettis au régime draconien de 1888. Deux ans après que M. Viette eut quitté le Ministère, un Décret du 15 juin 1891 restaura le Comité d'avancement en le composant, comme il était raisonnable, exclusivement d'agents forestiers ; le tableau cessa d'être facultatif, en ce sens que les nominations ne purent désormais porter sur ceux qui ne s'y trouvent pas inscrits. Un Arrêté ministériel du 15 juillet 1891 complète enfin le Décret en déterminant le temps minimum que tout agent doit remplir dans chaque grade avant d'être inscrit pour le grade supérieur. Cet ensemble de dispositions limite ainsi le choix et doit être considéré comme un progrès considérable sur la situation antérieure.

Tel est le dernier état des règlements concernant le recrutement. On voit combien ces règlements, établis d'une manière très sommaire en 1824, ont successivement gagné en précision depuis cette époque.

---

(1) Deux années de service actif suffisent pour ceux qui sont sortis de l'École primaire des Barres, dite *École pratique* dans le texte de 1883. Cette École reçut un règlement par Arrêté ministériel du 15 janvier 1888.

Nous pouvons maintenant, après ces notions préliminaires, ne plus parler de l'enseignement secondaire, et aborder l'histoire de l'École de Nancy, qui personnifie depuis bientôt soixante-quinze ans l'enseignement forestier supérieur.

Entrée de l'École nationale forestière.
(Portail de Mique)

CHAPITRE PREMIER

L'École de Nancy. — Les Directeurs.

Sommaire : *Installation de l'École à Nancy; M. Lorentz (1824-1830). — M. de Salomon (1830-1838). — M. Parade (1838-1864); importance de sa gestion; ses difficultés avec l'Administration centrale : M. Le Grand. — M. Nanquette (1864-1880); transformation matérielle de l'École; la troisième année. — M. Puton (1880-1893); suppression du stage à l'École; recrutement par l'Institut national agronomique. — M. Boppe; situation actuelle.*

Dans cette étude historique sur l'École supérieure des Forêts, nous allons commencer par raconter la vie de ceux qui eurent l'honneur de présider à ses destinées; ce n'est que justice de débuter par cet hommage aux hommes éminents auxquels nous devons en grande partie la situation dont nous jouissons aujourd'hui. Nous essaierons pour chacun d'eux de tracer les grandes lignes de leur administration, de faire ressortir les difficultés vaincues, les résultats obtenus; les principales étapes de la formation de l'École nous seront ainsi connues. Nous pourrons ensuite détailler, dans autant de chapitres spéciaux, tous ses éléments constitutifs, et suivre l'élève de Nancy depuis son admission à l'École jusqu'à son entrée dans la carrière.

Tout d'abord, se pose une question intéressante : Pourquoi l'École a-t-elle été placée à Nancy ? L'Ordonnance du 26 août 1824 ne précisait rien à cet égard ; et même, en disposant que le nouvel établissement serait fait « près de l'Administration », on pouvait penser que l'emplacement serait choisi à Paris ou dans les environs, conformément aux habitudes de centralisation excessive qui ont fait grouper autour de la capitale la plupart de nos grandes Écoles. Et pourtant, l'Ordonnance d'organisation du 1ᵉʳ décembre 1824 choisit Nancy comme siège de l'École royale forestière. Il ne nous est parvenu aucun document écrit donnant les raisons de ce choix. On a cru pouvoir l'expliquer par une circonstance toute fortuite : la préférence du directeur général, M. de Bouthillier, pour une ville où il avait des parents, des amis, et qu'il lui était agréable de revoir. Nous ne croyons pas que M. de Bouthillier ait été maître de faire prévaloir à ce point ses convenances privées ; cette raison, que d'ailleurs nous ne croyons pas fondée, n'aurait donc pas été la seule, et il en existe certainement d'autres plus sérieuses.

Le choix de Nancy s'explique, a-t-on dit, par la proximité des grandes forêts de la région vosgienne, si bien disposées pour fournir aux élèves un champ d'études excellent. Cela était vrai surtout lorsque l'Alsace était française, à cause de la variété si remarquable des massifs forestiers de ce pays. Nul doute que le grand avantage de faire profiter la nouvelle institution de l'étude des forêts avoisinantes ait été apprécié lorsqu'il s'agit de choisir le siège de l'École. Mais encore, cette considération n'explique pas suffisamment pourquoi Nancy obtint la préférence : pour aller de cette ville à Remiremont dans les Vosges ou à Haguenau dans la plaine d'Alsace, c'était alors un grand voyage, car il ne faut pas oublier qu'on était à cette époque au beau temps des diligences comme moyen de transport. On eût donc pu se décider, avec plus d'avantages à cet égard, pour Compiègne ou Fontainebleau, par exemple.

Nous croyons que le motif déterminant fut le voisinage de l'Allemagne. Il faut se rappeler la vénération profonde, l'engouement absolu de nos anciens forestiers pour les méthodes allemandes ; il leur parut sans doute nécessaire, tout en restant dans un pays de langue française, de se placer le plus près possible des maîtres dont ils suivaient la doctrine et surtout dans des conditions assez pareilles pour que l'application de leurs théories ne souffrit point de difficultés. Si l'on a dit de

Strasbourg que cette ville était jadis, pour l'Université de France, une fenêtre ouverte sur l'Allemagne, à plus forte raison Nancy devait être, pour la science forestière française, un point de contact permanent avec Hartig, Cotta et leurs successeurs.

Pour fonder la nouvelle École, qui devait fonctionner à partir du 1er janvier 1825, l'Administration fit choix d'un forestier expérimenté, qui occupait alors l'inspection de Saint-Dié dans les Vosges, qu'un long séjour dans les pays allemands avait formé aux études théoriques, et que des services importants rendus en Alsace, dans le Jura, en Normandie, avaient mis en évidence. Ce premier directeur de l'École de Nancy, M. Bernard Lorentz, possédait toutes les qualités nécessaires à la réussite d'une entreprise aussi délicate ; si l'institution put vivre et surmonter les difficultés du début, c'est à lui et à lui seul qu'il faut en reporter le mérite.

Ces difficultés furent nombreuses et d'autant plus pénibles à vaincre que la charge incombait entièrement au directeur. Rien n'avait été préparé d'avance : il fallut tout improviser, dans de trop brefs délais, les bâtiments, le personnel, l'enseignement. On fut d'abord en location pendant deux ans, le conservateur de Nancy ayant bien voulu céder une maison à laquelle était joint un jardin assez spacieux ; cette situation précaire ne cessa qu'en novembre 1826. Le personnel enseignant fut plus difficile à réunir ; ainsi que nous le verrons plus loin, M. Lorentz fut longtemps à l'École le seul professeur digne de ce nom. Quant à l'enseignement, il fut long aussi à se constituer, et même pour l'Économie forestière, on manquait absolument de livres pouvant servir de base aux leçons.

Heureusement il y eut, dès le début, un correctif pour ces lacunes : l'enseignement sur le terrain rachetait les imperfections du cours. En forêt, M. Lorentz se montrait supérieur ; sa parole chaude et entraînante savait communiquer aux élèves un véritable enthousiasme et cet amour du métier si nécessaire à ceux qui veulent se vouer à la carrière forestière. Les documents de l'époque, les souvenirs des rares survivants des premières promotions de l'École, témoignent unanimement de l'influence puissante que le maître sut prendre immédiatement sur un auditoire qui n'était pourtant que bien médiocrement préparé.

Cette influence si complète que M. Lorentz exerça d'emblée sur ses élèves était d'autant plus nécessaire que les règlements étaient alors fort larges ; les élèves vivaient en ville, la surveillance ne s'exerçait que d'une manière très sommaire ; c'était donc surtout par persuasion qu'il était possible d'obtenir de ces jeunes gens une application constante et un travail suffisant. Enfin, par suite du mode de recrutement des premières promotions de l'École, elles comprenaient des éléments très dissemblables, autant sous le rapport de l'âge et de l'éducation que sous celui des connaissances théoriques. Il fallait faire du tout un ensemble homogène capable de suivre l'enseignement forestier et d'en tirer profit. M. Lorentz sut résoudre ce problème difficile.

L'enseignement sur le terrain consistait essentiellement, nous le verrons plus loin, dans des aménagements que le directeur faisait exécuter dans les forêts avoisinant Nancy. Cet exercice, excellent surtout à cette époque, n'était pas cependant sans inconvénients. Sans doute M. Lorentz avait parfaitement compris la raison d'être du régime forestiel domanial, qui est la formation des bois de fortes dimensions, la culture intensive du sol ; mais il lui était resté de ses études allemandes une conception assez étroite des moyens à employer. En dehors du massif plein d'arbres de même âge, tout lui semblait mauvais, et le plus riche taillis composé, la sapinière jardinée la plus sagement traitée, lui paraissaient autant de témoins de systèmes inférieurs que l'on devait se hâter de faire disparaître. Cette intransigeance absolue de principes, cette généralisation immédiate de mesures qui, en les supposant justifiées, eussent exigé cependant certains tempéraments dans l'exécution, devaient avoir dans l'avenir de graves inconvénients, pour l'École et pour M. Lorentz lui-même.

Mais à l'époque où nous sommes, les idées de M. Lorentz n'étaient pas encore discutées, et le chef de l'Administration lui témoignait une confiance entière : le marquis de Bouthillier, directeur général des Forêts au moment de la création de l'École, donnait à M. Lorentz de nombreuses marques de sa sympathie et lui accordait pleinement son concours pendant cette période difficile de création de l'établissement. Avec les successeurs de M. de Bouthillier, la situation de M. Lorentz ne cessa de grandir, si bien qu'une décision du 1er octobre 1830 vint l'enlever à Nancy, pour occuper au Conseil d'administration des Forêts une place que le nouveau directeur, M. Marcotte, lui avait réservée. Dans cette situation, M. Lorentz allait exercer sur le service extérieur une influence considérable ; c'était pour lui le meilleur moyen de faire prévaloir ses idées sur les conversions en futaie, le but de toute sa vie : il n'hésita donc pas à se rendre au poste qui lui était offert. Mais qu'allait devenir l'École de Nancy, dont la formation était encore fort incomplète ?

M. Lorentz avait lui même désigné son successeur au choix de l'Administration centrale. Ce successeur, M. de Salomon, avait fait toute sa carrière en Alsace et était en ce moment inspecteur à Wissembourg ; il était lui aussi tout à fait partisan de la sylviculture allemande, ce qui justifiait suffisamment sa nomination à Nancy. De plus, M. Lorentz laissait à l'École un autre lui-même : il avait fait nommer comme sous-directeur et répétiteur du cours de sylviculture M. Adolphe Parade, qui bientôt allait devenir son gendre. Ancien élève de Tharand, ayant achevé son éducation forestière à l'École même, où il se trouvait depuis 1825, d'abord avec le grade de garde à cheval, puis d'arpenteur, puis de garde général, M. Parade était le dépositaire des écrits de son maître, qu'il allait coordonner et bientôt après publier. D'une habileté égale à sa haute intelligence, véritable entraineur d'hommes, il avait la parole facile, une éloquence insinuante qui lui gagnait le cœur des élèves. A côté de lui, le directeur, moins bien doué pour l'enseignement oral, était placé dans une infériorité fâcheuse : on eût pu croire qu'il avait été choisi uniquement pour donner à M. Parade, trop jeune encore à ce moment, le temps de prendre de l'âge, jusqu'à ce qu'il fût possible de l'élever au premier rang.

Dans ces conditions, ce fut un rôle fort ingrat que M. de Salomon eut à remplir. Sans doute l'enseignement restait le même (1) ; de nouveaux règlements, introduits en 1833, paraissaient donner de sérieuses garanties aux études, en complétant judicieusement les dispositions fort sommaires prises en 1825. Néanmoins, l'École ne tarda pas à subir une crise grave, que M. de Salomon avait prévue et qu'il fut impuissant à conjurer. Les questions de discipline prirent alors une

---

(1) Tout ce qui concerne l'enseignement, à l'École et au dehors, sera traité dans les chapitres suivants, auxquels nous renvoyons aussi pour les détails concernant la discipline et la vie intime des élèves. Nous nous bornerons à mentionner un incident qui se place peu de temps après l'entrée en fonctions de M. de Salomon, et qu'il convient de rappeler ici. — En juin 1831, le roi Louis-Philippe, visitant les départements de l'Est, s'arrêta à Nancy. A ce moment de l'année, les élèves étaient en courses, et l'on ne jugea pas possible de modifier les itinéraires de tournées pour assister à la réception royale. Du moins, le 18 juillet, la 2ᵉ division se trouvant en Alsace avec le directeur, M. de Salomon vint à Strasbourg et se joignit avec ses élèves aux fonctionnaires réunis pour les présentations. « Sa Majesté, — rapporte M. de Salomon, — daigna nous dire qu'elle voyait avec plaisir les élèves de l'École forestière et qu'elle portait intérêt à un établissement aussi utile : qu'il fallait enseigner aux élèves à couper peu de bois et à en planter beaucoup.... »

importance capitale, et le système de liberté absolue laissée aux élèves en dehors des cours devint peu à peu intolérable. Tant que M. Lorentz était resté à Nancy, son ardeur communicative avait su maintenir dans un ordre relatif ces jeunes gens auxquels les occasions de dissipation et de dépense étaient si largement offertes. Il n'en fut plus de même sous son successeur.

Dès 1832, M. de Salomon adresse à Paris des demandes pressantes pour qu'on lui donne les moyens d'agir plus efficacement sur la conduite des élèves : tout d'abord il réclame l'adjonction d'un fonctionnaire chargé spécialement de la surveillance au dehors ; ensuite, il se déclare convaincu de la nécessité d'un système plus complet : c'est le casernement qui seul lui semble capable de remédier au mal. Bien plus, les distractions de Nancy lui paraissent si dangereuses, qu'il veut emmener l'École très loin, au milieu des forêts. La petite ville de Saverne, en pleine montagne des Vosges, à proximité de Wasselonne, de Haguenau, de toutes ces contrées d'Alsace si chères au cœur de nos premiers forestiers, lui paraît tout à fait indiquée. On s'est mis en rapport avec la municipalité, qui céderait volontiers pour l'École l'ancien château du cardinal de Rohan ; M. Parade, envoyé sur les lieux, conclut dans le même sens et dépose un rapport détaillant les travaux d'installation nécessaires en faisant ressortir que, grâce aux subsides de la ville et du département, la charge de l'État serait fort minime. Cependant, la réponse de Paris ne fut pas favorable (1).

C'est alors que M. de Salomon, désespérant de faire triompher ses idées sur le casernement, désolé des mesures de rigueur qui devenaient nécessaires contre ces jeunes gens qu'il voyait « se perdre d'honneur, de santé et de réputation » (2), ne voulut pas endosser plus longtemps une

---

(1) Il resta, de cette tentative de déplacement, une certaine appréhension dans l'esprit des élèves, qui préféraient de beaucoup Nancy à la petite ville alsacienne, fût-ce même pour occuper le château de Rohan, et les craintes qu'ils éprouvèrent en 1838 se transmirent à leurs successeurs. Onze ans plus tard, à un moment où tout changement était considéré comme possible, ainsi qu'il arrive d'ordinaire en temps de révolution, le bruit courut que le transfert à Saverne était de nouveau projeté. Les élèves protestèrent à leur manière, pendant les courses de juillet 1849 : la deuxième division, qui était de passage à Saverne, fit pendant la nuit un beau tapage, pour bien montrer aux bourgeois quels agréments leur procurerait la présence de l'École forestière. C'est ce que le directeur, dans sa correspondance, appelle justement « la ridicule équipée de Saverne » (lettre de M. Parade au directeur des Forêts, 17 juillet 1849) ; elle valut à ces jeunes fous une punition méritée, mais elle n'eut, bien entendu, aucune influence sur la solution d'une question qui n'était même pas agitée à Paris en ce moment.

(2) Lettre du 20 mai 1838, de M. de Salomon à M. Le Grand, directeur général des Forêts.

responsabilité qu'il estimait trop lourde. Pour mettre fin à une fausse situation qu'il jugea sans issue, il demanda son changement, et le 21 juin 1838 une décision de l'Administration l'appelait à la Conservation de Colmar.

Le 2 juillet 1838, M. Parade prenait la direction de l'École de Nancy, qu'il devait conserver pendant vingt-six ans. On le considère à juste titre comme le vrai fondateur de cette École ; il a laissé un nom honoré de tous les forestiers français, qui ont eu pour lui un véritable culte, ne le séparant pas d'ailleurs dans leur souvenir de son maître, M. Lorentz. Les documents fort nombreux qui nous restent de sa gestion, les impressions encore vivaces de tous ceux qui l'ont connu et ont étudié sous ses ordres, nous montrent en M. Parade un homme vraiment supérieur et digne de sa grande renommée. Sans vouloir recommencer un panégyrique qui a été fait (1) et dans lequel éclate l'émotion sincère du disciple et de l'ami, nous constatons que, sous son troisième directeur, l'École de Nancy put traverser une période difficile, s'améliorer et s'accroître, malgré les périls que nous aurons à raconter. Si le développement de l'enseignement forestier ne fut pas brusquement arrêté à cette époque critique, c'est grâce à l'homme habile qui sut tirer un si merveilleux parti d'une situation incertaine et troublée.

Écrivain, professeur et surtout administrateur, M. Parade réunissait les qualités maîtresses qu'il est si rare de trouver réunies dans le chef d'un grand établissement. Le *Cours élémentaire de la culture des bois*, son œuvre capitale, est un livre si magistralement conçu, si clairement composé, que l'on comprend l'admiration sans réserves dont il fut l'objet pendant toute la vie de son auteur. Quant à l'enseignement oral, si M. Parade abandonna de bonne heure le soin de faire ses cours à des collaborateurs, absorbé qu'il était par ses fonctions administratives, il participa toujours activement aux exercices pratiques, et comme M. Lorentz il excellait à ces démonstrations sur le terrain qui gravent si profondément dans l'esprit des jeunes gens les notions essentielles de la science forestière. Mais il eut plus de mérite encore à sauver l'École du désarroi dans lequel elle se trouvait en 1838, et à y rétablir la discipline qui avant lui laissait tant à désirer. Il est vrai que les moyens refusés à M. de Salomon lui furent immédiatement accordés : il obtint les inspecteurs des études, et surtout le casernement, que son prédécesseur avait vainement réclamé. Du moins, il sut se servir de ces avantages avec une habileté

(1) TASSY. — *Lorentz et Parade* ; 2ᵉ partie, *Parade*, p. 79-137.

A. PARADE

Marbre de J. Vian

à l'Ecole forestière.

remarquable : ceux qui l'ont connu se souviennent de l'art avec lequel il savait conduire les jeunes gens, de l'influence considérable qu'il prenait immédiatement sur eux, tellement qu'il arrivait à s'en faire aimer alors même qu'il était obligé de les punir. Enfin, avec des ressources matérielles assez étroites, il créa des installations qui, pour son temps, étaient considérables et permirent de recevoir à l'École, au gré des exigences administratives, une longue suite de promotions nombreuses.

Toutefois, cette gestion de M. Parade ne fut pas exempte de difficultés, et ce fut du côté de la Direction des Forêts que vinrent les obstacles les plus sérieux. On eût pu croire, au contraire, que l'Administration apprécierait les éminents services que lui rendait l'École pour l'amélioration du personnel ; le niveau intellectuel des agents était incontestablement relevé : plus de science, une moralité plus grande, le service forestier désormais placé au-dessus de tout soupçon, une unité de vues auparavant inconnue, tels étaient les avantages évidents de l'institution. Et pourtant, pendant neuf années, de 1843 à 1852, nous voyons l'École constamment menacée, parfois même à la veille de disparaître. On a rendu principalement responsable de cette hostilité persistante un homme qui à plusieurs reprises fut à la tête de l'Administration, et dont les idées sur le recrutement du personnel étaient manifestement contraires au maintien d'une École supérieure des Forêts. Sans doute, M. Le Grand fut l'adversaire de l'École de Nancy : nous ne pouvons en douter par son attitude et ses agissements dans un conflit que nous aurons à raconter bientôt. Mais la seule antipathie d'un fonctionnaire, quelque haut placé qu'il fût, ne suffirait pas à expliquer cette période de crise, qui se prolongea même alors que M. Le Grand n'était plus directeur. Il y avait une raison plus haute, d'ordre plus général, qui tenait à la conception du rôle que doivent remplir les forêts et les forestiers dans une Administration qui relevait alors du Ministère des Finances.

En 1839, M. Lorentz était brutalement mis à la retraite, malgré la notoriété qui s'attachait à son nom, malgré les services qu'il avait rendus comme directeur de l'École et comme administrateur. Ce qu'on lui reprochait, pour motiver sa disgrâce, c'était d'appliquer avec trop d'ardeur aux forêts domaniales son système de conversion en futaie pleine des massifs antérieurement traités soit en taillis, soit par le jardinage. Que M. Lorentz ait marché avec trop peu de prudence vers la réalisation de ses doctrines, que ses procédés de conversion fussent défectueux dans la pratique, il est permis de l'admettre ; mais au fond, ce n'était pas d'une question technique qu'il s'agissait, ni de détails d'application. M. Lorentz voulait obtenir l'enrichissement des forêts par la production de bois de fortes dimensions : il estimait cette production nécessaire dans un but d'intérêt public ; pour lui, la raison d'être des forêts entre les mains de l'État était de fournir constamment de gros arbres pour l'outillage national, et il ne s'inquiétait que médiocrement du rendement en argent, des mécomptes temporaires que les conversions pouvaient occasionner dans le budget des recettes de l'Administration. Sur ce point essentiel, il se trouvait en désaccord complet avec le Ministère des Finances.

« Aux yeux des financiers purs, — observe très justement une publication de cette époque (1), — l'Administration des Forêts n'aura jamais d'autre objet que la perception de l'intérêt d'un capital immobilier. Le taux d'intérêt de ce capital, son infériorité plus ou moins grande par rapport au taux de la rente de la Dette publique, voilà le point de vue d'où ils jugent la propriété forestière. Aussi presque tous estiment que les forêts entre les mains de l'État sont une propriété de luxe. Conserver des biens qui ne rapportent que 2 p. 100 lorsqu'on paie 5 à ses créanciers !... Voilà le cercle dans lequel tournent les idées administratives des financiers. L'accroissement de la richesse immobilière de l'État par de bonnes méthodes de culture, l'abaissement du prix des bois, les heureux résultats du boisement des montagnes et des landes, sont pour eux lettre close.... De là viennent les aliénations de forêts nationales, opérations prônées par les hommes les plus éminents.... »

Si les *financiers* adressaient des reproches à M. Lorentz, à plus forte raison devaient-ils accuser M. Parade, le continuateur actuel de la doctrine du maître. Tant que cette doctrine restait théorique, aucun conflit n'était à craindre ; mais peu à peu les agents issus des premières promotions de l'École arrivaient aux grades élevés de l'Administration forestière ; ils voulaient appliquer partout les principes qu'ils estimaient justes et efficaces ; il en résultait une poussée de plus en plus forte vers les conversions en futaie, contre laquelle le Ministère des Finances estima qu'il était temps de réagir. Et une fois cette nécessité admise,

---

(1) « Sur l'organisation de l'Administration forestière. » (*Annales forestières*, 1849, sans noms d'auteurs.) — Ce travail remarquable est dû à deux forestiers, MM. Hun et de Buffévent.

DIRECTEURS DE L'ÉCOLE FORESTIÈRE

A PARTIR DE 1830

D. DE SALOMON -

1830-1838

A. PARADE

1838-1864

H. NANQUETTE

1864-1880

A. PUTON

1880-1893

L. BOPPE

quoi de plus naturel que de s'attaquer tout d'abord à l'École de Nancy, d'où sortaient les théories absolues que l'on voulait combattre, aux professeurs qui donnaient le mot d'ordre auquel tous obéissaient ?

A ces considérations générales nous devons en ajouter d'autres, d'un caractère plus intime. Le recrutement par l'École avait renouvelé parmi les forestiers l'esprit de corps, qui avait disparu avec les anciennes maîtrises. Les nouveaux agents, issus d'un concours, ayant gagné leurs grades à la suite d'examens sérieux, devenaient beaucoup moins maniables que leurs prédécesseurs, venus un peu de tous côtés et assez indifférents aux questions de doctrine. Un tel changement ne pouvait que froisser des chefs qui n'avaient pas compris quel parti l'on pouvait tirer d'un personnel ainsi renouvelé, en faisant appel à son dévouement. On ne saurait se figurer quel enthousiasme animait alors la plupart des forestiers pour les choses du métier et comme les questions personnelles tiennent peu de place dans les discussions de ce temps. Mais encore une fois cette fougue juvénile, cette intransigeance qui se retrempait constamment dans une communication étroite avec le directeur de l'École, étaient mal vues en haut lieu, et le caractère autoritaire de M. Le Grand devait précipiter une crise inévitable.

Dans chacun de ses passages à la direction générale, M. Le Grand avait ouvertement marqué ses sentiments peu bienveillants pour l'École et pour les idées nouvelles. C'est lui qui, en 1836, refusait à M. de Salomon le casernement, dont la nécessité était déjà démontrée ; en 1839, en même temps qu'il renvoyait M. Lorentz, il mettait en disgrâce tous ceux qui passaient pour les chefs de la « propagande allemande », notamment le plus renommé de tous, M. de Buffévent ; de retour aux affaires, en 1843, il favorisait très visiblement les attaques dirigées contre l'enseignement de Nancy. Ces attaques partaient un peu de tous côtés : des agents ne sortant pas de l'École et mécontents de l'avancement de leurs collègues, qu'ils estimaient trop rapide ; de quelques dissidents, désireux peut être de faire leur cour au ministre ; enfin, de publicistes étrangers à l'Administration, qui, dirigés par une sorte de chauvinisme forestier, croyaient devoir opposer aux théories dites germaniques ce qu'ils appelaient les principes de la vieille sylviculture française.

Parmi ces derniers, on peut s'étonner de voir prendre place les frères Nettement, qui, à d'autres égards, tiennent un rang honorable dans la littérature de l'époque. Ils étaient les patrons d'un recueil périodique (1) qui débuta en 1842, et dont le programme contient une déclaration de guerre à l'École forestière. Le directeur et le principal rédacteur de ce recueil fut un ancien marchand de bois, nommé Bazile Thomas, qui s'intitulait « le Bûcheron de la Nièvre » et se donnait comme le représentant du bon sens et de la pratique dans sa lutte contre l'École « allemande » de Nancy et sa désastreuse influence. Cette lutte épique peut prêter à rire lorsqu'on relit les documents du temps, grâce à l'outrecuidance parfois bouffonne de Thomas ; elle n'en était pas moins énervante par sa ténacité (2). On ne saurait nier qu'il arrivait parfois au « Bûcheron » de frapper assez juste, lorsqu'il raillait par exemple notre engouement excessif pour les importations étrangères et cette tendance fâcheuse à vouloir appliquer partout des méthodes qui ne peuvent être bonnes que dans certains climats et pour certains massifs. Ce n'était pas à tort que MM. Lorentz et Parade étaient signalés comme procédant exclusivement de la science allemande : ils étaient bien les fils de cette science qui, à une époque où l'on ne comptait plus en France de forestiers dignes de ce nom, avait notamment poussé très loin les théories de l'aménagement. On pouvait leur reprocher à juste titre de négliger par trop nos auteurs français du XVIIIe siècle, qui les premiers ont édifié les bases de la sylviculture. Mais ceux qui leur opposaient sans cesse Buffon et Duhamel, voire même Plinguet, Dralet et Varenne de Fenille, eussent été fort en peine de dire en quoi devait consister la science française, dont ils se proclamaient les défenseurs. Ainsi Thomas fut beaucoup moins heureux lorsqu'il entreprit de s'ériger à son tour en docteur de science forestière et de composer un livre destiné à remplacer le *Cours de culture* : les deux volumes de son *Traité général de statistique, culture et exploitation des bois* (3) ne sont qu'un assemblage incohérent d'erreurs scientifiques et de prescriptions puériles.

(1) *Le Moniteur des Eaux et Forêts* : directeur, M. Thomas ; conseil de rédaction, MM. Alfred et Francis Nettement, etc.

(2) C'est ce que montre le passage suivant d'une lettre de M. Vicaire à M. Parade, en date du 20 février 1845 : « ... Il y a par le monde un homme qui nous fait bien du mal, c'est le père Th..... A force d'entasser calomnie sur calomnie contre l'École, il produit une certaine impression sur l'esprit des gens qui lisent son journal. C'est moi, décidément, qui suis en ce moment son point de mire. Il faudra, pour en finir, que je le traduise devant les tribunaux. .. » M. Vicaire, alors chef de bureau à l'Administration centrale, l'un des forestiers les plus éminents de ce temps, eût pu cependant, avec sa situation et son caractère, ne pas tenir compte de la polémique de M. B. Thomas.

(3) Deux volumes in-8° ; Paris, 1840. — Le *Traité* de Thomas a été apprécié comme il le mérite par M. Jules Gouy, dans un rapport à la Société centrale d'agriculture de

Nous n'aurions pas si longuement relaté cet ignorant et vaniteux personnage, s'il ne personnifiait le type du forestier pratique que M. Le Grand eût voulu introduire dans son administration. Singulier effet des temps ! Plus tard, on devait reprocher à l'École de Nancy de donner un enseignement trop peu scientifique ; à ce moment, le principal grief était l'éducation par trop savante de ses élèves. Telle n'était pas seulement l'opinion isolée d'un publiciste de bas étage : c'était celle du directeur général des Forêts, qui était parvenu à la faire partager au ministre lui-même. Là était le danger, dont M. Parade était averti par des amis dévoués.

Dans une lettre adressée vers cette époque au directeur de l'École par un député de la Meurthe (1), nous voyons le passage suivant : « J'ai trouvé le ministre un peu prévenu contre les résultats obtenus à l'École ; les élèves en sortent un peu trop *messieurs,* ils n'y contractent pas assez le goût de la forêt, où ils ne vont pas suffisamment. De là le désir de l'Administration de former des hommes plus pratiques, des hommes moins instruits peut-être, mais plus liés à la partie matérielle, technique du service, se trouvant mieux au bois que dans le monde, comblant une lacune que l'Administration croit exister.... » Sous les termes, atténués à dessein, de cet avis amical, on pouvait lire les projets que méditait M. Le Grand et dont l'exécution était alors imminente.

Nous avons déjà parlé de ces projets en ce qui concerne le recrutement et de cette dangereuse institution des surnuméraires, qui devait rabaisser le niveau des agents et compromettre l'existence du corps tout entier ; les conséquences d'un pareil système devaient être désastreuses pour l'École, dont on pouvait craindre la suppression à brève échéance. M. Parade s'efforça donc de détruire la mauvaise impression qui lui était signalée, en faisant agir ses amis auprès du ministre. Il tenta même une démarche personnelle, et pendant que M. Laplagne se trouvait dans les Vosges, aux eaux de Contrexéville, il prit le parti de lui adresser directement un mémoire ayant pour but de démontrer combien il était erroné de représenter l'École comme ne donnant à ses élèves qu'un enseignement purement théorique. Puisque alors on

Nancy, 1842. — Le « Bûcheron de la Nièvre » ne devait pas désarmer de sitôt ; on le voit encore apparaître à Nancy même, en 1850, lors d'une session du Congrès scientifique de France, où il ne joua d'ailleurs qu'un rôle effacé et même assez burlesque.

(1) Du 23 janvier (1845 ?). M. de l'Espée à M. Parade. — M. de l'Espée fut le correspondant assidu de M. Parade pendant cette période critique. Il faut mentionner encore M. Moreau, aussi député de la Meurthe, et surtout M. Vicaire.

demandait surtout de la pratique, il s'efforça de prouver quelle place
considérable tenaient les travaux d'application dans l'emploi du temps ;
il allait même, ce semble, un peu trop loin dans ce sens, en diminuant
l'importance des cours qui, dit-il, se trouvent resserrés dans les cinq
mois d'hiver, qui ne se composent que d'un ensemble de règles basées
sur des faits, non sur des idées, rien autre chose, en définitive, que de
la « pratique écrite » (1).

Ces efforts ne furent pas infructueux ; pour le moment, l'École ne
subit aucun dommage ; mais M. Le Grand n'avait pas changé d'opinion.
Avec lui, on devait toujours craindre ; peu d'années après, M. Parade
eut à se défendre contre des attaques autrement graves, dans lesquelles
son honneur et l'existence de l'École étaient en jeu.

Dans le cours de 1850, M. Le Grand dirigea sur Nancy un inspecteur
des Finances, chargé de vérifier les services de la comptabilité et du
matériel. L'organisation de ces services était demeurée fort défectueuse,
car on en était resté au point où l'on se trouvait du temps de M. Lorentz.
Même après le casernement, après l'augmentation du nombre des
élèves, c'était le directeur seul, avec l'aide d'un commis d'ordre, qui
réglait tous les comptes et veillait à l'emploi des sommes dont le versement était obligatoire pour les familles. Ce maniement de fonds eût
dû depuis longtemps être confié à un comptable spécial ; la seule raison
d'économie avait empêché l'institution de ce nouveau fonctionnaire.
Il en résultait une situation mal définie, dont M. Le Grand pensait se
servir pour incriminer la gestion de M. Parade. L'inspecteur des
Finances avait reçu des instructions très sévères : si les malversations
que l'on prévoyait pouvaient être établies, il devait immédiatement
« rapporter les clefs de la maison » (2), c'est-à-dire fermer l'École, dont
la suppression définitive eût été ensuite facilement obtenue. Mais l'évé
nement ne réalisa point ces tristes prévisions : sans doute le vérificateur
constata des défectuosités d'organisation que tout le monde connaissait
et consigna dans son rapport un grand nombre d'observations sur les
diverses parties du service, notamment à propos d'habitudes suivies
depuis la fondation de l'École et dont la justification au moyen d'autorisations formelles ne lui semblait pas établie ; mais il rendait pleine

(1) Du 8 août 1845. M. Parade à M. le Ministre des Finances.

(2) Ce sont les termes dont s'est servi M. Ch. Chenin, inspecteur général par intérim,
en racontant, dans une correspondance privée, la mission dont il avait été chargé. La
vérification de l'École fut faite, en réalité, par M. Cordier, inspecteur des Finances ;
son rapport est daté du 23 août 1850.

justice à la loyauté et à la délicatesse du directeur, se bornant à proposer pour l'avenir des modifications qu'il estimait indispensables.

M. Le Grand n'en fit pas moins infliger par le ministre à M. Parade un blâme, au sujet des « abus » reconnus dans l'administration intérieure de l'École, spécialement pour les fournitures de bois et d'huile allouées au directeur et aux deux inspecteurs (1). Mais il ne put aller au delà. Quant à la mesure vraiment nécessaire, l'institution d'un agent comptable, nous verrons qu'elle fut ajournée jusqu'en 1838, malgré les réclamations réitérées du directeur.

Pendant que cette inquisition pénible avait lieu à Nancy, le sort de l'École se décidait à la Chambre des députés, à l'occasion de la discussion du budget des Forêts. M. Le Grand joignait à ses fonctions administratives celles de député du département de l'Oise, et, à ce titre, en relations constantes avec les membres de la Commission du budget, il était facilement parvenu à faire partager ses idées au rapporteur, M. Berryer. L'étonnement fut néanmoins très grand, dans le monde forestier, d'entendre, à propos du budget des dépenses de l'Administration forestière, une critique de l'enseignement donné à Nancy, et une chaleureuse approbation du recrutement par les surnuméraires, « qui ne coûte rien à l'État et donne des résultats satisfaisants ». La conséquence naturelle de ce parallèle était la suppression d'une École coûteuse et dont les élèves, à cause de leur instruction toute théorique, « ne rendent que de très faibles services » (2). L'attaque fut vivement relevée, d'abord dans des journaux de nuances très diverses, puis à la tribune, où, devant les explications fournies (3), le rapporteur finit par rendre lui-même hommage à la bonne direction de l'École de Nancy. Quant à M. Le Grand, directement interpellé, il se borna à vanter le mode de recrutement par les surnuméraires, sans dire un seul mot de l'École, qui était pourtant le principal objet du débat. L'Assemblée, en repoussant les réductions de crédits demandées par le rapporteur, accorda implicitement le maintien du *statu quo*, se réservant toutefois de statuer

---

(1) Lettre d'envoi de la décision ministérielle, 17 mars 1831. — Justification de M. Parade, par lettre du 23 avril.

(2) Voir ce passage *in extenso* dans une brochure de M. de Bufflévent : *Appréciation comparative des agents forestiers entrés dans l'Administration par la voie de l'École forestière et par celle du surnumérariat.* — Alençon, 1850.

(3) Les orateurs qui prirent la défense de l'École en cette circonstance furent notamment M. Toupet des Vignes, député des Ardennes, et M. Monet, député de la Meurthe, maire de Nancy.

ultérieurement sur les surnuméraires, dont M. Toupet des Vignes avait réclamé la suppression.

La question revint l'année suivante, lors de la discussion du budget de 1852. M. Passy, le rapporteur, n'attaquait plus l'enseignement de l'École ; il se bornait à dire qu'il fallait tenir la balance égale entre les deux modes de recrutement, que les jeunes gens placés auprès des conservateurs n'étant point rétribués, subissant d'ailleurs des examens très complets, il convenait de favoriser un système dont l'Administration se trouvait bien (1). La discussion ne semble pas avoir eu autant d'ampleur qu'en 1850. D'ailleurs, peu de temps après, M. Le Grand quittait la Direction des Forêts ; son successeur, M. Blondel (7 avril 1852), ne partageait ni ses idées sur le recrutement des agents, ni ses antipathies contre l'École. Le danger était définitivement écarté ; pendant tout le reste de la carrière de M. Parade, il ne devait plus revenir. M. Graves, en 1854, fut également bienveillant pour l'École et pour son directeur. Quant à M. de Forcade, qui occupa la Direction générale des Forêts de 1857 à 1860, dès qu'il avait connu M. Parade, il avait été absolument conquis par la supériorité de son esprit et le charme de ses relations.

Que dire enfin de M. Vicaire, l'ami des mauvais jours, celui qui, au risque d'être brisé par M. Le Grand, avait su guider le directeur de l'École parmi les difficultés qui menaçaient de le faire sombrer ? Avec lui, les relations devinrent non seulement cordiales, mais affectueuses ; rien ne se fit désormais à Paris sans que M. Parade fût consulté, sans que son approbation eût été demandée et obtenue. C'était une sorte de renversement des rôles, qui montre bien la confiance absolue dont le directeur général honorait son subordonné. Cette confiance réciproque dura jusqu'à la fin. Aussi lorsqu'en 1864 le corps de Parade, mort à Amélie-les-Bains, fut ramené à l'École (2), Nancy vit un spectacle qui ne devait plus se renouveler : le chef de l'Administration forestière conduisant les funérailles, dont les frais étaient payés par l'État, et prononçant sur la tombe, au milieu d'une foule d'agents de tous grades, l'éloge de celui qui avait été pendant si longtemps la plus haute personnification de la science forestière.

Avec le successeur de M. Parade, — M. Nanquette, — l'École ne

---

(1) Voir la seconde brochure de M. de Buffévent : *Observations d'un ancien Conservateur des Forêts sur le Rapport du budget des dépenses de l'exercice 1852.* — Strasbourg, 1851.

(2) Les obsèques de M. Parade eurent lieu le 7 décembre 1864. Il était mort à Amélie-les-Bains le 29 novembre.

pouvait manquer de garder des traditions laborieusement formées : le nouveau directeur était arrivé à Nancy comme inspecteur des études en 1845 ; depuis 1860 il remplissait les fonctions de sous-directeur, et pendant que M. Parade luttait contre le mal qui devait l'emporter, c'était sur lui qu'était retombée la charge de conduire l'établissement, dont le fonctionnement lui était ainsi parfaitement connu. Pendant seize ans, M. Nanquette allait continuer l'œuvre de son prédécesseur, et ce fut une période de prospérité pendant laquelle l'habileté du chef, le dévouement des collaborateurs, l'appui bienveillant de l'Administration centrale, concoururent vers la réalisation d'un but commun.

Les résultats de la gestion de M. Nanquette furent avantageux pour l'École à beaucoup d'égards. Nous verrons que, grâce à lui, l'enseignement forestier technique fut largement développé. L'École conserva l'influence qu'elle avait précédemment exercée sur le corps forestier ; comme du temps de M. Parade, elle resta le centre autour duquel, aux époques de crise, vient se grouper tout le personnel : ainsi, dans la campagne si ardente qui fut conduite vers 1865 contre les aliénations des forêts domaniales, c'est principalement à Nancy que les pamphlétaires qui combattaient les projets officiels vinrent prendre le mot d'ordre et demandèrent leurs meilleurs arguments. La discipline, cette pierre d'achoppement qui, pendant toute la direction de M. Parade, était l'objet de difficultés sans cesse renaissantes, fut enfin restaurée, moins par des modifications aux règlements que par leur stricte application et par l'exemple : de la part de M. Nanquette et de son collaborateur M. Bagneris, l'élévation du caractère, la dignité de la vie, montrèrent aux élèves quel devait être le modèle de leur existence ; ils parvinrent ainsi à purger définitivement l'École de vieilles habitudes de licence et de dissipation, trop longtemps conservées. Au point de vue matériel, l'étroite et vieille maison de la rue Girardet fut entièrement renouvelée ; dans de vastes bâtiments se formèrent d'importantes collections, que nous détaillerons plus loin, et qui constituent l'œuvre capitale de M. Mathieu. Enfin, la grande entreprise de M. Nanquette, la troisième année d'études ou le stage à Nancy, vers laquelle convergent toutes les autres améliorations du matériel et de l'enseignement, fut menée à bonne fin et parut définitivement réalisée, au grand profit de l'École et du service forestier.

Pour la transformation matérielle, M. Nanquette sut habilement profiter de circonstances qui lui permirent d'obtenir des crédits auxquels ses prédécesseurs n'eussent jamais osé prétendre. En août 1866, l'Impératrice et le Prince impérial séjournèrent à Nancy, et ce fut l'occasion de fêtes imposantes, pendant lesquelles la Lorraine entière semblait réunie dans son ancienne capitale, pour témoigner de son attachement à la patrie française. L'École concourut à la décoration de la ville en élevant, dans la rue de la Constitution, un arc de triomphe orné de feuillages et d'attributs forestiers, dont le bon goût et les heureuses proportions furent justement remarqués. A cette occasion, M. Nanquette parvint à intéresser la souveraine au sort de l'École supérieure des Forêts, la plus mal dotée et la plus pauvrement installée de tous les établissements similaires ; une somme de 200,000 francs lui fut accordée pour les transformations nécessaires ; elle devait être ensuite largement dépassée. Un hôtel voisin fut immédiatement acheté, de nouveaux casernements s'élevèrent rapidement : il était possible de les occuper dès la rentrée de 1869.

Quelques mois après éclatait la guerre de 1870. Au moment où l'on affichait à Nancy le Décret impérial appelant à l'activité la garde mobile, dont faisaient partie un certain nombre d'élèves, l'École se trouvait au dehors pour les exercices pratiques. Le directeur se hâta de rappeler tout son personnel. Les jeunes gens demandaient à s'enrôler tous, en exprimant seulement le désir de marcher ensemble. La réponse de Paris fut un licenciement complet, chacun restant libre de se rendre à l'appel ou même de le devancer. La plupart prirent ce parti et firent courageusement leur devoir, à côté de leurs aînés. L'École ne fut rouverte que le 20 avril 1871 ; une seule promotion fut alors convoquée, la première division de 1870 ayant été, au jour du licenciement, admise tout entière au rang des agents forestiers. Cette rentrée de la 47ᵉ promotion, alors que Nancy était encore occupé par l'armée allemande, fut triste et pénible. L'usage de l'uniforme avait dû être prohibé ; les élèves ne purent l'endosser qu'après l'évacuation, et c'est seulement alors que l'École reprit son aspect habituel. On avait depuis longtemps effacé les traces matérielles de cette funeste guerre : les bâtiments n'avaient pas souffert ; protégés par le drapeau à la croix de Genève et transformés en une ambulance internationale dès le commencement de la campagne, grâce à l'initiative hardie de M. Grandeau, ils avaient reçu jusqu'à la fin de nombreux blessés, français et allemands (1) ; les professeurs, et

(1) Il est bon de rattacher à cet épisode les services que l'École rendit, immédiatement après la paix, aux préposés d'Alsace et de Lorraine, expulsés pour avoir refusé

notamment M. Bagneris, s'étaient dévoués à l'organisation et au fonctionnement de cet hôpital improvisé.

C'est alors que M. Nanquette jugea les circonstances favorables pour exécuter un projet depuis longtemps médité : l'essai d'une troisième année d'études. Ce projet datait de M. Parade, qui l'avait formulé dès 1852, et qui, plus tard, l'avait même fait approuver par M. Vicaire. Le 20 juillet 1871, en présence d'une Commission d'agents forestiers supérieurs, sous la présidence du directeur général, M. Nanquette exposa son plan de réorganisation : la durée des études était portée à trois ans ; la troisième année, dite année d'application et remplaçant l'ancien stage, comportait un enseignement théorique complémentaire, de nombreux exercices pratiques, des opérations, du travail de bureau, et enfin des missions dans la plupart des régions frontières de France (1). La situation des nouveaux stagiaires était entièrement différente de celle des élèves : ils étaient agents forestiers, recevaient un traitement de 1,200 francs et n'étaient point casernés. Un projet de Décret et d'Arrêtés réglementaires formait la conclusion de ces propositions, qui furent pleinement admises par la Commission et par le directeur général. Un premier essai dut être fait en 1873-1874, avec la 47ᵉ promotion, entrée à l'École en 1871.

Cet essai fut très satisfaisant. Le chef de l'Administration, M. Faré, était tout à fait sympathique à M. Nanquette et le soutenait de tout son pouvoir ; on pouvait donc penser que la nouvelle institution allait définitivement s'implanter à l'École. Mais, en réalité, rien n'avait été décidé qu'une simple expérience : usant des pouvoirs qui lui permettaient de désigner à chaque élève sortant le lieu où il devait accomplir son stage, M. Faré avait arrêté que pour tous les élèves de la 47ᵉ promotion ce lieu de stage serait Nancy. La troisième année n'était donc qu'une mesure provisoire, qu'il était toujours possible de rapporter aussi facilement qu'elle avait été prise ; et surtout, les professeurs manquaient absolument de sanction en cas de mauvais vouloir de ces jeunes agents, qui

de servir l'Allemagne. Ils arrivèrent à Nancy, au nombre de 55, avec femmes et enfants, dans le plus complet dénuement. On dut s'ingénier à leur trouver immédiatement des ressources, et cette colonie d'environ cent personnes fut logée et nourrie, tant à Bellefontaine que dans les autres maisons forestières du service de l'École, en attendant que de nouveaux postes leur eussent été assignés par l'Administration.

(1) Concurremment avec cette organisation de l'enseignement des stagiaires, le champ d'études de l'École était progressivement élargi, grâce aux efforts de M. Nanquette. Pour le rattachement à l'École des cantonnements qui formèrent la conservation n° 4 *bis*, voir *infrà*, chapitre VI.

entendaient bien ne pas être confondus, sous le rapport de la discipline, avec de simples élèves. Les conséquences de cette lacune, que M. Faré ne put combler aussi promptement qu'il l'eût fallu, ne tardèrent pas à se faire sentir.

Les textes si souvent réclamés n'arrivèrent que cinq ans plus tard, non sous forme de Décret, comme l'eût désiré M. Nanquette, pour donner au stage une consécration plus solennelle ; pas même avec la sanction d'une décision ministérielle, mais par un simple Arrêté du directeur général des Forêts, du 15 novembre 1876. Cet Arrêté contenait sans doute toutes les dispositions indispensables et donnait notamment au directeur de l'École le droit d'infliger des peines disciplinaires en cas de négligence ou de refus d'obéissance. Ces pénalités étaient devenues, en effet, nécessaires ; comme il fallait s'y attendre, les conditions de maturité d'esprit, d'âge, de bonne volonté, qui avaient caractérisé la promotion de 1871, ne s'étaient pas retrouvées au même degré les années suivantes. On avait évidemment trop tardé à clore la période d'essai et à montrer aux stagiaires qu'il s'agissait pour eux d'un travail obligatoire. L'insuffisance numérique du personnel enseignant, la tâche délicate d'organiser les missions de concert avec les agents du service actif, étaient encore la source de difficultés qui entravaient le développement de l'institution.

Peut-être ces difficultés eussent pu être surmontées, si le directeur avait trouvé jusqu'au bout auprès de l'Administration centrale l'appui qui lui était nécessaire. Mais M. Faré n'était plus là pour continuer à M. Nanquette son concours si précieux ; après la réunion des Forêts à l'Agriculture, il avait dû prendre sa retraite. Après lui, d'autres idées se firent jour, d'autres projets furent discutés ; le stage à l'École ne fut bientôt plus estimé aussi indispensable, de sorte que, sous l'empire des préoccupations du moment, le sous-secrétaire d'État à l'Agriculture, qui remplaçait le directeur général des Forêts, fut peu à peu conduit à supprimer l'œuvre de son prédécesseur.

Toutefois, cette suppression ne fut pas immédiate. Une première mesure dans ce sens fut prise en 1879 : il n'y eut pas de missions cette année et le stage fut limité au 1er mai. Sans doute, on affirmait que cette réduction était faite « à titre exceptionnel », mais il en fut de même l'année suivante. En cette année 1880, les élèves de la première division n'eurent qu'un semblant de stage de deux mois ; immédiatement après les examens de fin d'année, professeurs et élèves durent rester à l'École, et les cours complémentaires se succédèrent, aussi brefs que possible, du 15 août au 15 octobre, à l'époque habituelle des vacances. L'Administration avait fait appel au dévouement des maîtres et à la bonne volonté de leurs auditeurs ; ni les uns ni les autres ne faillirent, mais il resta chez tous un souvenir assez pénible de cette dernière épreuve. Le stage à l'École était bien mort ; il ne devait plus reparaître les années suivantes.

Dans l'intervalle, la Commission de réorganisation de 1878, que nous avons vu discuter les questions relatives au recrutement des agents forestiers, s'était également occupée de l'enseignement. Elle avait tout d'abord rédigé des questionnaires qui furent soumis notamment aux inspecteurs généraux des Forêts et de l'Agriculture, et qui motivèrent des réponses approfondies (1), sur lesquelles la discussion put s'engager avec plus de précision. Les conclusions qui en résultèrent furent adoptées par la sous-commission de l'enseignement le 14 mars 1879. Nous allons analyser les principaux motifs contenus dans le rapport.

On constate d'abord les excellentes conditions du recrutement de l'École de Nancy. Si pourtant le mode actuel devait être changé, quelles seraient les solutions possibles ? On pourrait d'abord penser au recrutement par l'École polytechnique. C'est une idée qu'avait eue M. Parade, à un moment où, en butte à de graves difficultés extérieures, il éprouvait le besoin d'assurer l'avenir en liant le sort de l'École forestière à celui d'une institution plus puissante (2). Mais on faisait remarquer, en revanche, combien peu la condition de l'agent forestier le porte vers une instruction purement mathématique : ce sont les sciences naturelles qui doivent être l'objet principal de ses études,

Alors, demandait-on, pourquoi ne pas recruter l'École forestière par l'Institut agronomique, École supérieure de l'Agriculture, où l'enseignement est dirigé vers les études approfondies des sciences naturelles ? Cette solution fut discutée d'une manière très complète dans le sein de la sous-commission, mais deux raisons furent opposées à son adoption : la première, que l'enseignement surtout théorique de l'Institut, qui tend à former des savants, ne serait pas une préparation convenable

---

(1) La réponse envoyée par M. Nanquette, comme inspecteur général des Forêts, porte la date du 5 janvier 1879.

(2) « Les corps, comme les individus, gagnent toujours à entrer en contact avec de plus forts qu'eux ; être réuni aux corps les plus savants de France donnerait au corps forestier l'obligation de devenir, dans sa spécialité, aussi distingué qu'ils le sont dans la leur. » (Note de M. Parade, vers 1850. — Archives de l'École.)

pour des praticiens et de futurs administrateurs ; la seconde, que des modifications graves devraient être préalablement apportées aux programmes de cet établissement, qui se trouverait par suite complètement détourné de sa destination spéciale.

Quant au moyen terme, consistant à admettre un recrutement mixte, par l'Institut agronomique et les Écoles d'agriculture, par exemple, il fut tout de suite écarté : on décida avec raison qu'il importait d'exiger des élèves la même préparation et les mêmes habitudes de travail, afin qu'ils pussent profiter tous de la même manière de l'enseignement donné à l'École forestière. On ne fit exception que pour l'École polytechnique, exception qui, à vrai dire, est une inconséquence, mais qui s'explique par la valeur dont avaient fait preuve la plupart des forestiers ayant cette origine.

Les conclusions de la sous-commission consistèrent donc dans le maintien de l'École de Nancy avec son mode de recrutement actuel. Si nous avons relaté si longuement cet épisode, c'est qu'il est intéressant de voir comment, à peu d'années de distance, les mêmes questions ont été résolues dans des sens très différents. En attendant, cette solution était pour le directeur de l'École un succès important : il avait fait triompher auprès de ses collègues la plupart des idées développées dans son rapport (1). Lorsqu'en septembre 1880 M. Nanquette demandait sa mise à la retraite, il pouvait montrer avec un certain orgueil le résultat de sa gestion : ces seize années avaient été pour l'École une ère de grande prospérité, les difficultés résultant des changements survenus dans l'Administration paraissaient heureusement surmontées ; on pouvait croire que pour longtemps encore il en serait ainsi.

Le successeur de M. Nanquette, M. Puton, eut au contraire à traverser une suite d'étapes douloureuses pour l'École de Nancy. A partir de 1880 elle va subir des amoindrissements successifs ; nous la verrons menacée dans son existence, supportant le contre-coup d'expériences malheureuses appliquées à l'Administration tout entière ; enfin son recrutement sera radicalement changé, un nouvel orientement sera donné à son enseignement, il faudra mettre en harmonie les anciennes méthodes avec ces innovations qui au dehors faisaient l'objet de discus-

(1) Des conclusions identiques avaient été formulées par cinq inspecteurs généraux des Forêts. Un seul, M. A. Lorentz, était d'avis d'un changement complet et du recrutement par l'École polytechnique. Les partisans du recrutement par l'Institut agronomique proposaient, comme condition de cette modification, d'adopter pour l'entrée à l'Institut les programmes actuels d'admission de l'École forestière.

sions passionnées. Cette période de treize années fut donc pour le
directeur de l'École exceptionnellement difficile ; il eut à supporter de
nombreuses critiques, à lutter presque constamment dans des conditions
défavorables ; un autre, à sa place, eût-il mieux réussi ? Il est permis
d'en douter.

M. Puton, qui prenait la direction de l'École à la rentrée de 1880,
participait à l'enseignement depuis 1868, époque à laquelle il était arrivé
à Nancy comme suppléant du cours de droit. Auparavant, il avait
pratiqué la science forestière, principalement dans les commissions
d'aménagement ; il avait donc la bonne fortune de joindre à des connaissances juridiques approfondies l'expérience du service dans ses branches
les plus essentielles. Le Décret du 3 novembre 1880, qu'il obtint au
début de sa gestion pour l'organisation du personnel enseignant, était
de bon augure, en ce qu'il montrait à la fois que le nouveau directeur
appréciait justement les besoins de ce personnel et disposait d'une
influence suffisante pour faire adopter à Paris les mesures qu'il estimait
nécessaires.

Bientôt cependant il fallut opérer une première amputation, correspondant à des mesures nouvelles prises au sujet des stagiaires. On a vu
qu'en 1876 un simple Arrêté du directeur général avait organisé le stage
à l'École ; le 4 avril 1881, un autre Arrêté de M. Girerd, sous-secrétaire
d'État au Ministère de l'Agriculture, président du Conseil d'administration des Forêts, rapportait purement et simplement la décision de
son prédécesseur. Cette solution ne surprit personne, elle était malheureusement prévue, et le directeur de l'École, alors même qu'il eût été
partisan du stage tel qu'il avait été pratiqué depuis 1876, eût vainement
essayé de la faire modifier. Seulement, cette liquidation du passé se fit
dans des conditions qui parurent fâcheuses, et l'abandon complet de
tous les services administratifs qui successivement avaient été joints à
l'École pour l'organisation du stage fut reproché au directeur comme
une mesure trop radicale, à laquelle il eût été possible de faire apporter
quelques tempéraments. Nous verrons plus loin en détail ce que fut ce
triste épisode et quelles compensations M. Puton s'efforça d'obtenir.

Le stage ainsi supprimé, une grave question se posait, comme conséquence de la diminution du temps d'études : allait-on faire subir aux
cours théoriques une réduction proportionnelle, renoncer à toutes les
matières dites complémentaires qui s'enseignaient auparavant en
troisième année ? Le Conseil d'instruction de l'École ne fut pas de cet

avis ; il proposa de maintenir intégralement tous les cours théoriques, en prolongeant autant qu'il serait besoin la durée du semestre d'hiver, et c'est dans cet esprit que furent rédigés les programmes publiés en 1882 (1).

On avait encore à cette époque l'illusion que la décision du 4 avril 1881 n'aurait qu'un effet temporaire et qu'il serait possible d'obtenir des crédits assez larges, un personnel assez nombreux pour écarter les causes qui avaient obligé de suspendre l'essai tenté en 1876. C'est dans ce sens qu'à deux reprises différentes, en 1883 et en 1885, des projets furent étudiés par le Conseil d'instruction de l'École ; ni les uns ni les autres ne purent aboutir ; il est cependant intéressant de les mentionner ici.

Le rapport de M. Puton, du 25 novembre 1883, demande qu'un décret, modifiant expressément l'article 42 de l'Ordonnance réglementaire, accorde une troisième année d'études. Il fait remarquer que cette prolongation de durée pour la préparation de la carrière forestière n'a rien d'exorbitant, si l'on examine ce qui se passe en Allemagne, où il faut une moyenne de cinq ans pour former un forestier. Afin d'alléger les charges des familles, les élèves de troisième année recevraient une allocation de 1,000 francs, sans devenir pour cela des agents, ainsi que cela se passait sous le régime de 1876 ; outre des suppléments de crédits nécessaires pour les dépenses du matériel, il serait accordé l'institution de quatre maîtres de conférences, pour permettre aux professeurs de venir à bout d'un enseignement considérablement surchargé. Quant aux voies et moyens, la suppression du stage laissant sans emploi une somme d'environ 30,000 francs, cette somme doit être conservée au budget de l'enseignement, c'est elle qui doit servir à payer les frais de la transformation demandée.

Le 30 avril 1883, M. Boppe, sous-directeur, appelé à exposer ses vues personnelles, avait exprimé l'avis qu'il serait possible de se borner à un cinquième semestre d'études, à la condition de donner un ordre plus méthodique à l'enseignement des deux matières principales, l'histoire naturelle et l'économie forestière. Considérant que les sciences naturelles ne sont autre chose que la base des sciences forestières proprement

(1) C'est à ce moment qu'un Décret, du 6 mars 1882, obtenu sur la demande de M. Puton, vint conférer à l'École de Nancy son titre actuel d'*École nationale forestière*. Elle s'était appelée *École royale* depuis 1824 jusqu'à la chute du régime monarchique ; en 1853, la qualification d'*École impériale* avait été substituée au titre ancien.

dites, il propose de concentrer en première année la botanique, la minéralogie et la géologie ; on n'aborderait qu'en seconde année la sylviculture, l'aménagement et la technologie ; enfin il suffirait d'un cinquième semestre pour l'économie politique, la statistique forestière, la zoologie et l'agriculture. Quant à l'augmentation du personnel, trois nouveaux agents forestiers suffiraient, et même deux d'entre eux pourraient être le chef de la station de recherches et le préparateur du laboratoire.

Ces deux projets n'ayant pu convaincre l'Administration, que préoccupaient d'ailleurs en ce moment les suites du système Lorentz et les attaques de M. Viette dont nous avons précédemment parlé, ce fut seulement le 4 avril qu'une lettre du directeur des Forêts demanda que la question fût reprise et discutée à nouveau par le Conseil d'instruction de l'École. Cette discussion eut lieu en prenant pour base les rapports de 1883. M. Puton fit observer que la concentration en première année des études de sciences naturelles, logique dans son principe, aurait pour inconvénient une extrême monotonie de nature à rebuter les élèves ; que ce n'était pas trop de deux années de cours et d'exercices sur le terrain pour faire mûrir dans l'esprit des jeunes gens les théories et les applications des sciences forestières ; enfin que cette séparation entre les sciences dites préparatoires et l'enseignement forestier proprement dit était un acheminement vers la transformation de l'École de Nancy en une École d'application, au profit d'un autre établissement tel que l'Institut agronomique, qui se chargerait bien plus facilement alors de l'enseignement préparatoire des futurs forestiers. Malgré ces observations, le système de la concentration des sciences naturelles, soutenu par la verve éloquente de M. Grandeau, fut adopté par la majorité du Conseil.

Mais ces propositions n'aboutirent à aucune décision immédiate. M. Puton s'efforçait cependant d'intéresser aux questions de l'enseignement forestier les chefs de l'Administration, en obtenant qu'ils vinssent sur les lieux, afin de se rendre compte par eux-mêmes de la marche des études et des effets de la réduction des crédits, dont souffrait l'établissement. Jamais, avant cette période, on n'avait vu si fréquemment à Nancy ministres et directeurs des Forêts. Ç'avaient été, en 1882, MM. de Mahy et Lorentz (1) ; en avril 1884, on reçut MM. Méline et

(1) Voir dans la *Revue des Eaux et Forêts* de 1882, p. 438, le récit de la visite de M. de Mahy (28 septembre). On croyait alors que depuis sa fondation l'École n'avait pas encore été honorée d'une visite ministérielle. Nous relevons cependant, peu après l'installation de M. Parade, la présence à Nancy du ministre des Finances, le 8 août 1838.

Laurens ; puis, en juin 1885, MM. Hervé-Mangon et Colnenne ; enfin, en août 1887, on devait avoir la visite de MM. Barbe et Gabé. Malheureusement, ces déplacements n'avançaient guère les questions pendantes, du moins dans le sens qu'on eût désiré.

Le 26 octobre 1885, une lettre du directeur des Forêts annonça qu'il ne fallait plus compter sur une extension de l'enseignement à trois années, ou même à cinq semestres, faute de ressources suffisantes à affecter au personnel et au matériel de l'École. Bientôt après, un Décret du 15 mai 1886 instituait une Commission (1) chargée de proposer des solutions pour la réorganisation de l'enseignement supérieur. Cette Commission se réunit à Paris, sous la présidence du ministre (2), et immédiatement la question de transformation de l'École de Nancy en un établissement d'application de l'Institut agronomique y fut posée et discutée. L'idée avait gagné du terrain depuis 1878 ; dans l'intervalle, un Décret du 6 mai 1882 avait décidé que deux élèves de l'Institut, bacheliers ès-sciences et ayant obtenu une moyenne générale de sortie de 15 au moins, pourraient entrer à l'École forestière, mesure analogue à celle qui était appliquée depuis 1852 en faveur des polytechniciens. Cette extension d'un avantage qui devait rester exceptionnel avait été décidée sans que le Conseil d'instruction de l'École eût été seulement consulté ; elle était contraire aux conclusions arrêtées en 1888, qui repoussaient le système du recrutement mixte ; elle préjugeait la décision définitive, et la Commission de 1885 se trouvait en présence d'un fait pour ainsi dire à moitié accompli. Aussi fut-il tout de suite apparent que la transformation intégrale ralliait la majorité des suffrages. Son exécution fut cependant ajournée, mais surtout parce que l'installation matérielle de l'Institut n'était pas jugée encore assez complète. On reconnaissait aussi que l'admission des futurs forestiers à l'Institut devait être subordonnée à l'organisation d'un concours présentant toutes les garanties du concours actuel ; ce fut même à la suite d'une promesse formelle du ministre de donner aux examens d'entrée de l'Institut les programmes du concours de l'École forestière, que le principe du recrutement nouveau fut adopté par la Commission ; nous verrons bientôt que cette promesse ne devait pas être tenue.

(1). Elle était ainsi composée : MM. Gabé, directeur des Forêts ; Tisserand, directeur de l'Agriculture ; Serval et Sée, inspecteurs généraux des Forêts ; Puton et Boppe, directeur et sous-directeur de l'École forestière ; Grandeau, professeur d'agriculture à cette École ; Risler, directeur de l'Institut agronomique ; Daubrée, chef du personnel des Forêts ; le général de La Haye-Durand ; secrétaire, M. Forget.

(2) M. Develle, ministre de l'Agriculture.

Toutefois, il ne s'agissait encore que de projets d'avenir. Pour le présent, le travail de la Commission consista dans l'élaboration de nouveaux programmes d'enseignement, qui furent sanctionnés par un Décret du 12 mars 1887. Nous étudierons plus loin en détail les règlements de 1887, qui contenaient un grand nombre de dispositions nouvelles concernant l'enseignement proprement dit, le personnel et le régime intérieur. Ce fut un essai de transaction entre deux systèmes différents, qui ne satisfit personne. Pour les uns, la subordination de l'enseignement à l'étude des sciences naturelles n'était pas assez entière pour produire de bons résultats ; pour d'autres, on surchargeait les élèves de cours supplémentaires d'une utilité contestable. L'introduction de maîtres auxiliaires, pris en dehors du corps enseignant, correspondant à la diminution des crédits du personnel dont souffrait déjà l'École, arrêtait l'avancement des professeurs ou chargés de cours, et risquait pour l'avenir de compromettre leur recrutement. Les travaux au dehors n'avaient plus qu'une durée trop limitée ; le régime du casernement devenait trop dur. Tout cela se traduisait immédiatement par une baisse sensible dans le niveau général des études. Heureusement, ce système de 1887 n'eut pas une longue durée ; il prit fin brusquement, par un vrai coup de théâtre, à la suite de l'entrée en scène de M. Viette, et des Décrets de 1888, qui devaient donner à l'enseignement forestier une forme nouvelle.

Le Décret du 9 janvier 1888 déclare qu'à partir de 1889 l'École nationale forestière se recrutera par l'Institut agronomique. Il renvoie à un Arrêté ministériel ultérieur pour déterminer les conditions d'admissibilité. C'était donc la mise à exécution immédiate d'une idée adoptée sans doute par la Commission de 1886, mais dont l'application avait été subordonnée à des garanties pour l'organisation du concours, qui se trouvaient ainsi complétement passées sous silence. Dans cet intervalle de deux années une campagne violente avait été conduite contre l'École de Nancy ; ses meneurs préconisaient non seulement une réforme de l'enseignement, mais la suppression pure et simple de l'École et sa transformation en une section de sylviculture de l'Institut parisien (1).

(1) Le principal organe de cette polémique ardente et souvent injuste fut une Revue intitulée *La Forêt*, créée en 1885 par un ancien élève de Nancy, M. Tallavignes, qui a depuis quitté l'Administration forestière pour devenir fonctionnaire de la Direction de l'Agriculture. Cette Revue, qui s'était d'abord donné pour mission de combattre les entreprises de M. Viette, se consacra bientôt, à peu près exclusivement, à poursuivre la suppression de l'École de Nancy. Elle a cessé de paraître en 1883.

La hâte mise par M. Viette à changer immédiatement le recrutement, à ordonner pour le 23 janvier une première série d'examens d'entrée en ne prévenant les candidats que douze jours à l'avance, prouvait sa résolution de rompre définitivement avec le passé et était interprétée comme le prélude d'une autre mesure plus radicale qui ne pouvait tarder. L'émotion fut donc profonde, non seulement à Nancy, mais encore parmi tous les agents forestiers ; des réclamations et des plaintes, sur la sincérité desquelles aucun doute ne peut être élevé, surgirent spontanément dans la presse, et les journaux, à quelque parti qu'ils appartinssent, furent bientôt remplis de discussions passionnées.

Ces réclamations ne pouvaient aboutir à des effets pratiques que si elles étaient formulées devant le Parlement. Tous ceux qui s'intéressaient à l'École forestière, tous ceux qu'avaient froissés les procédés autoritaires de M. Viette, provoquèrent d'abord au Sénat, puis à la Chambre des députés, des interpellations tendant à faire surseoir à l'exécution des Décrets et à faire régler par une loi d'ensemble l'organisation et le recrutement de l'Administration forestière. Comme en 1852, dans des circonstances analogues, il parut que les représentants du département de la Meurthe étaient les mieux qualifiés pour porter la parole ; les demandes d'interpellation furent donc déposées et soutenues au Sénat par M. Volland, maire de Nancy, et, dans l'autre enceinte, par MM. Duvaux, Cordier et Mézières.

Il serait trop long de rappeler ici les arguments qui furent produits, pour ou contre, dans ces mémorables discussions (1) ; la plupart, d'ailleurs, ne présentent plus aujourd'hui le même intérêt. La question de légalité des Décrets fut longuement exposée, ainsi que leurs consé-quences financières probables ; les orateurs s'attachèrent à démontrer que le défaut de concours sérieux à l'entrée de l'Institut risquait d'abaisser le niveau des études ; ils exprimèrent la crainte de voir supprimer l'autonomie de l'enseignement forestier, mesure qu'ils esti-maient dangereuse pour l'avenir du personnel, fâcheuse même pour l'Institut agronomique, rabaissé désormais au niveau d'une École prépa-ratoire. Le ministre s'attacha à dissiper ces appréhensions ; il protesta de sa volonté de maintenir l'École de Nancy à l'état d'École d'application, de rétribuer largement les élèves ; il assura que le concours à l'entrée de

---

(1) Sénat, compte rendu de la séance du 19 janvier 1888 (*Revue des Eaux et Forêts,* 1888, p. 63) ; Chambre des députés, séance du 19 mars (*Ibid.,* p. 162). — Voir aussi un rapport de M. Welche à la Société des Agriculteurs de France (*Ibid.,* p. 109).

l'Institut allait devenir plus sévère ; il présenta enfin le décret de 1888 comme une simple extension de la mesure prise en 1882, qui ouvrait déjà les portes de l'École forestière à deux élèves de l'Institut dans les mêmes conditions qu'à ceux de l'École polytechnique. M. Viette obtint gain de cause devant l'une et l'autre Assemblée, et les ordres du jour déposés par les interpellateurs furent repoussés à de fortes majorités (1).

Les résultats de cette campagne provoquèrent une véritable consternation dans une grande partie du personnel forestier, et le sentiment général fut celui d'une déchéance irrémédiable. Ce sentiment fut surtout éprouvé par les vieux forestiers, ceux qui, contemporains de M. Parade et de M. Nanquette, ne pouvaient concevoir l'École autrement qu'ils l'avaient vue si brillante sous ces chefs respectés. Ils ne se firent pas faute de prédire que la réforme de M. Viette, opérée dans l'intérêt de l'Institut agronomique et dans le but d'attirer des élèves à cet établissement, causerait la perte de l'enseignement forestier ; que les jeunes gens sortis de l'Institut, après deux ans de liberté complète, ne pourraient plus se plier au travail et à la discipline de Nancy ; que l'organisation de l'École devrait être entièrement changée ; bref, qu'on allait être ramené à l'impuissance et à l'incertitude qui régnaient du temps de M. de Salomon. Ils n'hésitèrent pas non plus à rendre responsable de ces changements le directeur, M. Puton, en faisant un parallèle entre le fâcheux échec de 1888 et le succès complet obtenu en 1852 par M. Parade, dans une crise analogue.

Aujourd'hui qu'il est possible de juger avec plus de calme cette période troublée, nous pouvons dire que les reproches étaient injustes et le parallèle inexact. M. Puton avait fait à l'Administration, depuis 1886, toutes les observations que pouvait suggérer l'innovation projetée ; ses rapports et sa correspondance en font foi. A l'exemple de M. Parade, c'était lui principalement qui avait organisé la résistance dans la presse et dans le Parlement, en fournissant les documents propres à éclairer les discussions postérieures aux Décrets. Que pouvait-il faire de plus ? Si cette résistance fut tardive et inutile, c'est que la situation était loin de se présenter telle qu'en 1850. Sans doute, autrefois, M. Le Grand était un rude jouteur ; mais il ne faut pas oublier qu'il n'était pas le maître, qu'au-dessus de lui se trouvait le ministre, capable de réfréner la fougue de son subordonné, et qui n'eût point laissé prendre, sans examen préalable, des mesures hâtives, capables d'engager l'avenir.

(1) 160 voix contre 89 au Sénat ; 360 contre 142 à la Chambre des députés.

Nous ne nous arrêterons pas davantage à cette discussion rétrospective ; ce qu'il importe aujourd'hui de déterminer, c'est le résultat de la réforme, l'effet qu'elle a produit pour l'enseignement forestier. Or, fort heureusement, les sombres pronostics de 1888 ne se sont pas vérifiés. D'abord, l'École forestière est demeurée à Nancy : il n'est plus question d'un transfert ni d'une fusion quelconque. En se plaçant au point de vue de l'enseignement et des études, doit-on le regretter ? Nous ne le pensons pas. On a dit que maintenir l'École à Nancy, c'était conserver à l'enseignement un caractère étroit : ce ne serait pas de la sylviculture française que l'on ferait dans cette ville de province, mais toujours et fatalement de la sylviculture lorraine ! Aujourd'hui, rien de moins fondé que ce reproche. S'il a pu en être ainsi du temps de MM. Lorentz et de Salomon, — et encore, ce serait faire injure au fondateur de l'École que de croire qu'il se confinait dans un si petit rayon, — du moins ses successeurs ont depuis longtemps débarrassé l'enseignement de tous les restes de particularisme qu'il avait pu encore retenir. La facilité des communications permet notamment de visiter toute la France de Nancy aussi facilement que de n'importe quelle autre résidence. L'enseignement forestier n'est donc pas plus lorrain à Nancy qu'il ne serait bourguignon à Dijon ou dauphinois à Grenoble.

En revanche, l'existence en province d'une École spéciale telle que la nôtre offre des avantages sérieux, qui contrebalancent ceux d'un séjour à Paris. Plus nous avançons, plus les exercices pratiques prennent d'importance ; l'École forestière doit justifier son titre d'École d'application ; il faut que les élèves aillent sur le terrain le plus souvent possible ; or, ce terrain forestier ne se trouverait aux environs de Paris qu'au prix d'une perte de temps considérable. Si Paris est un centre intellectuel incomparable, les ressources qu'il fournit sont surtout appréciables pour les professeurs ; pour les élèves, la vie tranquille de la province, les occasions de dissipation beaucoup plus rares, sont de meilleures conditions d'un travail soutenu. Quant au corps enseignant, ses membres n'ont d'autre objectif que l'École et ne briguent rien au dehors ; à Paris, le professorat ne serait sans doute qu'un marchepied pour conquérir des fonctions plus hautes ; or, la stabilité des professeurs, la tradition dans les doctrines enseignées, sont des avantages précieux auxquels il importe de ne pas renoncer. Enfin, l'éloignement de Paris n'a jamais empêché la sollicitude de l'Administration de se manifester en faveur de l'École. Peut-être même devons-nous à cet éloignement une stabilité plus grande, des transformations moins fréquentes, des réformes plus mûrement étudiées. A tous égards, le maintien de l'École à Nancy est donc préférable.

Le changement de recrutement de l'École n'a pas produit de mauvais résultats, comme beaucoup de forestiers le redoutaient au début. Sans doute, on pourra toujours se demander si trois années d'études à Nancy, avec un programme approprié, des ressources matérielles et un personnel suffisants, n'eussent pas été préférables à quatre années, dont deux à Paris, appliquées à des connaissances qui n'ont pas toutes, pour la carrière forestière, une utilité immédiate. Mais ce serait fermer les yeux à l'évidence que de soutenir qu'une déchéance a été subie par l'enseignement forestier, à la suite du nouveau mode de recrutement. Un ensemble de circonstances favorables, coïncidant avec la transformation de 1888, a permis d'obtenir un choix de plus en plus sévère à la sortie de l'Institut pour les jeunes gens qui se destinent à la carrière forestière (1) ; à Nancy, le régime intérieur de l'École a pu être conservé. Les élèves arrivent mieux préparés à l'étude des sciences naturelles ; l'insuffisance constatée d'abord pour certaines matières disparaîtra certainement par suite de mesures que nous examinerons plus loin ; il est donc permis de se montrer satisfait des résultats de cette crise, qui pouvait être si désastreuse.

Les conséquences du nouveau régime furent développées dans les règlements de 1889, que nous étudierons en détail. Depuis cette époque, aucun événement grave n'est venu troubler la paix, si nécessaire au sortir des épreuves dont nous venons de faire le récit. Le 29 juin 1890, M. Develle, ministre de l'Agriculture, visita l'École avec M. Daubrée, directeur des Forêts ; il s'efforça de calmer les appréhensions et de donner bon espoir pour l'avenir : « Vous pouvez compter sur moi, les mauvais jours sont passés ; je ferai tout mon possible pour développer l'École.... » Deux ans après, le Président Carnot se trouvait à Nancy ; comme en 1866, les élèves avaient concouru à la décoration de la ville ; un arc de triomphe construit par leurs soins se dressait rue de la Constitution. Sur la demande de M. Puton, le cortège officiel vint à

---

(1) Tel fut le résultat produit principalement par la loi du 15 juillet 1889 sur le service militaire. Cette loi, accordant aux élèves sortants de l'Institut dans des conditions déterminées le bénéfice de la réduction à un an du temps de service, a eu pour conséquence une augmentation considérable du nombre des candidats et par conséquent une difficulté plus grande des examens d'entrée, dont la préparation des futurs forestiers s'est nécessairement ressentie.

l'École le 6 juin (1) ; à une allocution du directeur, le Président de la République répondit par quelques paroles bienveillantes, qui furent interprétées comme une assurance de sympathie en faveur de l'institution.

Le passé était désormais oublié. Bien des périls avaient été écartés, bien des difficultés vaincues. Pendant longtemps on avait souffert, et le directeur de l'École plus que personne, de tant de remaniements successifs. Mais peu à peu l'horizon paraissait moins sombre ; l'Administration forestière avait la bonne fortune de conserver à sa tête, depuis 1887, un chef (2) qui, arrivé dans des circonstances critiques, savait, par sa patiente habileté, résoudre aussi heureusement que possible les nombreux problèmes laissés en suspens par ses devanciers, et qui, sorti lui-même de Nancy, appréciait à sa valeur le haut enseignement forestier. L'École s'habituait à sa nouvelle existence, et lorsque, le 13 mai 1893, M. Puton terminait sa carrière, la confiance était revenue, l'essentiel était sauvegardé.

Ce fut M. Boppe, sous-directeur, qui fut appelé (3) à occuper le poste vacant par la mort de M. Puton ; cet avancement hiérarchique était heureux pour l'École, car il lui assurait la stabilité de l'enseignement et le maintien de la tradition dans la discipline des élèves. Le temps écoulé depuis l'entrée en fonctions du sixième directeur de l'École est encore trop court pour que nous ayons à signaler un grand nombre de faits nouveaux. Toutefois, ces quelques années sont déjà marquées par des résultats satisfaisants et pleins de promesses pour l'avenir.

Grâce à une entente de plus en plus complète avec l'Administration centrale, les nouveaux règlements actuellement en vigueur ont simplifié la gestion financière (4), coordonné dans un ordre meilleur certaines matières auparavant dispersées dans plusieurs cours, de manière à donner aux exercices pratiques un temps plus considérable. Un Décret du 2 juillet 1894 accorde de sérieuses garanties pour que les élèves sortant de l'Institut possèdent en mathématiques et en allemand les notions qui leur sont indispensables. De nouveaux programmes (5), en

(1) Ce voyage du Président eut lieu à l'occasion du XVIII⁰ Congrès des Sociétés de gymnastique. (Voir, pour la visite à l'École, *Revue des Eaux et Forêts*, 1892, p. 319.)

(2) M. L. Daubrée, directeur intérimaire le 24 octobre 1887 ; directeur des Forêts le 17 janvier 1888 ; conseiller d'État en service extraordinaire le 20 octobre 1896.

(3) Décret du 12 juin 1893.

(4) Le dernier règlement sur la comptabilité est du 18 mars 1897 ; il ne modifie que sur des points de détails l'Arrêté ministériel du 17 juillet 1895. (Voir chap. iv.)

(5) *Programmes d'enseignement de l'École nationale forestière*. In-8°, 83 pages. — Imprimerie nationale, mars 1897.

même temps qu'ils ajoutent à l'enseignement des parties correspondant
à l'extension des attributions de l'Administration en matière d'hydraulique et de pêche, dégagent de plus en plus, des notions théoriques qui
doivent faire l'objet des cours de l'Institut, les applications qui consti
tuent le domaine de l'École forestière. Des bâtiments importants
s'élèvent, qui sont le témoignage de la sollicitude du directeur des
Forêts et du ministre de l'Agriculture ; et si toutes les améliorations
désirables ne sont pas encore possibles, nous pouvons signaler comme
un présage favorable ce fait d'une donation acquise pour la première
fois à l'École, pour la fondation d'un *prix Mathieu* (1). Le Décret du
8 juillet 1896 a démontré l'aptitude légale de notre École à recevoir les
libéralités du dehors ; l'exemple ainsi donné ne peut manquer d'être
suivi.

Tous ces symptômes sont encourageants, et un coup d'œil sur le
passé ne peut que nous fortifier dans notre espoir pour l'avenir. Depuis
plus de soixante-dix ans, l'École de Nancy a traversé plusieurs crises
dangereuses ; toujours elles ont été surmontées et sont devenues l'occasion de nouveaux progrès. Ainsi, aux graves embarras éprouvés par
M. de Salomon a succédé l'organisation meilleure qui date des débuts
de M. Parade ; aux rigueurs de M. Le Grand, la pleine faveur accordée
par M. de Forcade et M. Faré, dont a si bien su profiter M. Nanquette.
Les années pénibles de M. Puton seront aussi, nous en avons l'assurance, l'origine d'une ère d'améliorations et de prospérité.

(1) Voir pour cette fondation le chapitre VII ci-après.

Entrée de l'École
1868

CHAPITRE II

Programmes et Examens d'entrée.

SOMMAIRE : *Le recrutement direct. — Conditions du concours : âge, titres universitaires, engagement pécuniaire, constitution physique. — Programmes des
concours; examens écrits et oraux. — Classement. — Variations dans le
nombre des admissions. Résultats du recrutement direct. — Recrutement par
l'Institut agronomique. Résultats de l'organisation de 1889.*

EUX modes de recrutement ont été successivement employés
pour l'École forestière : les élèves ont été choisis par le
concours direct depuis l'origine jusqu'en 1889 ; à partir de
cette date, le concours n'a lieu qu'entre les élèves sortants de l'Institut
agronomique. Nous allons étudier l'une après l'autre ces deux périodes :
la première nous retiendra le plus longtemps ; bien que les règlements
qui la caractérisent ne soient plus en usage, la succession des mesures
prises et les résultats obtenus ne laissent pas de présenter, maintenant
encore, un réel intérêt.

La condition essentielle du concours est l'examen ; mais, pour s'y
présenter, le candidat doit auparavant satisfaire à certaines règles que
nous allons examiner tout d'abord.

En première ligne, la question d'âge. L'Ordonnance du 1er décembre 1824 exige des candidats dix-neuf ans accomplis et pas plus de vingt-deux ans. L'Ordonnance réglementaire du Code forestier et les autres textes postérieurs ne font que préciser cette règle, en spécifiant que l'âge sera compté au 1er novembre de l'année du concours. Cette situation dura jusqu'au Décret du 2 janvier 1861, qui abaisse la limite inférieure, en déclarant que l'âge de dix-huit ans accomplis pourra désormais suffire : disposition introduite dans le but d'augmenter le nombre des candidats, mais dont l'inconvénient était de donner des élèves beaucoup trop jeunes; comme, en fait, le stage à la sortie n'était guère que nominal, il en résultait qu'un jeune homme sorti de l'École pouvait obtenir ses dispenses et être chargé d'un cantonnement à l'âge de vingt ans.

Le candidat devait ensuite justifier d'études universitaires de la manière suivante : jusqu'en 1840, il doit produire « un certificat en forme constatant qu'il a terminé son cours d'humanités ». L'Ordonnance du 21 décembre 1840 remplace ce certificat par le diplôme de bachelier ès lettres. Toutefois (Circulaire du 11 novembre 1842), le certificat d'études peut encore suffire au moment du concours, à charge de fournir le diplôme pour le 15 octobre suivant. A partir de 1854, est obligatoire le baccalauréat ès sciences institué par le Décret du 10 avril 1852. L'Arrêté ministériel du 24 février 1864 exige aussi le diplôme de bachelier ès sciences ; une avance de 50 points est accordée à celui qui produit, en outre, le diplôme de bachelier ès lettres. Enfin, sous le régime éphémère de l'Arrêté du 27 novembre 1885, nous trouvons une complication bien plus grande : il suffit du diplôme de bachelier ès sciences ou de bachelier ès lettres, ou du certificat de la première épreuve du baccalauréat ès lettres, ou encore du diplôme de bachelier de l'enseignement secondaire spécial ; on donne un avantage de 50 points pour le diplôme de bachelier ès lettres complet, joint à celui de bachelier ès-sciences ou de l'enseignement secondaire spécial ; un avantage de 20 points pour le baccalauréat ès lettres complet, ou bien pour le diplôme soit de bachelier ès sciences, soit de l'enseignement spécial, joint au certificat de la première épreuve du baccalauréat ès lettres.

En troisième lieu, on exigeait du candidat un engagement pécuniaire : le séjour à l'École n'était point gratuit, et l'élève devait pourvoir à tous les frais nécessités par ses deux années d'études. Le quantum de la pension exigée et les formes du versement ont seuls varié. La pension proprement dite fut d'abord fixée annuellement à 1,200 francs (Ordonnances de 1824 et 1827) ; elle fut portée à 1,500 francs par l'Ordonnance du 21 décembre 1840, ramenée à 1,200 francs par l'Arrêté ministériel du 10 mai 1848, et rétablie enfin par l'Arrêté du 14 décembre 1858 à 1,500 francs, chiffre qui fut maintenu jusqu'en 1888. Cette pension devait être affectée par le directeur aux dépenses suivantes : acquisition de livres et instruments, nourriture, domestiques, leçons d'équitation, frais de tournées, abonnement au spectacle (règlement du 11 novembre 1842). Mais il était entendu que les élèves devaient en outre se pourvoir, à leurs frais, de l'uniforme réglementaire. Pour éviter toute difficulté à cet égard, et aussi pour augmenter dans une certaine mesure des crédits reconnus insuffisants, le règlement de 1858 dispose qu'outre la pension annuelle les élèves verseront, au moment de la première entrée, une somme de 900 francs, au moyen de laquelle l'École leur fournira d'abord l'uniforme et l'équipement, puis les instruments de géodésie et autres énumérés à l'article 53 de l'Arrêté du directeur général du 19 avril 1842.

L'engagement pécuniaire était souscrit par les parents du candidat ; celui-ci pouvait le remplacer par un certificat établissant qu'il possédait des revenus personnels au moins égaux à la somme exigée. L'engagement ou la preuve équivalente devaient s'étendre en outre à un supplément de traitement estimé nécessaire au jeune agent, depuis l'époque de sa sortie de l'École jusqu'au moment où il était promu aux fonctions de garde général en activité. Ce supplément, de 600 francs par an en 1824, n'était plus que de 400 francs d'après l'Ordonnance réglementaire de 1827 ; il fut de nouveau porté à 600 francs et maintenu à ce chiffre à partir de 1840. Enfin, le règlement de 1858 dispose que les parents *peuvent* verser une somme de 300 à 600 francs par an, destinée à « l'argent de poche » des élèves ; ce dernier versement, qui a toujours eu le caractère facultatif, ne doit pas être confondu avec les sommes constituant la pension proprement dite ou destinées à l'équipement. Nous verrons plus loin quelles dispositions furent prises pour l'administration de ces fonds par le directeur de l'École.

A ces questions pécuniaires se rattache l'institution des bourses, créées au nombre de quatre par le Décret du 31 juillet 1856, en faveur des fils d'agents forestiers admis à l'École, et qui s'appliquèrent non seulement à la pension de 1,500 francs, mais aussi au supplément de 600 francs pendant la durée du stage (Arrêté ministériel du 17 septembre 1856). Toutefois, les 900 francs de la première entrée ne s'y trouvaient pas compris. L'Arrêté ministériel du 6 juin 1862 assimila, pour l'obtention des bourses, les fils de préposés aux fils d'agents ; enfin, le Décret du 7 novembre 1881 déclara que ces bourses pouvaient être concédées, soit en entier, soit divisées en demi-bourses, à tous les élèves sans distinction.

Les dernières justifications demandées aux candidats se rapportent à leur constitution physique et à leur santé. A vrai dire, ces matières importantes ne furent réglées que bien imparfaitement jusqu'en 1889. L'Ordonnance de 1824 se borne à exiger le certificat d'un docteur en médecine ou en chirurgie, attestant que le candidat est d'une bonne constitution et a été vacciné. Ces termes sont reproduits par l'Ordonnance réglementaire de 1827. En 1840 (Ordonnance du 21 décembre, art. 1er), on dispose que le certificat émanera d'un docteur en médecine et qu'il sera dûment légalisé ; l'aspirant doit avoir été vacciné et n'avoir aucun vice de conformation ni aucune infirmité le rendant impropre au service forestier. Cette appréciation délicate ne pouvait être laissée au premier praticien venu : aussi l'Ordonnance du 21 décembre 1840, article 4, oblige les élèves à se soumettre, dès leur entrée à l'École, à la visite du médecin de l'établissement, qui proposera, s'il y a lieu, l'exclusion.

Mais il aurait fallu que des propositions de ce genre fussent confirmées par l'Administration supérieure, ce qui n'arriva presque jamais. La correspondance du directeur témoigne, en maints passages, de ses efforts infructueux pour obtenir une sanction de l'obligation imposée par l'Ordonnance. Ainsi, voici un jeune homme que le médecin de l'École déclare impropre à tout service actif (lettre du 26 novembre 1845) ; on répond de Paris qu'il sera bon pour les bureaux. Un autre a le côté droit entièrement déjeté, il boite fortement ; le médecin propose son renvoi (lettre du 25 novembre 1846) ; mais l'élève a réclamé auprès du ministre, qui décide de l'admettre provisoirement, sauf à lui faire passer une seconde visite lors de sa sortie ; le médecin fait observer assez judicieusement que l'infirmité n'est pas de celles qui se guérissent par le temps. Une fois l'élève admis, après qu'il aura passé son examen de sortie, pourra-t-on l'exclure ? Non, certainement. Et voilà comment on faisait entrer dans le corps forestier des sourds, des myopes, des hommes mal constitués, incapables d'aller en forêt. Il fallut le régime militaire de 1889 et l'engagement qui en est la conséquence pour remédier à ces inconvénients.

Les pièces constituant les justifications qui précèdent devaient être envoyées au directeur des Forêts à une date déterminée (le 30 juin, d'après l'Ordonnance de 1840 ; le 31 mai, suivant le règlement de 1869), avec une demande d'admission au concours. La régularité des pièces était examinée à l'Administration centrale, et si elles étaient trouvées conformes aux règlements, le candidat recevait une lettre lui permettant de prendre part au concours. Nous allons examiner maintenant en quoi consistaient les épreuves, quels en étaient les programmes, et comment s'opérait le classement.

Il serait difficile de suivre en détail le développement des connaissances exigées depuis 1824 jusqu'en 1885. Dans cet intervalle, une quinzaine de règlements ajoutent, modifient, retranchent quelquefois ; nous devons nous borner à noter, pour les principales matières, les grandes phases de ces changements. Comme on pouvait s'y attendre, les premiers programmes sont les plus simples ; les autres deviennent de plus en plus compliqués et entrent dans des distinctions toujours plus précises. Pour caractériser cette évolution, nous pouvons dire qu'elle se résume en une augmentation constante des connaissances exigées pour les sciences mathématiques et physiques, un abandon complet des sciences naturelles, une diminution progressive de la partie littéraire.

A l'origine, le latin est mis sur la même ligne que le français : la traduction d'un poète ou d'un prosateur latin est conservée jusqu'en 1853 ; ensuite, nous ne trouvons plus que des compositions françaises. Cette suppression pouvait se justifier, puisqu'on exigeait des candidats des études d'humanités complètes ; elle ne signifiait pas que l'étude des langues anciennes fût estimée inutile, mais, au moment où sur d'autres points le programme recevait des augmentations notables, on crut pouvoir se contenter de la garantie du diplôme de bachelier ès sciences, en ajoutant plus tard une prime pour le baccalauréat ès lettres.

Les décisions prises au sujet des sciences naturelles sont plus difficiles à expliquer. Que les premiers programmes ne contiennent rien à cet égard, il ne faut pas trop s'en étonner, car il existait alors bien d'autres lacunes. Il est déjà surprenant que, du moment où l'on s'efforçait d'organiser l'École forestière comme une École d'application (nous rencontrons ces préoccupations dès 1834), on ait tardé jusqu'en 1853 pour faire entrer les sciences naturelles dans l'ensemble des matières que les élèves devaient posséder en entrant : à différentes reprises, pour les sciences physiques et mathématiques, le directeur regrette avec raison que les professeurs soient obligés de perdre leur temps à enseigner la théorie, alors qu'il serait surtout essentiel de se concentrer sur les applications de ces sciences aux matières forestières ; ce raisonnement n'eût-il pas pu s'étendre tout aussi bien à l'histoire naturelle ? Mais ce qui est plus extraordinaire, c'est que l'histoire naturelle ayant été inscrite dans les programmes d'admission, en ait été ensuite effacée, comme si l'on se fût repenti d'une tentative malheureuse. En 1853, les trois branches de cette science, zoologie, botanique et géologie, sont introduites pour le concours de 1856 ; en 1864 et 1869, on se restreint à la botanique ; à partir de 1874, la suppression est complète et définitive.

On a dit, nous le savons, que malgré l'inscription au programme, l'instruction des élèves entrants était si médiocre qu'elle n'était d'aucune utilité ; le professeur était obligé quand même de recommencer *ab ovo* ; bien plus, les théories parfois discordantes en matière de physiologie végétale, qui étaient alors enseignées dans les établissements d'instruction secondaire, devenaient un inconvénient en ce qu'il fallait s'appliquer à les réfuter. Malgré notre respect pour les hommes éminents qui discutèrent alors cette question, nous croyons que les raisons ainsi données pour la suppression des sciences naturelles aux examens d'entrée n'étaient point suffisantes : en précisant davantage le programme, beaucoup trop vague, on eût appelé l'attention sur les parties dont l'étude était le plus nécessaire ; il eût fallu ensuite adjoindre pour ces sciences, au jury composé de mathématiciens, un examinateur spécial (1) ; enfin et surtout, le coefficient d'importance de l'histoire naturelle eût dû être notablement relevé, tandis qu'il restait inférieur à celui de l'histoire et de la géographie, égal à celui de l'allemand. Nous sommes persuadé que ces mesures n'eussent pas tardé à produire de bons résultats : on eût ainsi évité plus tard les critiques assez justes adressées à cette préparation singulière des jeunes forestiers, futurs naturalistes, auxquels on s'appliquait cependant à ne donner qu'une instruction purement mathématique.

Enfin, quant à l'extension progressive des programmes du côté des sciences proprement dites, la raison principale ne doit pas en être cherchée uniquement dans la nécessité de mettre les futurs élèves en situation de suivre les cours d'application de l'École. On a toujours

____

(1) Cette adjonction avait été réclamée par M. Parade en 1853.

estimé, même dans l'Administration forestière, que les études mathématiques constituaient la meilleure formation pour l'esprit des jeunes gens, que par ce moyen seulement ils pouvaient s'habituer à cette rigueur de déduction, à cette exactitude de raisonnement qui leur seront toujours nécessaires. Il faut noter aussi la tendance bien accentuée de se rapprocher de plus en plus des programmes d'admission de l'École polytechnique : l'examen confié au même jury, l'admiration bien des fois exprimée par M. Parade pour cette grande École, à laquelle il eût souhaité, dans les jours de crise, de se voir rattaché par des liens plus étroits, sont autant de symptômes d'une idée persistante dont nous retrouvons les traces jusqu'à la fin. En 1885, M. Puton ne conseillait-il pas d'adopter purement et simplement le programme d'admission de l'École polytechnique ? Il est vrai que son but était surtout alors d'augmenter le nombre des candidats sortis des lycées de l'État, toutes les classes de mathématiques spéciales devenant ainsi des pépinières de futurs forestiers. Cette tendance persistante eut pendant longtemps des effets dont il ne faut pas se plaindre : il arriva souvent que des jeunes gens, n'ayant pas réussi aux examens de l'École polytechnique, se trouvèrent préparés à entrer à l'École forestière, et ces recrues de la dernière heure fournirent presque tous une brillante carrière dans des fonctions auxquelles ils n'étaient pas destinés d'abord. A envisager cependant d'une manière trop exclusive les avantages des mathématiques, on risquait d'oublier que les agents forestiers ne sont pas seulement des ingénieurs, et que parfois la science administrative s'accommode mal des méthodes trop rigoureuses, de l'absolu qui caractérise les théories scientifiques.

Entrons maintenant dans quelques détails pour essayer de décrire ces programmes si touffus dont nous connaissons les lignes principales.

L'Ordonnance de 1824 se borne à déclarer que les aspirants seront examinés sur l'écriture, la grammaire française, la traduction d'un auteur latin, la géométrie et le dessin. L'Ordonnance réglementaire de 1827 présente cette particularité qu'à côté des matières obligatoires, les mêmes qu'en 1824, plus l'arithmétique, il en est d'autres facultatives : l'algèbre, la trigonométrie, la physique et la chimie, qui en 1834 deviennent à leur tour obligatoires. C'est en 1853 que l'extension des matières se produit le plus largement : on ajoute à la fois l'histoire naturelle, l'histoire et la géographie, la cosmographie, enfin la mécanique, qui sous le nom de statique était jointe à la physique depuis

1840 ; à la géométrie on joint les courbes usuelles et les applications au nivellement et au lever des plans (la géométrie descriptive avait été introduite dès 1834) ; à la physique on incorpore l'acoustique et l'optique ; la chimie, d'abord réduite aux métalloïdes, s'étend aux métaux, puis à la chimie organique. Plus tard, les éléments de géométrie analytique apparaissent, en 1877. D'une manière générale, on peut dire que dans chaque matière le programme s'étend constamment jusqu'en 1885.

La narration française est ordonnée depuis 1842, et la dictée remplace les exercices grammaticaux à partir de 1853. L'allemand passe par plusieurs phases qui témoignent d'opinions fort divergentes à son endroit : il n'en est pas question dans les premiers règlements ; on le rend obligatoire en 1840 et 1842 ; puis il subit une nouvelle éclipse et ne s'installe définitivement dans les programmes d'admission qu'à partir de 1853. Enfin, pour le dessin, on ne spécifie rien jusqu'en 1842 ; à cette époque, on exige à la fois l'*académie* et le paysage, plus la présentation d'épures de topographie et d'architecture ; mais ensuite, le paysage est laissé de côté, on ne conserve que le dessin d'imitation, avec le dessin linéaire et le lavis, dont l'importance devient toujours plus grande.

En même temps que les matières exigées pour le concours s'étendaient, la forme des épreuves et leur nombre subissaient de nombreux changements, ainsi que leur valeur respective. Il dut y avoir dès l'origine à la fois des compositions écrites et des examens oraux : toutefois, jusqu'en 1842, les textes ne précisent ni le nombre des compositions écrites, ni surtout leurs coefficients, relativement aux épreuves orales. Dans le programme de 1842, nous trouvons cinq compositions écrites (langues française et latine, mathématiques, dessin et allemand) ; le règlement du 14 novembre même année y ajoute une composition de physique et chimie. En 1853, il n'y a pas moins de onze compositions : dictée, narration française, version latine, mathématiques, trigonométrie, physique et chimie ou mécanique, cosmographie, histoire naturelle, thème allemand, dessin d'imitation et dessin linéaire. A partir de 1864, ce nombre est réduit à six (dictée et narration, mathématiques, trigonométrie et les deux sortes de dessin) ; il reste tel jusqu'en 1885, sauf que le thème allemand est rétabli dès 1874.

Si nous comparons maintenant les coefficients qui sont attribués depuis 1842, nous remarquons l'importance considérable assignée dès l'origine aux compositions écrites : cette importance est d'abord à peu près égale à celle des examens oraux (55 contre 60 en 1842) ; elle est de plus du double en 1848 (140 contre 60). Est-ce à cette circonstance qu'il faut attribuer les fraudes qui se produisent assez fréquemment à cette époque, et sur lesquelles la correspondance du directeur appelle l'attention de l'Administration centrale ? Il est certain que la part faite aux examens oraux était ainsi trop restreinte ; elle fut bientôt augmentée ; à partir de 1864, les compositions écrites eurent un coefficient global équivalant à la moitié environ de celui des examens oraux.

Ces compositions se faisaient d'abord toutes à Paris, de même que les examens. A partir de 1842, il y a autant de centres de réunion que pour l'École polytechnique : 17, en 1843, et nous voyons que dans chaque centre on envoie un sujet spécial. En 1848, on décide que dans tous les centres les compositions auront lieu le même jour, ce qui permet de donner un sujet unique pour chaque matière. La préparation de ces sujets est confiée, au moins à partir de 1842, pour les compositions autres que le français et l'allemand, aux professeurs de l'École de Nancy. En 1850, on leur demande deux projets pour les mathématiques, l'un de force ordinaire, l'autre plus difficile ; en 1859, ils envoient pour chaque matière trois sujets, dans lesquels choisit l'Administration centrale. Ce sont les mêmes professeurs qui corrigent ensuite les compositions faites, chacun pour les matières de sa compétence. L'obligation de donner une copie pour toutes les compositions est imposée aux candidats à dater de 1848, sinon ils ne sont pas classés pour l'admission.

Quant aux examens oraux, l'Ordonnance de 1824 dispose qu'ils seront passés devant des examinateurs nommés par le ministre. D'après l'Ordonnance réglementaire de 1827, le choix du ministre doit se porter sur les examinateurs des Écoles militaires ; les examens doivent être subis aux mêmes temps, aux mêmes lieux que pour ces Écoles ; l'Ordonnance de 1840 ajoute : suivant les mêmes modes. A partir de 1842 et jusqu'en 1888, ce sont les examinateurs de l'École polytechnique qui opèrent pour l'École forestière.

Les modes dont il est ainsi question pour ces examens comportent essentiellement le nombre des épreuves, leurs notations et leurs effets. C'est à partir du règlement de 1853 que nous voyons mentionner des épreuves de premier et de second degré, les unes conférant l'admissibilité, les autres subies par les seuls admissibles et décidant définitivement de leur sort. En 1853, il est dit que les compositions écrites servent « à confirmer ou rectifier les résultats de l'examen oral du premier degré » ; mais, à partir de 1864, les compositions servent uniquement à déterminer le classement avec les examens oraux du second degré. Remarquons enfin l'introduction d'un minimum, que nous voyons réclamée dès 1841 dans la correspondance du directeur : en 1842, on se borne à dire qu' « une extrême faiblesse sur un seul article suffira pour mériter l'exclusion du concours ». En 1853, on précise : tout candidat qui, dans l'une quelconque des divisions du programme, n'obtient pas une moyenne de 6, l'échelle de notation étant de 1 à 20, ne sera pas compris dans le classement. Plus tard, il est vrai, on ne put maintenir cette rigueur : l'effet du minimum de 6 devient facultatif à partir de 1864.

La nomination des élèves, d'après les résultats du classement, était déclarée d'abord par le roi (Ordonnance du 24 décembre 1824, art. 7), puis par le ministre (à dater de l'Ordonnance réglementaire de 1827, art. 46). Le texte de 1824 ne spécifiait pas de quelle manière la liste d'admission devait être dressée : le choix était fait « parmi les aspirants ayant satisfait aux conditions prescrites ». On eût pu soutenir, avec des termes aussi vagues, que le résultat des examens ne s'imposait pas absolument et que tout candidat pouvait être nommé, quel que fût son rang de classement. L'Ordonnance de 1827 vint heureusement expliquer que les nominations auraient lieu « selon le rang assigné d'après les examens ». De même, en 1840, il est prescrit au ministre de nommer « suivant l'ordre de la liste de mérite ».

Mais qui devait dresser cette liste ? Les deux premières Ordonnances sont muettes à cet égard ; il en résultait une lacune grave, qu'est venue combler l'Ordonnance du 12 octobre 1840, à l'exemple des Écoles spéciales de la Guerre et de la Marine. Il est créé un jury, chargé de prononcer sur l'admission des candidats, d'après le résultat des examens. Ce jury est présidé par le directeur général des Forêts ; il est formé des sous-directeurs de l'Administration (plus tard administrateurs ou inspecteurs généraux), du directeur de l'École, des quatre examinateurs et du professeur de belles-lettres chargé du travail relatif aux compositions littéraires. Il ne fut rien changé jusqu'à la fin à ces dispositions : l'Arrêté ministériel du 27 novembre 1885 vise encore l'Ordonnance de 1840.

Les élèves ainsi choisis par le jury de classement forment la promotion de l'année. Il devrait y avoir ainsi autant de promotions que d'années d'exercice à l'École depuis 1824 ; mais cette première année ne doit point être mise en compte : les élèves ne sont entrés pour la première fois que le 1er janvier 1825 ; partagés au mois de mars en deux divisions, ils sont sortis les uns en 1826 et les autres en 1827. Ensuite, la guerre de 1870 nécessita une interruption : il n'y eut pas de promotion correspondant à cette année, et en 1871 l'École ne contint qu'une seule division.

Ces promotions sont loin d'être égales entre elles. Tout d'abord, les Ordonnances de 1824 et 1827 prescrivent un chiffre uniforme de 24 pour les deux années ; puis l'Ordonnance du 5 mai 1834, « considérant que le nombre des élèves à admettre doit être réglé sur le nombre des élèves sortants que l'Administration peut placer chaque année dans le rang de ses agents », dispose que le ministre fixera chaque année le nombre des admissions, en raison des besoins du service. Ces deux systèmes ont chacun leurs inconvénients. Il est évident qu'un chiffre immuable ne peut être indéfiniment maintenu : les transformations que subissent périodiquement les services forestiers s'y opposent, ainsi que les changements dans le mode de recrutement. D'autre part, l'instabilité complète est aussi très fâcheuse : elle modifie les chances d'admission des candidats, elle rend possible l'introduction tardive de promotions supplémentaires. Celles-ci sont parfois un vrai fléau, au point de vue de l'instruction générale des élèves : qu'attendre de jeunes gens qui arrivent en retard, souvent de plusieurs mois, alors que tous les cours sont trop largement avancés pour qu'ils puissent compléter les lacunes du début ? Sans compter le mauvais renom qui s'attache à des décisions de ce genre, que l'on soupçonne toujours avoir pour origine, non les besoins de l'Administration, mais le désir de venir en aide aux candidats malheureux appartenant à des familles influentes. Ces promotions supplémentaires devraient toujours être proscrites, et lorsqu'il devient nécessaire de modifier le nombre des admissions, les intentions de l'Administration devraient se faire connaître assez longtemps à l'avance pour produire leur effet sur la préparation des examens d'entrée.

C'est donc une très grande diversité que l'on remarque en parcourant les listes d'admission, depuis 1834. Ces variations reflètent les principaux événements de notre histoire forestière : les commissions d'aménagement, la suppression des arpenteurs, les cantonnements de droits d'usage, l'organisation de l'Algérie, enfin le reboisement des montagnes, sont autant de raisons alléguées pour des augmentations souvent considérables. En sens inverse, les époques troublées, celles dans lesquelles l'École est attaquée, correspondent à des fléchissements non moins subits et non moins importants. Après 1848, par exemple, les promotions ne sont que de 15 et 13, au lieu de 28 et 30 les années précédentes ; le maximum est atteint en 1865 avec une promotion de 40 élèves, mais bientôt après celle de 1871 n'en compte plus que 15.

On peut remarquer des variations semblables dans le nombre des candidats prenant part aux concours. Lorsque l'École est prospère, les candidats ont confiance en l'avenir, on les voit affluer en grand nombre. Ils s'éloignent, au contraire, après les périodes de crise, et surtout lorsque des discussions publiques font craindre des changements graves. Sans entrer à cet égard dans de trop longs détails, quelques chiffres suffiront pour caractériser la situation depuis 1830. Jusque vers 1850, la proportion moyenne entre les inscriptions et les admissions est de 5, avec un maximum de 7,5 en 1846 (1). Le choix des élèves se faisait ainsi dans des conditions très favorables, et l'on pouvait dire justement que l'accès de l'École forestière était aussi difficile que celui de l'École polytechnique. Vient M. Le Grand et le système des surnuméraires, avec les polémiques passionnées qu'il soulève, et nous voyons, de 1850 à 1858, la moyenne descendre à 3 ; le minimum est de 2, en 1857. Puis, la situation s'améliore progressivement, sans que nous revoyions pourtant les beaux chiffres du début : jusqu'en 1865, la moyenne est de 4, et nous pouvons noter un maximum de 5,5 en 1863. Enfin, la valeur du recrutement se maintient jusqu'au bout, sans être sensiblement affectée depuis 1878 ; et même, au moment où furent décidées les réformes de 1888, ce recrutement s'opérait toujours très facilement : de 1884 à 1889, la proportion moyenne entre les candidats et les élèves admis est de 5 ; la dernière année du concours direct nous donne encore 36 candidats pour 9 admis. Ce n'était donc pas la difficulté de trouver des élèves qui pouvait être alléguée par les promoteurs des nouveaux systèmes.

Un dernier élément à noter dans cette revue rétrospective est l'origine des candidats : quelle était leur répartition suivant les centres d'examens, et dans quels établissements avaient-ils fait leurs études ? Bien que nos documents ne soient pas aussi complets à cet égard qu'on pourrait le

---

(1) Dès cette époque, et jusqu'à la fin, le nombre des *admissibles* est environ le double de celui des admis.

désirer, pour les époques les plus anciennes, nous croyons à une concentration progressive des candidats, qui finirent par n'avoir à peu près d'autre origine scolaire que Paris et Nancy. Vers 1850, Paris fournit environ moitié des candidats et des admis ; en 1865, sur 130 candidats il n'y en a plus que 53 inscrits à Paris. Sans doute, l'inscription dans un centre d'examens ne donne qu'un renseignement très approximatif sur le lieu de naissance du candidat, et il serait faux de croire qu'il n'y avait plus à l'École que des Parisiens et des Lorrains ; toutefois, la moindre proportion des élèves provenant des diverses provinces, autres que celles de l'Est, était un fait certain, et cette décroissance était fâcheuse : il est extrêmement utile pour l'avenir que tous les agents puissent obtenir des postes à proximité de leur pays d'origine, sinon la plupart resteront mécontents pendant toute leur carrière. L'abstention des Méridionaux, notamment, devenait de plus en plus regrettable.

La spécialité des programmes d'admission à l'École forestière était pour beaucoup dans ce groupement si caractéristique : la plupart des établissements d'instruction estimaient que ce n'était pas la peine d'organiser chez eux des cours spéciaux aux candidats forestiers, presque partout en trop petit nombre pour compenser les frais d'un personnel enseignant particulier. C'était un argument, et non des moins forts, en faveur de l'unification des programmes, si souvent réclamée, avec ceux de l'École polytechnique. A partir de 1880, une autre préoccupation apparaît dans la correspondance du directeur avec l'Administration supérieure : ce n'est plus seulement entre Nancy et Paris que se concentrent les candidats, on signale une diminution de plus en plus forte des candidats provenant des lycées, et les établissements libres, surtout les maisons ecclésiastiques, prennent une prédominance toujours plus grande. En 1852, la majeure partie des candidats de Paris venaient de Sainte-Barbe et d'autres pensions du même genre ; plus tard, Saint-Sigisbert, à Nancy, maison tenue par des prêtres, fournit à l'École un nombre d'élèves toujours croissant ; de 1881 à 1885, les proportions sont les suivantes : 27 p. 100 pour les lycées, 17 p. 100 pour les établissements libres laïques, 55 p. 100 pour les établissements ecclésiastiques. Comme on pouvait s'y attendre, cette situation fut exploitée dans les débats soulevés à l'occasion du changement de régime, et servit à justifier des mesures qui valaient mieux que de si pauvres arguments.

Tel fut, à l'École forestière, ce système du recrutement par le concours direct, dont nous aurons exposé les détails les plus importants lorsque nous aurons indiqué deux exceptions qui avaient été apportées à son principe : l'une fort ancienne, en faveur des élèves sortants de l'École polytechnique ; l'autre, beaucoup plus récente, pour ceux de l'Institut agronomique.

C'est en 1830 que, pour la première fois, un polytechnicien fut admis à Nancy, en vertu d'une Ordonnance du 21 octobre de cette année, bientôt reproduite dans le règlement de l'École polytechnique, du 25 novembre 1831. Aux termes de ce règlement, tout élève non classé dans les services civils a le droit de prendre une sous-lieutenance dans l'armée ou d'être reçu à l'École forestière. Aucune limitation de nombre, ce qui eût pu devenir fâcheux, si le bénéfice de cette option avait été réclamé trop souvent ; mais l'exemple donné en 1830 ne trouva pas d'imitateur avant 1858. Dans l'intervalle, le texte de 1831 avait été modifié dans le règlement de l'École polytechnique du 11 novembre 1848, dont les termes ont toujours été reproduits dans la suite (1) : les élèves sortants de l'École polytechnique *peuvent* être reçus à l'École forestière, et le nouveau texte est interprété en ce sens que l'Administration des Forêts conserve la faculté d'accueillir ou non les demandes. Les objections les plus graves que l'on puisse faire contre cette introduction sont le caractère exclusivement mathématique des études antérieures des polytechniciens et surtout le dommage qu'éprouvent les autres candidats par suite de la diminution des places laissées au concours. Avec de fortes promotions, telles qu'elles étaient naguère, une ou deux places de moins ne changeaient pas beaucoup les chances des candidats : il en est tout différemment lorsque le nombre total des admis descend jusqu'à 16, comme en 1874 ; la présence de deux polytechniciens supprime un huitième des places sur lesquelles comptaient les concurrents.

Ces objections s'appliquaient, *a fortiori*, au régime mixte en vigueur de 1882 à 1889, ouvrant par surcroît la porte de l'École forestière à deux élèves sortants de l'Institut agronomique ; cinq de ces élèves profitèrent de l'autorisation qui leur était donnée, au grand mécontentement des candidats du concours direct. Malgré la précaution prise par le Décret du 6 mai 1882, d'exiger des élèves de l'Institut une moyenne générale de 15 points et une cote au moins égale en sylviculture, génie rural et mécanique, ce régime mixte était dangereux, à cause surtout de la

(1) Décrets des 1ᵉʳ novembre 1852, 15 avril 1873, 9 janvier 1888, 2 juillet 1894.

difficulté qu'éprouvaient les professeurs à faire marcher ensemble des jeunes gens ayant subi des préparations si différentes. Il est vrai qu'à ce moment le recrutement direct était condamné, et qu'il allait disparaître en 1888.

En somme, le régime du concours direct n'a pas été mauvais pour l'École et pour l'Administration forestière. Il ne s'agit pas ici d'établir une comparaison entre ce régime et le suivant, qui, lui aussi, par bonheur, n'a nullement justifié les craintes que souleva son introduction. Mais il est permis de soutenir qu'en 1888 il n'y avait pas péril en la demeure, et que les institutions anciennes, convenablement modifiées pour suivre les progrès de l'enseignement, eussent pu longtemps encore suffire à tous les besoins.

On a vu dans quelles circonstances le recrutement complet par l'Institut national agronomique a été imposé à l'École forestière. Ce serait sortir de notre sujet que de traiter du recrutement de l'Institut ; il nous reste donc peu de chose à dire de l'application du Décret du 9 janvier 1888.

Ce Décret nous ramène, quant au nombre des élèves des promotions de l'École, à une situation analogue à celle de 1824 et 1827. Nous avons vu qu'à l'origine l'École devait toujours contenir 24 élèves, 12 par promotion. Le texte de 1888 est un peu différent : il déclare que le nombre des élèves reçus chaque année ne peut être supérieur à 12 ; en fait, on s'est toujours tenu à ce maximum. Si des besoins nouveaux se font sentir, c'est donc par un nouveau Décret que le maximum fixé en 1888 devra être relevé.

Sans parler de l'instruction spéciale qu'ils reçoivent à l'Institut, les élèves, depuis le nouveau recrutement, retirent de leur séjour à Paris des avantages qu'il convient de signaler à l'actif de l'organisation actuelle. D'abord, ils arrivent à Nancy presque tous plus âgés qu'ils ne l'étaient sous le régime antérieur : la moyenne est de 21 ans. Le règlement de l'Institut ne permettant de les recevoir qu'à 17 ans au plus tôt, il en résulte que l'ancienne limite d'entrée de 18 ans se trouve supprimée. Ainsi, les caractères sont mieux trempés ; tous ceux qui étaient incapables d'un long effort ont été éliminés ; au lieu d'enfants échappés du collège, ce sont des hommes éprouvés par deux ans de liberté à Paris que l'on reçoit à l'École forestière. Les avantages de cette maturité d'esprit sont évidents : nous les retrouverons en parlant de la discipline.

Ensuite, la préparation à l'examen d'entrée de l'Institut devenant

toujours plus sérieuse, les candidats sont obligés à des études préparatoires aussi solides qu'autrefois : le nombre des bacheliers ès sciences
et ès lettres est aussi considérable. Les places vacantes à l'École forestière sont très recherchées, et, à cet égard, la carrière forestière produit,
pour les élèves sortants de l'Institut, la même attraction que les carrières
civiles pour l'École polytechnique ; c'est ordinairement dans le premier
tiers de la liste sortante que se recrutent les élèves de Nancy. Ce sont là
des conditions certainement très satisfaisantes.

La nouvelle organisation a coupé court à toutes les discussions
antérieures concernant les établissements dont les candidats sont origi-
naires : c'est presque exclusivement à Paris qu'on se prépare pour
l'Institut agronomique ; les lycées et les maisons ecclésiastiques de
province se désintéressent à peu près complètement de cette fonction.
Quant à la répartition territoriale des jeunes forestiers, elle paraît se
modifier dans un sens plus favorable à l'avenir de leur carrière : les
départements de l'Est en fournissent moins, le Centre et le Midi
davantage.

Pour toutes ces raisons, le changement introduit en 1888 peut être
considéré comme améliorant la situation antérieure. A d'autres points
de vue, cependant, le passage par l'Institut est moins avantageux.

D'abord, il impose aux familles des dépenses au moins aussi fortes.
Malgré le traitement que les élèves reçoivent depuis 1889, nous
verrons (1) que leur séjour à l'École est loin d'être gratuit. Il faut ajouter
à cette charge l'obligation de pourvoir à l'entretien d'un jeune homme
pendant deux années d'études à Paris. Toutefois, ces dépenses, ainsi
que l'éventualité fort sérieuse de ne pouvoir sortir en rang utile de
l'Institut, à un âge où il est difficile d'entreprendre une autre carrière,
n'empêchent pas, jusqu'à présent, l'affluence des candidats ; il faut s'en
féliciter, puisqu'il est ainsi démontré que le goût du métier forestier
s'est conservé dans une partie de la jeunesse française ; à moins que ce
ne soit aussi l'attrait de l'épaulette gagnée sans passer par la caserne qui
pousse vers Nancy un certain nombre d'élèves.

La nature des études faites à l'Institut agronomique présente aussi
quelques inconvénients pour l'enseignement de l'École. Avant 1888, les
études préparatoires des jeunes forestiers étaient trop exclusivement
mathématiques : aujourd'hui que leur instruction est, avec raison,

(1) Voir chapitre IV.

principalement dirigée du côté des sciences naturelles, il est à craindre
que l'élément mathématiques ne leur fasse un peu trop défaut. L'agent
forestier n'est pas exclusivement un naturaliste, ni complètement un
ingénieur ; ses fonctions sont de natures très diverses, et cette variété
d'aptitudes qu'elles supposent en font la difficulté, le mérite et l'attrait.
Combien il fallut de soins à ceux qui nous ont précédés pour hausser le
niveau scientifique de l'École à un degré suffisant, nous le verrons plus
loin ; ce n'est pas au moment où des attributions nouvelles, exigeant la
science de l'ingénieur, honorent notre Administration, qu'il faut laisser
dépérir cette partie de notre enseignement. Or, il est arrivé que
les premières promotions du nouveau régime se trouvaient hors
d'état de suivre les cours de mathématiques appliquées professés à
l'École forestière ; d'où la nécessité de perdre un temps précieux à
rappeler aux élèves les éléments de sciences qu'ils eussent dû posséder
imperturbablement. La même lacune était aussi constatée pour la
langue allemande.

Le Décret du 2 juillet 1894 et l'Arrêté ministériel du 20 avril 1896
ont été rendus pour corriger ces inconvénients. Dorénavant, les candidats forestiers doivent justifier d'une moyenne de 15 au moins, pour les
mathématiques, et sont soumis à un dernier examen portant sur l'ensemble du cours professé à l'Institut, avant d'être admis à choisir la
carrière forestière. Quant à l'allemand, ils subissent un examen spécial
de sortie, devant un jury dont fait partie le professeur de l'École forestière, et ils doivent obtenir la note minimum de 10. Ces mesures doivent
produire leur effet à partir de 1897.

On a vu enfin que les difficultés concernant l'appréciation de la
constitution physique des candidats ont été à peu près supprimées par
le nouveau régime militaire résultant de la loi du 15 juillet 1889. On ne
peut plus entrer à l'École qu'après avoir contracté un engagement de
trois ans ; il faut donc avoir été déclaré bon pour le service de l'armée,
aux mêmes conditions que tous les engagés volontaires qui entrent au
régiment. Toutefois, cette assimilation n'est pas complète ; l'article 28
de la loi de 1889 prévoit des exceptions en faveur des candidats à
l'École forestière (ainsi que pour ceux des Écoles polytechnique et
centrale). Il peut se faire qu'au moment de leur entrée ils ne soient pas
aptes au service militaire, et par conséquent qu'ils n'aient pu s'engager :
si cette inaptitude résulte d'un défaut de taille ou d'une faiblesse de
constitution, ils seront cependant admis, à condition qu'une commission

spéciale estime qu'ils peuvent néanmoins remplir les fonctions forestières. D'après le Décret du 1er mars 1890, cette commission opérait à
Nancy : elle était formée du directeur de l'École, du commandant de
recrutement et d'un médecin militaire désigné par le ministre de la
Guerre. Depuis le Décret du 5 mars 1896, les engagements ont lieu à
Paris, à la sortie de l'Institut agronomique ; comme conséquence, c'est
à Paris aussi qu'opère la commission : le directeur de l'École y est
remplacé par un fonctionnaire de l'Administration désigné par le
ministre de l'Agriculture.

Cour d'entrée de l'École forestière. — Pavillon Parade.

CHAPITRE III

Les Bâtiments.

SOMMAIRE : *Première installation de l'École à Nancy. Acquisition de la maison Mique, dans la rue Girardet. M. Parade fait acheter la maison Bert ; constructions nécessitées par le régime du casernement et les augmentations de l'effectif des élèves. — Travaux de M. Nanquette. Acquisition de la maison Leysz ; le nouveau casernement ; extensions successives au moment de l'organisation du stage à l'École. — Modifications intérieures pendant les directions de M. Puton et de M. Boppe ; la galerie Daubrée. État actuel des bâtiments de l'École. — Les crédits du matériel et du personnel des gagistes.*

OMME installation matérielle, l'École a commencé fort humblement ; elle s'est augmentée peu à peu, et la série de ses transformations n'est pas la partie la moins curieuse de son histoire. Comparer ce que furent autrefois les bâtiments et ce qu'ils sont aujourd'hui, évoquer les souvenirs de cette maison, l'*alma mater* de tant de forestiers, c'est ce que nous voudrions essayer dans ce chapitre.

L'Ordonnance du 1er décembre 1824 se bornait à prévoir (art. 16) qu'il serait affecté à l'École une maison où le directeur serait logé, et un terrain destiné à former une pépinière. Nous avons vu que l'institution naissante s'établit d'abord en location, et nous avons pu retrouver l'emplacement de ce local provisoire (1) : la maison portait le numéro 11 de la rue des Jardins, aujourd'hui rue Drouin, et faisait face à la rue des Tiercelins ; elle a été démolie en 1874, lors du prolongement de cette dernière rue vers le canal. Un jardin de 38 ares servait pour les semis et plantations auxquels s'exerçaient les élèves.

L'École ne demeura que deux ans rue des Jardins : du mois de janvier 1825 au mois de novembre 1826 ; la rentrée de la 3ᵉ promotion eut lieu le 13 novembre, rue Girardet, dans l'hôtel qui venait d'être acheté par l'État des héritiers de Claude Mique, architecte du dernier duc de Lorraine, le roi de Pologne Stanislas. C'est à Mique que l'on doit la porte monumentale qui donne accès dans la cour, avec ses pilastres surmontés de deux groupes d'enfants qui manient l'équerre et le compas. Une moitié seulement de l'immeuble fut acquise en 1826 : on y trouvait uniquement, en tant que bâtiments, le pavillon de la direction et les dépendances de la rue des Champs (actuellement rue Godron) ; il est fait aussi mention d'un pavillon dans le jardin, contenant la serre et le logement du jardinier ; quant au jardin lui-même, il était tout entier compris dans l'acquisition, avec la contenance que nous lui voyons aujourd'hui : son étendue (76 ares) avait été l'une des raisons déterminantes du choix de l'Administration.

L'installation de l'École dans cet immeuble ne nécessita pas grands changements (2). Le premier étage servit d'appartement au directeur ; cette affectation n'a jamais été modifiée. En 1830, lors de l'institution du sous-directeur, M. Parade, qui remplit alors ces fonctions, fut logé au second. Le rez-de-chaussée contenait sur la cour, comme aujourd'hui, le cabinet du directeur ; les deux pièces qui suivent, sur le jardin, étaient occupées par les élèves, comme salles de cours et salles d'études. Dans le surplus, se trouvaient le laboratoire et une chambre pour les examens. Des armoires et des vitrines, disposées un peu partout, renfermaient les collections naissantes.

Comme ornement, la fontaine, construite au fond de la cour, en

____

(1) Voir notre brochure intitulée : *Note sur l'installation de l'École forestière de Nancy* (1896), qui a paru d'abord dans les *Annales de l'Est.*

(2) L'adjudication de l'ensemble des travaux eut lieu le 14 août 1825, pour 8,640 francs. En cours d'exécution, on s'aperçut de la nécessité d'autres réparations non comprises au devis : les planchers, les halliers, la maison du jardinier. D'où un supplément de 2,385 fr. 50.

1833 (1). Mais que cette cour unique, la cour d'honneur de l'époque, a dû être triste et malsaine! En face du bâtiment de l'École, se dresse sans ouvertures le mur de la maison voisine, qui se prolonge pour former la séparation avec le jardin. Point de pavé : on ne s'en occupe qu'en 1832. D'un côté de la porte d'entrée se trouvent les lieux d'aisances : c'est seulement aussi en 1832 qu'on les transporte dans les dépendances de l'hôtel et qu'ils se déversent dans un égout. De l'autre côté une loge, très étroite, pour le concierge ; en 1839, cette loge est agrandie ; plus tard, on installe le portier dans l'intérieur du bâtiment, sans doute sur l'emplacement de l'ancienne cage d'escalier (2).

Un espace aussi restreint pouvait à la rigueur suffire tant que les élèves logeaient au dehors. Il y avait bien aussi des heures d'études, mais nous verrons qu'en 1838 on en prenait très à l'aise. Enfin, on se réunissait au jardin pour les semis et plantations et pour les applications de l'histoire naturelle. Lorsque le casernement fut décidé, toute une transformation s'imposait ; malheureusement, elle ne se fit pas d'un seul coup.

On avait cru d'abord qu'il suffisait de préparer un logement pour 30 élèves, la moyenne des promotions ne dépassant pas alors ce chiffre. M. Parade s'empressa de négocier l'acquisition d'un immeuble voisin, pour y établir le casernement. Il parvint à faire coopérer la ville de Nancy à cette acquisition, en démontrant à la municipalité combien elle avait intérêt à assurer ainsi le maintien dans ses murs d'un établissement d'instruction supérieure qui ne manquerait pas de se développer encore dans la suite. La subvention qu'il obtint ainsi (10,000 francs sur un prix total de 40,000) ne fut pas d'une médiocre importance pour entraîner la décision de l'Administration supérieure (3). L'immeuble ainsi acheté formait la contre-partie de la maison de Mique ; le vendeur était Pierre-Antoine Bert, ancien arpenteur, époux

(1) Le devis est de 2,009 fr. 95 ; cette fontaine est alimentée avec les 3 lignes 1/2 d'eau que Mique avait achetées, de la source dite « des Sœurs-Grises », en 1767.

(2) Le 23 juillet 1839, propositions et devis de travaux à exécuter au rez-de-chaussée de l'hôtel : notamment pour l'établissement du portier, le changement de l'escalier, etc. Dépense prévue : 5,499 fr. 50. Sans doute, ces propositions ne sont pas accueillies immédiatement, car nous trouvons, à la date du 24 juillet, une décision accordant 800 francs pour la reconstruction de la loge du portier dans la cour. Mais elles ont dû être comprises dans les travaux postérieurs motivés par le casernement. Le changement de l'escalier n'est point douteux : on voit trop bien qu'il ne peut être contemporain des constructions de Mique.

(3) L'acquisition fut autorisée par Ordonnance du 26 mars 1839.

d'une des petites-filles de l'architecte de Stanislas. Cet immeuble se composait d'une maison en façade sur la rue Girardet, avec une cour longue et étroite, bornée à l'est par le jardin de l'École. On se contenta, pour le moment, de supprimer l'entrée sur la rue et d'ouvrir une porte sur la cour de l'École; dans cette maison, il était possible de placer 31 lits, et en outre une chambre de domestique et un cabinet pour l'inspecteur. Au fond de la cour, une construction neuve contenait, au rez-de-chaussée, deux amphithéâtres de 30 places chacun, et au premier étage deux études pouvant contenir chacune 20 tables. La maison principale n'était point telle que nous la voyons aujourd'hui : beaucoup moins large, d'une hauteur de trois étages seulement, avec deux petits pavillons qui la flanquaient du côté de l'est. Le crédit accordé le 15 mars 1839 était de 27,908 francs, dont 5,511 pour restaurer le bâtiment de la Direction ; le 17 décembre, les travaux étaient entièrement achevés.

Le 2 mai 1840, les élèves entraient au casernement, qui ne se trouvait pas assez vaste pour loger les deux promotions tout entières. A ce moment, une promotion supplémentaire de 9 élèves était de plus annoncée; il était donc nécessaire d'organiser d'autres locaux. Dès le 7 juin, le directeur envoyait à l'Administration des propositions pour porter à 42 le nombre des lits du casernement; ce résultat était obtenu en remaniant la construction de l'ancienne maison Bert : on l'élargissait en supprimant les pavillons qui lui étaient adossés, et on avançait en outre d'un mètre au delà de l'ancienne limite, vers la grande porte de l'École; le tout s'élevait en maçonnerie jusqu'au troisième étage. La dépense, autorisée le 28 août 1840, fut de 8,673 francs ; les nouveaux locaux n'étaient pas encore habitables lors de la rentrée, au mois de novembre de cette année.

Le 11 avril 1843, on demande au directeur des propositions dans le but de recevoir à l'École un effectif de 50 élèves. Dans sa réponse, à la date du 17 avril, nous voyons comment alors était distribué le bâtiment du casernement : au rez-de-chaussée, le laboratoire de chimie, le cabinet de l'inspecteur, l'infirmerie, une chambre pour les arrêts et une seule chambre d'élèves ; chacun des trois étages au-dessus contient six chambres. Comme les élèves logent deux par deux, *par binômats*, cela fait un effectif de 38 lits seulement. Le directeur propose simplement d'ajouter un quatrième étage en mansardes : on obtient ainsi six chambres nouvelles, et le total demandé de 50 lits. Ainsi fut fait, et l'ancienne maison Bert reçut alors son aspect définitif, qu'elle a conservé jusqu'à nos jours. Dans le bâtiment des études, on fit aussi d'importantes modifications : il fut surélevé d'un étage ; le rez-de-chaussée resta avec ses deux amphithéâtres, et chaque étage fut occupé par une seule étude. Tous ces travaux, adjugés le 20 juillet 1845, occasionnèrent une dépense de 15,587 francs.

Enfin, en 1857, nouvelle demande de Paris en vue de l'augmentation de l'effectif. Dans l'intervalle, les promotions ont souvent dépassé le chiffre maximum de 50, précédemment fixé : en ce moment, on loge à l'École 55 élèves, en plaçant trois lits dans les plus grandes chambres ; mais il est impossible de se serrer davantage. Une construction nouvelle devient nécessaire. Elle se fera sous forme d'un troisième pavillon, placé dans le jardin, au sud du bâtiment dit des études et contigu à celui-ci. Ce pavillon n'aura qu'un rez-de-chaussée ; il comprendra les deux études, les cabinets d'interrogation et une salle de modèles. Dans l'ancien bâtiment adjacent, on laissera les amphithéâtres au rez-de-chaussée ; les deux étages devenus libres fourniront douze chambres. Ce projet fut adopté et les travaux furent adjugés le 19 janvier 1858. En cours d'exécution, les deux amphithéâtres furent réunis en un seul ; au premier étage, on ménagea des chambres pour une infirmerie et pour loger les adjudants. La réception définitive eut lieu le 23 mai 1859 ; l'ensemble de ces travaux avait coûté 35,244 francs.

C'est ainsi que, par suite de décisions successives, la formation matérielle de l'École s'est poursuivie, jusqu'aux changements complets opérés en 1868. Malgré tous les soins apportés à la construction et à l'aménagement de ces bâtiments, le résultat général était médiocre. Le principal casernement (ancienne maison Bert, dénommée alors *pavillon A*) était loin de donner aux élèves un logement agréable : sauf au premier étage, les pièces y sont fort basses, et les ouvertures petites ; les mansardes étaient déjà ce qu'elles sont devenues depuis, de vrais greniers, très froids en hiver, beaucoup trop chauds en été ; on descendait par des escaliers de bois, aux marches raides, où les éperons s'embarrassaient et produisaient souvent des chutes retentissantes ; enfin la vue directe sur la rue, pour les chambres situées à l'exposition du nord, présentait de nombreux inconvénients.

Lorsqu'on parvenait dans la seconde cour, aussi longue, mais moins large des deux tiers que la grande cour actuelle, on trouvait, en face du jardin, adossé au mur de l'ouest, un vaste hangar disgracieux et mal-

propre : c'était le hallier contenant le bois de chauffage et les lieux
d'aisances des élèves. Après avoir franchi ce défilé, on avait devant soi le
bâtiment construit en 1839, appelé longtemps pavillon des Études, et,
depuis 1858, *pavillon B.* Les chambres de casernement y étaient
meilleures, sans avoir toutefois des dimensions suffisantes ; la construction était d'une simplicité qu'expliquent la hâte des décisions prises
et la rapidité des travaux. L'amphithéâtre, assez vaste, mais trop peu
élevé, avait comme moyen de chauffage un gros poêle en faïence, placé
au milieu de la pièce, et qui, pendant les mois d'hiver, fut l'occasion de
bien des assoupissements et de bien des consignes.

Enfin le dernier pavillon, construit en 1858, avait reçu le nom de
pavillon de Forcade, en souvenir du directeur général de ce temps, qui
témoigna pour l'École une constante bienveillance (1). Les deux études,
disposées comme elles le sont actuellement, ne nous ont pas laissé de
mauvaise impression ; mais les cabinets d'interrogation étaient exigus
et mal éclairés ; la salle de modèles beaucoup trop étroite.

Tel était cependant le résultat pour lequel M. Parade avait travaillé
pendant plus de vingt ans, et si nombreuses avaient été les difficultés,
qu'on s'estimait heureux d'y être parvenu. Pauvre vieux casernement !
si laid et si peu commode ! En revenant de trente ans en arrière, on se
prend à le regretter presque, comme tout ce qui accompagne la jeunesse
depuis longtemps passée. Ce que nous ne savions pas alors, nous, ses
habitants d'autrefois, ce sont les efforts qu'avaient coûtés ces installations médiocres, ce mobilier grossier dont nous méprisions un peu la
simplicité. La correspondance du directeur en 1839 nous édifie bien à
cet égard : on y voit comment furent choisis l'un après l'autre les objets
qui garnissaient les chambres, depuis la couchette en fer, qui revient à
70 francs, — la literie, louée à un soumissionnaire, à raison de 77 francs
par élève, à l'exemple de ce qui se fait pour les lits militaires, --jusqu'à
la grande armoire payée 80 francs pièce ; de la même époque devait
dater le triste fourneau de fonte que l'on chauffait au rouge pendant les
soirées d'hiver, en réunissant dans la même chambre les provisions de
houille de tout un étage.

Mais nous entrons dans une phase nouvelle : l'installation que nous
venons de décrire disparaîtra presque tout entière, et sous la direction

(1) Depuis que la construction de 1868 a disparu, le nom de Forcade ne se trouve
plus rappelé nulle part ; c'est une lacune regrettable qui, nous l'espérons, sera comblée
dans la suite.

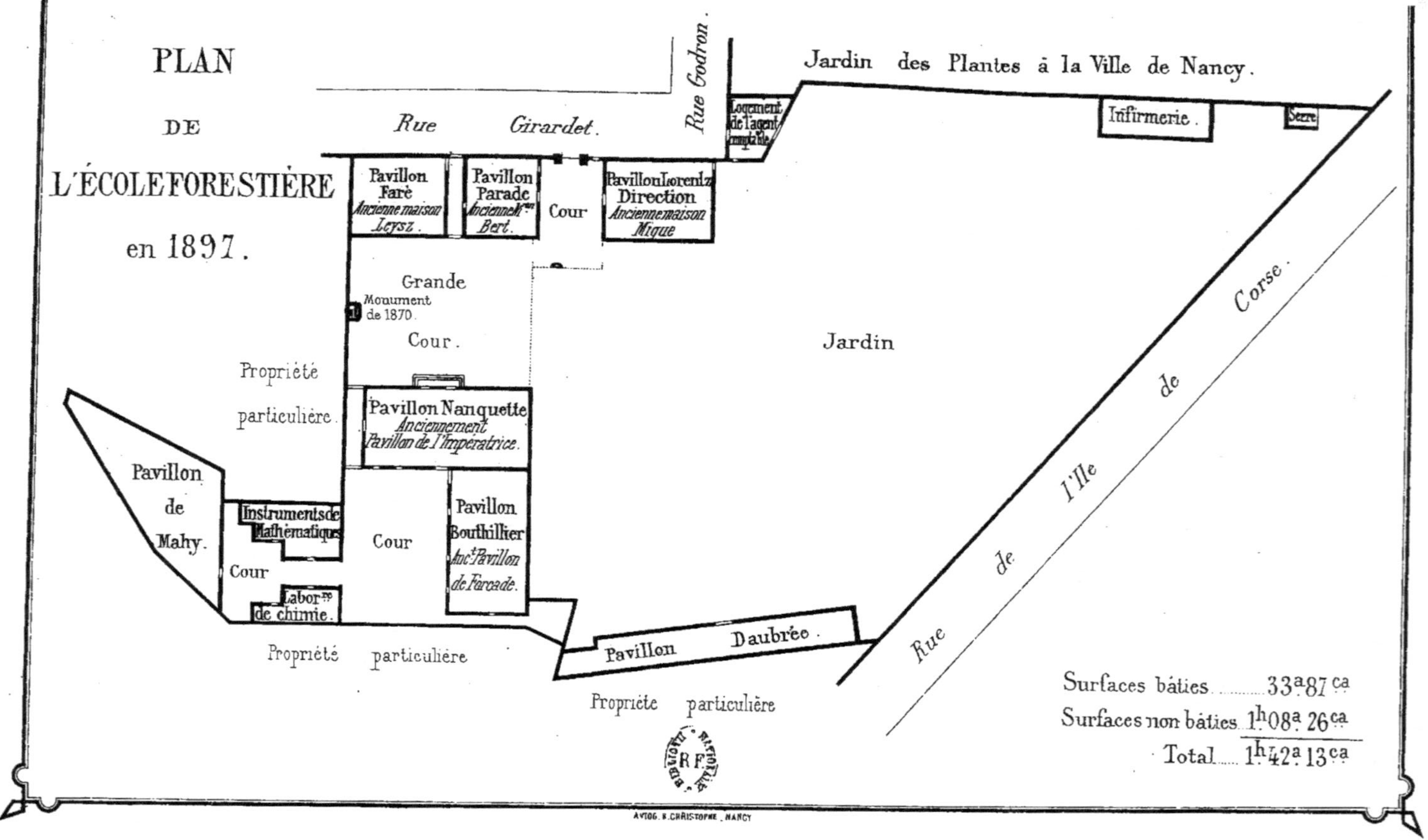

PLAN
DE
L'ÉCOLE FORESTIÈRE
en 1897.
Rue Godron
Jardin des Plantes à la Ville de Nancy.
Rue Girardet.
Logement de l'agent comptable.
Infirmerie.
Serre
Pavillon Faré
Ancienne maison Leysz.
Pavillon Parade
Anciennement Bert.
Cour
Pavillon Lorentz
Direction
Ancienne maison Mique.
Grande
Monument de 1870.
Cour.
Jardin
Propriété particulière.
Pavillon Nanquette
Anciennement
Pavillon de l'Impératrice.
Pavillon de Mahy.
Instruments de Mathématiques
Cour
Cour
Pavillon Bouthillier
Anc.t Pavillon de Farcade.
Labor.re de chimie.
Propriété particulière
Pavillon Daubrée.
Rue de l'Ile de Corse.
Propriété particulière
Surfaces bâties 33a 87ca
Surfaces non bâties 1h 08a 26ca
Total 1h 42a 13ca
AUTOG. E. CHRISTOPHE . NANCY

de M. Nanquette, l'École sera tellement changée que les anciens ne pourront plus la reconnaître. Déjà, comme dernière amélioration matérielle, M. Parade avait obtenu de construire, dans le jardin, un chalet, à l'exemple de ce qu'il venait de voir en Bavière, à l'École royale d'Aschaffenbourg : ce chalet, destiné à loger une collection de rondelles de bois, reçut plus tard le nom de Bernard Lorentz, en souvenir du premier directeur ; il a été conservé jusqu'en 1896 (1). En 1863, est décidé l'établissement d'une pépinière modèle à Bellefontaine, sur le bord de la forêt de Haye : on y élèvera une vaste maison qui non seule-ment fournira un logement à deux gardes, mais encore permettra d'y réunir les élèves, au moment des travaux pratiques. Ce fut le dernier projet élaboré par M. Parade, qui mourut en 1864.

M. Nanquette débute par plusieurs améliorations matérielles qui ne sont pas sans importance. En 1865, les cours de l'École sont éclairées au gaz. La même année, une seconde fontaine est installée dans la cour des élèves; elle est alimentée par trois litres d'eau achetés aux sources de Brichambeau ; deux autres litres seront ajoutés en 1872 (2). L'année d'après, la construction d'une infirmerie dans le jardin est enfin décidée ; depuis longtemps M. Parade l'avait réclamée, faisant valoir avec raison l'inconvénient de conserver les malades dans une chambre du caserne-ment; la construction de 1866 (3), exécutée dans les meilleures conditions de salubrité, contient aussi au rez-de-chaussée le logement du jardinier ; on la fait enfin servir au séjour des élèves qui subissent la peine des arrêts forcés.

Dès le 1er avril 1866, M. Nanquette propose l'acquisition de la maison Leysz, voisine du pavillon A et portant le numéro 10 de la rue Girardet ; le 4 février 1867, il envoie le devis des nouvelles constructions qui seront la conséquence de cet agrandissement ; la dépense totale prévue est de 200,000 francs. Le contrat d'acquisition est passé le 1er mars 1867, et les travaux du nouveau casernement sont adjugés le 9 janvier 1868,

____

(1) La demande d'autorisation est du 14 octobre 1861. La construction, faite sur soumission, est terminée en mai 1862 ; elle coûte 7,888 francs. Le mobilier revient à 600 francs et un crédit de 1,000 francs est accordé pour former la collection de rondelles.

(2) Dépensé pour la fontaine, en 1885, 8,651 fr. 89. Les deux litres, achetés en août 1872 au sieur Thiéry, sont payés 2,400 francs.

(3) Le 31 janvier 1866, envoi des devis pour l'infirmerie ; la dépense est de 13,927 francs, sans compter le mobilier, qui coûte 3,086 francs.

pour 114,373 francs (1). Le bâtiment — celui que nous voyons aujourd'hui — se compose de deux ailes en équerre : la première, dont la
face principale regarde la cour, s'élève sur l'emplacement de l'ancien
Pavillon B, prolongé à l'ouest de toute la largeur du terrain Leysz ; la
seconde, qui donne sur le jardin à l'est et sur la troisième cour à
l'ouest, s'étend dans la direction qu'occupait l'ancien Pavillon de
Forcade, en allant toutefois beaucoup plus loin vers le sud. Ces deux
parties du casernement durent porter les noms de Pavillon de l'Impératrice et Pavillon du Prince impérial : et, en effet, le nom de l'Impératrice
demeura inscrit sur le fronton, au-dessous de l'horloge, jusqu'après
1870 ; l'autre titre ne fut jamais appliqué, et, en souvenir du premier
directeur général des Forêts, le pavillon du jardin s'appela dès cette
époque Pavillon Bouthillier (2).

Ces constructions, si rapidement achevées, allaient modifier complètement la disposition des différents services de l'École. Chacun des
nouveaux pavillons doit servir de logement à l'une des deux promotions, qui occuperont le premier et le second étages. Quant au rez-de-
chaussée, il contient, au Pavillon de l'Impératrice, l'amphithéâtre, le
vestibule ou salle des Pas-Perdus, le cabinet de l'inspecteur, la chambre
de l'adjudant de service, le cabinet de consultation du médecin et
d'autres pièces qui, lors de l'institution de la troisième année, formèrent
la salle de cours des stagiaires. Au Pavillon Bouthillier, nous trouvons
les salles d'études de 1re et 2e année, et deux pièces plus tard consacrées
à l'armement et à l'équipement militaire.

L'ancien casernement, ou Pavillon A, ne reçut plus d'élèves à partir
de 1869 ; dans son rez-de-chaussée on installa le logement du portier-
consigne et des salles de modèles ; le premier étage tout entier fut

______

(1) Il faut y joindre 8,825 francs de devis supplémentaire, pour un calorifère,
l'établissement en granit des marches de l'escalier, etc. L'ensemble des constructions
de 1868-1869, en y comprenant tous les travaux qui en sont la conséquence, déplacement de la fontaine, pavage des cours, etc., se monte à 146,613 francs. Si l'on y ajoute
le prix d'achat de la maison, 110,000 francs, on voit que la somme fixée au début était
déjà largement dépassée.

(2) Il convient de rappeler ici, après les noms de MM. Faré et Nanquette, celui de
l'architecte qui donna les plans et surveilla l'exécution de tous ces bâtiments : cet
architecte fut M. Victor Genay, qui avait repris en 1861 les fonctions de son beau-père,
M. Grillot. De 1869 à 1876, les fonctions d'architecte furent remplies par M. Corrard
des Essarts. Depuis 1876, elles sont exercées par M. Ferdinand Genay, qui a reçu une
commission régulière le 19 janvier 1894. Notons aussi que M. Morey fournit les plans
du monument de Bellefontaine, ainsi que de celui consacré aux élèves morts en 1870 ;
il s'occupa aussi de la réfection de la porte d'entrée, en 1873. (Voir plus loin.)

aménagé en salles de réunion pour les élèves ; dans les étages supérieurs on logea les adjudants et les gagistes. Les collections d'histoire
naturelle, qui occupaient dans le bâtiment de la Direction les salles
Buffon et Duhamel, furent transportées au rez-de-chaussée de la maison
Leysz ; leur ancien emplacement servit à augmenter la bibliothèque ;
quant aux deux étages du numéro 10 de la rue Girardet, ils furent
affectés au sous-directeur et à l'inspecteur des études : MM. Mathieu et
Bagneris en prirent possession dès le mois de novembre 1867 (1).

Le mobilier des élèves fut entièrement renouvelé ; la dépense fut
prévue en 1868 pour un effectif de 60 habitants (2). Grâce à cet ameuble-
ment et aux excellentes dispositions prises lors de la construction, les
chambres sont devenues plus saines, plus commodes et plus gaies
qu'autrefois ; les élèves y séjournent plus volontiers, tandis qu'ils
quittaient au plus vite l'ancien casernement, si étroit et si triste. Une
grande hauteur d'étage, un cabinet de toilette séparé de la pièce principale, des meubles fort convenables, une cheminée, et même une glace
et des rideaux, ce sont là des nouveautés luxueuses que l'on n'eût
pas osé concevoir alors que les promotions s'entassaient dans le
Pavillon A.

Après 1870, une dernière série de constructions est entreprise par
M. Nanquette ; elle correspond à l'institution de la troisième année
d'études ; elle est motivée par l'extension donnée vers cette époque à tous
les services de l'enseignement. En 1877, l'acquisition d'une parcelle du
jardin de Kirschberg (3), au sud du Pavillon Bouthillier, permet de
compléter les dépendances de l'École et d'édifier successivement le
laboratoire de chimie, un nouveau bâtiment où sera l'étude des
stagiaires, une salle pour les instruments de géodésie, et enfin une
vaste galerie destinée aux modèles, ainsi qu'à l'ensemble des collections
autres que celles d'histoire naturelle.

Le terrain ainsi acheté est fort irrégulier ; on a pu cependant en tirer
un excellent parti. La troisième cour a été notablement dégagée ; d'un
côté, la lampisterie, le bûcher, les lieux d'aisances, ont été rejetés à

(1) La dépense pour ces transformations est évaluée à 25,000 fr. (22 octobre 1869).

(2) Devis du 24 décembre 1868 : 23,780 francs. Le nombre des chambres est de 18
au pavillon Bouthillier ; il y en avait autant au pavillon Nanquette, mais ce nombre
est actuellement réduit à 11, par suite de l'affectation du premier étage à d'autres
usages, comme on le verra plus loin.

(3) Du 25 mai 1877, achat au commandant Gargam, propriétaire du terrain
Kirschberg, de 11 ares 70, pour 53,000 francs.

l'écart (1) ; de l'autre côté, le laboratoire et le bâtiment des stagiaires, qui se trouvent face à face, forment deux pavillons symétriques ; la double galerie des modèles est vaste, bien éclairée et d'un aspect fort original (2).

M. Nanquette avait ainsi complètement changé l'aspect de l'École ; la nouvelle installation matérielle répondait, pour le présent, à tous les besoins. Dans un avenir prochain, elle devait être, en outre, un argument très puissant contre le transfert à Paris ou ailleurs, à cause des dépenses considérables qui eussent été nécessaires pour reconstituer un ensemble de bâtiments aussi complet. Cette question fut, en effet, agitée deux fois : en 1871, on parlait de transporter l'École à Compiègne ; en 1888, de l'établir à Paris. Sans doute, à cette dernière date, d'autres raisons militèrent pour empêcher une fusion complète avec l'Institut agronomique ; il n'en est pas moins vrai que les belles constructions dues à MM. Faré et Nanquette n'ont pas été sans influence sur le maintien définitif de l'École à Nancy.

Ensuite, la direction de M. Puton ne vit que des modifications assez secondaires. A cette époque, il n'est plus question d'agrandissements ; les promotions sont fort diminuées, le stage à l'École supprimé ; on lutte péniblement pour l'existence et il serait bien impossible d'obtenir de l'Administration les larges crédits que M. Faré distribuait si généreusement. Toutefois, profitant de l'aliénation d'un terrain communal longeant à l'ouest le jardin, M. Puton parvint à faire acheter pour l'École une bande de terrain de 6 ares 62 centiares (3) ; c'est sur cet emplacement qu'en 1896 son successeur, M. Boppe, a fait édifier les nouvelles galeries de collections, en remplacement du chalet Lorentz supprimé (4) : cette vaste construction ne peut être mieux désignée que par le nom de M. Daubrée, directeur des Forêts, qui a voulu continuer ainsi la tradition des Forcade et des Faré.

L'affectation de plusieurs parties des bâtiments n'est pas restée telle que l'avait organisée M. Nanquette. Au rez-de-chaussée de l'ancien pavillon A, après que les modèles eurent été transférés dans les salles qui leur étaient destinées, on plaça d'abord les bureaux de la Conser-

---

(1) Signalons, à cette occasion, la concession gratuite faite par la ville de Nancy, en novembre 1879, de 10 mètres cubes d'eau de Moselle par 24 heures. On a pu, par ce moyen, assurer aussi complètement que possible la salubrité de l'École.

(2) L'ensemble des dépenses effectuées en 1878-1879 s'élève à 133,881 fr. 53.

(3) Décision du 17 novembre 1884. Prix : 29,812 francs.

(4) Décision du 13 mars 1896. Crédit ouvert : 33,800 francs.

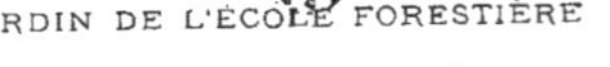

Phototypie J. Royer, Nancy.

JARDIN DE L'ÉCOLE FORESTIÈRE

GALERIE DAUBRÉE

vation n⁰ 4 *bis* ; puis, lorsque les cantonnements qui constituaient cette
Conservation furent rendus au service ordinaire, la station de recherches
et d'expériences y fut installée. Le premier étage, qui servait tout entier
de salles de réunion pour les élèves, fut transformé en un logement
pour le commandant chargé de l'instruction militaire (1), qui, avant
1894, n'habitait pas l'École. Au même moment, les salles de réunion,
bien réduites, mais encore suffisantes, eu égard à la diminution du
nombre des élèves, étaient placées dans une partie du rez-de-chaussée
de l'ancien Pavillon de l'Impératrice.

Dans ce même bâtiment, le premier étage ne sert plus au casernement des élèves. On y a d'abord ménagé un second amphithéâtre, placé
au-dessus du premier, et de dimensions identiques (2). A l'autre extré-
mité, quatre chambres ont été réunies pour renfermer des collections
concernant principalement les maladies du bois, les champignons et
autres parasites des espèces ligneuses (3). Enfin, le surplus des chambres
de cet étage a été distribué aux professeurs, qui ont ainsi chacun leur
laboratoire à l'École, suffisant pour leurs interrogations et leurs
travaux (4).

C'est ainsi qu'en soixante-dix ans l'École forestière a successivement
acquis les emplacements nécessaires pour son fonctionnement. Ce que
renferment ces bâtiments, dont nous avons raconté l'origine, nous le
verrons, lorsqu'en parlant de l'enseignement nous aurons à traiter des
collections qui en sont les annexes. Actuellement, pour juger par une
vue d'ensemble du chemin parcouru depuis 1826, faisons-en une visite
sommaire, comme un étranger qui y pénétrerait pour la première fois :
nous indiquerons, dans le cours de cette promenade, les désignations
officielles qui ont été données à chaque partie de l'établissement. Nous
signalerons aussi les monuments qu'il renferme : grâce au généreux
concours de tout le corps forestier, l'École tend, en effet, à devenir
chaque jour comme un musée de souvenirs, dans lequel trouvent place
tous ceux qui se sont dévoués pour elle : belle et féconde pensée,
également honorable pour les maîtres et pour les élèves.

Au dehors, la rue Girardet n'a guère changé : une suite de grands
hôtels qui datent de Stanislas et donnent une impression de sévère

(1) Décision du 26 janvier 1894. Dépense : 4,800 francs.
(2) Décision du 21 août 1886.
(3 et 4) Même décision du 21 août 1886. Dépense globale : 7,500 francs.
Ces collections viennent d'être partiellement transférées au Pavillon Daubrée. (V.
chap. vi.)

tranquillité ; c'est bien le calme nécessaire aux études. Le portique de Mique existe toujours : on l'a seulement un peu déplacé en 1873 (1) ; la porte de fer est surmontée des initiales de l'École forestière. Nous entrons, au numéro 10 de cette rue, dans la première cour : à gauche, le bâtiment de la Direction, la première acquisition faite en 1826 ; on lui a récemment donné le nom de Pavillon Lorentz, en souvenir du premier directeur. Si, dans ce même bâtiment, nous ouvrons les portes de la bibliothèque, nous y voyons le buste de Bernard Lorentz, beau marbre dû au ciseau de Bartholdy, qui reproduit avec une grande fidélité, dit-on, les traits de ce doyen des forestiers de France (2). Là aussi se trouve un médaillon de marbre, œuvre de Bussières, placé en mémoire de M. Meaume, l'éminent professeur de droit, qui honora l'École par sa parole et ses écrits (3).

Ces salles de la bibliothèque, de même que le cabinet du directeur qui les précède, ont vue sur le jardin, dont les beaux ombrages, à peine éclaircis par le rude hiver de 1879, ne sont pas l'un des moindres ornements de notre maison. Au fond, vers la gauche, on aperçoit l'infirmerie, adossée au mur du Jardin botanique de la ville de Nancy ; en face, la galerie Daubrée montre sa gaie façade de brique et de pierre blanche.

Mais nous sommes revenus dans la première cour, dont le fond est toujours occupé par la fontaine de 1833 ; nous avons devant nous l'ancien Pavillon A, formé par la maison Bert agrandie ; il se nomme aujourd'hui Pavillon Parade. Une grille en fer sépare le jardin de la cour d'entrée et de celle qui donne accès au casernement actuel : c'est la grande cour, ou cour d'honneur ; elle sert aux exercices militaires ; des escouades plus nombreuses que nos petites promotions d'aujourd'hui y évolueraient à l'aise. Le monument de 1870 frappe immédiatement le regard : stèle en marbre blanc, surmontant une fontaine, et entourée des

(1) Du 27 août 1873 ; déplacement et reconstruction de la porte d'entrée. Dépense : 3,550 francs.

(2) A la mort de M. Parade, une souscription ouverte dans le corps forestier produisit une somme considérable ; une partie fut affectée au buste de Lorentz, à celui de Parade, dont nous allons bientôt parler, et au monument élevé à Bellefontaine en 1867, qui réunit dans le même hommage le gendre et le beau-père, les deux auteurs de la *Culture des bois*.

(3) Les frais de ce médaillon ont été couverts par une souscription qui fut close en 1887. Un autre exemplaire se trouve au Musée lorrain pour rappeler les œuvres littéraires de l'écrivain distingué qui publia les *Recherches sur Jacques Callot* et tant de livres historiques concernant surtout l'histoire de Lorraine. (Voir la brochure intitulée : *Le Médaillon de M. Édouard Meaume ; compte rendu aux Souscripteurs*, 1888.)

noms de sept élèves de l'École qui moururent en soldats (1) ; l'inscription placée plus bas : *Dulce et decorum est pro patria mori,* rappelle aux jeunes générations le dévouement de leurs aînés et le devoir qui les attend.

Du côté de la rue Girardet, l'ancienne maison Leysz, actuellement Pavillon Faré, continue l'alignement de la maison Bert, mais avec une architecture toute différente. Les collections d'histoire naturelle sont au rez-de-chaussée : dans la première pièce est placé le buste d'Auguste Mathieu (2), le principal auteur de ces collections, marbre sculpté par Bussières, d'après un plâtre de Benoit Godet.

Le fond de la grande cour est fermé par l'ancien Pavillon de l'Impératrice, appelé pendant quelques années Pavillon de l'Horloge, et maintenant Pavillon Nanquette : juste hommage rendu au directeur qui fut le grand bâtisseur de l'École forestière. Nous pouvons traverser l'édifice soit par le vestibule, soit par une allée couverte servant aux voitures ; les deux passages nous amènent dans une troisième cour, bordée à gauche par le Pavillon Bouthillier : là se trouve l'entrée des études, et plus loin la salle d'escrime, dans l'ancienne lampisterie ; par là, les élèves se rendent à l'amphithéâtre ; c'est le coin de l'École le plus animé, peut-être.

Cette troisième cour est encadrée de deux côtés par d'assez hautes murailles, qui lui donnent un aspect quelque peu sévère ; les amateurs d'antiquités peuvent toutefois, depuis là, découvrir le Saint-Georges de Florent Drouin, qui surmonte une porte de la ville chère aux archéologues. Mais achevons notre visite en tournant vers la droite : là le laboratoire de chimie aligne ses fourneaux et ses cornues ; en face, l'ancienne étude des stagiaires, qui a servi pendant plusieurs années de

(1) Ce monument a été élevé au moyen d'une souscription ouverte en 1872-1873 dans le corps forestier, qui produisit plus de 7,000 francs. L'inauguration en fut faite le 27 août 1873 par M. Faré, directeur général *(Revue des Eaux et Forêts,* 1873, p. 338). Les noms inscrits sur le marbre, pour l'exemple des promotions futures, sont ceux de MM. Guérin, Robert, Marryer de Bois d'Hyver, Boucheron, Josserand, Moisant et Pison.

(2) Buste en marbre, supporté par un piédestal en chêne, avec ornements de bronze. Souscription organisée en 1894, parmi les forestiers français et aussi les anciens élèves étrangers de l'École forestière. Ceux-ci ont répondu avec autant d'empressement que les agents de l'Administration française à l'appel qui leur était adressé. Les sommes envoyées notamment par les Anglais, les Belges et les Roumains, forment un total important. C'est grâce à cette large participation des étrangers que le Comité s'est vu reliquataire d'une somme de 2,000 francs, qui a été donnée à l'École pour la fondation d'un « prix Mathieu », ainsi qu'on le verra plus loin. (V. *Le buste d'Auguste Mathieu ; souvenir offert aux Souscripteurs,* 1896.)

salle d'escrime, est devenue aujourd'hui la salle des instruments de géodésie, où sont renfermés, avec les théodolites d'un autre âge, les spécimens les plus parfaits des constructeurs actuels. Enfin nous entrons dans le grand bâtiment de 1889, décoré du nom de Pavillon de Mahy. Il comprend deux vastes salles, principalement éclairées par le plafond et communiquant au moyen d'une large baie ; c'est une construction originale qui convient fort bien à sa destination. Dans la première de ces salles, le buste de Parade, en marbre, par Viard (1) ; au fond, un grand médaillon de marbre, rappelant les traits de Bagneris, par Benoît Godet (2) : hommage des élèves anglais et souvenir du dévoué professeur, de l'inspecteur des études qui seconda si efficacement M. Nanquette pendant toute la durée de sa direction (3).

Telle est l'École forestière à la fin du XIXe siècle (4), telles sont les étapes d'une formation qui n'a pas duré moins de soixante-dix ans. Même à l'époque où les promotions étaient le plus étroitement logées, alors que les élèves se trouvaient entassés dans un pavillon unique, même lors des grandes épidémies qui se sont fait sentir à Nancy, ces bâtiments se sont montrés remarquablement salubres, grâce surtout à l'air qui circule abondamment dans les jardins et les cours. Les décès que l'on constate depuis 1840 sont relativement rares : de Chazelles en 1842, Renouard en 1883 et de Maubeuge en 1895 (5).

Nous aurions terminé ce chapitre, si nous ne croyions devoir y rattacher quelques détails sur les crédits du matériel depuis l'origine et sur le personnel inférieur mis à la disposition du directeur. Il est très beau, sans doute, d'acheter, de bâtir, de s'accroître : il faut pour cela saisir une occasion favorable, intéresser à une réorganisation utile un directeur général et un ministre. Mais les bonnes volontés se lassent quelquefois ; il arrive des périodes pendant lesquelles les crédits se resserrent, et il faut alors s'ingénier pour obtenir le nécessaire, afin

(1) Érigé avec une partie des fonds de la souscription de 1864. Voir ci-dessus.

(2) Ce médaillon est entouré d'un cadre sculpté en bois de teck. Le tout a été exécuté, aux frais des agents forestiers des Indes anglaises qui ont passé par l'École de Nancy, peu de temps après la mort de M. Bagneris, qui eut lieu en 1881.

(3) Au-dessus de la grande baie qui fait communiquer les deux salles, un petit médaillon en terre cuite, seul souvenir à Nancy de M. Vicaire, l'éminent directeur général qui a si efficacement secondé M. Parade, et dont il n'est que justice de conserver la mémoire à l'École forestière.

(4) Surface totale de l'immeuble : 1 hectare 42 ares 13 centiares, dont : surface bâtie, 33 ares 87 centiares ; cours et jardins, 1 hectare 8 ares 26 centiares.

(5) Nous ne comptons pas ici les élèves qui sont morts dans leurs familles ; le nombre en est plus considérable. (Voir chap. IV. Appendice.)

d'assurer l'entretien journalier. Nous venons de voir les grands changements qui font époque dans l'histoire de l'établissement ; il ne faut pas oublier les difficultés et les variations, parfois pénibles à supporter, des ressources normales. Ici encore, nous retrouverons la trace des crises que subit l'institution, notamment vers 1851 et 1889.

Le personnel inférieur, formé par les *gagistes* de l'École, n'a dû se composer à l'origine que de deux individus : le jardinier et un domestique chargé de toute la besogne matérielle, d'ailleurs très simplifiée à cette époque. En 1838, nous trouvons trois gagistes, y compris le jardinier : l'un d'eux est qualifié « homme de peine », l'autre est le concierge de la maison. Ce concierge est une figure historique de l'ancienne École : c'est Anton Fischer, un vieux brave qui avait rendu des services à M. Lorentz et qui mourut à l'École en 1862. Semblable aux valets de l'ancienne comédie, il avait son franc parler avec le maître ; il était, à proprement parler, le domestique du directeur. Lorsque fut installé le régime du casernement, un quatrième gagiste est accordé (11 février 1839) ; c'est le garçon de salle, qui s'occupe des études, de l'amphithéâtre et des sonneries. Enfin, en 1840, est créé le poste de portier-consigne, tout différent du concierge du directeur ; c'est le premier des gagistes, il est chargé de fonctions délicates et d'une responsabilité spéciale ; il loge à l'École, ainsi que le jardinier et le garçon de salle. Tous ces employés ont reçu l'uniforme en 1839 ; il ne faut pas les confondre avec les domestiques du casernement, un pour chaque promotion, qui s'occupent des chambres des élèves et sont payés par ceux-ci.

Lorsque M. Le Grand dirigea sur l'École l'inspection des Finances, un des abus reprochés au directeur était d'employer pour son service personnel un des gagistes rétribués par l'État ; M. Parade allégua que la situation était parfaitement connue, dès l'origine, par l'Administration ; il proposa d'ailleurs la suppression du poste, vacant à cette époque par la mort du titulaire. Cette suppression, il est vrai, ne fut pas de longue durée : le nombre des élèves et l'étendue des bâtiments s'augmentaient, et en même temps les soins matériels devenaient plus compliqués. En 1856, nous retrouvons le même personnel qu'en 1851, c'est-à-dire cinq employés ; l'un d'eux, logé dans le bâtiment de la Direction, est le vaguemestre de l'établissement. Ce nombre ne varia pas jusqu'en 1874 : un nouveau gagiste fut alors affecté à l'enseignement militaire.

C'est le moment où l'extension des collections est le plus rapide : il eût été désirable, pour assurer leur entretien, de spécialiser ce personnel et d'en affecter une partie aux nouveaux services qui se créaient ou se développaient à l'École ; cette affectation ne fut faite que pour l'armement et le laboratoire de chimie ; mais tôt ou tard il faudra bien entrer dans cette voie, si l'on ne veut laisser dépérir l'œuvre si péniblement accomplie.

Nous arrivons enfin à la dernière période : la diminution du nombre des élèves entraîne la suppression d'un garçon de salle, en 1891. Trois hommes de service sont donc seulement conservés (en outre du portier-consigne et du jardinier) pour cette vaste maison ; l'économie a été poussée à ses plus extrêmes limites.

Dans le budget du matériel de l'École, les gagistes ne figurent que pour leur habillement ; les crédits dont il nous reste à parler ont pour objet des dépenses très diverses : location de la literie des élèves, chauffage et éclairage, service de santé, prix des concours, jardin, travaux pratiques, frais de bureau, bibliothèque et collections, enfin entretien du mobilier et des bâtiments. Nous ne retiendrons de ces articles que ceux qui se rapportent au sujet de ce chapitre.

Les locations de literie, qui s'adjugeaient au rabais depuis 1849, ont pris fin en 1895 : désormais il est pourvu à ce service par voie d'achats. Le chauffage et l'éclairage constituent une des grosses dépenses du budget, depuis l'institution du casernement ; ce sont celles qui ont donné lieu, à certaines époques, aux difficultés les plus grandes. En 1839, avant le casernement, le crédit alloué pour le chauffage est de 1,200 fr. ; il est porté à 2,500 fr. l'année suivante, et, à partir de cette époque, la fourniture en est faite par voie d'adjudication au rabais. En 1849, règlement au sujet du sciage et du fendage du bois de chauffage, qui s'effectuent pendant les mois de vacances, par les gagistes, moyennant rémunération. En 1851, à la suite de l'inspection des Finances, blâme au sujet des délivrances de chauffage faites au directeur et aux inspecteurs des études, en vertu d'autorisations verbales, non renouvelées depuis l'Ordonnance du 7 juillet 1844, qui prévoit que ces fournitures feront l'objet d'un Arrêté ministériel. Ce reproche fut celui auquel M. Parade se montra le plus sensible, à cause surtout de la forme blessante avec laquelle fut relevée cette irrégularité. Depuis la construction des nouveaux bâtiments, l'établissement de calorifères pour les études, l'amphithéâtre et le laboratoire, a fait joindre au bois de chauffage l'emploi de la houille, dans des conditions d'économie bien plus avantageuses.

L'éclairage, pendant longtemps exclusivement à l'huile, est l'occasion d'une longue correspondance en 1850 et 1851, ainsi que de critiques analogues à celles que nous avons relatées pour le chauffage. Des précautions minutieuses sont prises pour limiter cette dépense ; on discute longuement la question de savoir si les huit tonnes d'huile constituant l'approvisionnement annuel doivent s'acheter en gros ou en détail : pitoyables chicanes, auxquelles le directeur répond avec une résignation qui devait lui être assez pénible. En 1869, l'éclairage au gaz fut installé dans les nouveaux casernements ; mais partout ailleurs l'ancien système était conservé, de sorte que le service de la lampisterie prenait, en hiver, à peu près tout le temps d'un des gagistes. C'est seulement sous la direction de M. Boppe que les appareils à gaz ont été placés partout, en attendant que l'éclairage électrique soit devenu possible.

Les sommes consacrées à l'entretien s'augmentent nécessairement avec les bâtiments. En 1839, on prévoit pour cet objet 500 fr. seulement ; en 1845, 800 fr. sont inscrits pour les immeubles et 500 fr. pour le mobilier ; en 1851, réductions à 650 et 450 fr. Il est, en effet, à remarquer que lorsque les crédits du matériel sont diminués, par suite de la réduction du nombre des élèves ou de toute autre cause, les sommes consacrées à l'entretien diminuent également, alors cependant que les besoins restent les mêmes. Actuellement, ces crédits sont respectivement de 3,825 et 1,000 fr., alors que l'estimation du mobilier — bibliothèque non comprise — est de 125,147 fr. (1) et que les immeubles reviennent à 733,637 fr. (2).

L'ensemble du budget du matériel de l'École reproduit des variations analogues. En 1839, il ne se monte qu'à 2,655 fr. Le régime du casernement a pour effet de le porter à 9,000 fr., dès 1840. Mais cette somme devint promptement trop faible ; de 1847 à 1851, elle s'élève à 12,000 fr. Survint M. Le Grand et son système d'économies à outrance ; il en

(1) Au 31 décembre 1896.

(2) Cette évaluation ne comprend que l'ensemble des crédits accordés pour les bâtiments, mais la valeur vénale serait certainement plus considérable. Dans ce total, il faut compter 286,215 fr. pour les acquisitions, et 447,423 fr. pour les constructions, installations ou grosses réparations.

Dans le *Tableau général des propriétés de l'État, Biens affectés à des services publics* (in-4°, Paris, Imprimerie nationale, 1875, p. 65-66), l'ensemble des immeubles composant l'École n'est estimé que 523,000 fr., chiffre beaucoup trop faible. Ce même *Tableau* contient une erreur évidente dans les contenances : l'emplacement de l'ancien chalet Lorentz y est porté pour 91 *ares*, au lieu de 91 *centiares*.

résulte une réduction à 10,500 fr., qui se maintient jusqu'en 1862. Nous assistons ensuite à une phase ascendante : 16,300 fr. en 1865, 18,000 fr. en 1867 ; le maximum est atteint en 1882 : 20,345 fr., non compris 1,005 fr. pour la station de recherches. La diminution des crédits se fait sentir dès 1886 : nous descendons à 19,225 fr., puis à 18,525 fr. ; ce dernier chiffre n'a pas changé depuis 1890.

Si l'on considère l'étendue des bâtiments et la complexité des services que renferme l'École, cette dotation paraît bien minime ; mais nous devons ajouter que, grâce à la bienveillante sollicitude de M. le directeur des Forêts, toutes les fois que des dépenses urgentes ne peuvent être couvertes au moyen des ressources normales, des crédits extraordinaires sont libéralement accordés pour combler l'insuffisance. Ainsi, depuis l'arrivée de M. Daubrée à la Direction, ont été évités les inconvénients qui pouvaient résulter de réductions qu'il eût mieux valu ne jamais imposer au budget de l'établissement.

D'après une photographie de M. Fron.

CHAPITRE IV

La vie des Élèves, à l'École et au dehors.

Sommaire : *Les promotions de l'École : élèves libres et élèves du Gouvernement. L'uniforme. — Les règlements intérieurs ; régime antérieur au casernement ; introduction du casernement en 1859. La discipline sous M. Parade. Réformes de M. Nanquette. Règlements successifs depuis la direction de M. Puton ; effet du recrutement par l'Institut agronomique. — L'existence à Nancy ; les excursions.*

Nous avons exposé les conditions auxquelles les élèves sont admis à l'École ; nous connaissons les bâtiments qui composent cette maison dans laquelle ils vont recevoir l'instruction forestière ; nous allons examiner maintenant comment est organisée leur existence pendant les deux années d'études et quels sont les règlements auxquels ils sont soumis.

Chaque promotion se compose habituellement de deux éléments distincts : les élèves du Gouvernement et les élèves libres ; ils diffèrent les uns des autres par leur origine, le régime auquel ils sont soumis et

les résultats auxquels leur séjour à Nancy peut les conduire. Les élèves
du Gouvernement sont de futurs fonctionnaires, entrant à la suite d'un
double concours, suivant tous les mêmes leçons et les mêmes exercices,
astreints aux mêmes examens. Les élèves libres ne passent aucun
examen d'entrée, peuvent être de nationalités très diverses, n'ont à
espérer aucune place dans l'Administration française ; en revanche,
ils étaient, à l'origine du moins, comme l'indique leur désignation
officielle, absolument libres de diriger leurs études suivant le but qu'ils
se proposaient (1).

L'aptitude à remplir des fonctions publiques est un attribut de la
qualité de Français ; aussi a-t-il toujours été de principe que la nationalité française doit être exigée des candidats à l'École forestière.
Toutefois, une clause de ce genre manque dans les premiers règlements
d'admission ; c'est seulement assez tard, en 1869, croyons-nous, qu'elle
a été pour la première fois insérée. Autrefois, l'exclusion des non-
Français des fonctions publiques, et spécialement des fonctions forestières, était loin d'être imposée aussi rigoureusement que de nos jours ;
ainsi, nous trouvons en 1838 une correspondance curieuse entre le
directeur de l'École et l'Administration, au sujet des élèves libres de
nationalité polonaise. Il faut dire qu'à ce moment les sympathies en
France étaient toutes pour la Pologne, et qu'en Lorraine spécialement
un grand nombre de réfugiés de ce malheureux pays avaient trouvé
asile. Ce n'est pas sans surprise que nous voyons M. Parade demander
une place du Gouvernement pour l'un de ces élèves qui a obtenu un
entier succès dans ses examens : « Ce serait, dit il, un acte d'humanité
en même temps que de sage politique ; on ne ferait que suivre ainsi
l'exemple de l'Administration des Ponts et Chaussées, qui a placé comme
conducteurs de travaux des réfugiés polonais sortis de son École. »
C'est qu'en effet, à cette époque et pendant longtemps encore, on ne
trouvait pas extraordinaire de confier des fonctions publiques à des
étrangers : non seulement les services civils, mais même l'armée,
s'ouvraient assez largement, sans qu'il fût nécessaire de justifier d'une
naturalisation antérieure. Quoi qu'il en soit, la question posée en 1838
fut résolue négativement par la Direction des Forêts et il en fut de même
ensuite toutes les fois que de semblables demandes furent adressées.

---

(1) La situation spéciale, au point de vue de la discipline et des examens, faite à
certains étrangers, aux Anglais notamment, résultait de conventions particulières avec
leurs Gouvernements respectifs.

Ces élèves libres ont aussi reçu le nom d'externes, parce que, lors même qu'ils seraient de nationalité française, ils ne peuvent être casernés avec les élèves du Gouvernement ou internes. Cette règle a toujours été suivie, bien que le logement à l'École ait fait quelquefois l'objet de pétitions, de la part de Français ou d'étrangers. ·

Les premiers étrangers qui vinrent à Nancy furent accueillis avec une grande satisfaction ; les portes de l'École leur furent ouvertes toutes grandes, aucune rétribution ne fut exigée d'eux, soit pour les cours, soit pour les examens. — « C'est un succès, disait M. Parade en 1844, à propos de l'arrivée d'un jeune homme de la Suisse romande, de voir les étrangers nous préférer à l'Allemagne.... Nous nous créons ainsi peu à peu hors de France des relations qui plus tard profiteront à la science et à l'Administration. » — Cette diffusion des idées françaises, opérée par d'anciens élèves qui n'oublieront jamais l'éducation qui leur est donnée à Nancy, est en effet un avantage capital, pour lequel le corps enseignant ne saurait trop libéralement donner tous ses soins.

Les élèves étrangers furent alors presque exclusivement des Polonais, puis les Suisses formèrent le principal élément des élèves libres (1). Pendant la direction de M. Nanquette, le nombre des étrangers admis à l'École (2) devint de plus en plus considérable, et leur nationalité de plus en plus variée. Parmi eux, nous devons une mention spéciale à la colonie anglaise qui, pendant seize ans, se succéda auprès de nous, à cause de la situation particulière qu'elle a occupée et des heureux résultats de cette organisation. Aux termes d'un règlement convenu entre le directeur de l'École et l'inspecteur général des Forêts de l'Inde, . M. Brandis (3), les jeunes Anglais doivent suivre pendant deux ans tous les cours, sont assujettis aux mêmes travaux, subissent les mêmes examens que les élèves français. Mais comme, à leur arrivée en France, ils pouvaient n'être pas suffisamment préparés à recevoir avec fruit l'enseignement forestier, ils sont placés tout d'abord, pendant huit mois, sous les ordres d'un inspecteur qui doit s'occuper de leur éducation à la fois théorique et pratique. Tel fut le régime auquel furent soumis les

(1) On compte 11 élèves libres seulement inscrits à l'École avant M. Parade. Sous sa direction, il y en eut 56, soit une moyenne de 3 par année.

(2) D'après une décision ministérielle du 11 novembre 1861, encore en vigueur, le directeur général des Forêts a qualité pour statuer sur les demandes d'admission.

(3) Règlement approuvé le 6 janvier 1877 par M. Laydeker, directeur général des Forêts. Nous avons consulté à ce sujet l'intéressante correspondance du directeur de l'École avec M. Brandis, et aussi avec les sous-secrétaires d'État pour l'Inde, MM. Melvill et Merivale. (Archives de l'École.)

élèves des promotions de 1867 à 1870 : M. de Grandprey les recevait à Haguenau et les renvoyait ensuite en état de participer utilement à l'instruction de l'École. Après la guerre, ce fut M. Broilliard, professeur d'aménagement, qui se chargea de cette préparation préliminaire. Puis, l'Administration anglaise estima utile d'accréditer à Nancy un représentant, dont les fonctions ne devaient être à l'origine que temporaires, mais qui se transformèrent presque immédiatement en une mission permanente. Le lieutenant-colonel Pearson, de 1873 à 1884, puis le major Bailey, de 1884 à 1886, contribuèrent puissamment, par leurs relations cordiales avec le personnel enseignant, au succès de cet enseignement. M. Bailey ne fit parmi nous qu'un trop court séjour ; mais le colonel Pearson était tellement identifié avec notre existence, prenant part à nos travaux et à nos manifestations extérieures, à nos joies et à nos peines, qu'il semblait que sans lui l'École dût paraître incomplète. Plus de quatre-vingts élèves anglais passèrent ainsi par Nancy et allèrent porter dans les Indes les méthodes de la sylviculture française ; lorsque l'Angleterre jugea le moment venu de fonder à Coopers'Hill une École forestière nationale, ce fut parmi les anciens élèves de Nancy qu'elle trouva ses premiers professeurs.

Les autres nations représentées à l'École à cette époque étaient principalement la Roumanie et la Belgique. En 1876, le Gouvernement belge manifesta le désir d'installer ses élèves à Nancy dans des conditions analogues à celles des Anglais ; toutefois, ces jeunes gens, sortis déjà d'une École d'agriculture, ne devaient passer qu'une année en France et ne pouvaient suivre qu'une partie des cours de l'une et de l'autre divisions. Depuis lors, Nancy a continué à recevoir des représentants de peuples très divers ; ils nous arrivent non seulement de la vieille Europe, mais aussi d'Amérique et même de l'Extrême-Orient : qui de nous pourrait avoir oublié Takacyma, ce type intelligent et fin de Japonais moderne, cet artiste original dont le pinceau produisait sans effort des œuvres si charmantes !

Phénomène singulier ! Parmi ces élèves libres, les Français sont en très petit nombre : ils forment à peine un dixième de l'ensemble et n'apparaissent parfois qu'à des intervalles fort éloignés. Tout d'abord, ce furent des surnuméraires de l'Administration, qui venaient à Nancy compléter leur instruction théorique pour devenir ensuite gardes généraux : c'était un moyen assez ingénieux d'éviter les chances du concours tout en recueillant ses avantages. Ensuite, l'École vit des fils de

propriétaires forestiers, dont le but est d'acquérir des connaissances qui
leur permettent de gérer leur patrimoine ; cette catégorie d'élèves libres
est à tous égards très désirable et nous regrettons qu'ils soient si rares.
A une certaine époque, le manque de place dans les études et les amphithéâtres aurait rendu impossibles des admissions nombreuses ; c'est
précisément alors, de 1850 à 1858, que nous voyons le Conseil général
de la Meurthe entreprendre une campagne pour obtenir la libre admission
des fils de propriétaires et des futurs régisseurs. Il faisait remarquer
avec grande raison la proportion considérable des forêts des particuliers
en France (six millions d'hectares environ, contre moins de trois
millions à l'État et aux communes), le grand intérêt que présente une
bonne gestion de cette masse d'immeubles : on était alors dans une
période de défrichements à outrance, et les pétitionnaires estimaient
justement que le meilleur moyen d'enrayer ce funeste mouvement
était de répandre chez les propriétaires particuliers de saines notions
d'économie forestière.

Mais l'Administration d'alors prenait une peine bien inutile pour
limiter le nombre des élèves libres : lorsque ensuite la construction de
nouveaux locaux eut supprimé tous les obstacles, les jeunes Français
n'affluèrent pas davantage. Or, s'il est bon, s'il est utile de donner
libéralement l'instruction forestière aux Grecs et aux Portugais, par
exemple, l'éducation de nos propriétaires français n'est pas moins
intéressante. On a indiqué, comme motif de cette abstention, qu'en
France les forêts des particuliers appartiennent à de grands seigneurs
qui ont leur résidence à Paris et qui se soucient peu d'envoyer leurs fils
en province, sur les mêmes bancs que de futurs fonctionnaires, obligés
à des études compliquées dont ils n'auraient pas l'occasion de tirer
parti. Si cela est vrai, à défaut de leurs fils, les grands propriétaires
pourraient faire instruire du moins leurs intendants, et leurs forêts ne
s'en porteraient que mieux.

Seulement il ne faut pas croire que toutes les forêts françaises constituent de grandes masses et doivent être rangées dans la grande propriété.
La partie la plus considérable appartient à de moyens propriétaires qui
en même temps possèdent des immeubles ruraux non boisés plus ou
moins étendus. C'est pour ceux-là que l'instruction forestière serait le
plus désirable. Les jeunes gens qui doivent gérer plus tard une fortune
ainsi composée croient avoir suffisamment acquis de connaissances
lorsqu'ils ont fait leur droit : mais en même temps que les études juri-

diques, certainement fort utiles, ils pourraient mener de front les études
forestières, et Nancy offre à cet égard une organisation universitaire
tellement complète que les familles auraient tout avantage à l'utiliser.
L'ignorance de ces facilités d'instruction est une des raisons de
l'abstention fâcheuse que nous signalons ici. Cette abstention est aussi
le résultat d'une négligence trop répandue des propriétaires grands ou
petits, pour la gestion de leurs forêts, qu'ils confient au premier venu,
malgré les dangers trop fréquents d'une pareille incurie.

Depuis quelques années le nombre des élèves libres a sensiblement
diminué. Cette diminution coïncide avec la mise en vigueur d'un
nouveau règlement (1) qui oblige les externes à une assiduité plus
exacte, et qui subordonne la délivrance du certificat d'études à des
conditions plus sévères. Toutefois, cette innovation d'ordre disciplinaire
n'est pas l'unique raison d'un phénomène qui tient essentiellement à
des causes d'ordre tout différent. D'abord la plupart des nations qui
nous envoyaient des élèves ont organisé chez elles un enseignement
forestier : de même que l'Angleterre, dont nous avons déjà parlé,
l'Italie, l'Espagne, la Roumanie, la Russie ont créé des Académies ou
des Écoles spéciales forestières. L'Administration belge a, pour le
moment, ses cadres au complet. Enfin, il faut bien le dire, l'Allemagne
exerce, à cet égard comme à beaucoup d'autres, une influence de plus
en plus puissante : ses Écoles, nombreuses, très largement dotées,
pourvues d'un imposant personnel, attirent bien autrement que nous
l'attention des étrangers et les détournent de la France. Pour toutes ces
raisons, il est peu probable que nous revoyions de longtemps à
Nancy le grand nombre d'externes que nous avons constaté jusque
vers 1890.

Dans une situation intermédiaire entre les élèves libres et ceux du
Gouvernement, il nous reste à mentionner, au point de vue historique,
les élèves de la Couronne. Pendant longtemps, l'Administration de la
Liste civile ne se servit pas de l'École forestière pour l'instruction de
son personnel ; jusqu'en 1848, elle employa surtout le système du
surnumérariat et l'éducation par les bureaux. Dans cette même période,
il arriva toutefois que des élèves de l'École de Nancy, après avoir passé
quelque temps dans le service, donnèrent leur démission pour entrer
dans la Liste civile : telle fut notamment l'origine de M. Cetto, qui

(1) Arrêté ministériel du 30 octobre 1893.

L'uniforme de 1830.

devint administrateur général, et de M. Vicaire, qui occupa les mêmes
fonctions avant de devenir directeur général. C'est sous son administration, de 1854 à 1863, que l'on envoya à Nancy des élèves dits de la
Couronne, choisis il est vrai sans concours, mais astreints aux mêmes
travaux, obligés aux mêmes examens que ceux du Gouvernement. Tout
d'abord ils ne devaient rester qu'une année, mais bientôt on reconnut
l'impossibilité de s'arrêter à un temps d'études aussi restreint ; ce fut
donc au bout de deux ans que ces élèves reçurent le certificat d'aptitude
qui les rendait propres aux emplois de leur Administration. Malgré
leur assimilation, complète à beaucoup d'égards, avec les internes, ils
n'étaient pas casernés ; et pourtant ils portaient l'uniforme, du même
modèle que leurs camarades, avec des broderies et des galons d'or, au
lieu de ceux d'argent, qui ont toujours été d'ordonnance pour les futurs
agents. Cette situation mixte n'était pas sans inconvénients ; ainsi, pour
le maintien de la discipline, le directeur ne pouvait leur appliquer les
peines ordinaires, consignes et arrêts ; il n'avait d'autre ressource que
d'en référer au ministre de la Maison de l'Empereur, et, en attendant,
d'interdire au coupable le port de l'uniforme, comme cela fut pratiqué
notamment en 1858. A partir de 1863, ce fut seulement après l'examen
de sortie de l'École que des élèves, admis à la suite du concours, furent
désignés sur leur demande pour le service de la Liste civile ; pendant la
durée des études, il n'y avait donc aucune différence entre eux et leurs
camarades. Ce régime était encore en vigueur en 1870.

Les internes se sont toujours distingués extérieurement des autres
élèves par leur uniforme, qu'ils ont seuls le droit de porter. Nous allons
donc décrire cet uniforme, et ses transformations depuis la création de
l'École jusqu'au moment où l'application du régime militaire est venue
le modifier profondément. Ces questions de tenue peuvent paraître bien
secondaires ; elles ont cependant leur importance : même pour une
Administration civile, l'uniforme contribue puissamment à former
l'esprit de corps, cet utile ressort du fonctionnarisme. Les forestiers
sont fiers de leur uniforme, qui leur rappelle des souvenirs honorables,
un ensemble de traditions, de dévouements à la chose publique ; c'est
en quelque sorte leur drapeau.

C'est dans l'Ordonnance du 1er décembre 1824 que se trouve décrit
(art. 8) le premier uniforme des élèves de l'École : tout en drap vert,
l'habit boutonné sur la poitrine, le chapeau à trois cornes avec une
ganse blanche. A cette grande tenue, le Règlement ministériel du

31 janvier 1825 en ajoute une autre (art. 22) qui doit être portée aux heures de travail : veste de chasse en drap vert, pantalon gris, casquette de drap vert avec visière de cuir. L'Ordonnance réglementaire de 1827 introduit le gilet blanc dans la grande tenue et remplace le tricorne par

Le grand manteau et la casquette
1862.

un chapeau français. Nous reconnaissons dans ces costumes trois éléments qui vont demeurer longtemps caractéristiques : l'habit, avec ses grandes basques ; la casquette, qui se transforme peu à peu, et dont une de nos planches figure le modèle primitif ; enfin le chapeau, qui a duré plus longtemps que l'habit, car il n'a disparu définitivement qu'en

1882. Peu après apparait le couteau de chasse, qui fut l'arme des élèves
à partir de 1835. Dès 1830, cette arme était vivement réclamée : les
jeunes gens qui avaient fait à cette époque le service de la garde
nationale (1) trouvaient humiliant de déposer ensuite l'appareil militaire. Le modèle choisi par Arrêté du 20 octobre 1835 fut, parait-il, celui
de l'ancienne vénerie du roi Charles X, ce qui motiva bientôt des réclamations, afin de substituer des emblèmes forestiers aux attributs
exclusivement cynégétiques qui l'ornaient : en 1842, M. Parade propose
à l'Administration l'adoption d'un modèle dessiné par M. le professeur Mathieu, que l'on ne s'attendait guère à voir s'occuper de cette
affaire.

Nous ne pouvons énumérer toutes les modifications partielles que
subit l'uniforme forestier : changements de couleur du pantalon ; transformations de la veste en redingote, puis en tunique ; introduction du
képi, etc. En résumé, jusqu'en 1873, les élèves conservèrent intacte leur
grande tenue, élégante et sévère, vrai costume de soirée, auquel ces
jeunes gens durent tant de succès. Au dehors, on se drapait dans le
grand manteau, qui n'était pas d'uniforme, mais que tous avaient
adopté : il était bien gênant, ce manteau, et il empaquetait déplora-
blement les individus de petite taille ; mais on y tenait d'autant plus
qu'il avait fallu un long apprentissage pour le porter convenablement
et le rejeter savamment sur l'épaule.

Ensuite, l'uniforme change de caractère: de 1873 à 1887, les variations
sont très fréquentes ; la grande tenue est supprimée, l'habit disparait ;
le chapeau est abandonné, rendu, définitivement rejeté ; tantôt on n'a
plus qu'une seule tenue, tantôt on en a quatre en même temps ; le
grand manteau, repris après la guerre jusqu'en 1879, est enfin remplacé
par la capote. Enfin, l'Arrêté du 12 mars 1887 donne aux élèves le
costume qu'ils ont encore aujourd'hui. Il n'y a plus que deux tenues.
Pour la tenue de ville : tunique-jaquette à deux rangs de boutons, képi,
sabre droit. Pour la tenue de travail : veston semi-ajusté croisant
sur la poitrine, casquette. Le pantalon est gris à double bande verte.
Comme vêtement de dessus : la capote-manteau et la rotonde à capu-

(1) A deux reprises, nous trouvons des mentions concernant le service de la garde
nationale par les élèves. En 1830, ce service ne paraît pas avoir été très pénible. En
1848, lorsqu'il fut un moment question d'appeler à Paris une partie des gardes nationales des départements, l'émotion fut très vive parmi les élèves, mécontents de n'avoir
pas été désignés, et qui parlaient de s'en aller quand même ; heureusement, la fin des
troubles dans la capitale vint calmer à temps cette effervescence.

Tenue de ville
1862.

chon (1). C'est en somme un costume militaire qui correspond à l'assimilation réalisée depuis 1873 entre le service forestier et l'armée nationale ; ce costume va bien à des jeunes gens qui sont appelés au régiment à leur sortie de l'École, et ils peuvent le conserver sans inconvénient pendant leur année de stage dans un régiment d'infanterie ou dans un bataillon de chasseurs. A vrai dire, il faut y regarder de près pour ne pas les confondre avec de vrais soldats ; presque tout ce qui caractérisait autrefois le costume forestier a maintenant disparu.

Le plaisir de revêtir pour la première fois l'uniforme est toujours très grand, lorsque l'on a vingt ans et qu'on a péniblement travaillé pour réussir. Aussitôt arrivé à Nancy, le *conscrit*, qui n'a encore que des vêtements civils, se hâte donc de commander sa nouvelle tenue chez le fournisseur de l'École, qui ne délivrera ces costumes que successivement, l'uniforme de travail le premier, la grande tenue ensuite. Dans l'intervalle, la nouvelle promotion a été reçue par celle des anciens, au milieu de réjouissances dont nous aurons à parler plus loin ; l'installation est faite, les cours sont commencés. Mais toute médaille a son revers : il est beau d'avoir au collet la broderie d'argent, au côté le couteau de chasse, l'épée ou le sabre ; en revanche, il faut abdiquer pour un temps sa liberté, se soumettre à une règle, pas trop sévère, sans doute, nécessaire cependant à de futurs agents qui doivent avoir sous leurs ordres un personnel d'anciens soldats dont ils seront les chefs. Pour commander lorsqu'ils seront dans le service, il est bon qu'ils apprennent d'abord à obéir.

(1) Voici l'énumération des textes qui ont réglé la tenue des élèves, depuis la fondation de l'École : Ordonnance du 1er décembre 1824, article 8. — Arrêté ministériel du 31 janvier 1825, article 22. — Ordonnance réglementaire du 1er août 1827, article 47. — Arrêté du directeur du 20 octobre 1835, article 2. (Adjonction du couteau de chasse au grand uniforme ; petit uniforme comportant la veste et la casquette.) — Arrêté ministériel du 26 janvier 1839, article 7. (Reproduit l'Arrêté de 1835.) — Arrêté ministériel du 25 mars 1842, articles 18-20. (Trois uniformes. Dans la grande tenue, le couteau se porte au moyen d'un baudrier sous l'habit. Pour la petite, sur la redingote boutonnée, un ceinturon soutenant le couteau ; un képi comme coiffure. Dans la tenue de travail : redingote et casquette.) — Arrêté ministériel du 6 juin 1862, articles 39-42. (Trois tenues comme ci-dessus. Pour les deux dernières, la tunique remplace la redingote.) — Arrêté ministériel du 28 avril 1873, article 3. (Supprime la grande tenue des élèves et la remplace par la petite tenue des agents : veston-jaquette et képi.) — Arrêté ministériel du 8 novembre 1879. (Quatre tenues. Pour la grande : tunique, chapeau français, couteau de chasse avec ceinturon. Pour la tenue de ville, le chapeau est remplacé par un képi. La petite tenue a pour vêtement principal la tunique-jaquette des agents forestiers, sans les insignes de grades ; la tenue de travail, un veston croisant sur la poitrine.) — Arrêtés ministériels des 12 octobre 1889, article 39, et du 10 octobre 1893, article 40. (Reproduisent le précédent.)

Grande tenue
1852.

C'est donc l'étude des règlements de l'École que nous allons entreprendre ici. Qui parle de règlements évoque tout de suite l'idée de prescriptions minutieuses, que beaucoup sont tentés de trouver inutiles, voire même ridicules. C'est ainsi que l'on parle lorsqu'on est sur les bancs ; plus tard, les appréciations se modifient. Quand on voit comment se sont successivement formés les textes actuellement en vigueur, on reconnaît qu'il n'est pas un de ces articles dont la nécessité n'ait été démontrée, ce qui doit nous les rendre respectables, puisqu'ils sont le résultat de l'expérience de nos devanciers. Nous verrons qu'il en est de même des méthodes d'enseignement et des sanctions diverses qui ont été introduites pour les examens et la sortie.

Le régime des élèves à l'École forestière a passé par plusieurs phases que nous parcourrons successivement : il faut d'abord distinguer une période antérieure au casernement ; puis l'application de ce système jusqu'à 1870 ; enfin l'époque contemporaine de l'introduction du stage, qui nous conduit à l'état actuel.

Dans la première période, nous comptons trois règlements : M. Lorentz fit rendre l'Arrêté ministériel du 31 janvier 1825 ; M. de Salomon obtint celui du 30 août 1835, auquel il faut joindre un Arrêté du directeur général du 20 octobre même année ; enfin, aux débuts de M. Parade se trouve l'Arrêté ministériel du 26 janvier 1839. Tous ces textes se ressemblent, et cela se comprend, puisque le régime reste le même ; mais les derniers sont plus complets, contiennent des dispositions plus sévères, pour enrayer un mal qui devient tous les jours plus grave : l'indiscipline, contre laquelle il est urgent de réagir.

Les deux premiers règlements renferment un tableau de l'emploi du temps, qui permet d'apprécier dans quelle mesure les élèves ont leurs journées occupées à l'École. Celui de 1825 contient des heures variables pour chacun des trois trimestres de l'année scolaire : on entre à l'École de huit heures à six heures du matin, suivant les saisons ; mais le travail se termine uniformément à quatre heures. Il y a une récréation d'une demi-heure le matin, après le premier cours ; une heure est donnée pour le repas, au milieu de la journée. Trois leçons par jour, les unes d'une heure et demie, d'autres d'une heure seulement ; enfin chaque leçon est suivie d'une étude. En moyenne, quatre heures de cours, trois heures et demie d'études, soit un total de sept heures et demie de présence effective.

Le Règlement de 1835 présente plus d'uniformité. L'entrée à l'École est en toute saison fixée à huit heures ; chaque journée comporte trois

Grande tenue
1879.

cours, d'une heure et demie chacun ; enfin deux études et une récréation d'une heure et demie à deux heures complètent la journée. Au total, six heures de présence, dont quatre et demie de cours.

Mais les règlements n'ont de valeur qu'autant qu'ils sont strictement appliqués. Or, peu à peu, celui de 1825, trouvé trop rigoureux, ne pouvait plus être entièrement observé ; le second directeur, M. de Salomon, ne se sentait point, paraît-il, une autorité suffisante pour le faire exécuter, et lui-même prenait l'initiative d'atténuations qui caractérisent le texte de 1835. Rien n'y fit : les absences devinrent toujours plus fréquentes, et les études, quoique notablement diminuées, finirent par n'être plus guère suivies. Pourtant, on prévoyait des appels et le pointage des absents ; on prenait soin de spécifier, dans le Règlement de 1835, qu'il serait tenu compte des punitions encourues pour le classement de sortie. La constatation des manquements à la discipline était difficile, et l'application des sanctions tout à fait insuffisante.

En réalité, le personnel de surveillance n'existait point. Une Décision ministérielle du 29 octobre 1830 avait bien créé à l'École un sous-directeur, mais ce fonctionnaire, de même que son chef, était trop absorbé par l'enseignement pour perdre son temps à vérifier si les élèves observaient le règlement. Il en était de même des professeurs, auxquels on demandait au moins un cours par jour, ce qui suffisait à occuper leurs loisirs, car l'enseignement était de toutes pièces à créer. Comme il n'y avait pas de portier (1), aussitôt après l'appel les élèves disparaissaient, et probablement les études devaient être le plus souvent vides.

Contre des manquements de cette nature, la sanction ordinaire du règlement était la peine des arrêts. Mais cette peine n'était pas subie à l'École, et dès lors elle devenait purement illusoire. Nos textes prennent soin, sans doute, d'indiquer minutieusement quelles sont les obligations de l'élève mis aux arrêts : il ne peut sortir de chez lui que pour venir à l'École, il doit prendre ses repas dans sa chambre et sa présence peut être vérifiée aussi souvent que possible. Mais, en fait, cette vérification n'était pas assez fréquente ; lorsque l'élève puni restait chez lui, ce qui n'arrivait pas toujours, ses camarades venaient festoyer en sa compagnie, de sorte que le but était complètement manqué.

(1) Ou tout au moins l'homme de service attaché à la Direction, indifféremment appelé portier ou concierge, n'avait sur les élèves aucune action. Mathieu-François Zeich est nommé le premier concierge de l'École, en février 1825. Il est renvoyé en avril 1827 et remplacé par Anton Fischer. (Voir supra, p. 105.)

L'excuse le plus souvent invoquée en cas d'absence était la maladie.
L'institution d'un médecin à l'École, dès 1825, avait été nécessitée par
la vérification à domicile de l'état de santé des absents. C'est le docteur
Lemoine qui remplit cette charge à l'origine, avec un traitement de
250 francs (1); ce n'était point une sinécure, si l'on en juge par les
mentions du registre de correspondance du directeur. Les uns feignaient
une indisposition ; d'autres encore ne prenaient pas la peine de donner
un motif. Ainsi cet élève qui disparaît tout à coup, en avril 1832, et qui
ne revient que dix jours après : c'était un saint-simonien, il avait dû
répondre à l'appel du Père Enfantin, qui convoquait tous ses adeptes à
Paris....

Tenues en 1883.

Si la surveillance des élèves était difficile à l'École, au dehors c'était
bien pis. Dès 1832, le directeur expose son impuissance à cet égard :
« La cause du mal... est d'abord que les élèves ne sont pas assez
surveillés hors de l'École. Le sous-directeur et moi les rencontrons dans

(1) Il se fit remplacer par son fils le 1er mars 1826.

le monde, où ils sont bien accueillis... ; nous allons aussi de temps en temps au théâtre ; mais nous n'allons point au café ni dans d'autres lieux publics où l'on peut rencontrer les élèves, et nous ne pouvons les suivre de quatre heures jusqu'à minuit.... Ils le savent et ne craignent pas de manquer à tout ordre qui les gêne.... » Comme conclusion, M. de Salomon demandait déjà à cette époque un employé du grade de garde général, qui serait exclusivement chargé de la surveillance, tant à l'École qu'au dehors ; il n'eut pas assez d'influence à Paris pour l'obtenir.

En attendant, on s'en donnait à cœur joie et les incidents fâcheux se multipliaient. C'est de cette époque que datent les repas de corps à l'occasion de la réception, ou, suivant le terme usité, l'*absorption* des nouveaux élèves. A Nancy, les brimades exercées par les anciens sur leurs conscrits n'ont jamais été très longues ni très sérieuses ; en revanche, les dîners de promotions, qui n'étaient que gais à l'origine, dégénérèrent bientôt en tapages scandaleux. De bonne heure il fallut sévir, et tel est le motif de l'insertion au Règlement de 1835 d'un article interdisant tous les repas de corps organisés sans autorisation du directeur. Le mal était encore plus grand lorsque les stagiaires des départements voisins se donnaient rendez-vous à Nancy pour la cérémonie : à partir de 1839, des ordres furent donnés par l'Administration aux conservateurs, pour que les congés fussent refusés, soit à l'époque de la rentrée, soit au moment du Carnaval.

Une autre pierre d'achoppement était le théâtre : les élèves y étaient abonnés d'office, car M. de Bouthillier, le directeur général de 1824, estimait qu'il valait mieux donner aux jeunes gens cette distraction que de leur en laisser prendre d'autres, plus nuisibles à leur santé et à leur bourse. Mais bientôt nos forestiers se mêlèrent d'imposer leurs préférences avec trop de sans-gêne : les débuts des acteurs furent l'occasion de manifestations bruyantes, de conflits avec la police et les autres abonnés. De là encore cet article du règlement défendant les cabales au spectacle pour ou contre les artistes. C'est surtout à partir de 1835 que nous rencontrons des difficultés à ce sujet (1).

M. de Salomon ne savait pas lutter comme il l'aurait fallu pour

(1) Les difficultés causées par les écarts de conduite des élèves sont surtout fréquentes pendant la direction de M. de Salomon. Toutefois, déjà du temps de M. Lorentz, il avait fallu sévir : le 13 avril 1826, sur la demande du directeur, M. de Bouthillier prononça pour la première fois l'exclusion d'un élève de la 2ᵉ promotion, pour mauvaise conduite.

rétablir l'ordre ; l'indiscipline était générale. Les conflits avec la police devenaient de plus en plus fréquents ; le duel s'acclimatait parmi les élèves (1). Les dépenses au dehors prenaient des proportions exagérées, et l'habitude de faire des dettes s'étendait toujours davantage. L'indice de ce mal nous est fourni par les dispositions réglementaires défendant d'avoir en propre des chevaux et des voitures, ainsi que par les conditions restrictives imposées à la fréquentation des cafés. Les manquements graves devaient être énergiquement réprimés : la peine de l'exclusion

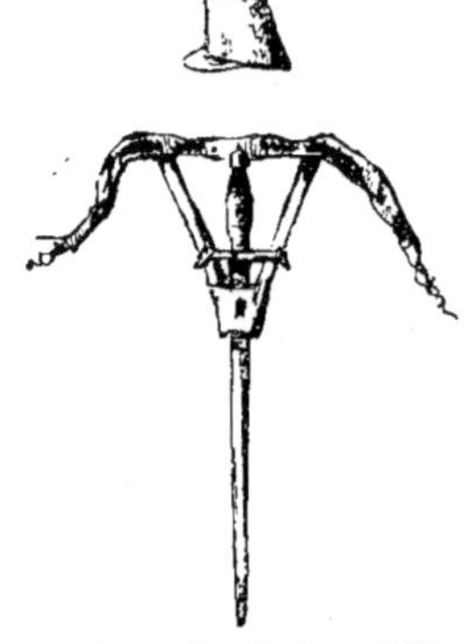

Képi et couteau de chasse, 1842.

fut prononcée trois fois en 1835. C'est dans l'été de cette année qu'eut lieu la regrettable affaire de Saint-Nicolas : à la suite d'un bal par souscription, des étudiants ivres jetèrent dans la fontaine le buste du roi ; une instruction judiciaire fut ouverte, et deux élèves de l'École s'y trouvèrent impliqués. Un mois après, un autre élève écrivait aux professeurs composant le jury des examens de fin d'année une lettre injurieuse et refusait de se présenter devant eux. Tous ces faits montrent combien le mal était profond. Trop peu secondé, n'obtenant pas de l'Administration le personnel qu'il estimait nécessaire, M. de Salomon partit sans regrets pour Colmar, laissant la place à un successeur plus jeune, plus actif et doué d'un véritable talent d'administrateur.

L'Ordonnance du 31 octobre 1838, créant les inspecteurs des études, et le Règlement du 26 janvier 1839, qui détermine leurs attributions, marquent les débuts de M. Parade. Le soin d'assurer la discipline, à l'intérieur et à l'extérieur, est spécialement confié aux inspecteurs : en conséquence, ils font les appels, veillent à la tenue, maintiennent l'ordre dans les études, les salles de cours et les chambres des élèves ; fonctions minutieuses, qui eussent suffi pour absorber tout leur temps. Les premiers inspecteurs, MM. Larrieu et Bramaud-Boucheron, arrivèrent à la fin de 1838, et à cette époque une surveillance bien plus étroite fut inaugurée à l'École et au dehors. Les études devinrent désor-

(1) Ils ne faisaient d'ailleurs que suivre l'exemple de leurs chefs. Sur le duel de M. Parade, en 1825, voir Tassy (*Lorentz et Parade*), page 88, et notre *Notice sur l'installation de l'École*, page 7.

mais une réalité ; pendant leur durée, les élèves durent travailler et se tenir tranquilles. Pour montrer d'une manière apparente le changement qui résultait de cette organisation, tous les fonctionnaires de l'École, les professeurs et le directeur lui-même, s'astreignirent à faire leur service en uniforme. Il va sans dire que la conduite en ville était bien plus rigoureusement contrôlée. Ces innovations ne furent pas acceptées sans une certaine résistance : il fallut prononcer l'exclusion d'un élève pour refus d'obéissance à l'inspecteur. Mais M. Parade tint bon et exigea l'entière exécution de son programme.

L'institution des inspecteurs n'était que la préface d'une mesure bien plus importante, le casernement, qui, organisé à cette époque, a depuis lors toujours été maintenu. Il ne faut pas le confondre avec un internat proprement dit ; jamais il n'a eu ce caractère à l'École de Nancy. M. Parade n'eût certes pas été partisan d'une séquestration complète, pour des jeunes gens de plus de vingt ans en moyenne, qui doivent s'habituer à cet âge à une vie libre et à la responsabilité de leurs actes. Le casernement ne devait être, dans la pensée de ses créateurs, qu'un moyen d'obliger les élèves à un travail régulier ; son but immédiat était de mettre un terme à ces absences trop fréquentes, colorées sous le prétexte d'indisposition, et dont la vérification était difficile ; de permettre une sanction sévère et immédiate pour tous les manquements à la règle, dans l'École et au dehors. Les élèves furent donc astreints à coucher dans les bâtiments de l'École ; ils durent se trouver prêts à l'appel du matin, et finir leur veillée du soir à une heure déterminée. Mais ils continuèrent à prendre leurs repas en ville, réunis par sections, chez des traiteurs choisis avec l'autorisation du directeur ; ils étaient libres dès cinq heures du soir lorsqu'ils n'avaient pas encouru de punition ; ils ne rentraient habituellement qu'à dix heures ; de plus, ils avaient d'office un abonnement au théâtre ; enfin, ils obtenaient très facilement des permissions pour aller dans le monde : le directeur estimait avec raison que des distractions de ce genre étaient le meilleur dérivatif et le remède le plus efficace contre les entraînements auxquels la jeunesse est si facilement exposée. Ainsi entendu, le casernement ne séparait pas les élèves de la vie du dehors ; il était une garantie, sous le rapport de la conduite et du travail.

Ce régime, qui depuis n'a pas changé, a eu de nombreux détracteurs : on lui a reproché de traiter en enfants de jeunes hommes, qui plus tard ne seront pas suffisamment armés contre les difficultés de l'existence, lorsqu'au sortir de l'École ils seront appelés à vivre, seuls le plus souvent, dans les petites localités qui constituent l'immense majorité des résidences forestières ; on s'est demandé pourquoi les agents forestiers ne pourraient pas se former librement, comme les avocats ou les médecins qui suivent les cours des Facultés ; parfois enfin, en comparant nos jeunes agents à ceux que recrutent les Administrations des peuples voisins, on a fait ressortir leur inexpérience, leur légèreté au moins apparente, qui contraste si fortement, par exemple, avec la gravité allemande. Ces critiques sont-elles fondées ? Croit-on que le régime tempéré auquel sont soumis les élèves de Nancy les empêche de connaître les réalités de la vie, et que la pleine liberté leur serait plus favorable ? Sait-on quel déchet considérable laissent les études des Facultés, et ne vaut-il pas mieux épargner aux faibles des dangers auxquels peut-être ils ne pourraient résister ? Et quant à cette comparaison avec un peuple voisin, qui ne comprend qu'il faut tenir compte du tempérament national, et aussi d'une organisation différente des études ? Actuellement la question ne se pose plus dans les mêmes termes, depuis le recrutement par l'Institut agronomique et l'année passée dans un régiment pour le stage militaire ; mais pour nous, après comme avant 1889, le casernement, sans être parfait, nous paraît une solution très avantageuse d'un problème difficile, lorsqu'il est dirigé avec tact et que les maîtres savent adoucir ce qu'il a de pénible pour certaines natures. A cet égard, nul ne pouvait mieux que M. Parade faire accepter aux élèves cette mesure délicate.

Bien que décidé en 1839, le casernement ne put être immédiatement appliqué : les locaux n'étaient pas prêts, le mobilier destiné à garnir les nouvelles chambres n'arrivait pas, enfin on manquait encore de portier-consigne. Ce fut seulement après les congés de Pâques de l'année 1840 que le casernement devint une réalité, pour une partie de la promotion : sept élèves restaient en ville au mois de mai 1840, et à la rentrée de novembre dix autres ne purent encore être logés. L'application du système ne devint complète qu'au mois de mai 1841. Ces retards eurent des conséquences fâcheuses pour la discipline : plusieurs élèves, dans l'attente du changement qu'ils redoutaient, se hâtaient de jouir de leur liberté pour travailler le moins possible ; aussi les examens d'avril 1840 furent d'une faiblesse remarquable. Heureusement tout rentra dans l'ordre peu à peu.

A la nouvelle organisation que caractérise le casernement correspond un nouveau Règlement, approuvé par le ministre le 25 mars 1842, et que complète un Arrêté du directeur des Forêts du 19 avril. Ces textes empruntent largement à ceux de 1839 ; ils en diffèrent cependant à beaucoup d'égards. D'abord, en ce qui concerne la discipline, les fonctions des inspecteurs sont autrement comprises : les professeurs concourent avec eux pour assurer la surveillance intérieure. Ensuite, l'obligation pour les élèves de loger à l'École entraîne nécessairement plusieurs modifications aux dispositions antérieures.

Un nouveau fonctionnaire, dont le service prend immédiatement une grande importance, c'est le portier-consigne ; sans lui, le système du casernement ne peut recevoir d'application ; il a une mission difficile à remplir, à l'égard des élèves et du personnel inférieur : aussi le directeur tient à ce que l'Administration lui fasse une situation qui le mette au-dessus des simples gagistes. C'est avec un soin tout particulier qu'il est choisi, presque toujours parmi d'anciens sous-officiers qui ont fait leurs preuves ; presque toujours aussi l'Administration a la main heureuse, et l'École se trouve dignement représentée par ces braves vétérans, aux yeux des visiteurs qui en franchissent le seuil. Le premier des portiers-consigne, Langonas, dit Chavanne, occupa le poste de 1840 à 1854 ; par une faveur peut-être excessive, sa femme fut autorisée à fournir aux élèves leur premier déjeuner : sa loge devint ainsi la cantine de l'établissement, ce qui n'alla pas sans de sérieux inconvénients. La plupart d'entre nous ont encore présent à la mémoire l'excellent Houzelle (1), qui était si beau sous l'uniforme, avec la croix d'honneur brillant sur sa poitrine ; et le bon Gueudelot, qui ne crut pas déchoir en acceptant ce poste, après avoir rempli celui d'adjudant. D'ailleurs, les traditions sont bien conservées aujourd'hui par le brigadier Chevillard, qui remplit les mêmes fonctions avec toute la correction désirable.

Par suite du casernement, le service de santé n'eut plus la même importance, en ce qui concerne la discipline. Les constatations du médecin ne furent plus nécessaires qu'au cas où un élève refusait de passer un examen ou de prendre une leçon de manège en alléguant une indisposition. Le docteur Lemoine, qui donnait ses soins à l'École forestière depuis 1826, continua ses fonctions jusqu'en 1868. M. Lallement occupa ensuite ce poste de 1881 jusqu'à sa mort, en 1887. A ce

____

(1) Entre Chavanne et Houzelle, la place fut occupée, de 1854 à 1856, par Hognon ex-sous-officier d'artillerie. Ce fut son nom qui suggéra aux élèves l'appellation pittoresque de « bulbe tuniqué », sous laquelle fut longtemps désigné le portier-consigne.

moment, on était en veine d'économies et le modeste traitement (1)
alloué au médecin depuis 1840 fut supprimé. Le docteur Sogniès, qui

Le portier-consigne.

succéda au docteur Lallement, reçut donc d'abord ses honoraires des
élèves, puis le crédit fut rétabli comme auparavant (2).

(1) D'abord de 250 francs, puis de 400, enfin de 600 à partir de 1881.
(2) Il est de 300 francs, en vertu d'une Décision du 3 mars 1896.

Un autre employé contemporain du casernement est le sonneur de
trompe. Ce fut une magnifique idée de choisir cet instrument
pour marquer les heures des cours et des différents exercices de la
journée. Les soldats ont le tambour ; mais pour nous, forestiers, quoi
de mieux que le cor, qui donne par avance l'illusion des grands bois !
Jadis, lorsque l'École était plus riche, le sonneur de trompe accom-
pagnait la promotion pendant les courses d'été, et c'était vraiment une
sensation très douce de se sentir réveiller ainsi dans un chalet au fond
des Vosges ou de l'Alsace. Lors de la première course du Jura, les
habitants d'Arbois et de Pontarlier firent un accueil enthousiaste au
sonneur de l'École ; on y regrette encore la fanfare qui signalait
alors l'arrivée des forestiers. A l'École, nous avons gardé le cor
et nous tenons à cette vieille coutume ; si le clairon est de règle pour
les exercices militaires, pour le reste, Caraud sonne les mêmes airs
qu'autrefois Bernard, Moricet et Masseron ; le jour des derniers
examens, c'est toujours au son de « la Royale » que les élèves, en grand
uniforme, s'avancent devant le jury.

Le Règlement de 1842, qui adapte pour la première fois l'organisation de l'École au régime du casernement, ne contient pas, comme les
Arrêtés de 1825 et 1835, un tableau de l'emploi du temps et une fixation
immuable des heures affectées aux divers exercices. Déjà en 1839 on
avait très justement décidé que cette matière ne devait pas être comprise
dans un texte permanent : on prévoyait donc des modifications fréquentes
et on se bornait à mentionner que le tableau, établi aussi souvent qu'il
serait nécessaire par le directeur de l'École, serait approuvé par le chef de
l'Administration ; en 1842, cette approbation n'est même plus requise : on
dispose seulement que le travail journalier retiendra les élèves à l'École
neuf heures au moins, onze heures au plus, suivant les besoins. Nous
savons que l'application de ce texte fut faite très modérément, surtout
au début. L'appel du matin n'avait lieu qu'à huit heures, ce qui, certes,
n'est pas excessif ; mais cette longanimité se justifiait par les permissions
très fréquentes qu'obtenaient les élèves, notamment en hiver, pour aller
dans le monde, et journellement pour assister au spectacle. Il était rare à
cette époque de rentrer à dix heures, heure réglementaire ; le plus souvent
c'était minuit, et même une heure plus tardive, qui était atteinte. Le
déjeuner en ville, au milieu du jour, motivait une heure de liberté ; on
sortait à cinq heures, mais alors avaient lieu les leçons d'équitation, au
manège de la rue des Jardiniers. Pour ne point perdre de temps, des

voitures stationnaient à la porte de l'École et conduisaient rapidement la section désignée à l'établissement Bourreiff. Cette distribution de la journée n'avait donc rien de fatigant ; tout au plus pouvait-on regretter la fâcheuse habitude de faire commencer à midi certains cours ; la proximité du repas rendait parfois l'application pénible.

De cette époque datent la distribution des études affectées aux cours, et l'obligation pour les élèves de ne travailler que la matière correspondant à cette affectation. Ainsi, le cours d'histoire naturelle avait son étude, pareillement les autres branches de l'enseignement. Cette affectation a été maintenue très longtemps ; elle durait encore à une époque où elle n'était plus nécessaire. Il est facile d'en expliquer l'origine, qui date précisément de 1841.

En installant à l'École les inspecteurs, M. Parade eût désiré que ces nouveaux fonctionnaires s'occupassent uniquement de la discipline ; mais, forcé de pourvoir au même moment à d'autres besoins, il dut, à son grand regret, laisser promptement dévier l'institution de son but primitif. Ça

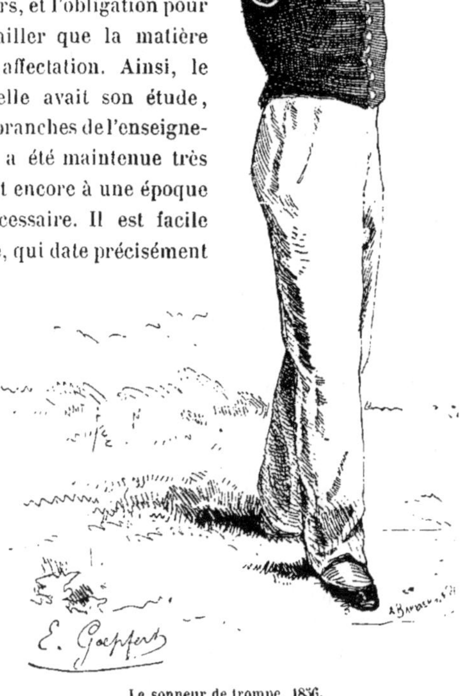

Le sonneur de trompe, 1856.

été à plusieurs époques le malheur de notre École que la disette du personnel : tantôt les promotions s'accroissent, tantôt l'enseignement se développe dans des directions nouvelles ; mais le nombre des fonctionnaires n'est pas augmenté en même temps, de sorte qu'il faut faire appel à toutes les bonnes volontés, augmenter la charge de chacun, dans des proportions souvent fâcheuses, pour que les services ne restent pas en souffrance. Une de ces crises se produisit vers 1840. Nous verrons

qu'à cette époque le personnel enseignant était fort restreint ; on venait
de refuser au directeur un professeur-adjoint d'économie forestière,
alors que ce cours recevait une extension à laquelle un seul titulaire ne
pouvait plus suffire. Il fallut prendre les inspecteurs pour faire des
leçons : MM. Boucheron et Larrieu d'abord, puis M. Lanier, enfin
M. Nanquette, furent successivement délégués dans ce but, en outre de
leurs fonctions de surveillance. Or, ces fonctions étaient très pénibles ; les élèves ne se pliaient pas facilement au régime nouveau, les
soirées à l'École étaient toujours bruyantes, et au dehors la police
devait être faite très activement. De trois inspecteurs que demandait
M. Parade, deux seulement lui avaient été accordés ; si l'un de ceux-ci
était encore à peu près absorbé par l'enseignement, il devenait impossible
d'assurer l'application des règlements.

C'est dans ces conditions que le directeur imagina de conférer aux
professeurs la surveillance des études : par ce système, les inspecteurs
recouvraient, pendant la journée, une liberté relative. Donc, dès la
rentrée de novembre 1840, chaque professeur dut s'occuper des élèves
pendant l'étude correspondant à son cours, maintenir l'ordre et veiller
à ce qu'un travail effectif remplaçât les flâneries d'autrefois : mission
ingrate et toujours fâcheuse pour des hommes que d'autres travaux
eussent sans doute plus utilement occupés. Rien que l'installation
matérielle d'alors devait leur faire paraître très désagréable ce supplément d'attributions : à côté de chaque étude, communiquant au moyen
d'une porte vitrée, on avait ménagé un étroit cabinet où se tenait le
professeur, incapable de tout travail sérieux, obligé qu'il était d'intervenir chaque fois que le bruit devenait trop violent à côté de lui.
M. Parade, dans ses lettres à l'Administration, assure que tous les
maîtres ont mis le plus grand empressement à prêter leur concours ;
nous devons le croire, d'autant mieux que le directeur eut soin de se
fonder sur ce service extraordinaire pour obtenir des améliorations
à la situation pécuniaire de ses subordonnés, qui était alors assez
médiocre. Cette combinaison eut encore un autre résultat, que nous
examinerons plus loin : elle fut l'origine des interrogations dites de
cabinet, destinées à maintenir les élèves en haleine, en les obligeant à
repasser toutes les parties du cours.

Il n'en est pas moins vrai que cette dualité d'attributions, imposée
aux professeurs, était mauvaise à d'autres égards : pour créer un
enseignement, le maintenir à la hauteur de la science, pour publier

surtout des ouvrages importants, il faut une liberté d'esprit et des loisirs incompatibles avec cette surcharge excessive.

La situation se prolongea ainsi jusqu'en 1857, sans qu'il fût possible d'y apporter un remède. Les circonstances étant enfin devenues plus propices, M. Parade obtint alors une organisation à tous égards bien plus satisfaisante. Dans un rapport du 14 avril 1857, adressé à M. de Forcade, il constate que les inspecteurs ne sont plus que des chargés de cours ; on ne peut rien demander aux professeurs au delà de la surveillance des études, qui nuit même à leur enseignement ; il en résulte que la police est mal faite, à l'intérieur et à l'extérieur. Le remède, c'est la création d'un personnel nouveau, intermédiaire entre les hommes de service et les agents proprement dits, dont la surveillance fût la fonction unique, et qu'il fût impossible d'en distraire. Ce personnel fut installé effectivement dans l'hiver de 1857-1858 : il fut constitué par deux adjudants de surveillance, qui figurent dans les

Le clairon, 1897.

cadres avec le rang de brigadiers sédentaires, habillés aux frais
de l'Administration et devant avoir leur logement à l'École même (1).
Leur service fut réglé par un Ordre du directeur du 16 mai 1859 :
ils sont affectés pendant les heures d'études chacun à l'une des
divisions ; ils sont alternativement chargés de l'intérieur et de
l'extérieur ; ils viennent tous les jours au rapport de l'inspecteur, ensuite
du sous-directeur, et sont responsables de la tranquillité à l'École et au
dehors. L'adjudant de semaine à l'intérieur cou-
che au casernement ; il doit s'y trouver dès neuf
heures du soir, et faire à onze heures une ronde
pour assurer l'extinction des feux. Tous deux
reçoivent enfin un uniforme spécial, se rapprochant assez de celui des élèves, avec le chapeau
français en grande tenue, qu'ils ont conservé
jusqu'à ce jour, et les aiguillettes, qui sont le
signe distinctif de leurs fonctions.

Les deux premiers adjudants furent Vendredy,
ancien garde domanial, et Santigny, ancien garde
sédentaire. En 1862, Vendredy fut remplacé par
Cabanne, qui en 1865 fut affecté aux bureaux
et au matériel. Plus tard, le personnel des adju-

L'épée et le chapeau.
Grande tenue.

dants se recruta principalement parmi d'anciens sous-officiers : ainsi
les titulaires actuels, MM. Muller et Fournel.

Ces innovations de 1857 nécessitèrent une refonte des Règlements de
1842 ; tel est l'objet des Arrêtés de 1862, qui furent appliqués jusqu'en
1876 (2).

L'Arrêté ministériel du 6 juin 1862 remplace, dans l'énumération du
personnel administratif, les inspecteurs par un sous-directeur. Ce
fonctionnaire, qui avait déjà existé jadis, de 1830 à 1838, a sous ses
ordres immédiats les adjudants de surveillance ; il supplée le directeur
en cas d'absence ou d'empêchement ; enfin, lorsque des cantonnements
du service extérieur furent adjoints à l'École sous le nom de Conservation
n° 4 *bis*, le sous-directeur, pour la gestion de ces cantonnements, remplit
les fonctions dévolues, dans la hiérarchie forestière, à l'inspecteur,
tandis que le directeur reçoit les attributions du conservateur. Toutefois,

(1) Arrêté du directeur général du 24 novembre 1857.
(2) Il y eut en 1869 une réimpression des règlements ; mais elle reproduit sans
changements les textes de 1862.

au point de vue de la discipline, qui fait spécialement l'objet de ce chapitre, le sous-directeur fut déchargé en 1865 de cette partie de ses attributions : le titre d'inspecteur des études fut restauré, et ce fut cet inspecteur qui, depuis cette époque jusqu'à nos jours, s'occupa du service des adjudants et par leur intermédiaire de tout ce qui concerne la police des élèves, à l'École et à l'extérieur.

Une chambre au casernement, 1851.
(D'après un croquis de A. Gérardin.)

Nous aurons plus loin l'occasion de revenir sur les fonctions du sous-directeur ; nous nous bornerons donc ici à insister sur l'importance du rôle de l'inspecteur des études tel qu'il fut compris par le premier titulaire de ce poste, M. Bagneris : à une époque où les promotions étaient fort nombreuses, — 35 en moyenne et jusqu'à 40 élèves, — il ne fallait pas moins qu'une vigilance de tous les instants pour prévenir et

réprimer les écarts d'une jeunesse alors assez turbulente. On a toujours
remarqué, en effet, que des jeunes gens individuellement tranquilles
cessent de l'être lorsqu'ils sont entourés d'un grand nombre de camarades ; ils sont alors comme grisés par le milieu, et la charge de les
maintenir devient fort laborieuse. Ce fut l'honneur de M. Bagneris de se
dévouer entièrement à cette charge pendant seize années, et surtout
jusqu'en 1870, il n'y eut pas trop des efforts réunis de l'inspecteur
et des adjudants pour y suffire ; même, pendant quelque temps, il fallut
faire appel à la police municipale, car nous voyons à plusieurs
reprises un crédit spécial ouvert au budget de l'École pour cet objet (1).

Ce que fut ce service de l'inspection des études, la lecture des
règlements ne nous le montre que très imparfaitement, et c'est surtout
la correspondance des directeurs qui nous en donne la notion complète.
En 1862, comme vingt ans auparavant, l'emploi du temps est réglé par
le directeur, et il n'est rien changé d'essentiel aux entrées et sorties,
aux appels et aux permissions. En fait, celles-ci sont toujours accordées
largement, et pendant l'hiver bon nombre d'élèves sont les danseurs
obligés de toutes les soirées qui se donnent en ville. Par contre, les
congés sont assez rares dans le cours de l'année scolaire ; c'est seulement
en 1866 qu'on institue à Pâques de véritables vacances, du mardi de la
semaine sainte au lundi de Quasimodo, afin que tous les élèves, même
les plus éloignés, puissent en profiter pour aller dans leurs familles.
En 1871, ces vacances de Pâques furent transportées à la fin des cours
théoriques, pendant les premières semaines de mai. Supprimé en 1879,
l'ancien congé de Pâques a depuis été peu à peu rétabli à sa date
primitive. L'échelle des punitions est aussi la même qu'autrefois, depuis
la censure et la consigne jusqu'à l'exclusion temporaire et au renvoi
définitif, en passant par les arrêts simples et forcés. Mais quelle fut
l'application du règlement, à quels incidents journaliers permit-il de
porter remède, voilà ce qu'il faudrait montrer, et ce que nous allons
essayer, en rappelant quelques faits caractéristiques de la vie des
élèves.

A l'École, ce sont des tapages nocturnes qui donnent lieu le plus
fréquemment à l'application des sanctions pénales. On rentre à minuit,
parfois fort excité par des chansons qui ont succédé à de trop longs
repas ; alors, au lieu du calme absolu qui doit suivre l'extinction des
feux, ce sont des clameurs et des bruits étranges dans les corridors, et

(1) Ainsi en 1864 et années suivantes.

Une chambre au casernement, 1897.

il faut que l'adjudant fasse tournée sur tournée pour que chacun réintègre son logis. Il y avait certains moments dans l'année où cette espèce de fièvre était particulièrement aiguë ; d'abord pendant les premiers jours qui suivaient la rentrée, pour terrifier le conscrit, en attendant qu'il fût dûment retourné dans son lit, devoir auquel ne pouvaient manquer les anciens jusqu'à la réception finale. Ensuite, certaines dates avaient le privilège de motiver une animation toute spéciale : la Saint-Nicolas, la veillée de Noël, la Saint-Sylvestre, les jours gras, étaient fêtés par une recrudescence de manifestations intérieures. D'ordinaire, tout se résolvait en quelques jours d'arrêts distribués au rapport du lendemain. En 1863, cependant, il faut signaler un acte de mutinerie plus grave, qu'explique jusqu'à un certain point la rigueur maladroite de l'un des adjudants d'alors : des élèves masqués l'inondèrent du contenu de leurs cuvettes du haut de l'escalier, puis, après ce bel exploit, se barricadèrent dans un corridor pour empêcher la constatation du délit ; le sous-directeur, le directeur lui-même, durent monter au casernement ; les coupables furent finalement découverts et punis de quarante jours d'arrêts forcés.

Un autre genre d'infraction notable, heureusement assez rare, consiste dans le fait de quitter l'École pendant la nuit, tout en s'arrangeant de manière à être présent pour l'appel du matin. Ces tours de force, toujours périlleux, gageures le plus souvent tenues par des fanfarons qui en tiraient vanité, étaient surtout ridicules à une époque où la facilité des permissions constituait un régime de liberté presque complète. Ainsi, en 1846, ce sont trois élèves qui découchent pour aller au bal masqué : ils sortent par le jardin en franchissant la barrière de bois qui clôturait la cour, et rentrent au casernement par une fenêtre du premier étage sur la rue, avec la complicité de camarades qui ont fendu le grillage extérieur ; exclusion temporaire des coupables et mise aux arrêts des complices, tel fut le résultat de cette équipée, qui eut en outre pour conséquence le remplacement de la barrière par la grille en fer que nous voyons encore aujourd'hui. D'autres utilisaient pour leur sortie clandestine l'ancien cabinet de chimie, depuis longtemps abandonné, qui occupait une des pièces du rez-de-chaussée. Dans les dernières affaires du même genre, en 1887 et 1890, la peine fut uniformément de quarante-cinq jours d'arrêts forcés, subie assez étroitement dans une des chambres de l'infirmerie.

En ville et au dehors, les conflits avec la police ne sont pas fort

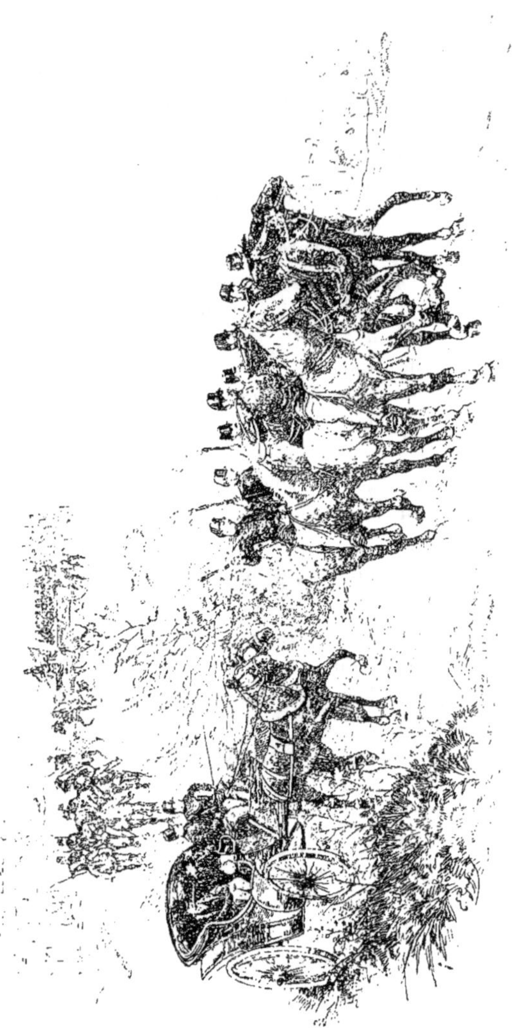

La promenade de Bouxières

nombreux et se dénouent toujours disciplinairement, par suite d'une entente du directeur avec le maire de Nancy ou les magistrats du parquet. Il est à remarquer que la plupart sont dus à des excentricités de cavaliers en uniforme, qui rentrent au manège après avoir laissé leur raison dans quelque cabaret de la banlieue. Ce n'est pas certes l'équitation qu'il faut rendre responsable de ces écarts : cet excellent exercice, rendu obligatoire pour les élèves depuis 1841, avait le double avantage d'être favorable à la santé des élèves et plus tard de leur fournir une précieuse ressource dans l'isolement des cantonnements de début. Mais, à Nancy, monter à cheval était surtout un moyen d'échapper à la surveillance des adjudants, qui ne s'exerçait que trop facilement au retour. L'affaire de ce genre la plus ancienne — elle remonte à 1840 — et la plus réussie, consiste dans une belle charge exécutée à neuf heures du soir sur les promeneurs de la place Stanislas : altercation avec les sergents de ville, coups de couteau donnés à un agent (heureusement, les armes d'alors n'étaient pas très bien aiguisées), ce fut complet. Toutes les autres sont loin d'atteindre à cette hauteur, pas même la prise du pont de Tomblaine, en 1863, sur les préposés du péage, auxquels il avait été décidé qu'on ne paierait pas l'obole réglementaire.

Il y avait aussi jadis une cérémonie fort pittoresque, que des abus trop fréquents firent à la fin supprimer : c'est la promenade équestre que les deux promotions réunies exécutaient pour fêter solennellement la remise aux conscrits de leur premier uniforme. Elle avait eu pour origine quelques parties de chasse à la bécasse organisées au printemps, pour la *passe* de ce gibier, par des élèves que leurs camarades allaient rejoindre à cheval. Mais bientôt on changea l'époque et le but de l'institution. Pendant longtemps, cette promenade se fit à Bouxières, ensuite à Frouard. On sonnait du cor à l'aller et au retour, et on s'arrangeait pour rentrer assez tard, à la lueur des torches. Le malheur était que les exécutants, après une station prolongée à l'auberge, après les toasts, discours et chansons de circonstance, n'étaient plus du tout de sang-froid ; les chutes étaient fréquentes au retour, et les voitures destinées aux conscrits trop novices pour dompter les chevaux du manège, se remplissaient aussi de beaucoup d'écuyers émérites qu'il fallait réintégrer au casernement avec toutes sortes de précautions (1).

Sur ce chapitre, on pourrait continuer longuement, car chaque

(1) La cavalcade de Bouxières a eu lieu de nouveau en 1896, sans incidents.

promotion conserve le souvenir de joyeux épisodes que l'on se rappelle entre camarades, en les enjolivant parfois de détails toujours inédits. Il y en a de toutes les époques et de tous les genres, depuis les courses de chiens, fort à la mode avant 1830, qui se donnaient sur la terrasse de la Pépinière, avec distribution de récompenses au Manége des Pages,

Tenue de manège. 1855.

— jusqu'aux excentricités de la foire, alors qu'on s'installait par exemple dans une voiture d'arracheur de dents, pour faire le boniment au public et opérer sans douleur. Mais clôturons ce côté burlesque de la vie à Nancy par le récit d'un incident plus sérieux, la rixe de 1861, entre les forestiers et les élèves de l'École de médecine.

Jusqu'alors, les relations de *fagots* à *carabins* n'avaient donné lieu à aucune difficulté ; il suffit d'une querelle futile, pour un motif inavouable, et la bonne harmonie se trouva profondément troublée. Un élève de l'École forestière, injurié par un étudiant, prétendit que l'insulte ne lui était pas personnelle, mais qu'elle avait été adressée au corps forestier tout entier ; au lieu de demander lui-même réparation de son offense, il fit désigner par ses camarades un champion, qui reçut le mandat d'aller cravacher l'insulteur, et qui s'acquitta pleinement de cette singulière commission. Comme on pouvait s'y attendre, les représailles ne tardèrent pas : un matin, au moment où, sortant de l'École par petits groupes, les forestiers montaient à leurs pensions pour le déjeuner, ils furent assaillis à l'improviste ; une mêlée générale s'ensuivit, et il fallut que la police vînt séparer les combattants. Les directeurs des deux Écoles se hâtèrent d'intervenir : des deux côtés, l'élève auteur du désordre fut renvoyé ; de plus, l'exécuteur trop docile des ordres de la promotion, bien que mêlé malgré lui à une querelle qui n'était pas la sienne, dut garder les arrêts pendant un mois. L'effervescence se calma peu à peu, et jamais dans la suite il ne fut question de conflits de ce genre. Actuellement que Nancy est devenue une ville universitaire, les relations avec les étudiants des diverses Facultés sont excellentes.

A distance, les incidents que nous venons de raconter paraissent de bien peu d'importance. Il faut, dira-t-on, que jeunesse se passe ; on ne peut exiger d'élèves de vingt ans la rectitude d'allures, le calme, la modération dans la conduite, qui sont l'apanage des hommes faits ; il serait même fâcheux que ces jeunes gens fussent trop graves. Qu'ils fassent à leurs dépens usage de leur liberté ; c'est l'apprentissage de la vie ; mieux vaut l'acquérir à l'École que plus tard. Tout cela est vrai dans une certaine mesure ; mais ce n'est pas surtout dans les manifestations extérieures que gît le mal. Cette vie d'École, que nous venons de voir sous quelques-uns de ses aspects plutôt gais que licencieux, a parfois des dessous lamentables, que nous ne pouvons qu'indiquer, sans trop appuyer ici. Que de carrières compromises, de santés détruites, par l'abus de cette liberté dont la jeunesse est si fière ! Que de regrets pour toute la vie, qui ont leur origine dans ces années d'École, d'apparence si brillantes !

Notamment à l'époque où nous sommes parvenus, un grand écueil de l'existence à Nancy consistait dans les dépenses excessives auxquelles bon nombre d'élèves se trouvaient entraînés. Ce sujet revient pour ainsi dire à chaque page dans la correspondance du directeur. Quelles étaient ces dépenses, quelles mesures furent prises pour les enrayer, quels furent à cet égard les résultats de l'administration de M. Parade ? Questions délicates, qu'il nous est cependant impossible d'esquiver dans ce récit.

Les dettes dont se plaignent si souvent les familles sont faites, pour une bonne part, chez les traiteurs et dans les hôtels où les élèves viennent prendre leur nourriture journalière. Jusqu'en 1839, les élèves pouvaient manger isolément ; ils furent ensuite réunis par sections, chacune de ces sections comprenant une promotion entière ou une demi-promotion, et la désignation des hôtels fut réglée par le directeur, concurremment avec les représentants des élèves. A cet effet, chaque section avait un chef (1), nommé ou agréé par le directeur, et c'est au nom de ce délégué que les conditions de la pension étaient arrêtées.

(1) C'est le chef de *popotte*, terme en usage depuis fort longtemps à Nancy.

Nous verrons des dispositions semblables pour le cercle commun aux deux divisions. Cette délégation des élèves, ayant la charge de débattre leurs intérêts de concert avec le directeur, fut très probablement l'origine de la Commission qui sert de porte paroles aux promotions réunies dans leurs relations avec l'Administration, qui a de plus la fonction très complexe de maintenir les traditions, d'établir le budget destiné à pourvoir aux dépenses communes, de prendre enfin l'initiative dans toutes les circonstances qui intéressent la corporation, moralement ou pécuniairement. Lors donc qu'il s'agissait, par exemple, de changer d'hôtel ou de cercle, c'était, et c'est encore aujourd'hui la Commission qui préparait les bases de la nouvelle convention.

Le prix de la pension étant, comme nous le verrons bientôt, déposé par les familles entre les mains du directeur, en même temps que le montant des autres frais à leur charge, les élèves n'avaient

Onze heures sonnant.
(D'après Draner).

pas à s'occuper du règlement mensuel ; il ne leur restait à payer que les *extra* qu'ils avaient pu commander en supplément à leur menu ordinaire. Or, ces *extra* étaient très fréquents. Sous le moindre prétexte, il était habituel de faire monter le chambertin ou le champagne ; de plus, on s'invitait beaucoup, et, malgré les prescriptions formelles du règlement, les réunions de ce genre se renouvelaient souvent. Les relations étaient notamment fort étroites avec l'École d'application de Metz : les artilleurs venaient à Nancy rendre les visites qu'ils avaient reçues, et c'était une émulation de réceptions brillantes et coûteuses. Enfin, si tout se fût borné à des réunions de corps, le mal eût été tolérable ; mais la vraie plaie de cette époque, à cause des conséquences bien plus graves qui pouvaient en résulter, c'était la dépense pour repas servis en cabinets particuliers ou dans des logements au dehors. On comprend que nous n'insistions pas sur ce côté fâcheux de la vie à Nancy pour un trop grand nombre d'élèves.

En 1843, le directeur prit pour la première fois une mesure qui semblait devoir produire d'excellents résultats. Chaque traiteur dut présenter, à la fin de tous les mois, le compte des dépenses d'*extra*. Les avances ne devaient pas dépasser 20 francs par tête. Le directeur payait la note et exigeait une quittance pour solde de toute dépense antérieure. Les hôteliers étaient en outre prévenus que tout crédit clandestin aurait pour sanction le retrait de la clientèle des élèves. Ces précautions, renouvelées patiemment chaque année, n'atteignirent qu'imparfaitement le but : en vain la pension fut plusieurs fois changée, ainsi en 1849 à l'hôtel de France, en 1863 à l'hôtel d'Angleterre. Mais lorsque les traiteurs respectaient la défense, les promotions s'adressaient ailleurs pour leurs réceptions ; le plus souvent, malgré la quittance pour solde, les notes de fournitures impayées étaient présentées à la fin de l'année aux élèves, qui par un scrupule d'honnêteté payaient ou signaient des billets destinés à grever longtemps leur modeste budget de garde général.

Au cercle, au manège, il en était de même. Le cercle avait, pour la vie intime des élèves, une grande importance. C'était là que se faisait, au commencement de l'année scolaire, la réception des conscrits ; c'était là qu'on se réunissait dans toutes les circonstances graves ; l'exclusion du cercle, pendant un temps plus ou moins long, était la pénalité la plus redoutée que pût prononcer la Commission à l'égard d'un camarade. Tant que les promotions furent nombreuses, les locaux de ces cercles étaient vastes et bien situés ; on pouvait d'ailleurs temporairement y adjoindre d'autres salles les soirs de grande cérémonie : l'*absorption*, par exemple, nécessitait toujours un grand espace et une décoration spéciale (1).

---

(1) Ainsi, pendant longtemps, par souvenir de l'ancienne étude où la cérémonie avait eu lieu jusqu'en l'année 1857, la salle servant aux réceptions des conscrits devait être munie de colonnes, auxquelles on faisait grimper les récipiendaires : d'où le terme de *monter à la colonne*, pour désigner la dernière étape de ces cérémonies.

La dépense la plus dangereuse au cercle était celle du jeu. Cette maladie des dettes de jeu sévit plus spécialement pendant la direction de M. de Salomon et les premières années de M. Parade. En 1839, on est forcé de quitter le café Maucollin, où se trouvait le cercle : le patron favorisait le jeu par des avances de fonds considérables. Plus tard, nous voyons encore de pareils changements imposés par le directeur, ainsi en 1850, 1859, 1863 ; mais le motif est alors le même que pour les pensions : les cafetiers, astreints à la règle du paiement mensuel et de la quittance pour solde, ont dissimulé des avances pour consommations, supérieures au maximum de 10 francs par tête qui leur était prescrit. Au manège, il était difficile d'appliquer la sanction, car les établissements de ce genre n'étaient pas nombreux à Nancy ; on ne pouvait donc que répéter à l'écuyer, avec toutes sortes d'objurgations comminatoires, la défense de faire crédit aux élèves, celle de leur louer des chevaux sellés pour femmes, des voitures, etc.

A tous ces égards, la situation s'améliora certainement depuis 1839, moins cependant qu'il n'eût fallu.

Croquis d'une scène du Ramadan : La Colonne.

Dans chaque promotion, les dettes continuèrent à être la plaie de quelques malheureux, comme nous le montre, par exemple, cette triste histoire d'un élève sorti en 1858. Pendant son séjour à Nancy, il était devenu la proie de deux usuriers, une marchande et son beau-frère, qui opéraient séparément de la manière suivante : la femme lui vendait très cher, à beaux deniers comptants, tout ce qu'il pouvait désirer, jusqu'à des ameublements complets ; le complice lui fournissait l'argent, avec un escompte énorme, en lui faisant signer des effets qu'il mettait en circulation. Par bonheur la justice fut avertie, les deux escrocs virent leurs manœuvres déjouées et les billets anéantis. Mais combien d'autres forestiers n'eurent pas cette chance, et payèrent religieusement à des prix excessifs toutes leurs folies d'École !

On peut s'étonner que M. Parade n'ait pas mieux réussi à extirper ces abus : il était pourtant énergique et habile, et son influence sur les jeunes gens était considérable. Comment donc, après plus de vingt ans, n'était-il pas parvenu à empêcher les dettes, à supprimer les habitudes de dépenses que conservaient malgré tout la plupart des forestiers ? Il faut dire, pour son excuse, que pendant toute cette période les élèves subissaient, principalement dans le monde militaire auquel ils aimaient à se mêler, un entraînement dangereux, auquel il était difficile de les soustraire. Dès l'origine, dans les premières années qui suivirent la fondation de l'École, ils avaient l'exemple des officiers de la Restauration, tous nobles, de belle prestance, la plupart fort riches. Plus tard, pendant le Gouvernement de Juillet, les mêmes traditions se continuent. Enfin sous l'Empire, et notamment à partir du retour de Crimée, un brillant état major donne à une partie de la société nancéienne des habitudes de licence excessive que nos jeunes gens, avec la logique de leur âge, s'imaginent être la suprême expression de l'élégance et du bon ton. Et puis, il faut bien le dire, M. Parade professait une certaine indulgence pour ce qu'il appelait les péchés de jeunesse ; pourvu que l'extérieur fût sauvegardé, que l'honneur du corps et le prestige de l'uniforme ne fussent pas compromis, il pardonnait volontiers. Il ne se montrait intraitable que pour le mensonge et l'ivrognerie. Tout cela peut expliquer comment les dettes se sont perpétuées, malgré les efforts persistants du directeur dans le but d'établir dans la comptabilité des élèves les règles d'une sévère administration.

Dès que le casernement fut réalisé, on comprit la nécessité de centraliser les fonds destinés à payer les dépenses qui sont à la charge des élèves. Il était impossible de laisser à chacun individuellement le soin de solder l'habillement et l'équipement, la nourriture à la pension, le salaire des domestiques attachés à leur service, les leçons d'équitation, l'abonnement au spectacle, enfin les frais des exercices pratiques. Le directeur fut chargé, en conséquence de l'Ordonnance du 21 décembre 1840, d'effectuer ces paiements, et fut constitué à cet égard le mandataire des familles. Seulement, comme le directeur n'est pas comptable, comme il lui est interdit d'avoir une caisse et de recevoir des fonds, comme d'un autre côté la constitution d'un *économat*, réclamée dès l'origine par M. Parade, ne lui fut pas accordée, on tourna la difficulté en ordonnant le dépôt des fonds versés par les familles à la Caisse d'épargne de Nancy. Ce dépôt était accompagné d'une procuration qui permettait au directeur de retirer les fonds au fur et à mesure des besoins. Ce mode de procéder, autorisé par une Décision ministérielle du 12 janvier 1841, n'était pas sans inconvénients : les statuts de la Caisse d'épargne n'autorisaient que des versements fractionnés de 300 francs au plus par semaine; les retraits ne pouvaient avoir lieu qu'en prévenant un certain temps d'avance. Enfin, il incombait au directeur une comptabilité compliquée, à cause de la nécessité de tenir un compte spécial de la *masse* de chaque élève et de justifier à la sortie de l'emploi des fonds confiés par les parents. Il y avait même, dans ces relations d'ordre pécuniaire entre directeur et élèves, une anomalie difficilement conciliable avec les principes de l'Administration.

La Décision de 1841 ne pouvait avoir qu'un caractère provisoire, et cependant ce provisoire dura dix-sept ans. Tout ce que put obtenir, dans l'intervalle, M. Parade, ce fut un commis pour alléger la charge qui résultait pour lui de tous ces soins; mais le garde, puis brigadier Striebig, qui remplit ce poste à partir de 1841, de même que le brigadier Collot, qui lui succéda en 1846, bien que spécialement chargés, d'accord avec la Direction générale, de la comptabilité des *masses*, n'avaient ni l'un ni l'autre le caractère de comptables et n'étaient que des délégués, non responsables, du directeur de l'École. Leur fonction était cependant devenue plus importante encore depuis la mesure, prise en 1843, que nous avons relatée plus haut : en exigeant des traiteurs et cafetiers le règlement mensuel des *extra*, M. Parade demandait instamment aux familles de lui confier l'*argent de poche* des élèves, de 30 à 60 francs par mois, pour employer tout d'abord cet argent au règlement des notes mensuelles et éviter toute accumulation de dettes sur cet objet. Il avait soin, en même temps, de leur répéter que 60 francs était une allocation largement suffisante et que, dans l'intérêt des élèves, il serait fâcheux de donner davantage. Ces versements facultatifs furent très nombreux, et le directeur avait raison de s'en réjouir, comme d'une marque de légitime confiance ; par contre, il déplorait souvent que son conseil concernant le maximum de 60 francs ne fût pas plus fréquemment suivi. Quoi qu'il en soit, la comptabilité des masses se trouvait, de ce chef, encore augmentée.

Lors de l'inspection des finances qui eut lieu en 1851, M. Cordier, inspecteur, et M. Chenin, inspecteur général, firent ressortir dans leurs rapports tous les inconvénients de ce défaut d'organisation de la comptabilité à l'École forestière ; ils concluaient, comme le directeur lui-même, à la création d'un agent comptable. Mêmes conclusions, à la suite de l'inspection de 1838, de la part de M. Pasquier, inspecteur général, et de la Bouillerie, inspecteur : un projet de règlement fut même rédigé dans ce sens. Les promotions devenant plus nombreuses, les maniements de fonds augmentaient toujours d'importance : en 1857, ils dépassaient 251,000 francs par an, et M. Parade faisait avec raison remarquer qu'un tel chiffre justifiait largement la création d'un fonctionnaire spécial. Enfin, le Règlement sur la comptabilité de l'École fut approuvé par le ministre le 3 juin 1858 ; le 22 juillet, le brigadier Collot recevait le titre d'agent comptable et était installé en cette qualité, après versement d'un cautionnement de 10,000 francs. M. Collot demeura en fonctions jusqu'en 1860 ; il fut alors remplacé par son gendre, M. Boquel, qui occupa le poste pendant vingt-quatre ans. Son successeur, M. Pétrand, auparavant adjudant de surveillance, a été nommé en 1884 et est resté en fonctions jusqu'à sa mort, en juin 1897. Le titulaire actuel, M. Laurent, était brigadier sédentaire à la conservation de Nancy. Quant au Règlement de 1858, les changements apportés depuis 1888 à l'organisation de l'École, notamment les traitements accordés aux élèves à partir de 1889, exigeaient une refonte complète de ses dispositions : il y a été pourvu par l'Arrêté ministériel du 17 juillet 1895, que nous analyserons plus loin.

Mais, avant d'arriver à cette date, nous rencontrerons plusieurs règlements pour la police et la discipline, qu'il nous faut tout d'abord examiner. Le premier est de 1876. Dans l'intervalle, depuis la mort de M. Parade, deux faits notables s'étaient produits : une interruption des études par suite de la guerre de 1870, puis l'essai d'une troisième année. M. Nanquette avait à cœur de compléter l'œuvre de son prédécesseur, d'achever la réforme des habitudes invétérées de désordres et de dépenses excessives qui, malgré tout, s'étaient perpétuées à l'École forestière, et ce fut son honneur de réussir dans cette tâche difficile. Déjà de 1864 à 1870, une amélioration sensible s'était produite. Après la guerre, lorsqu'en avril 1871 une promotion unique revint pour achever en quatre mois des études qui eussent normalement exigé une année entière, il fallut doubler les cours, augmenter le nombre des heures de présence, exiger enfin un travail plus long et plus soutenu qu'aupara vant. Ces modifications, réalisées par une simple décision du directeur général, du 13 mai 1871, furent facilement acceptées par des jeunes gens que les tristesses de l'Année terrible avaient mûris, et l'expérience prouva qu'il n'était pas impossible d'appliquer aux promotions suivantes ce régime beaucoup plus sévère. Le lever fut donc fixé à six heures du matin ; la sortie fut reculée jusqu'à six heures du soir ; l'abonnement au spectacle fut supprimé, les permissions en semaine eurent un caractère tout à fait exceptionnel ; enfin, le travail dans les études devint de plus en plus sérieux. Tout cela fut opéré sans que le Règlement de 1862 reçût de changement : ce qui prouve bien qu'en cette matière la lecture des textes dit peu de choses, et qu'il importe surtout de savoir comment il en est fait usage.

On pouvait craindre que l'introduction du stage ne nuisit à ces bons résultats. Nous savons dans quelles conditions cette mémorable expérience fut tentée : au lieu de décider purement et simplement l'établissement d'une troisième année dans les mêmes conditions de discipline que les deux premières, ce furent des agents, des stagiaires, auxquels fut donnée cette instruction complémentaire. Il parut dès lors impossible de les soumettre aux mêmes obligations que leurs jeunes camarades : ceux-ci demeurèrent casernés, avec les aggravations introduites en 1871 ; les stagiaires logèrent en ville, moralement astreints aux cours et aux exercices, mais échappant en fait aux sanctions qui concernaient les seuls élèves. Le directeur fait très justement cette remarque dans une lettre du 28 avril 1876 : « ... Nos règlements n'obligent en rien les gardes généraux. Leurs maîtres n'ont d'action sur eux que celle qu'ils exercent par leurs conseils, et ce genre d'autorité s'use vite quand il manque de sanction. On vient aux cours, on va sur le terrain quand on n'a pas de prétexte pour s'excuser ; mais on n'écoute que peu ou point la leçon du professeur, on n'accorde aux travaux et exercices que le temps nécessaire pour faire acte de soumission.... Il apparaît clairement que sans un règlement qui oblige ces jeunes gens à un travail régulier et assidu, l'institution du stage à l'École dégénèrera à ce point de ne plus valoir mieux que l'ancien et inutile stage qui se faisait autrefois auprès des inspecteurs du service actif.... »

Le Règlement des stagiaires que réclamait M. Nanquette fut donné par Arrêté du directeur général du 15 novembre 1876. L'article essentiel de cet Arrêté contient les peines disciplinaires applicables en cas de manquement aux cours et aux exercices. Ces peines furent rarement appliquées et ne remédièrent pas beaucoup à la situation : les unes, réprimande et retenue de traitement, étaient assez indifférentes aux coupables ; les autres, descente de grade et révocation, trop énormes et hors de proportion avec de simples infractions à la discipline.

Nous n'avons pas à revenir sur les circonstances dans lesquelles le stage à l'École a été supprimé ; cette tentative a prouvé que si, dans l'avenir, il pouvait être question d'une troisième année, ce devrait être dans les mêmes conditions et avec le même régime pour les trois promotions réunies ensemble sous le même toit. Heureusement, l'échec du système ne produisit pas de conséquences trop fâcheuses sur les élèves des deux premières années ; nul doute qu'à la longue le laisser-aller des stagiaires eût été un dissolvant redoutable, mais ils disparurent assez tôt pour que les améliorations de 1871 aient pu se maintenir. L'Arrêté ministériel du 10 novembre 1876, complété par un Arrêté du directeur général du 15 novembre, ne fait qu'adapter l'ancien règlement aux modifications résultant de la troisième année d'études. On y voit apparaître les agents chargés des cantonnements de la Conservation n° 4 *bis*, qui concourent avec les professeurs à l'instruction pratique. Le nombre des adjudants est porté à quatre, dont trois pour la surveillance, le dernier pour les bureaux de l'inspection de l'École et la garde du matériel. La situation n'est pas sensiblement changée par le départ de M. Nanquette et l'installation de M. Puton. M. Bagneris, puis M. Boppe, occupent la sous-direction ; l'inspection des études est donnée à M. Guyot. L'application du règlement se fait dans le même esprit ; les permissions ne sont pas plus fréquentes : dans l'Ordre du directeur du 14 octobre 1883, nous lisons qu'elles ne sont jamais de droit et qu'en général il n'en est pas accordé pendant la semaine (1). Quelle différence avec les années antérieures à 1870 ! Que nous sommes loin de l'abonnement au théâtre et du temps où l'uniforme forestier brillait dans tous les bals de la saison d'hiver !

Puis, nous entrons dans la période tourmentée des réorganisations : coup sur coup trois règlements sont édictés, c'est le reflet des pénibles

---

(1) Une exception à la règle du casernement a été faite en 1885 en faveur d'un élève de la 60ᵉ promotion, qui s'est marié pendant sa seconde année d'école. Le même fait avait eu lieu déjà en 1827, dans la 3ᵉ promotion, mais alors on n'était pas caserné. Le 20 juin 1827, M. Lorentz, transmettant la demande de M. de Coucy, reconnaît que le cas n'est pas prévu au règlement, mais, ajoute-t-il, il n'y a pas à craindre que cet exemple soit contagieux. Pour le même motif, il n'est pas question de cette éventualité dans les règlements postérieurs.

fluctuations au milieu desquelles l'École se débat. Dans le Règlement de
1887 (Arrêté ministériel du 2 mars, Arrêté du directeur des Forêts du
même jour), nous constatons les conséquences du système d'enseignement inauguré après la suppression de la troisième année : on n'a rien

Élève de Nancy
1897.

voulu abandonner, au contraire ; toutes
les matières se sont donc condensées
à l'excès, chaque journée se trouve sur-
chargée, et il faut augmenter le nombre
des heures de présence obligatoire. Sauf
le mercredi et le dimanche, la rentrée
du soir a lieu à huit heures et une étude
supplémentaire réunit les élèves jusqu'à
dix heures. Cette étude parut, à juste
titre, fort pénible ; elle fut remplacée,
après une année d'essai, par le travail
dans les chambres, de même durée. Le
mercredi cependant, on sort à trois
heures et demie ; mais le samedi seulement des permissions peuvent être
accordées. Ce régime, imposé par l'Administration d'alors, malgré les appréhensions légitimes du directeur, rendait
plus dur le casernement d'autrefois ;
mais il ne devait pas être longtemps
maintenu ; une seule de ses dispositions a prévalu : celle qui affecte un
jour par semaine à l'instruction pratique ; nous aurons l'occasion d'y
revenir au sujet de l'enseignement.
C'est également à partir de cette époque que les vacances s'ouvrent le
15 août, au lieu du 1er septembre, et que la rentrée a lieu le
15 octobre.

Bientôt après, le mode de recrutement des élèves est changé, et il en
résulte de nouvelles dispositions réglementaires, destinées à coordonner
le Décret du 9 janvier 1888 avec l'état antérieur. La seule année 1889
voit paraître deux règlements (Arrêtés ministériels du 19 janvier et du
12 octobre) ; ils ne diffèrent qu'au point de vue de l'enseignement,

comme nous le verrons plus loin. Quant au régime intérieur, il n'en résulte pas de grands changements. Les adjudants, au nombre de quatre en 1876, réduits à trois après la suppression du stage à l'École, ne sont plus que deux en 1889 ; ils conservent d'ailleurs les mêmes fonctions. La rentrée du soir est rétablie à dix heures. Au point de vue de la comptabilité, une grande innovation a été accomplie : les élèves sont désormais appointés. Le Décret du 9 janvier 1888 avait d'abord décidé la création de dix bourses de 1,500 francs chacune ; mais on fit promptement remarquer l'inconvénient de cette disposition, qui subordonnait l'allocation des bourses à l'état de fortune des élèves, et qui créait entre camarades de la même promotion une disparité fâcheuse. Le ministre avait d'ailleurs promis des appointements, et cette promesse devait être tenue. Ce fut la loi du budget de 1890 (1) qui opéra le changement, en ajoutant aux crédits de l'enseignement forestier une somme de 15.000 francs pour fournir un traitement aux élèves gardes généraux pendant leur séjour à Nancy. Les promotions étant de douze élèves, le traitement de chacun ne se monte ainsi qu'à 1,200 francs ; il est assez minime, eu égard au grand nombre de dépenses auxquelles il doit pourvoir. Encore, c'était seulement une portion de ce traitement, afférente à dix mois de l'année scolaire, qui devait être versée à la caisse de l'agent comptable de l'École, pour payer la nourriture des élèves, le salaire des domestiques attachés à leur personne et d'autres frais de même nature. De plus, l'élève doit fournir en entrant 1,200 francs pour son équipement ; enfin, chaque année il lui est demandé une pension de 600 francs pour frais de tournées, leçons d'équitation au manège civil (2) et quelques dépenses analogues. Il résulte de ces dispositions que, malgré le traitement accordé aux élèves, leur séjour à l'École est loin d'être gratuit (3).

Le dernier Règlement jusqu'à ce jour est celui du 16 mars 1897. L'Arrêté ministériel qui porte cette date est complété par un Arrêté du directeur des Forêts du 20 mars 1897 et un Ordre du directeur de l'École

(1) Loi du 17 juillet 1889, portant fixation du budget de l'exercice 1890. En conséquence, l'article 4 du Décret du 9 janvier 1888 fut abrogé par Décret du 12 octobre 1889.

(2) Voir plus loin, leçons d'équitation au manège militaire. Des leçons d'escrime sont aussi obligatoires à l'École, en vertu de l'Arrêté du directeur de 1889.

(3) Arrêté concernant la comptabilité, du 18 mars 1897. Est compris dans une brochure intitulée : *Arrêtés et Règlements concernant l'École nationale forestière.* In-8°, 66 pages ; Imprimerie nationale, 1897.

du 25 mars (1). Comme disposition nouvelle, datant de 1893, nous
voyons que le commandant militaire participe au maintien de la discipline, de concert avec les autres membres du personnel administratif :
il s'occupe spécialement de la tenue, des exercices, de l'escrime, enfin de
l'équitation, qui depuis 1890 (2) a lieu à la fois au manège civil et au manège
militaire. Le tableau de l'emploi du temps est arrêté chaque mois par
le directeur, en conseil d'instruction. Les permissions sont de droit le
samedi, jusqu'à minuit, pour tous les élèves qui n'en sont pas privés à
cause d'examens insuffisants ou de consignes disciplinaires ; en semaine,
ceux qui ont réuni une moyenne générale de 14 dans leurs examens et
travaux obtiennent, sur demande motivée, une permission supplémentaire. Toutes les obligations concernant la police, la tenue et la discipline,
sont soigneusement codifiées, et, en regard de chaque manquement, le
texte porte la sanction pénale ; le contrevenant peut ainsi se rendre
compte d'avance des résultats de son infraction ; rien n'a été laissé à
l'arbitraire.

A ce Code administratif il faut joindre le Règlement sur la comptabilité du 18 mars 1897, reproduisant à peu près celui du 17 juillet 1895,
qui avait lui-même remplacé le texte de 1858, ainsi que les dispositions
additionnelles contenues dans les Arrêtés réglementaires de 1889 et
1893. Les fonctions respectives du directeur et de l'agent comptable et
leurs relations avec le trésorier-payeur général sont nettement établies ;
c'est ce dernier qui reçoit tous les fonds auparavant versés à la Caisse
d'épargne et qui les met à la disposition de l'agent comptable, sur le vu
des mandats du directeur. Celui-ci propose chaque année à l'approbation
du directeur des Forêts un budget d'emploi des sommes à la charge des
élèves, pour l'utilisation du traitement de ceux-ci, ainsi que des versements qui ont dû être faits par leurs familles. Avant 1893, les affectations
de ces sommes étaient si étroitement déterminées qu'il en résultait des
difficultés fréquentes : il était interdit de reporter à une dépense le
crédit prévu pour une autre ; bien plus, le budget de la première année
se réglait pour chaque élève sans se relier à celui de l'année suivante,
de sorte que le *boni* du premier exercice était nécessairement restitué,
alors même que les crédits du second exercice devaient être trop
faibles : c'est ainsi qu'il avait fallu quelquefois demander aux familles

(1) Ces textes reproduisent ceux des Règlements antérieurs de 1893 et 1894.

(2) Décision ministérielle du 15 mars 1890, autorisant les élèves de l'École forestière
à recevoir un certain nombre de leçons gratuites au manège militaire.

des prestations bénévoles pour pouvoir effectuer les excursions des
Alpes, tandis que les courses de sylviculture avaient été trop largement
dotées. Ces inconvénients n'existent plus depuis 1895 : le reliquat de
leur budget n'est remis aux élèves qu'à la fin de la seconde année ; la
partie du traitement correspondant aux deux mois de vacances est
versée à l'agent comptable comme celui du reste de l'année; l'affectation
des crédits aux divers groupes de dépenses peut être modifiée sur
autorisation spéciale.

Nous sommes enfin parvenu au terme de cette longue série de
textes qui nous permettent d'apprécier les changements successifs
apportés au régime intérieur des élèves. Essayons maintenant de résumer
la situation actuelle et d'indiquer en quoi elle diffère des années
antérieures à 1870.

Que l'École se soit améliorée depuis cette époque, cela est indubitable,
aussi bien au point de vue moral qu'au point de vue matériel. Il n'est plus
question aujourd'hui de ces dépenses excessives, de ces dettes qui
donnaient tant d'appréhension aux familles dont les fils devaient vivre à
Nancy. Grâce aux vigoureux efforts de M. Nanquette, les habitudes se
sont modifiées et les promotions postérieures à la guerre ont rompu
définitivement avec les mauvaises traditions de leurs aînées. Les écarts de
conduite ont été depuis moins graves et moins fréquents. Il y eut encore,
toutefois, une période assez troublée à partir de 1882 ; les promotions, à
cette époque, redevenaient nombreuses, et nous avons vu que le nombre
est un excitant qui conduit facilement au désordre. A cette époque, un
prétexte de manifestations tapageuses était l'arrivée d'élèves de l'Institut
agronomique, qui pouvaient être admis en vertu du Décret du 6 mai
1882 ; cette faculté fut utilisée trois fois, et chaque fois les élèves issus
du concours se montrèrent peu disposés à faire bon accueil à ceux qu'on
leur représentait comme des intrus. Lorsqu'en 1889 le recrutement par
l'Institut devint la règle générale, le calme ne se rétablit pas aussitôt :
la première année du nouveau régime fut encore mauvaise ; mais celles
qui suivirent furent meilleures, et à partir de cette époque l'ordre n'a
plus été troublé.

A cet égard, l'application de la loi militaire du 15 juillet 1889 n'a pas
été sans influence. Actuellement, non seulement les élèves arrivent
plus âgés qu'autrefois, par suite du nouveau mode de recrutement, mais
de plus, dans chaque promotion, il y en a quelques-uns qui déjà ont
fait une année de service militaire; ils ont acquis ainsi des habitudes

sérieuses et le respect de la discipline : le bon exemple qu'ils donnent à
cet égard n'est pas perdu pour leurs camarades. Ensuite, tous savent
parfaitement que le renvoi de l'École, quelle que soit la cause de cette
mesure, aurait pour conséquence l'obligation de compléter au régiment,
comme simples soldats, ce qui leur manquerait pour atteindre les trois
ans réglementaires, et pour tous il n'est pas inexact de présumer que la
crainte de la caserne est le commencement de la sagesse. Ils se plient
donc d'autant plus facilement au genre de vie qui leur est fait à Nancy
et qui, du reste, n'a rien de bien pénible.

Leur journée est ainsi réglée, pendant le semestre d'hiver : le matin,
après l'appel de six heures et demie, étude ou équitation au manège civil ;
puis, une demi-heure de récréation dans les chambres ; c'est le moment du
premier déjeuner, que préparent les domestiques au service des élèves. De
huit à onze, un cours et une étude ; tous les cours, sauf ceux d'Allemand,
durent uniformément une heure et demie. On sort ensuite, de onze heures à
midi, pour prendre le repas à la pension. Ce ne sont plus, comme autrefois,
les premiers hôtels de la ville qui se disputent les différentes sections de
l'École : les occasions de dépenses y étaient trop faciles, et puis les prix
s'y sont accrus rapidement, alors que les crédits provenant du budget
des élèves restaient presque stationnaires ; néanmoins les tables sont
toujours convenablement servies. Après le repas, on fait une apparition
au cercle, avant de revenir à l'École pour l'appel de midi dix minutes,
midi et demi en été. Le cercle est moins spacieux qu'autrefois, car les
promotions sont bien moins nombreuses : il est toujours bien situé,
place Stanislas d'ordinaire, au centre de la ville. L'après-midi est occupé
d'abord soit par l'exercice militaire, soit par le dessin, jusqu'à une
heure et demie ; puis, récréation d'une demi-heure, qui se passe au
jardin, quand il fait beau, à moins qu'on ne soit retenu par l'escrime et
le tir au pistolet ou à la carabine. De deux à six heures, un cours et
deux études, celles-ci remplacées à certains jours par le dessin graphique.
Il y a aussi à quatre heures un certain nombre de leçons au manège
militaire, sous la surveillance d'officiers de cavalerie, pour compléter
les notions reçues au manège civil. A six heures, la journée de travail
est finie, les élèves peuvent sortir.

Plus souvent qu'autrefois ils restent au casernement, dans leurs
salles de réunion, dont le billard est la distraction et l'ornement essentiel,
ou dans leur bibliothèque, pourvue des principales publications forestières, en outre des livres qu'ils doivent posséder personnellement. Après

le repas du soir et la rentrée, faculté de se visiter mutuellement dans les chambres du casernement ou de travailler séparément, jusqu'au coucher. Tout cela n'est pas bien dur, en somme, d'autant mieux que les exercices pratiques du samedi, qui motivent assez souvent des sorties au dehors, rompent agréablement la monotonie de l'ordre du jour.

Nos élèves, avons-nous dit, supportent bien ce régime, et, plus calmes qu'autrefois, savent presque toujours éviter les excentricités et les écarts de conduite qui rendaient suspecte à beaucoup de familles l'École forestière. Toutefois, comme ils sont restés jeunes, ce qui est fort heureux, ils ont conservé des habitudes du passé ce qu'ils appellent les traditions des anciens, un ensemble de joyeusetés auxquelles ils tiennent beaucoup, comme du reste leurs camarades des autres Écoles françaises. Dans le nombre, on peut citer la cérémonie du Jugement, imitée sans doute d'une institution semblable de l'École polytechnique, et qui motive, au commencement de chaque année, une soirée de divertissements variés. En vertu de cette institution, un conscrit n'est réputé admis que lorsqu'il a subi, de la part de ses anciens réunis en jury, un examen grotesque, dans lequel les questions les plus extraordinaires lui sont posées. Les examinateurs sont costumés en juges, des gendarmes amènent les accusés et la soirée se termine dans une embrassade générale. Le Jugement, qui se faisait d'abord à l'étude, puis au cercle, a lieu maintenant à l'École, dans une chambre convenablement décorée (1).

Dans toutes les réunions d'élèves, les chansons tiennent une large place. Encore un héritage du passé, que ces chansons d'École qu'on se transmet de promotion en promotion. Sauf quelques passages, marqués au coin d'une franche gaieté, c'est une assez pauvre littérature, nous pouvons bien en convenir, et la plupart de ceux qui les entonnent avec tant de conviction seraient de cet avis s'ils se permettaient d'y réfléchir. Encore si l'on n'y trouvait que des couplets baroques sur chaque fonctionnaire de l'École, nous ne pourrions nous étonner : « Notre ennemi, c'est notre maître », et chansonner l'autorité est toujours agréable, même à beaucoup de personnes qui ne sont plus sur les bancs.

(1) Cette cérémonie a souvent changé de nom et de rites. Vers 1840, on l'appelait le *Macadam*, terme emprunté à une innovation récente du cours de Constructions et qui avait frappé les élèves par son étrangeté. Vers 1860, par une fantaisie dont le sens nous échappe, c'est du *Ramadan* qu'il s'agit. Aujourd'hui, on dit tout simplement le *Jugement*. Notons aussi la cérémonie qui lui sert de conclusion : le *Serment*, solennellement prononcé sur « l'os du premier conservateur ».

Mais ces jeunes gens, tous bien élevés et de bon ton, devraient avoir le courage d'expurger leur recueil de trop fréquentes grossièretés, qui seraient à peine tolérables dans un corps de garde. Depuis 1870, les productions nouvelles paraissent meilleures ; le couplet patriotique a fait son apparition et l'*Elléda* se ressent des ardentes préoccupations de cette époque funeste.

Croquis d'une scène du Ramadan : Le Serment.

C'est aussi d'un passé fort lointain que vient l'institution de la Commission qui, nous l'avons vu, représente chaque promotion. Elle est formée du *major* d'entrée, intermédiaire ordinaire entre les élèves et l'Administration ; du président, qui dirige les réunions et intervient au nom de tous dans les circonstances importantes ; du commissaire, qui a notamment la police du cercle ; enfin du *papa*, qui s'occupe de la pension, tient les comptes et a la garde de la caisse. Ce fonctionnaire se nomme dès la rentrée, le lendemain de l'*absorption* ; les deux autres au mois de mai, avant le départ pour les grandes courses. La Commission, par suite de ces attributions, s'impose le devoir de maintenir l'esprit de corps, quelquefois sans doute dans ses manifestations les moins recommandables, mais le plus souvent dans ce qu'il a de meilleur : on n'en saurait donner de plus frappant exemple que ce budget de la charité, auquel les élèves contribuent chaque année, et qui leur permet de soulager bien des infortunes.

Ce tableau de l'existence des forestiers de Nancy serait incomplet si nous ne parlions des excursions, dirigées en vue des applications pratiques des cours de l'École, qui, nous le montrerons plus loin, constituent l'un des éléments les plus caractéristiques de son enseignement. Combien ces *courses* au dehors sont profitables au point de vue de l'instruction proprement dite, nous pourrons l'apprécier dans un des chapitres suivants; mais ici déjà nous pouvons dire qu'elles sont éminemment utiles pour donner dès le début aux jeunes forestiers l'amour du métier, puissant levier destiné à écarter les ennuis et les difficultés de la carrière. De même que, dans le service, le garde général partagera son temps entre le bureau et la forêt, de même à l'École l'élève, après les leçons et les études, aura comme dédommagement les courses, qui lui laisseront pour toujours un souvenir ineffaçable. Quoi de plus charmant, en effet, lorsqu'on est jeune et entouré de bons camarades, que de se laisser conduire dans ce monde nouveau, sans d'autre souci que les notes à prendre, de loin en loin, pour la rédaction du mémoire au retour ? Plus que dans toute autre École, grâce à ces voyages répétés, le maître et l'élève sont rapprochés et vivent ensemble, comme plus tard le jeune agent et son inspecteur ; ils se connaissent, s'apprécient mieux, et la confiance réciproque qui en résulte rend plus facile pour l'un et pour l'autre un enseignement dépouillé de tout appareil dogmatique. Un autre effet de ces voyages est de créer par avance des relations intimes entre les élèves et leurs camarades du dehors. Ceux-ci reçoivent à bras ouverts les jeunes conscrits auxquels ils font les honneurs de leurs cantonnements, et cette tradition se perpétue d'une année à l'autre, chaque promotion contractant ainsi envers les anciens une dette qu'elle devra un jour acquitter par des réceptions aussi cordiales.

Les courses, nous l'avons vu, sont aussi anciennes que l'École elle-même. Dans les temps reculés de MM. Lorentz et de Salomon, c'étaient des expéditions difficiles à organiser. On avait une diligence (1) et un fourgon, qui suivaient la caravane par monts et par vaux, à des distances que l'absence de voies rapides de communication faisait paraître fort longues. De 1830 à 1839, on passait chaque année la frontière, on visitait le Palatinat, le pays de Bade et même la Suisse ; les relations avec les forestiers allemands étaient alors aussi intimes que fréquentes. Les souvenirs de la tournée de 1835 nous ont été conservés par un « forestier d'antan » (2) qui raconte fort agréablement le voyage de sa promotion dans le grand-duché de Hesse, l'accueil du baron de Wedekind, la réception à Darmstadt de Mme la baronne, — l'accident arrivé, non loin

(1) La diligence du « père Henry », fournisseur de l'École pendant de longues années.

(2) *Revue des Eaux et Forêts*, 1893, page 117.

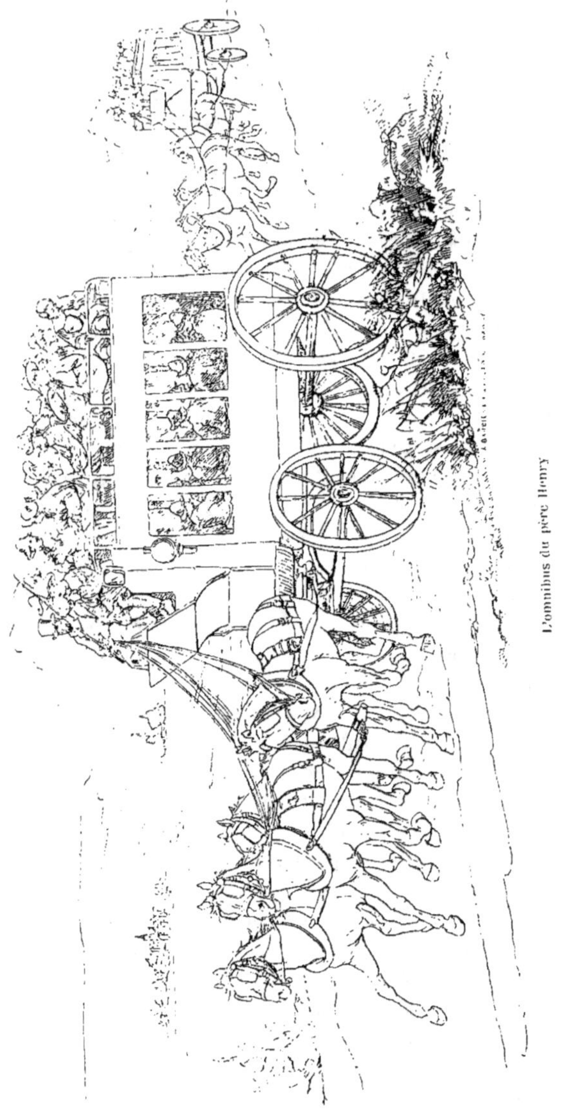

L'omnibus du père Henry

de Francfort, à l'omnibus de l'École, qui verse tous les élèves dans la poussière, — le retour par Mayence, Mannheim, Heidelberg.... Puis commence une longue période pendant laquelle la zone des excursions se rétrécit de plus en plus ; non seulement on se borne aux Vosges et à l'Alsace (1), mais on s'écarte toujours moins de certains centres d'études qui finissent par devenir autant d'étapes obligatoires. Ce fut bien plus tard, vers 1867, que l'on se décida à rompre ce cercle, toujours le même, et à donner plus de variété aux excursions de l'École. Bientôt ensuite la perte de l'Alsace contraignit les professeurs à chercher un équivalent de l'admirable ensemble de massifs qui s'étendent depuis Bitche jusqu'aux Ballons. Vers la même époque, les missions des stagiaires faisaient parcourir des contrées de plus en plus éloignées ; puis les Alpes étaient abordées ; on a même poussé jusqu'aux Pyrénées. L'extension des voies ferrées permet d'aller aujourd'hui jusqu'au bout de la France en moins de temps qu'on mettait autrefois pour gagner en diligence Saverne ou Haguenau. La nécessité de ménager le budget des élèves oblige seule à calculer minutieusement les conséquences de ces longs déplacements, car, malgré de fréquentes réclamations, les Compagnies de chemins de fer ont jusqu'à présent refusé aux forestiers le bénéfice du quart de place que leur qualité de militaires semblerait devoir leur attribuer (2).

Ce sont là les grandes courses, celles du second semestre, qui ont lieu de mai à juillet. Le semestre d'hiver a aussi ses excursions, moins longues, mais néanmoins très variées, aux environs de Nancy et dans les Vosges. Elles occupent d'ordinaire les samedis, toutes les fois que le temps le permet. N'oublions pas enfin la petite campagne militaire à laquelle prennent part les deux divisions et qui commence les exercices d'été : marches, tirs, reconnaissances sur la frontière, le tout couronné par la bataille du dernier jour (3), pendant laquelle on fait copieusement parler la poudre, pour rentrer le soir en vrais troupiers, sac au dos et fusil sur l'épaule.

Aurons-nous fait suffisamment ressortir les principaux traits de cette vie d'École, et nos anciens camarades se reconnaîtront-ils dans le portrait que nous nous sommes efforcé de rendre ressemblant ? De ces pages, déjà trop longues, l'élève de Nancy se dégage-t-il assez nettement,

(1) On conserva cependant, au delà du Rhin, l'excursion classique du Kaiserstuhl.
(2) Pour de plus longs détails sur les courses, voir *infra*, chap. vi.
(3) C'est la « Bataille de Varincourt », célèbre dans les fastes de l'École, qui est le sujet d'une des meilleures chansons du répertoire forestier.

avec ses qualités et ses défauts ? Sur ces jeunes gens, que nous voyons
passer devant nous depuis bientôt vingt-cinq ans, nous ne pouvons dire
tout le bien que nous pensons : nous serions trop suspect de partialité
à leur égard. Nous nous bornerons à souhaiter à ceux qui vont successivement occuper les bancs où nous nous sommes assis nous-même, de
garder avec soin ce qui fait le cachet distinctif de l'École et de l'Administration tout entière : ce caractère d'urbanité et de franchise, qui
rendra si agréables et si faciles leurs relations dans le service. Que nos
forestiers conservent la gaieté de leur jeunesse et leur originalité
française ; que pendant toute leur carrière ils montrent bien apparente
l'empreinte qu'ils ont reçue à Nancy, dans cette vie d'École si large et si
variée, qui joint heureusement aux distractions de leur âge la forte
culture intellectuelle, l'application et le savoir ; qu'ils soient enfin
toujours reconnaissables à ces sentiments élevés de droiture et de
probité que l'École a si puissamment contribué à inculquer au corps
forestier pendant les soixante-quinze années de son existence (1).

(1) Nous ne terminerons pas ce chapitre sans signaler une notice intéressante qui
traite à peu près le même sujet : elle est due à la plume humoristique d'un ancien
élève de la 61e promotion, M. Arnould ; elle a été insérée par M. Rousselet dans son
livre : *Nos grandes Écoles.* (Paris, Hachette, 1888.)

A NOS CAMARADES
LA GUERIN
BOUCHERON
P. ROBERT
JOSSERAND
MARRIER
MOISANT
BOISDHIVER
A.H.M. PISON
1870 - 1871
DULCE ET DECORUM EST
PRO PATRIA
MORI
E. Gosford

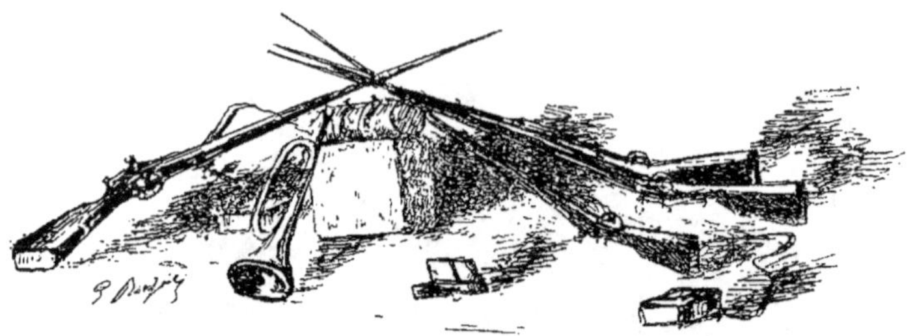

APPENDICE

Liste des promotions de l'École forestière (1).
(Rang d'entrée.)

1re et 2e promotions
(1825)

Marulaz.
Simon.
Lerouyer.
Barthe de Sainte-Fare.
Pascault de Poléon.
Charlier.
Boutarel.
Pille.
D'Houdouard.
Renaud d'Avesne des Méloizes.
Gorsse.
Creslin d'Ousgières.
Dessalle de la Gibertie.
De Raismes.
Galmiche.
Subirane.

(1) Il serait très intéressant de suivre tous les élèves de l'École dans leur carrière, de donner pour chacun d'eux une notice biographique indiquant les situations qu'ils ont occupées, les ouvrages qu'ils ont publiés. Ce serait la matière d'un gros volume. Déjà cependant le programme que nous traçons a été partiellement rempli par M. A. Puton : *École nationale forestière. État des services des anciens élèves en fonctions dans l'Administration des Forêts en 1885.* In-8° de 168 pages. (Nancy, Berger-Levrault, 1883.)

Dupeyroux.
De Mecquenem.
Hun.
Dubouays de la Bégassière.
Vicaire.
De Coucy.
De Masclary.
Lerouge de Guerdavid.

Promotion supplémentaire
(1826)

Renauld.
De Güntzer.

3ᵉ promotion
(1826)

Quarré de Verneuil.
De Thoury.
Talotte.
Legris-Duval.
Suremain de Missery.
Fourmont.
Laurenceau.
Demercières.
Poiré.
Dubois de la Patelière.
Richmond.
Meslier de Rocan.
Robin.
Bigeon de Courcy.

4ᵉ promotion
(1827)

Buirette de Verrières.
Veyrier de Mureau.
Brezun.
Antheaulme.
Payen de Chavoy.

Zoepffel.
Pérès.
Fouquier de Mazières.
Gand.
De Kermel.
De Lalanne.
Picard.

5ᵉ promotion
(1828)

Dutemps.
De Bruchard.
Vouzeau.
Bresson.
Labussière.
Elminger.
Jucault.
Tamisier.
Renou.
Cetto.
Virot.
Guerry de Beauregard.

6ᵉ promotion
(1829)

Saisy de Kerampuil.
De Wavrechin.
De Suzanne.
D'Aubery de Frawenberg.
Poyferré de Cère.
Jauffret.
Brescon.
Baudrillart.
Brunck.
De Vigan.
De La Bunodière.
De Beausire.

7ᵉ promotion
(1830)

Jacquot.
Béraud.
Deval.
Maison.
Gorré.
Dubois-Menut.
Fliche.
Lanier.
Guérard.
De Barrande.
Joly.
Marcotte.
De Tourville.

———

8ᵉ promotion
(1831)

Aimé.
Rey.
De Wimpffen.
Bramaud-Boucheron.
Millet.
De Larminat.
Ibert.
Lebienvenu-Dubusc.
De Gohon de Corval.
Chauveau.
Dieudonné.
Thyrat.
Hennequin.

———

9ᵉ promotion
(1832)

Auger.
Chenu.

Charrier.
Larrieu.
Micard.
Granier.
Durand.
Canferra.
Blottin.
Martinet.
Legriel.
Georges.

———

10ᵉ promotion
(1833)

Brière de Montdétour.
Dubois-Tallard.
Perrier.
Gilloire de Lépinaist.
Viney.
Beaussire.
Mathieu.
Huard de Lamarre.
Jeannesson.
Bigault d'Avocourt.
Queffemme.
Lenoir.

———

11ᵉ promotion
(1834)

De Lapanouze.
Mangin.
Sthême.
Meynier.
De Blair.
Pelouze.
Dayras de Viljoret.
Chappe.

———

12ᶜ promotion
(1835)

Rousselot.
De Maillier (Octave).
Guillaume-Dufay.
Desgodins.
Peloux.
Pambet.
Henriot.
De Klopstein.
Naudin.
Dubard.

13ᶜ promotion
(1836)

Nanquette.
Barbier.
De Larminat.
Lorentz.
Bouvenot.
Tassy.
Vulpillat.
De Bry d'Arcy.
Etchegoyen.
Quinchez.
Demory de Neuflieux.
De Gironde.
Génin.

14ᶜ promotion
(1837)

De Pinteville.
Laigre de Grainville.
Debord.
Séguinard.
Lion.
Chavannes.

Leblanc.
Lebescond-Coatpont.
Schuler.
Chalot.
Brusseaux.
D'Auvergne.
Frémin du Sartel.
Cherrier.
Bosquillon de Frescheville.
Liesta.

15ᶜ promotion
(1838)

Viaud.
Leddet.
Vivien.
Frézard.
De Béer.
Bozonnier de Lespinasse.
Masson de la Sauzaie.
Gilliot.
Allain.
Lebrun.
Dufont.
Grognot.
Beaudouin de Maisonblanche.
Colin.
Georgin de Mardigny.
Clouet.
Fabre.
De Faillonnet.
Costa.

16ᶜ promotion
(1839)

De Schwarz.
Sausse-Mignot.
Fririon.

Lambert.
Henry.
Lioult de Chênedollé.
Dussaussoy.
Guichaud.
Chameron.
Camus.
Lombard.
Macnab.
De Jouffroy.

Promotion supplémentaire
(1840)

Gallot.
Mazières.
Moreau.
Boutigny.
Clément de Grandprey.
Ernst.
Le Bastard de Kerguifinnec.
Pastoureau.
Turot.

17ᵉ promotion
(1840)

Grandjean.
De Roquefeuil.
Peuncher.
Picot.
Pauphille.
Darodes de Tailly.
Beurnier.
De Chazelles.
Martin.
Thomas-Deschênes.
Duluc.
Boiselle.
Bresson.
Lacordaire.
Thieriet.

D'Haranguier de Quincerot.

18ᵉ promotion
(1841)

Lefaucheux.
Barbier.
Jacquot.
Regis d'Hombres.
De Maillier (Ed.).
Massias.
De Baudel.
Jouaux.
Binet.
Trichon.
Corne.
Moullin de la Blanchère.
Grandjean (d'Alteville).
Bonjour-Duvivier.
Martin de Bellerive.
De Viguerie.
Cossa.
Royer.
Bayard.
Regimbeau.

19ᵉ promotion
(1842)

Baggio.
Daguzan.
Limozin.
Vivier.
Serracin.
Duluc.
Roussel.
Cardot.
Fleuret.
Chansiergue du Bord.
De Châteaubodeau.

Philibert.
Eynard.
De Boissieu.
Delor.
Chiboys.
Brossard de Corbigny.
Caron.
Soumain.
Normand.
France.
Quinchez.

20ᵉ promotion
(1843)

Vandendries.
Dagoury.
De Pons.
Poivre.
Mangin (Ferdinand).
Jammes.
Mangin (Ernest).
Weidmann.
Dumanoir.
Bernard.
Palengat.
Bauby.
Vincent.
Mangin (Amédée).
Laurent.
De Poinctes de Gevigney.
Riandière-Laroche.
Nicot.
Charles.
Madin.
Grillet.

21ᵉ promotion
(1844)

Serval.

Stock.
De Frémond.
Fraissignes.
Cornebois.
Bagneris.
Chevereau.
Archambeau de Montfort.
Bédel.
Huron.
Clausade.
De Crozé.
Chenu.
Honoré.
Marcilly.
Garnier.
Foyer.
Masson.
Delavaivre.
Rameau.
Goin.
Pissot.
Drône-Lebègue.

22ᵉ promotion
(1845)

Hervé.
Cayet.
Guiot.
Leguest.
Laporte.
Delaperche.
Roux.
De Brienne.
Larousse-Lavillette.
D'Hombres.
Bouquet de la Grye.
Guillemin.
Decencière-Ferrandière.
Gabé.

Gurnaud.
Lechauff.
Laurent.
Flamand.
D'Hausen.
Gossin.
Canu.
Paillette.
Prouvé.
Boppe (François-Étienne).
Colin.
Guary.
Delageneste.
Clopin.

———

23ᵉ promotion

(1846)

Didion.
Bonamy de Villemereuil.
Desveaux.
Michaut.
Pé de Arros.
Bauby.
De Lansade.
Duffour.
Pruvost de Saulty.
Bricogne.
De Framond.
Daniel-Lagasnerie.
Hartmann.
Grandbarbe.
Goursaud.
Robillard.
Des Étangs.
Cuny.
Carraud.
Vicat.
Schwabe.
D'André.

Bernard.
De Guiny.
Dubarry de Lesqueron.

Promotion supplémentaire
(1846)

De Brinon.
Reynard.
Tiétard.
Petit.
Leblan.

———

24ᵉ promotion

(1847)

Delau.
Cantegril.
Clavé.
Lamarque.
De Benoist.
Marchal (Pierre).
Delaire.
Lambert.
Marchal (Eugène).
Granddidier.
Olry.
Mathagon.
Guichaud.
Grillot.
Bousquier.
Bujon.
Mauljean.
Schmutz.
Villault-Duchesnois.
Bouquet de la Grye.
Niepce.
Clerc.
De Bonnault.
Guerrier.
Meugniot.

Promotion supplémentaire
(1847)

Boyé.
Boucard.
Charlot.

———

25ᵉ promotion
(1848)

Mailly.
Bernadac.
Sers.
Geai de Montenon.
Charvet.
Dressel.
Bernard.
Voirin.
Maguin.
De la Boissière.
Dupuis de Clinchamps.
François.
Bonnaud.
Fleury.
Claudel.
Lecomte.
Poucin.
De Martel.
Simian.
Monerie de Cabrens.
Terrasson de Sennevas.
Ruillé.
Godchaux.
Nieger (Émile).
Gibon.

Promotion supplémentaire
(1848)

Bocquentin.
Gaucher.
Grenier.

———

26ᵉ promotion
(1849)

Marotel.
Calinet.
Frommel.
George-Grimblot.
Baudier.
Gailhard.
Mérandon.
Laurent.
De Boubée de Lacouture.
De Ribbe.
Renoul.
Dalsace.
Buffault.
Durand.
Du Faÿ.

Promotion supplémentaire
(1849)

Caille.

———

27ᵉ promotion
(1850)

Querbez.
Antoine.
Duchet-Suchaux.
Burel.
Marrier de Boisd'hyver.
Colnenne.
D'Haranguier de Quincerot.
Jeandel.
Mangenot.
Martin.
Auvray.
Lefebvre.
Petiton.
Herpin.

Demontzey.

28e promotion
(1851)

Broilliard.
Arnould.
Guerrier de Dumast.
Jolyet.
Puton.
Roussel (Edmond).
Carichon.
Lambert.
De Linière.
Gouët.
Roulleau.
Philippe.
De Wegmann.

29e promotion
(1852)

Chitier.
Demoyen.
Schilling.
Mollerat.
De Clock.
Joubaire.
De Maussion.
Roussel (Lucien).
Sonis.
Éthis.
Cherveau.
Gény.
Simon.
Antoine.
Girard.
Darantière de Bacourt.
Éthis de Corny.

Faure.
Jacmart.
Le Grix.

Promotion supplémentaire
(1852)

Mathieu.

30e promotion
(1853)

Le Coat Saint-Haouen.
De Venel.
Sée.
De Lamirault.
Sernin.
Baucheron de Lécherolle.
Grosjean.
De Farcy.
Barte de Sainte Fare.
Vionnois.
Le Compasseur de Courtivron.
Delorme.
Mancheron.
Cousin.
Gruyer.
Forstall.
Emmery.
Abord.
Savin.
Marchal.
Bellaud.
Léry.
Lecoq.
Frochot.

Promotion supplémentaire
(1853)

Aubert de Trégomain.
Poupault.

31ᵉ promotion
(1854)

Devillers.
Vouzeau.
Charlemagne.
Le Père.
Bourdin.
Nieger (Victor).
Foncin.
Jacques.
Bazin.
Baut.
Malle.
Boppe (Lucien).
Desfontaines de Preux.
Delpéré de Cardaillac de Saint-Paul.
De Touzalin.
Marmin.
Thomas.
Arbeltier.
Pinguet.
Mourgeon.
Hossard.
George.
Millière.
Bellier.
Roussin du Chatelle.
Ducros.
Estingoy.
De Drême.
Leguay.

____

32ᵉ promotion
(1855)

Cavaroz.
Desjobert.
Cabarrus.
Berdellé.

Petit.
Bertrand.
Baucheron.
Barbier de la Serre.
Jolivet.
D'Arbois de Jubainville.
Ceyrac de la Serre.
Guy.
Caussé.
Noël.
Poulmaire.
Cézard.
Dubois.
Huriot.
Thomas.
D'Uzer.
Maréchal.
De Monteil.
Beths.
Frogier de Pontlevoy.
Noisette.

Promotion supplémentaire
(1855)

Liébaut.

____

33ᵉ promotion
(1856)

De la Berge.
De la Morinerie.
Ernst.
Crousse.
Lartigue.
Gomien.
Combrau.
Chatelain.
Chapelain.
Vanhoucke.
Sédillot.

Vernin.
Morel.
Champenois.
Giraud.
Delpéré de Cardaillac de Saint Paul.
De Vasselot de Régné.
Delaporte.
De Villeneuve.
Castel.
Duchalais.
De Douhet d'Auzers.
Prudot.
Ballin.
Deplais.
Mathieu Saint-Laurent.
Reculé.
Beaumont.
Dincher.
De Gibon.

Promotion supplémentaire
(1856)

De Lamothe.
Biarnois.

34ᵉ promotion
(1857)

Muel.
Jaquiné.
Pichon.
Regneault.
Lamblé.
Weyer.
Cézard (Stanislas).
Antelme.
Fliche.
Mathieu.
Davesne.
Materre.

Lebœuf.
Desprez de Gésincourt.
Bernard.
Prévost Sanzac de Traversay.
Darcy.
Moyse.
Porché.
Vandervrecken de Bormans.
Barthomivat de Neufville.
Levret.
Phal.
Cézar (Marius).
Hériard.
François.
Guiraud.
De Lamotte.
Blandin.
Joly.
Guillot-Duhamel.
Boniface.
Mabaret.
Mignerot.
De la Haye-Jousselin.

35ᵉ promotion
(1858)

Houël.
Baraban.
Masson.
Garreau.
Guinier.
Bourgaut.
Durocher.
Bertucat.
De la Bégassière.
Bodin.
Gomont.
De Valicourt.
Rousseau.

Arloing.
Poinsignon.
Teulier-Labrousse.
Carrière.
De Farcy.
Braesch.
Palliot.
De Portier de Villeneuve.
Dubus.
Delamarche.
De Boixo.
Fétet.
Chassaigne.

———

36ᵉ promotion

(1859)

Gallot.
Félix.
De Montrichard.
Dérué.
Fortunet.
Simon.
Mathieu.
Dreyfus.
Mongenot.
De Langlois.
Aubert.
Ory.
De Bergevin.
Fautrat.
Barbier de la Serre.
Galland.
Charlemagne.
Dupont.
De Longeau.
Mégnint.
De Lichtemberg.
Crouvizier.
Bécourt.

Monget.
Sonis.
Houbaut.
De Gorsse.
Turin.
Crestin.
Riffault.
De Martimprey de Romécourt.
Delcussot.
Jouffroy.

———

37ᵉ promotion

(1860)

D'Adhémar.
Philippe.
Noyer.
Henriot.
Wéber.
De Champeaux.
Lespine.
Mer (Émile).
Du Coëtlosquet.
Lointier.
De Rochas-Aiglun.
Barthélemy.
Gaudel.
Galmiche.
Armand.
Lempereur.
Guérin.
Duchêne.
Thiéry.
Chalaud.
Caron.
Lenormand.
Couturier.
Campardon.
Roux.
Fontaine.

Detalle.
Ronssin du Chatelle.
Plazanet.
Gérardin.
Hasenclever.
Larrouy.
Mercier.
De Pelet.
Héraud.

Promotion supplémentaire
(1860)

Guillemette.

———

38ᵉ promotion
(1861)

Rousselot.
Huart.
Mélard.
Loyer.
Noirot.
Frandin-Burdin.
Caron.
Pollet.
Dubois.
Alizard.
Rich.
Le Tellier.
Rouyer.
Mer (René).
Fessart.
Marchand.
Dumont.
Suremain de Saizeray.
De Blégier.
Delaunay.
Gazin.
Bahezre de Lanlay.
Lefebvre-Nailly.

Hild.
Stotz.
Cornet.
Nicolas.
Javel.
Robert.
Tassy.
Julien.
Salle.
Fiével.
Herdhebaut.
Leblanc.

———

39ᵉ promotion
(1862)

Perrin.
Jouffroy.
Tisserand.
Adolph.
Lamy.
Gabet.
Delune.
De Portier de Villeneuve.
Carpentier.
Michaud.
Beysser.
Reynard.
Walmé.
Quimfe.
Du Mesnil de Maricourt.
Trono de Bouchony.
Thélu.
Vincenot.
Fortier.
Berveiller.
Guieysse.
Offel.
Thomas-Froideau.
Carrière.

Bucquet.
Poulet.
De la Taille.
Loze.
Elluin.
Peltier.
De Baciocchi.
Majorelle.
De Kermoysan.
De Caqueray de Fossencourt.
Guérard.
Le Boul.

40ᵉ promotion

(1863)

Bert.
Zeiller.
Wendling.
Gonse.
Guenot.
Rambaux.
Billecard.
Hallauer.
Chivaud.
Falque.
Sauvage.
Loppinet.
Muet.
Greff.
Mengin.
Vaney.
Micault.
Naudé.
De Boixo.
Douvier.
Porteu.
Poupon.
Burnichon.
Rapin.

Joly de Sailly.
Pauphille.
Delassasseigne.
Pouguet.
Barbier de la Serre.
Martin.
Moreau.

41ᵉ promotion

(1864)

Noël.
Moniot.
Normand.
De Jacquelot du Boisrouvray.
Briot.
Trombert.
Dubois.
Saillard.
Bourion.
Rollet.
Rousselet.
Bramaud-Boucheron.
Brenot.
De Rippert d'Alauzier.
Guérin.
Colomb.
Deflers.
De la Porte.
Dumont.
Boulongne.
Vinson.
Calvet.
Petitcollot.
Gilardoni.
Pambet.
Landry.
Molleveaux.
Josserand.
Gaubert.

Bonnichon.
Ligeret.

42ᵉ promotion
(1865)

Malcy.
Rivet.
Chouffe.
Faucompré.
Lefebvre.
Pierron.
Drot.
Récopé.
Bouchez.
Gillet.
Élie.
Guyot.
Martin.
Coignard.
D'Arailh.
Clauda.
Caudrillier.
Camus.
Brizard.
Émard.
Leroux.
Simonneau.
Breynat.
Bourion.
Couval.
Dubouays de la Bégassière.
Forestier.
Cromback.
Goffart.
Daubrée (Lucien).
Thibaudet.
Delune.
Jadelot.
De Saintignon.

Vaultrin.
Battut.
Malgras.
Zurlinden.
Vauthier.
Catinat.

43ᵉ promotion
(1866)

Richard.
Parisot.
Vaney.
Cochon.
De Gail.
Bruand.
Arbeltier.
De Cintré.
David.
Gebhart.
Maire.
Sauce.
Ricoire.
Pison.
Larzillière.
Maupoil.
De Saint-Laurent.
Millet.
Deuxdeniers.
De Beausire de Seyssel.
Peureux de Bourculle.
Denis.
Vaulot.
Senard.
Delherm de Novital.
De Frohard de Lamette.
Daubrée (René).
Sicard.
Chenu.
De Carbon-Ferrière.

De Veyrinas.
Le Saulnier de Saint-Jouan.
Ména.
Vauthier.
Fabre.

44ᵉ promotion

(1867)

Dubreuil.
Goupilleau.
Colin.
Laurent.
Peiffer.
Le Levreur.
Gast.
Dion.
Peloux.
Runacher.
Laurent.
Smet-Jamar.
Picard.
Cabart-Danneville.
Dubouclez.
Gerdolle.
Mathis de Grandseille.
Naquet.
Coindre.
Lacaille.
Charleuf.
Goret.
Maulbon d'Arbaumont.
Chassenat.
Delavau.
Gaudet.
Fournier.
Boppe.
Aubert.
Sainte-Claire-Deville.
Malepeyre.

Pistor.
De Lassence.
Rouyer.
Ferrus.
Duchesne.
Chautan de Vercly.
Carrière.

45ᵉ promotion

(1868)

Levavasseur-Baudry.
Ménestrel.
Gravier.
Reuss.
Barré de Saint-Venant.
Rose.
Delaunoy.
Bon.
Bastien.
Delaunay.
Sergent.
Bouër.
Dardy.
Guérin.
Lefebvre.
Moisant.
Dussaut.
Tassard.
Langlois.
Darnal.
Colombé.
David.
Gagneur.
Thil.
Thomas.
Cahen Benel.
Lecour.
Rempnoulx-Duvignaud.

46ᵉ promotion
(1869)

Rolet de Bellerue.
De la Rochebrochard.
Sanglé-Ferrière.
Gallois.
Andraud.
Lescurre.
Brunet.
Degréaux.
Scelzer.
Croizette-Desnoyers.
Blanquet de Rouville.
Garnier de Falletans.
Besançon.
Foulon.
Thirion.
Hercouët.
De Calvinhac.
Floquet.
Toussaint.
Laithiez.
Haas.
Rogé.
Rouger.
Clerc.
Pison.
De Godailh.
Meynieux.
Bouvaist.
Camend.

———

47ᵉ promotion
(1871)

Schlumberger.
Palasne de Champeaux.
Bartet.
Tézénas.
Martimor.

Bergère.
Levrault.
Henry.
Muller.
Duchaufour.
Rouault de Champglin.
Kornprobst.
Gérard.
Delaunay.
Bazaille.

———

48ᵉ promotion
(1872)

Millot.
Poincaré.
Guary.
Margot.
Bigot d'Engente.
Masson.
Poupardin.
Zoepffel.
Chevandier.
Madon.
Muterse.
Level.
Laprevote.
De Carbon-Ferrière.
Leddet.
Fabre.
Thómé.
Mercier.
Corrard.
Roy.

———

49ᵉ promotion
(1873)

Burckhardt.
De Sury d'Aspremont.

Blanchard.
Gourier.
Pierret.
Allard.
Mersey.
De Lochner.
Brive.
Gardon.
Maillard.
Béguin.
Sauné.
Granier.
Raybaud.

50ᵉ promotion
(1874)

Bouvet.
Raffignon.
Lacroix.
Liouville.
Zivy.
Jacquillat.
De la Haye Saint-Hilaire.
Tourtel.
Thomas des Chesnes.
Maire.
Salvat.
Minangoin.
Mörch.
Algan.
Labbé.
Bénardeau.

51ᵉ promotion
(1875)

Delavaivre.
De Roucy.

Delaigue.
Kuss.
Caumartin.
Froissart.
De Rostang.
Truchot.
Vélin.
Béthery de la Brosse.
Bonnet.
Le Dret.
Delaperche.
Pellevoisin.

52ᵉ promotion
(1876)

Descubes du Chatenet.
Lafosse.
Delaperche.
Gandar.
Bonnet.
Blanc.
Perdrizet.
Guichet.
Seurre.
Fresneau.
Bocquentin.
Roulleau.
Carreau.
Moureton.
Piche.
Caquet.

53ᵉ promotion
(1877)

Gény.
Watier.
Cottignies.

Pécheral.
Perroy.
De Brinon.
Batho.
De Lignières.
Stef.
Joly.
Orfila.
Gazin.
Jacquot.
Dubois.
Grandjean.
Buisson.
Prost.
Schlumberger.

———

54ᵉ promotion

(1878)

De Lapasse.
Forget.
Chatin.
Ruelle.
Bardonnaut.
Tallavignes.
Bentajou.
Musset.
De Thiollaz.
Rousselot.
De Riberolles.
Loriot de Rouvray.
Champsaur.
Babinet.
Laporte.
Demoyen.
Sanson.
Gély.
Garnier.

Promotion supplémentaire
(1878)

Monginot.
Becker.
Jeanjean.
Bédel.
Péquin.

———

55ᵉ promotion

(1879)

Guyot de Salins.
Masselin.
Schæffer.
Rabutté.
Muller.
Ussèle.
Hubert.
Huffel.
De Cussac.
Claudot.
Grassal.
Rouis.
De Botherel.
Rodolphe.
Casalis.
Lafond.
Bizot de Fonteny.
Tripier.
Détrie.
Bonhomme de Lajaumont.

———

56ᵉ promotion

(1880)

Volmerange (René).
Périchon.
De Guiny.

Buffault.
Volmerange (Marcel).
Bernard de Lavernette.
Surell.
Henriquet.
Guillot.
Bouvet-Murinon.
Tessier.
Hérisson-Laparre.
Bertrand.
Lasserre de Castelmore.
Géneau.
Boureau.
Leddet.
De Jouffroy d'Abbans.
Fossier.
Drevon.
Meunier.

57ᵉ promotion

(1881)

Mion.
Marit.
Prouvé.
De la Laurencie (Lionel).
Chancerel.
Grivart.
De Larminat.
Barret.
De Lallemant de Liocourt.
De la Hamelinaye.
Bettend.
De Brun.
Cazanave.
Dietrich.
Le Harivel de Mézières.
Lamasse.
Aubry.
Vincent.

Péjoux.
Peyroux.
Steiner.
Goizet.
Rothéa.
Callou.
Lanoir.
Renouard.
De Védrines.
Dellon.
Tellier.

1ʳᵉ promotion supplémentaire
(1881)

Allaire.
Lombard.
Serval.

2ᵉ promotion supplémentaire
(1881)

Grenier.
Massé.
Cossé.
Grimal.
Lemaire.

58ᵉ promotion

(1882)

Vivier.
Antoni.
Fatou.
Couttolenc.
Charpenay.
Job.
Lallier.
Vernet.
Jaquot.

Viney.
Goin.
Mathey.
Chaudey.
Saur.
Jolly.

Promotion supplémentaire
(1882)

Béral.
Beaufils.
Ducamp.

59ᵉ promotion
(1883)

Chavegrin.
Vidal.
Duplaquet.
Breton.
Lescuyer (Charles).
De la Laurencie (Jean).
De Thomassin de Montbel.
Pigeon-Litan.
Gibert.
Moine.
De Montmahon.
Bernard.
Vessiot.
Évrard.
Lafond.

1ʳᵉ promotion supplémentaire
(1883)

Pihan-Dufeillay.
Colart.
Forestier.

2ᵉ promotion supplémentaire
(1883)

Hickel.

60ᵉ promotion
(1884)

Violette.
Cornefert.
George.
Boutilly.
Léger.
Grosjean.
Fournier.
Pommeret.
Deroye.
Morel.
Picard.
Potel.
Longueville.
Ingold.
Campagne.
D'Esparbès.
Molleveaux.
Griess.
Lescuyer (Pierre).

61ᵉ promotion
(1885)

Pigeon.
Weiss.
Cardot.
De Lapparent.
Fortin.
De Vals.
De Luze.

Viardin.
De Touzalin.
Mourral.
Barbillat.
Arlen.
Carreau.
Tiétard.
Petit.
Arnould.
De Laage de la Rocheterie.
Gallois.

Promotion supplémentaire
(1885)

Chambeau.
Calas.
Caël.

62ᵉ promotion
(1886)

Mougin.
Mareschal.
Doé.
Lambert.
Janet.
Guilbaud.
Noisette.
Millischer.
Brouilhet.
Martin.
Launay.
Buffault.
Bourlon de Rouvre.
Breton.
Langlois.
Divol.
Nieger.

Promotion supplémentaire
(1886)

Clause.

63ᵉ promotion
(1887)

Madelin.
Offel de Villaucourt.
Émery.
Delalande.
Romillat.
Rives.
Belliard.
Henriquet.
Bourguet.
Lefebvre.
Besson.
Jolyet.
Dhombres.
Boulanger.
Weyd.
Hutin.

64ᵉ promotion
(1888)

Bauer.
Théron.
Biquet.
Gérard.
Anterrieu.
Gomart.
Crettiez.
Marchal.
Bézier.

Rimaud.
Gruber.
Regimbeau.

Promotion supplémentaire
(1888)

Pénilleau.

———

65ᵉ promotion
(1889)

Seyrig.
Rolgès.
Fron.
Servais.
Thiry.
Boissaye.
Le Père.
Alan.
Bédos.
Demontzey.
Vernin.
Bauby.

———

66ᵉ promotion
(1890)

Mangin.
Rochette de Lempdes.
Joubaire.
Boppe.
Meaudre.
Châtelain.
Fortunet.
Thiollier.
Bertault.

Gèze.
De Carmantrand de la Roussille.
Riou.
Huet.

———

67ᵉ promotion
(1891)

Risacher.
Badré.
Demorlaine.
Vanwtberghe.
Bricogne.
De Bazelaire de Lesseux.
Capoduoro.
Devarennes.
Cablan.
Dieterlen.
Keller.
Melliès.

———

68ᵉ promotion
(1892)

Dinner.
Jauffret.
Vieil.
Dupré-la-Tour.
Molard.
Reyniers.
Dupont.
Decencière-Ferrandière.
Moniod.
Lilette.
Laguarrigue de Survilliers.
Ducellier.

———

69ᵉ promotion
(1893)

Bernard.
Humbert.
Bolle.
Comte.
Jeannerat.
Voisard.
Cuif.
Léger.
Malet.
Reverdy.
Chaplain.
Delacourcelle.

1ʳᵉ promotion supplémentaire
(1893)

Guibert.

2ᵉ promotion supplémentaire
(1893)

Costa de Beauregard.
Saliceti.

____

70ᵉ promotion
(1894)

Zuber.
Chalamel.
Lavelaine de Maubeuge.
Lapie.
Martin.
D'Ussel.
Allotte.
Boudy.
Barbier de la Serre.

De Peyerimhoff.
Sornay.
Repiton-Préneuf.

____

71ᵉ promotion
(1895)

Poupard.
Poussard.
Margaine.
Juvanon du Vachat.
Eon.
Duplessis.
Jarousse.
Trutat.
Vogeli.
Robert.
Hirsch.
De Drouin de Bouville.

Promotion supplémentaire
(1895)

Sabatier de Lachadenède.

____

72ᵉ promotion
(1896)

D'Alverny.
Marc.
Gerdil.
Camus.
Jourdan-Laforte.
Courbaire.
Rigoigne.
Claverie.
Corbin.

Berthon.

Badré.

Ausset.

———

73ᵉ promotion

(1897)

Guinier.

Cretin.

Surchamp.

Petit.

Aubert.

Delaroche.

Dusautoy.

Granger.

Monnin.

Magnein.

George.

Gelin.

————

Élèves morts à l'École ou décédés dans leur famille pendant la durée de leurs études.

———

Creslin d'Ousgières (1825).

Lerouge de Guerdavid (1825).

Pille (1826).

Bresson (1830).

Dubard (1836).

De Chazelles (1842).

Vandendries (1844).

Gailhard (1851).

Materre (1858).

Félix (1861).

Mégnint (1861).

D'Adhémar (1861).

Beysser (1864).

Saillard (1866).

Guérin (1866).

Bourion (1866).

Smet-Jamar (1869).

Pison (1870).

Delaunay (1873).

Renouard (1883).

Massé (1883).

De Mézières (1885).

De Lapparent (1886).

Huet (1892).

De Maubeuge (1895).

Robert (1897).

     APPENDICE

TABLEAU récapitulatif des promotions de l'Ecole nationale forestière depuis sa fondation.

NUMERO de la Promotion	ANNÉE de l'entrée à l'École	NOMBRE D'ELÈVES			OBSERVATIONS
1	2	nommés	entrés	sortis	
		3	4	5	
1 2	1825	26	24	21	Les élèves entrés en 1825 ont été divisés en deux sections : les uns sont sortis en 1826, les autres en 1827.
3	1826	14	14	14	
4	1827	12	12	12	
5	1828	12	12	11	
6	1829	12	12	12	
7	1830	13	13	12	1 polytechnicien (Ordonnance du 21 oct. 1830).
8	1831	13	12	11	
9	1832	12	12	12	
10	1833	12	12	11	
11	1834	8	8	7	
12	1835	10	10	9	
13	1836	13	13	13	
14	1837	16	16	15	
15	1838	19	17	16	
16	1839	22	19	19	
17	1840	16	16	14	
18	1841	20	18	15	
19	1842	22	20	15	
20	1843	21	20	19	
21	1844	23	22	22	
22	1845	28	28	28	
23	1846	30	26	26	
24	1847	28	25	25	
25	1848	28	25	23	
26	1849	16	15	14	
27	1850	15	14	14	
28	1851	13	12	12	
29	1852	21	20	20	
30	1853	26	22	20	
31	1854	29	29	29	
32	1855	25	25	21	
33	1856	32	31	26	
34	1857	35	34	31	
35	1858	26	25	21	1 polytechnicien.
36	1859	33	21	31	1 polytechnicien.
37	1860	36	35	33	
38	1861	35	33	28	
39	1862	36	35	33	
40	1863	31	31	29	1 polytechnicien.

NUMERO de la Promotion	ANNÉE de l'entrée à l'École	NOMBRE D'ÉLÈVES			OBSERVATIONS
1	2	nommés 3	entrés 4	sortis 5	
41	1864	31	31	29	1 polytechnicien.
42	1865	40	39	35	
43	1866	35	33	32	1 polytechnicien.
44	1867	38	37	36	
45	1868	28	28	27	
46	1869	29	29	26	
47	1871	15	15	14	(Une troisième année de stage à l'École.)
48	1872	20	18	18	Idem.
49	1873	15	12	11	Idem.
50	1874	16	16	16	2 polytechniciens. Idem.
51	1875	15	14	13	Idem.
52	1876	16	15	15	Idem.
53	1877	18	18	18	Idem.
54	1878	24	23	22	Idem.
55	1879	20	20	20	
56	1880	21	21	21	1 polytechnicien.
57	1881	37	35	32	2 polytechniciens.
58	1882	18	18	18	1 élève de l'Institut agronomique.
59	1883	19	17	17	1 polytechnicien. 2 élèves de l'Institut agronomique.
60	1884	19	18	18	1 polytechnicien.
61	1885	21	20	19	
62	1886	19	19	17	
63	1887	16	16	16	
64	1888	13	12	12	1 polytechnicien. 2 élèves de l'Institut agronomique.
65	1889	12	12	12	12 élèves diplômés de l'Institut agronomique.
66	1890	13	12	12	12 Idem.
67	1891	12	12	12	12 Idem.
68	1892	12	12	11	12 Idem.
69	1893	15	12	12	11 élèves diplômés de l'Inst. agron. 1 polytechnicien.
70	1894	12	12	11	12 Idem.
71	1895	13	12	11	10 Idem. 2 polytechniciens.
72	1896	12	12	—	12 Idem.
73	1897	12	12	—	12 Idem
Totaux....		1495	1420	1327	

Nota. — Les différences indiquées ci-dessus entre les colonnes 3, 4 et 5, s'expliquent comme il suit. Il y a eu, depuis 1825 jusqu'en 1897 : 59 démissions, 3 réformes pour défaut de constitution, par application de la loi militaire de 1889, 26 morts ou maladies ayant entraîné la cessation des études, 57 radiations pour examens insuffisants ou par mesures disciplinaires, enfin 57 redoublements pour examens insuffisants ou pour maladies temporaires.

TABLEAU des élèves libres ayant suivi les cours de l'École nationale forestière.

ANNÉES	Français	Polonais et Russes	Suisses	Luxembourgeois.	Belges	Roumains	Anglais	Divers	Total
1830	1	»	»	»	»	»	»	»	1
1832	»	1	»	»	»	»	»	»	1
1833	»	3	»	»	»	»	»	»	3
1835	»	1	»	»	»	»	»	1	2
1836	»	3	»	»	»	»	»	»	3
1837	»	1	»	»	»	»	»	»	1
1838	»	1	»	»	»	»	»	»	1
1839	»	2	»	»	»	»	»	»	2
1842	»	»	»	»	»	»	»	1	1
1844	1	1	1	»	»	»	»	»	3
1845	»	»	3	1	»	»	»	»	4
1846	»	1	»	»	»	»	»	»	1
1847	4	»	»	»	»	»	»	»	4
1848	»	»	1	»	»	»	»	»	1
1849	»	4	3	»	»	»	»	»	7
1850	»	»	1	»	»	»	»	»	1
1851	1	»	»	»	»	»	»	1	2
1852	»	»	2	»	1	»	»	»	3
1853	2	»	1	»	»	»	»	»	3
1855	»	»	1	»	»	1	»	»	2
1856	1	»	»	»	»	»	»	»	1
1858	1	»	»	»	»	»	»	»	1
1859	»	»	»	»	2	»	»	»	2
1860	»	»	1	»	»	»	»	1	2
1861	»	7	»	»	»	»	»	»	7
1862	»	»	»	»	»	1	»	»	1
1863	4	»	»	»	1	»	»	1	6
1864	1	1	1	»	»	1	»	4	8
1865	»	4	1	»	1	»	»	»	6
1866	1	2	1	»	1	»	»	»	5
1867	»	1	»	1	»	»	5	2	9
1868	1	»	»	»	»	»	»	1	2
1869	2	»	»	»	»	»	4	4	10
1870	1	1	»	»	»	»	»	»	2
1871	»	»	»	»	»	»	10	»	10
1872	1	»	»	»	»	»	2	1	4

ANNÉES	Français	Polonais et Russes	Suisses	Luxem-bourgeois	Belges	Roumains	Anglais	Divers	Total
1873	»	»	1	1	»	2	»	»	4
1874	»	»	»	»	»	2	»	»	2
1875	1	»	»	»	»	1	3	»	5
1876	»	»	1	»	2	2	3	»	8
1877	1	»	»	»	»	»	5	»	6
1878	»	»	»	1	1	»	5	»	7
1879	2	»	»	1	2	»	8	»	13
1880	2	»	»	»	4	3	6	»	15
1881	»	»	»	»	»	2	7	»	9
1882	1	»	»	»	5	4	8	1	19
1883	1	»	»	1	3	5	6	»	16
1884	»	1	1	»	2	6	7	1	18
1885	»	»	»	»	1	6	1	1	9
1886	»	1	»	»	3	4	»	1	9
1887	1	1	»	1	2	6	»	5	16
1888	2	1	»	1	2	3	»	2	11
1889	1	»	»	2	2	6	»	4	15
1890	»	1	»	2	2	4	»	»	9
1891	»	»	»	»	1	4	»	1	6
1892	»	»	1	1	2	3	»	1	8
1893	»	»	»	»	»	4	1	»	5
1894	»	»	»	1	»	1	»	»	2
1895	»	»	»	»	»	1	»	1	2
1896	»	»	»	»	1	»	»	»	1
1897	»	»	»	»	3	»	»	»	3
Totaux ...	34	39	21	14	44	72	81	35	340

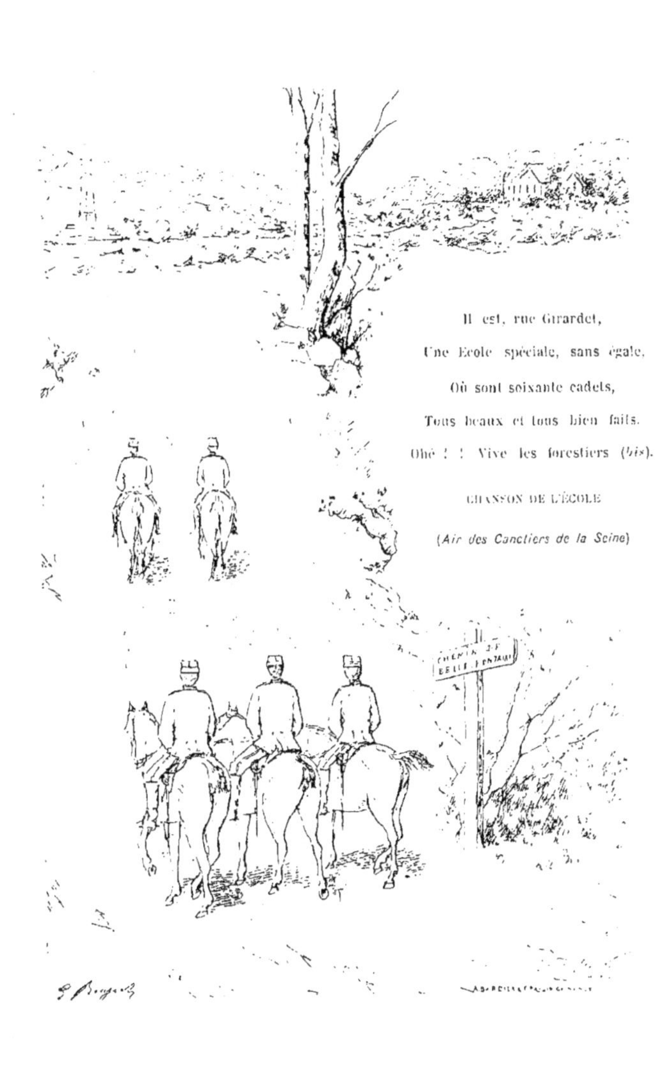

Il est, rue Girardet,
Une École spéciale, sans égale,
Où sont soixante cadets,
Tous beaux et tous bien faits.
Ohé ! ! Vive les forestiers (*bis*).

CHANSON DE L'ÉCOLE

(*Air des Canotiers de la Seine*)

CHAPITRE V

L'Enseignement : le Personnel enseignant, les Cours.

Sommaire : *Composition du personnel enseignant : nombre, origine, situation de grades et de traitements. — Organisation des chaires. Les cours de l'École ; le livre et la leçon orale. — Revue générale de l'enseignement depuis l'origine. Sciences forestières ; sylviculture et aménagement, technologie, économie politique. Sciences naturelles ; botanique, géologie, zoologie forestière ; agriculture, physique et chimie. Législation et jurisprudence ; droit administratif. Mathématiques appliquées ; le cours de constructions séparé des mathématiques proprement dites ; réunion en 1855. Allemand ; suppression de 1845 à 1871. Enseignement militaire. — Changements dans l'organisation de l'enseignement ; conseil d'instruction.*

L'ÉTUDE de l'enseignement à l'École de Nancy comporte d'abord l'histoire du personnel, l'organisation des différentes chaires ; puis la formation des collections qui constituent un accessoire indispensable des leçons, la distribution dans les cours et les applications de la théorie et de la pratique ; enfin les examens que subissent les élèves et les règles suivies pour leur classement. Nous allons commencer par le personnel.

Comme nombre, le personnel a souvent varié. En 1824, lors de la création de l'École, il ne se compose que de trois professeurs, plus deux maîtres, pour l'Allemand et le Dessin. L'Ordonnance réglementaire de 1827 reproduit la même disposition. En 1838, le règlement énumère six professeurs chargés de l'enseignement ; à côté d'eux, les inspecteurs ne doivent, en principe, s'occuper que de la surveillance ; mais, en réalité, on a recours à eux pour faire des leçons : ils deviennent peu à peu des suppléants. Cette situation est consacrée en 1862 : nous trouvons à cette date six professeurs et deux professeurs-adjoints ; de plus, un ou plusieurs agents peuvent être attachés à l'École comme répétiteurs. Puis vient l'institution du stage à Nancy ; les agents chargés de la gestion des cantonnements de la Conservation n° 4 *bis*, bien que n'étant pas rangés dans le personnel enseignant, participent cependant, dans une large mesure, aux charges de l'enseignement. Avec le Règlement de 1876, nous voyons le personnel le plus considérable que l'École ait jamais compté : sept professeurs et cinq adjoints. En 1880, sept professeurs ou chargés de cours, plus des répétiteurs dont le nombre est fixé par le ministre ; il faut y joindre un préparateur pour le laboratoire, qui sera nommé en 1882. Puis, les cadres sont constitués d'une manière invariable : dix professeurs ou répétiteurs en 1887 ; neuf professeurs ou chargés de cours seulement en 1889 et 1893. Les agents de la Station de recherches ne font point partie de ces chiffres globaux.

Que conclure de ces variations ? Résultent-elles de changements dans les matières enseignées ? Pas essentiellement, comme nous le verrons plus loin ; elles sont plutôt la conséquence des alternatives tantôt favorables, tantôt rigoureuses, que subit l'institution. Lorsque les circonstances le permettent, lorsque l'École est bien vue à Paris, les crédits du personnel s'augmentent, les cadres se développent ; puis survient une période difficile ; sous prétexte d'économiser, le budget se resserre, de pénibles amputations réduisent le nombre des postes en répartissant la charge sur un plus petit groupe d'agents. Mais il ne faudrait pas croire que l'enseignement ait suivi ces fluctuations, alors qu'au contraire ses progrès ont été constants depuis l'origine, en dépit des circonstances si diverses qui se sont produites depuis soixante-dix ans.

Dans l'énumération qui précède, on aura remarqué qu'à différentes reprises, notamment en 1862 et 1880, les règlements ne limitent pas absolument le nombre des fonctionnaires du corps enseignant : le ministre peut attacher à l'École, à côté des professeurs titulaires, des répétiteurs, analogues aux agrégés des Facultés, qui subissent à proprement parler un temps d'épreuve, se forment ainsi à l'enseignement, complètent leur instruction, prennent s'il en est besoin des grades supérieurs de l'Université, et sont ainsi prêts à recevoir une chaire, lorsque la vacance vient à se produire. Ce système est très avantageux pour l'École et pour l'Administration. Le temps ainsi employé par les jeunes attachés est loin d'être perdu : l'enseignement, et surtout un enseignement spécial comme le nôtre, comporte un ensemble de traditions qu'il faut s'assimiler et dont la rupture serait extrêmement fâcheuse ; quant aux professeurs eux-mêmes, si ce surcroît de personnel les soulage d'une partie de leur tâche, ils sauront employer les quelques loisirs dont ils peuvent profiter à ces œuvres de longue haleine qui ne souffrent point d'interruptions trop fréquentes et qui honorent le corps tout entier. Enfin, le recrutement est ainsi assuré, et l'on n'est point exposé, en cas de disparition soudaine d'un titulaire, de pourvoir hâtivement à sa succession, sans être sûr des aptitudes du successeur. Chaque chaire munie de cet attaché, *l'assistant* des Universités allemandes, tel serait l'idéal, tel sera un jour l'avenir ; espérons-le du moins. Aujourd'hui sans doute nous en sommes bien loin : le nombre des postes rigoureusement fixé, le budget du personnel de l'enseignement soigneusement cadenassé, de peur qu'il ne vienne à l'Administration l'idée de créer des emplois à l'École, même lorsqu'ils seront nécessaires, c'est précisément le contre-pied du système qu'il faudra un jour rétablir.

Cette limitation rigoureuse du nombre et des traitements des fonctionnaires de l'enseignement est, nous l'avons dit, assez récente. Avant 1879, le budget des dépenses de l'Administration des Forêts ne contenait aucun chapitre spécial pour le personnel, non plus que pour le matériel de l'enseignement forestier. Il y avait de bonnes raisons pour qu'il en fût ainsi, surtout en ce qui concerne le personnel. Le nombre des professeurs et employés de l'École est si peu considérable, qu'il est impossible d'établir une moyenne constante d'une année à l'autre pour la dépense afférente ; cette dépense varie nécessairement, suivant l'âge des fonctionnaires et le degré qu'ils occupent dans la hiérarchie, lors même que le nombre des emplois resterait identique. En laissant confondu dans un seul chapitre l'ensemble du personnel administratif des Forêts, il était possible au ministre d'accorder aux professeurs, sur les crédits généraux dont il dispose, l'avancement en temps utile ; et le contrôle du Parlement pouvait néanmoins très facilement s'exercer, en vérifiant si les décrets organisant l'École avaient été observés. On imagina au contraire de faire ressortir dans le budget, au moyen de chapitres distincts, les dépenses de l'enseignement : il en résulta que le chiffre une fois fixé pour ces dépenses devint immuable. A partir de ce moment, il fut difficile au directeur de l'École de se mouvoir dans les limites invariables de son crédit ; il ne put y trouver toujours les sommes suffisantes pour assurer aux professeurs un avancement normal. On fut alors parfois réduit à des expédients, tels que la suppression momentanée de quelque agent ou de quelque auxiliaire, au grand préjudice du bon fonctionnement de l'établissement, jusqu'à ce qu'une mise à la retraite ou un décès ramenassent des titulaires plus jeunes, n'ayant droit qu'à de plus faibles traitements. Ces difficultés, dues à la modification introduite en 1879 (1), ont pesé lourdement sur la gestion de M. Puton et ont motivé à son égard des critiques qui n'eussent pas dû lui être adressées ; les mêmes embarras incomberont nécessairement à ses successeurs.

Actuellement, le recrutement du corps enseignant se fait presque exclusivement dans les rangs des agents forestiers. Le grand avantage qui résulte de cette origine est évident : l'instruction donnée aux élèves a pour but de former de futurs administrateurs ; il importe donc que leurs maîtres ne soient pas étrangers aux habitudes et à la discipline de cette Administration dont ils seront plus tard les membres. Ce résultat n'a pu sans doute être acquis tout d'abord : ainsi, lors de la création de l'École, M. Lorentz était le seul forestier de son personnel ; les autres avaient été choisis, aussi soigneusement que possible, dans le petit groupe d'hommes instruits que Nancy possédait alors. Vers 1824, la science, à Nancy comme ailleurs, avait un caractère encyclopédique, et les professeurs de cette époque, dont la jeunesse s'était écoulée pendant la période révolutionnaire, à un moment où les hautes études étaient devenues impossibles, avaient dû se former eux-mêmes. De là, pour le directeur, une difficulté considérable, lorsqu'il s'agissait de les obliger à spécialiser leur enseignement et de les astreindre à un cadre précis.

(1) Le budget des dépenses pour 1878 ne contient encore qu'un seul chapitre pour les « traitements et indemnités des agents de tous grades ». Au budget de 1879, on trouve pour la première fois un chapitre 19 *bis*, spécial au personnel de l'enseignement ; et en 1890 l'innovation devient définitive. Quant au matériel, c'est seulement à partir du budget de 1883 qu'apparaît un chapitre 35, intitulé : « Matériel de l'enseignement forestier » et se totalisant par la somme minime de 33,685 francs.

C'est ce qui arriva, par exemple, avec le docteur Lamoureux, improvisé professeur d'histoire naturelle en 1826, et dont nous reparlerons plus loin. Lorsqu'il s'agit de le remplacer, en 1838, nous trouvons dans la correspondance de M. Parade une note remarquable sur l'intérêt de recruter, autant que possible, les professeurs dans le corps forestier ; c'est l'énoncé d'une règle de conduite qu'il estimait essentielle, mais à laquelle les circonstances l'obligèrent de faire d'assez fréquentes exceptions.

C'est qu'il y avait à cette époque, et il y eut longtemps encore depuis, une réelle difficulté de trouver dans les rangs des agents du service actif des jeunes gens capables d'enseigner et consentant à se vouer à l'enseignement. Pendant longtemps il fut périlleux pour de jeunes agents de sortir de la pratique du métier, de se mêler de travailler en dehors du service, surtout d'écrire et de publier quelque ouvrage : l'épithète de *savants*, infligée à ces téméraires, risquait fort de leur nuire dans leur carrière, à peu près comme celle d'idéologues, qui sous le premier Empire flétrissait les philosophes et les historiens. Ensuite, la situation faite aux professeurs de l'École n'était pas brillante ; elle n'était pas de nature du moins à tenter ceux qui aspiraient à une belle carrière. Il ne faut pas s'étonner, d'après cela, si aucun texte réglementaire ne s'inquiéta, même depuis 1838, de déterminer l'origine nécessaire du personnel enseignant. C'est seulement en 1880 que nous trouvons une mention à ce sujet : les professeurs titulaires doivent nécessairement être choisis parmi les agents forestiers. En 1889, cette règle devient générale et s'étend aussi aux chargés de cours ; elle ne contient d'exception que pour les professeurs d'Art militaire et d'Allemand, qui peuvent avoir une origine différente.

La situation de ce personnel, les assimilations de grades et de traitements avec les agents du service actif des Forêts, ont plusieurs fois changé. Les règles les plus anciennes concernant cet objet datent de 1839. Auparavant, la situation de chaque professeur ou de chaque maître dépendait de décisions ministérielles, très variables suivant le fonctionnaire. Il ne faut pas oublier que M. Parade est entré à l'École comme garde à cheval en 1825, et qu'en 1830 il remplissait les fonctions de sous-directeur avec le grade de garde général. Pour les professeurs ne faisant pas partie des agents forestiers, il n'était question d'aucune assimilation, et leurs traitements étaient fort minimes ; ainsi, en 1825, le maître d'Allemand ne reçoit que 600 francs, les autres à l'avenant.

Il est vrai qu'on cherchait à améliorer leur sort au moyen d'indemnités annuelles, toujours assez aléatoires et peu importantes. Le directeur demandait pour cet objet une somme dont la distribution était faite entre tous les professeurs et gagistes ; on ne trouvait pas choquant, à cette époque, de mettre sur la même ligne les maîtres, le portier et les garçons de service : ainsi, sur un total de 1,710 francs alloués pour gratifications en 1837, les trois professeurs d'Histoire naturelle, de Mathématiques et de Dessin prennent chacun 300 francs ; le maître d'Allemand a sur cette somme son traitement, plus 150 francs ; le restant est distribué entre le portier, le jardinier et l'homme de peine. C'est encore vers cette époque que le professeur de Dessin, M. Laurent, demande comme une grande faveur qu'il lui soit permis d'occuper pour son logement une ancienne serre dans le jardin, ce qui lui est temporairement accordé, en considération du chiffre peu élevé de son traitement. Le directeur lui-même n'avait pas une situation meilleure, sauf le logement, que les autres professeurs ; au moins dans les premières années, il paraissait être subordonné au conservateur de Nancy (1).

L'Ordonnance du 31 décembre 1838 vint enfin déclarer que le ministre règlerait l'assimilation de grades et l'avancement des professeurs et fonctionnaires de l'École. En conséquence, l'Arrêté ministériel du 16 février 1839 assimile le directeur aux conservateurs des Forêts, les professeurs aux inspecteurs et sous-inspecteurs, les inspecteurs des études aux gardes généraux et sous-inspecteurs du service actif. Il n'est fait d'exception que pour le professeur d'Allemand ; mais on ne distingue pas suivant l'origine des fonctionnaires. Tous reçurent donc des commissions d'agents forestiers, ceux-là même qui, avant de professer à l'École, n'avaient jamais rempli de fonctions forestières : ainsi MM. Meaume, Regneault, et beaucoup d'autres. Ce fut même, plus tard, l'origine de difficultés pour la liquidation de leur pension de retraite, le Ministère des Finances s'appuyant sur ces commissions pour liquider suivant le tarif des agents du service ordinaire, et non d'après celui des fonctionnaires de l'enseignement proprement dits.

L'Arrêté ministériel de 1839 fut pour M. Parade un véritable succès, dont il s'applaudit avec raison. Et cependant, la situation ainsi définie

____

(1) Les inconvénients de cette situation étaient assez sensibles à M. Lorentz pour qu'il ait demandé le titre de conservateur. Une lettre de M. de Bouthillier, du 27 juin 1825, l'autorise seulement à porter l'uniforme de ce grade, mais refuse le titre, « la qualification de directeur étant suffisante ».

ne donnait aucun avantage spécial aux membres de l'enseignement, personnel d'élite, qui partout ailleurs était, même à cette époque, plus favorablement traité. Lorsqu'il n'était pas possible de donner aux professeurs les grades et les classes qu'ils méritaient par leur ancienneté et leurs services (1), on revenait au système des allocations supplémentaires, sous le nom d'indemnités. C'était encore l'ancienne gratification, avec une désignation différente. Ainsi, en 1842 et années suivantes, ces allocations furent colorées sous le prétexte de la surveillance des études. Mais quand les fonds manquent pour cet objet et que la situation de certains professeurs n'est pas en rapport avec ses mérites, le directeur se plaint vivement des difficultés qu'il éprouve à ce sujet. Ainsi, dans une lettre du 10 janvier 1855 : « ... Il était entendu qu'à partir de 1855 le personnel de l'École cesserait de figurer au budget par un article à part, afin de permettre à l'Administration d'apporter aux fonctionnaires et employés de l'établissement telles améliorations qu'elle jugerait convenables, sans passer par les formalités d'un transport d'article à article nécessitant une autorisation ministérielle spéciale. Mais cette modification n'ayant pas eu lieu, il faudra continuer les mêmes errements.... » Encore, à cette époque, la difficulté n'était pas insurmontable, puisque les virements, dûment autorisés, restaient possibles. Les crédits du personnel de l'École ne tardèrent pas d'ailleurs à être réunis, dans un même article du budget, avec ceux du personnel ordinaire. Que dirait M. Parade des difficultés actuelles, provenant d'une spécialisation nouvelle des crédits du personnel, difficultés bien plus grandes que de son temps, puisque aujourd'hui les virements sont absolument défendus ?

Le système inauguré en 1839 devait durer quarante ans. En 1862, il n'y est rien changé, sauf que d'autres dénominations sont données aux fonctionnaires : les professeurs sont assimilés aux inspecteurs des Forêts, les professeurs adjoints aux inspecteurs ou sous-inspecteurs ; enfin les répétiteurs doivent être choisis parmi les sous-inspecteurs. Tous sont donc rangés dans les cadres des agents forestiers ; il n'y a d'exception à cet égard que pour les professeurs de Littérature et d'Agriculture. En 1871, dans un projet de réorganisation soumis au directeur général, M. Nanquette reprend à nouveau la question du personnel enseignant : il invoque les règlements en vigueur dans les autres Écoles

____

(1) Cette difficulté provenait surtout, à l'origine, de la disposition de l'Arrêté de 1839, qui exige une durée de services d'au moins quatre ans dans chaque classe, avant d'obtenir la classe ou le grade supérieurs.

du Gouvernement, les Écoles militaires, par exemple, où les professeurs, tout en restant dans le corps des officiers, reçoivent une indemnité spéciale du tiers en sus de leur traitement ; il demande à l'Administration de prendre une mesure analogue pour l'École forestière. Mais cette requête n'est pas accueillie : dans le Règlement de 1876 on se réfère encore à l'Ordonnance de 1838. Professeurs et adjoints continuent à être assimilés, sans différence de traitement, aux agents forestiers, sauf les professeurs d'Agriculture et d'Allemand, ainsi que l'officier d'infanterie chargé de l'Instruction militaire. Nous pouvons cependant signaler deux mesures qui furent prises dans cette période en dehors des assimilations prévues en 1839 : M. Mathieu, sous-directeur, était élevé en 1874 au grade de conservateur, et M. Nanquette, en 1880, recevait le titre d'inspecteur général. Mais ces mesures, tout à fait exceptionnelles, n'impliquaient pas l'abandon du système : pour M. Mathieu, qui remplissait effectivement les fonctions de conservateur dans les cantonnements alors réunis à l'École, c'est la reconnaissance de cette situation spéciale ; quant à M. Nanquette, c'est en même temps que son admission à la retraite qu'on lui accorde cette suprême faveur.

Le Décret du 3 novembre 1880, obtenu par M. Puton lors de son entrée à la Direction, introduisit alors un ordre de choses entièrement nouveau. Le directeur, qui a toujours le grade de conservateur, reçoit, outre son traitement, une indemnité de 2,000 francs. Les professeurs titulaires, qui ne sont plus assimilés aux agents et cessent de figurer au tableau d'avancement, ont leur traitement réglé en trois classes : 7, 8 et 9,000 francs. Les chargés de cours, lorsqu'ils sont agents forestiers, ont en plus du traitement afférent à leur grade une indemnité de 2,000 francs. Les répétiteurs sont toujours agents forestiers, leur indemnité est de 1,000 francs. Enfin, pour les chargés de cours d'Agriculture, Art militaire et Allemand, qui ne sont pas choisis dans les rangs de l'Administration, le traitement est fixé par le ministre et ne peut dépasser 6,000 francs. Ces dispositions réalisaient une grande amélioration. M. Puton fut de plus nommé, en 1882, inspecteur général : titre purement honorifique, qui ne changeait rien à son traitement.

Il est extrêmement regrettable que l'organisation de 1880 n'ait pu se maintenir entièrement. Les modifications apportées par le Décret du 12 octobre 1887, qui nous régit encore, marquent toutes un pas en arrière et peuvent causer dans l'avenir des difficultés sérieuses. Sans doute les professeurs titulaires sont conservés, dans les mêmes condi-

tions ; mais les répétiteurs sont supprimés. Les chargés de cours pris
dans les rangs des agents forestiers n'ont plus qu'une indemnité de
1,000 francs et l'ensemble de leurs émoluments ne peut dépasser
6,000 francs (1). Le traitement des chargés de cours d'Allemand et d'Art
militaire, non choisis dans les membres de l'Administration, est fixé à
un maximum de 5,000 francs. Ces limitations sont fâcheuses, parce que
le poste de titulaire auquel est en droit de prétendre, comme couronnement de carrière, tout membre du personnel enseignant, peut n'être pas
vacant dans une chaire déterminée, au moment où il conviendrait de
récompenser les services d'un fonctionnaire méritant ; celui-ci, trouvant
alors plus d'avantages à rentrer dans le service actif, l'École sera privée
de son expérience, tandis que l'Administration n'y gagnera qu'un agent
auquel la pratique du service sera depuis longtemps peut-être restée
étrangère.

Nous signalerons enfin une lacune dans l'organisation du personnel,
qui a aussi son importance : aucun règlement n'a statué jusqu'à ce jour
sur la mise à la retraite des professeurs, — pas plus du reste que sur
celle des autres membres de l'Administration forestière. Il en résulte
qu'à soixante ans d'âge et trente ans de services le professeur peut voir
sa carrière terminée. Or, la différence est bien sensible entre un forestier
du service ordinaire, dont les fonctions journalières exigent une force
physique considérable, et le professeur, dont l'activité se manifeste
autrement. S'il est fâcheux déjà de voir, dans l'Administration active,
les conservateurs retraités à soixante ans, que dire des professeurs, qui
sont pour la plupart à cet âge en pleine possession de leur intelligence
et de leur savoir ? Lorsqu'en 1890 fut rendu, pour l'Institut agronomique, le décret (2) qui fixe à soixante-dix ans la retraite des professeurs
de cet établissement, M. Puton demanda avec instances qu'il fût pris
une mesure analogue pour l'École forestière : jusqu'à présent, ce vœu
n'a pas reçu de réponse.

Faire ressortir les imperfections d'un régime est toujours chose
déplaisante, et les critiques de cette nature, lorsqu'elles revêtent surtout
le caractère d'un plaidoyer *pro domo sua*, risqueraient fort de devenir
insupportables, si l'on insistait trop. Nous nous garderons de tomber

(1) Le ministre peut toutefois confier temporairement les fonctions de professeur à
des agents maintenus dans les cadres du personnel : ils reçoivent alors une indemnité
de 2,000 francs, outre le traitement de leur grade.
(2) Décret du 14 janvier 1890.

dans cet excès ; nous préférons comparer l'état actuel de notre personnel à ce qu'il était en 1838, pour mesurer l'importance du chemin parcouru ; et quant au reste, nous avons confiance en l'avenir.

Ces professeurs, dont nous connaissons l'origine, il faut les suivre maintenant dans leur enseignement, examiner quels ont été leurs programmes, par qui ont été successivement occupées les différentes chaires et à quels résultats, dans chaque matière, les sciences forestières sont arrivées, grâce à leurs efforts. Un historique complet de chacune des chaires de l'École de Nancy serait ici à sa place : biographie des titulaires, exposé sommaire des matières enseignées, appréciation des théories, étude critique de tous les livres publiés pour l'instruction des élèves, tel serait le programme, très intéressant, mais beaucoup trop vaste pour notre cadre, et trop difficile à remplir. Faut-il dire aussi qu'il nous coûte surtout de paraître nous ériger en critique de ceux qui furent nos maîtres, aimés et respectés ? Quoique pourtant la science marche, et qu'il soit permis, grâce aux progrès réalisés, d'apprécier autrement qu'on ne le faisait naguère des théories et des systèmes surannés, sans diminuer le mérite de ceux qui en furent les promoteurs. Toutefois, nous préférons nous borner à indiquer ici les grandes lignes du sujet. En ce qui concerne notamment les publications des professeurs, notre tableau sera forcément incomplet : nous ne pouvons mentionner, même sommairement, celles de ces publications qui ne se rattachent pas directement à l'enseignement forestier. Or, pour certains d'entre eux, cette omission forcée peut empêcher d'apprécier complètement le mérite d'hommes dont les talents, répartis sur des objets très divers, ont fait honneur à l'École dont ils étaient les membres. Ainsi, par exemple, pour M. Meaume, si l'on ne connaît que ses travaux juridiques, et si l'on fait abstraction de toute l'œuvre historique et littéraire de ce charmant écrivain. Nous tenons donc à indiquer ici cette lacune, que des notices spéciales peuvent seules combler.

Des deux formes de l'enseignement forestier, — cours et applications, — ce sont les cours qui vont faire l'objet principal de ce chapitre. On aimerait à savoir avec détails comment ils ont été professés dès l'origine ; mais c'est surtout à cet égard qu'il faut nous borner à recueillir des souvenirs assez peu précis. Sans aucun doute, une leçon faite par M. Lorentz devait être intéressante ; il mettait, dit-on, tant d'ardeur dans sa parole ; il était si convaincu de la doctrine qu'il exposait, que même sans livre, sans auteurs classiques à indiquer

comme références, il devait fixer l'attention de ses auditeurs. M. Parade,
lui aussi, ce fin et brillant causeur, était on ne plus apte à donner ces
explications orales qui éclairent les formules abstraites, encouragent
les travailleurs, éveillent dans tous les esprits le goût de la science et le
besoin de l'approfondir.

Malgré la présence de ces deux maîtres dans l'art de bien dire, il est
certain que pendant très longtemps à l'École la leçon orale a été sacrifiée.
Il faut croire que les professeurs, sauf quelques rares exceptions, étaient
bien peu sûrs d'eux mêmes ; car il apparaît clairement que, satisfaits
de rédiger leurs cours correctement, presque tous se bornaient à les
lire, sans rien laisser à l'improvisation. Très promptement, les leçons
se transformèrent donc en simples dictées ; l'élève écrivait autant que
possible tout ce qui sortait de la bouche de son maître, puis il rédigeait
ses notes et remettait ensuite ses cahiers, qui lui étaient rendus corrigés.
C'était là, disait avec raison M. Parade en 1839, perdre un temps précieux. Ne valait-il pas mieux que le professeur livrât son cours tout
rédigé et se bornât à interroger successivement sur chaque partie ? Tel
fut l'avis de l'Administration, et, à partir de 1840, nous trouvons dans la
correspondance des traces nombreuses d'instances pressantes adressées
aux professeurs pour obtenir l'autographie de leurs cours. Ce fut,
jusqu'en 1845, une des grandes préoccupations du directeur. Le professeur de Constructions fut prêt le premier, puis vinrent la Topographie,
la Zoologie et le Droit. La plupart de ces autographies se transformèrent
ensuite en de vrais livres, que nous signalerons plus loin. On donna
donc désormais à apprendre tel passage du cours autographié ou
imprimé, et le maître n'eut plus, à l'amphithéâtre, qu'à commenter le
texte avec plus ou moins de détails.

Cette manière d'enseigner, à côté de certains avantages, ne laisse pas
de présenter des inconvénients. Le maître risque de s'enchaîner à son
texte et le livre devient un formulaire immuable, alors que la leçon doit
être vivante et s'inspirer de tous les changements qui constituent le
progrès. Les élèves, de leur côté, prennent un intérêt incomparablement
plus vif au sujet qui leur est présenté sous la forme d'un récit ou d'une
conversation animée, que s'ils ont dû retenir par cœur des phrases dont
le sens ne pénètre pas bien dans leur esprit. Des livres sont certainement
nécessaires, mais le cours doit être autre chose que la répétition du
livre, et c'est ainsi d'ailleurs que, par la force même des choses, presque
tous nos maîtres ont compris leur mission, à mesure que l'enseignement

était assis sur des bases plus solides. S'il est permis de rappeler ici des souvenirs personnels, combien, il y a trente ans, la précision et la limpide clarté d'un Mathieu, la diction élégante d'un Meaume, la fougue entraînante d'un Broilliard, réalisaient mieux le but de l'enseignement oral que la lecture des livres, fussent-ils les meilleurs !

Depuis cette époque, la tradition n'a pas été perdue à Nancy, et c'est par un heureux concours de la leçon et du livre que les professeurs concilient ces deux exigences, au premier abord opposées, la sûreté de la doctrine et la variété du commentaire. Il est à désirer que cette méthode continue à être suivie ; elle est seule digne d'un établissement d'instruction supérieure tel que le nôtre. Mais on comprend que nous ne puissions nous arrêter plus longtemps à ce sujet ; il nous faut maintenant arriver à l'histoire des chaires entre lesquelles s'est, depuis l'origine, divisé notre enseignement.

C'est par les Sciences forestières que nous commencerons cette revue sommaire : ce sont elles, en effet, dont les cours ont été le plus promptement constitués. L'Ordonnance de 1824 indique en quelques mots, mais avec une grande précision, les trois branches entre lesquelles se distribuent les matières forestières proprement dites, savoir : la Culture, l'Aménagement et l'Exploitation ou Technologie. Cette division a toujours été maintenue depuis lors. Les semis et plantations, ajoutés en 1835 à l'énumération, rentrent dans la Culture, ainsi que le boisement des dunes et des montagnes, que l'on distingue à partir de 1876 ; de même enfin la protection des forêts et l'économ.e pastorale, ajoutées tout récemment. La Dendrométrie (1889 et 1890) fait partie de la Technologie ; les estimations (1876-1890) de l'Aménagement. Les termes peuvent varier, le fonds reste le même. Nous ferons remarquer, à ce sujet, que les programmes détaillés de notre enseignement sont relativement récents ; avant 1882, l'indication des matières enseignées n'est faite que très brièvement dans chaque règlement ; les détails des cours apparaissent pour la première fois à cette date et permettent ainsi une comparaison plus étroite avec les autres publications analogues faites en 1886, 1890 et 1896. Il n'y a que trois adjonctions postérieures à 1824 qui dépassent l'ordre tracé dans la première Ordonnance : l'Économie politique, la Statistique et enfin l'Histoire de la sylviculture ; nous allons les retrouver plus loin.

Dans la constitution embryonnaire de 1824, le directeur, M. Lorentz, était à lui seul chargé de l'ensemble des Sciences forestières ; il y joignait même l'Administration et la Jurisprudence, qui ne formèrent une chaire séparée que depuis 1838. Dans ces conditions, il n'est pas étonnant que M. Lorentz n'ait rien publié ; toutefois le petit livre de Hartig, traduit par Baudrillart, qui servait de base à l'enseignement des premières promotions, ne tarda pas à se compléter par des développements oraux dont nous pouvons apprécier l'importance en parcourant les cahiers d'un élève de 1830 (1), que possède la bibliothèque de l'École : on y trouve déjà les éléments du *Cours de culture* imprimé en 1887.

Lorsque M. Lorentz quitta l'École, le nouveau directeur, M. de Salomon, lui succéda dans son double enseignement. Sans doute, il avait avec lui M. Parade ; mais tout d'abord ce précieux auxiliaire ne pouvait lui être d'un grand secours : il était absorbé par les travaux préliminaires de l'aménagement des forêts voisines de Nancy et remplissait les fonctions d'inspecteur. C'est seulement à partir de 1832 que, débarrassé de la topographie, il put se donner tout entier. Dès cette époque, nous trouvons les cours organisés de la manière suivante : en première année, la Sylviculture, avec les Exploitations et les Repeuplements, incombait à M. Parade ; M. de Salomon enseignait l'Aménagement en seconde année. Ces deux cours ne tardent pas à être publiés : en 1836, M. de Salomon fait paraître son *Traité d'Aménagement :* le *Cours élémentaire de Culture des bois* de Lorentz et Parade porte la date de 1837.

Ces deux ouvrages fondamentaux ont eu des fortunes bien différentes : l'*Aménagement* est depuis longtemps oublié, tandis que la *Culture*, discrètement rajeunie par des mains amies, a passé longtemps pour l'expression la plus complète de notre science forestière. Cette différence peut s'expliquer par la nature des sujets, même en faisant abstraction du talent inégal des auteurs. La Culture est une science fondée sur l'observation des faits naturels ; l'Aménagement n'est qu'un procédé, contingent et variable. Lorentz et Parade, aussi bien que Salomon, ont largement puisé dans les ouvrages allemands ; ceux-là, pas plus que celui-ci, ne pourraient revendiquer une invention originale. Ils ont les mêmes théories exclusives, partisans intransigeants de la futaie pleine, contempteurs des taillis et du jardinage. Seulement, l'ouvrage de M. de Salomon n'est que l'application de la théorie de Cotta à une forêt déterminée, et depuis longtemps la méthode des compartiments, dans

(1) Cours de M. de Frawemberg, en 2 volumes. Le premier contient l'Économie forestière proprement dite, et le second l'Aménagement d'après un projet concernant la forêt de Hanau.

sa complication scolastique, n'existe plus que comme un lointain souvenir. Ce qui a fait durer assez longtemps cet ouvrage, c'est le second volume, traduisant en français et en mesures métriques les tables de cubage et les tarifs de Cotta ; ces utiles instruments continuèrent à être employés (1) par beaucoup de forestiers qui ne connaissaient plus l'auteur auquel revient le mérite de leur introduction.

Est-ce à dire qu'au contraire l'œuvre de Lorentz et Parade n'a pas vieilli, depuis bientôt soixante ans ? Il serait puéril de le soutenir. A la distance où nous sommes maintenant placés, nous pouvons apprécier plus librement et plus sainement que nos devanciers le mérite et les défauts de la *Culture des bois*. Le mérite, c'est la clarté, si chère à l'esprit français, c'est la belle ordonnance du sujet, la réponse nette et précise à toutes les questions qui peuvent se poser pour le forestier ; c'est une synthèse remarquable de toutes les idées qui en ce moment avaient cours en Allemagne, dégagée des brouillards dans lesquels se complaisait, alors surtout, la science d'Outre-Rhin. Les défauts consistent essentiellement dans une conception étroite de la forêt et dans le cadre immuable que Lorentz et Parade entendaient lui imposer. Plus tard seulement on s'aperçut que le sujet est beaucoup plus complexe qu'il n'avait semblé tout d'abord ; des difficultés ont surgi qui ne pouvaient être résolues par la formule dans laquelle les auteurs de la *Culture* avaient crû pouvoir tout embrasser. Le livre, excellent pour l'époque où il fut composé, est devenu peu à peu, lui aussi, comme le témoin d'une époque disparue, l'œuvre toujours admirée, respectée à cause de deux grandes mémoires, mais dont l'enseignement actuel n'a plus retenu que de rares parties.

Deux ans après la publication de son *Aménagement*, M. de Salomon disparaît de Nancy et ne peut plus soigner sa renommée, tandis que M. Parade, pendant vingt six ans de règne, va demeurer le chef unique et incontesté de la Sylviculture française. En 1838, il restait seul professeur pour l'ensemble des matières forestières, comme l'avait été M. Lorentz en 1825. Mais ce qui était possible à l'origine ne pouvait se continuer après l'extension que quatorze années d'enseignement avaient donnée au programme primitif. M. Parade espérait qu'un collaborateur lui serait immédiatement accordé : il dut attendre jusqu'en 1858 la constitution définitive de deux chaires d'Économie forestière. Jusque-là

(1) M. Nanquette les a réimprimés à la suite de son *Traité d'Exploitation*. V. *infra*.

JARDIN DE L'ÉCOLE FORESTIÈRE & PAVILLON DE LA DIRECTION

(VUE PRISE DE LA COUR D'ENTRÉE)

il fallut vivre d'expédients et de subterfuges peu dignes d'un enseignement aussi important : l'institution des inspecteurs de l'École fut détournée de son but, et ceux qui devaient être des surveillants de la discipline devinrent des chargés de cours. Ce furent d'abord M. Boucheron, de 1838 à 1842, puis M. Lanier, de 1842 à 1857, et concurremment aussi M. Nanquette, à partir de 1845. Quant à M. Larrieu, qui eut le titre d'inspecteur des études de 1838 à 1844, il fit peut-être, lui aussi, fonctions de professeur ; toutefois, nous ne trouvons rien de précis à cet égard dans les documents de l'époque.

Pendant cette période intermédiaire, le directeur avait d'abord conservé la Sylviculture ; mais il cessa peu à peu de faire des cours, réservant son activité pour l'enseignement sur le terrain. Le souvenir qui nous est parvenu des leçons de ses collaborateurs, antérieurement à 1850, témoigne plus en faveur de leur zèle que de leur talent d'exposition : spécialement M. Lanier, qui a publié un précis de son *Cours d'Aménagement* sous forme de leçons autographiées, se borne le plus souvent à renvoyer au livre de M. de Salomon, que l'on mettait toujours entre les mains des élèves. Ces leçons nous montrent que les méthodes allemandes continuaient à être suivies pas à pas dans la doctrine : Hartig, Cotta, Wedekind, sont seuls cités et appréciés ; rien d'original ne se dégage encore de cette lente élaboration.

A ce moment, la Culture et l'Aménagement n'étaient point séparés comme ils l'ont été depuis ; le même professeur qui avait commencé l'enseignement d'une promotion entrante la suivait pendant ses deux années d'études, poursuivant ainsi le cycle de toutes les connaissances forestières. Vers la fin de 1857, M. Lanier quitta l'École et obtint l'inspection de Metz. M. Nanquette fut alors installé comme professeur, et l'enseignement de l'Économie forestière reçut son organisation définitive : M. Nanquette, titulaire, traitera de l'Aménagement et de l'Exploitation des bois ; la Sylviculture incombera à M. Bagneris, alors installé comme professeur-adjoint. M. Nanquette s'occupa tout d'abord du cours, jusque-là secondaire, d'Exploitation des bois, auquel il sut donner immédiatement une grande importance ; il continua par l'Aménagement, reprenant sur d'autres bases les leçons de M. de Salomon et de M. Lanier. Ce qui caractérise ce double enseignement, c'est une entente parfaite des nécessités de la pratique, un peu perdue de vue jusqu'alors. Le premier à Nancy, M. Nanquette fit comprendre qu'en dehors et au-dessus des systèmes, la forêt est faite pour donner des revenus; que l'agent forestier n'est pas seulement un théoricien, qu'il est le vendeur de ses produits, et qu'il lui faut les connaissances suffisantes pour défendre contre les marchands de bois les intérêts du propriétaire qu'il représente.

Déjà, en 1856, M. Nanquette avait donné aux élèves l'autographie de son cours d'Exploitation des bois (1); à ce moment, la question des bois de marine préoccupait vivement l'Administration, qui réorganisait le service du martelage de la marine dans les forêts de l'État; il ne faut donc pas s'étonner de l'importance donnée à cette matière dans le cours d'Exploitation. Ce cahier fut l'origine d'un livre publié, sous le même titre (2), en 1859; une seconde édition en fut faite en 1868. Au même moment, M. Nanquette faisait imprimer son *Cours d'Aménagement* (3).

Après la mort de M. Parade, M. Nanquette, nommé directeur, obtient presque immédiatement d'être déchargé de l'enseignement. M. Bagneris, devenu professeur titulaire, garde son cours de Sylviculture; on lui donne comme adjoint ou répétiteur M. Broilliard, qui reprend ainsi les fonctions de M. Nanquette, pour les garder jusqu'en 1878. Nous avons à signaler, dans cet intervalle, deux publications. En 1873, M. Bagneris fait paraître son *Manuel de Sylviculture* (4), composé sur le désir de M. Faré pour servir à l'enseignement secondaire, mais qui contient en réalité l'ensemble des matières professées dans son cours, avec les changements qu'une longue pratique avait permis d'apporter à l'œuvre de Lorentz et Parade. Au moment de quitter le professorat, où il s'était dépensé outre mesure, sans assez consulter ses forces, M. Broilliard fait imprimer un *Cours d'Aménagement* (5) dans lequel on peut mesurer le chemin parcouru : on n'est plus assujetti aux méthodes allemandes, une science vraiment française est définitivement établie.

(1) *Notions pratiques d'exploitation, débit, cubage et estimation des bois*, contenant une notice sur l'emploi des bois dans les constructions navales, rédigée de concert avec M. Schlumberger, sous-ingénieur de la marine. — In-4° : autogr. Christophe, Nancy.

Non seulement M. Schlumberger collabora avec M. Nanquette pour la rédaction de cette notice, mais il fit avec les élèves des opérations sur le terrain, et même il donna à l'École des leçons orales qui furent suivies avec un grand intérêt.

(2) *Exploitation, débit et estimation des bois*. In-8°, Nancy. — C'est ce livre qui contient les tables de Cotta, extraites de l'ouvrage de M. de Salomon.

(3) In-8°, Nancy, 1860. Cette impression avait été précédée d'une autographie, in-4°, 1859.

(4) In-12, Berger-Levrault. Une seconde édition porte la date de 1878.

(5) In-8°, Berger-Levrault, 1878.

C'est à cette époque que l'enseignement de l'Économie forestière reçut deux adjonctions importantes : le Reboisement et l'Économie politique. Depuis 1860, l'Administration forestière, chargée de réaliser l'œuvre difficile du reboisement des montagnes, avait fait insérer dans les programmes de l'École des leçons concernant le reboisement, le gazonnement, et aussi la fixation des dunes. Ces matières n'intéressent pas exclusivement l'Économie forestière ; elles forment aussi des branches de la Législation, des Mathématiques appliquées et même de l'Histoire naturelle. Il est dès lors impossible de constituer le Reboisement à l'état de cours distinct ; on doit se borner à intercaler dans chacun des cours existants les matières qui le concernent : telle fut, en effet, la marche suivie pour le Reboisement, considéré comme une partie de la Sylviculture, et qui n'a pas cessé d'être professé dans ce cours avec les développements qu'il comporte.

L'introduction de l'Économie politique appliquée aux forêts date de 1870. Lorsqu'on organisa l'enseignement des stagiaires à l'École, ce fut l'objet de l'un des cours dits complémentaires de la troisième année d'études. Il était professé par M. Broilliard et répondait à un besoin si évident qu'on pouvait le croire définitivement installé à Nancy. La conclusion de ce cours comportait un ensemble de données statistiques pour les forêts de la France et de l'étranger.

En 1878, M. Broilliard était remplacé par M. Reuss, et lorsqu'en 1881 M. Bagneris était enlevé par une mort soudaine, M. Boppe lui succédait comme professeur titulaire. La division des matières ne fut pas sensiblement changée : au titulaire la Sylviculture et la Technologie, terme nouveau qui comprend ce que l'on entendait auparavant par Estimation, débit et exploitation des bois, plus la Dendrométrie, primitivement attribuée au cours de Mathématiques ; au répétiteur l'Aménagement et l'Économie politique. On y adjoignit encore, dans le programme de 1886, l'Histoire de la sylviculture. Mais il fut bientôt impossible de maintenir, avec un personnel trop peu nombreux, des extensions aussi considérables. L'Économie politique fut la première sacrifiée ; le nombre des leçons fut successivement réduit. En 1886, M. Puton se chargea de ce cours, dont il fit autographier le programme, seul vestige qui subsiste d'un enseignement éminemment utile. L'année suivante, ce fut M. Guichet qui suppléa M. Puton ; enfin en 1890, l'Économie politique fut complètement effacée des programmes, sous le prétexte que cette science était suffisamment enseignée à l'Institut agronomique. Quant à l'Histoire de la sylviculture, elle n'a jamais été qu'ébauchée.

Les publications consacrées à l'enseignement qui parurent pendant cette période sont d'abord, par ordre de dates, celles de M. Boppe. Après avoir donné en autographie deux sections importantes de son cours (1), le professeur d'Économie forestière fit paraître successivement la Technologie et la Sylviculture (2). Pour le *Cours de Technologie*, l'auteur inscrit en tête de son ouvrage le nom de M. Nanquette, par qui fut créé cet enseignement à l'École ; mais il est facile de voir que ce volume est plus qu'une édition nouvelle du livre de 1868. Quant au *Traité de Sylviculture*, le premier que l'on ait osé publier en face du souvenir toujours vivant de Lorentz et Parade, l'hommage mérité que l'auteur rend aux vieux maîtres ne l'a pas empêché de concevoir cet ouvrage autrement que ses prédécesseurs et d'y introduire tous les faits nouveaux acquis à la pratique forestière.

Du côté de l'Aménagement, M. Reuss a publié seulement en autographie deux sections de son cours (3) ; l'ouvrage est malheureusement incomplet, le professeur ayant quitté Nancy en 1889. Son successeur, M. Huffel, a composé déjà sous ce titre : *Les arbres et les peuplements forestiers* (4), un livre éminemment suggestif, dans lequel, dépassant de beaucoup le programme qu'il s'est tracé de nous faire connaître les publications allemandes, il apprécie avec soin les travaux de nos auteurs français, anciens et modernes, sur la formation du volume et de la valeur des arbres et des peuplements. Enfin, quoique nous relations exclusivement ici des livres classiques, œuvres du personnel enseignant de l'École, nous ne pouvons passer sous silence quatre volumes publiés par M. Puton, de 1886 à 1891, qui représentent une somme énorme de travail et qui contiennent une mine féconde d'aperçus nouveaux et de théories originales (5). Avant de devenir légiste, M. Puton avait été membre de la Commission d'aménagement des Vosges ; il avait même composé sur l'Aménagement un traité pratique fort apprécié (6). Arrivé

(1) En 1883 : *Création de peuplements artificiels et reboisement de terrains nus*. En 1884 : *Exposé des faits relatifs à la production forestière sous le climat de la France*.

(2) *Cours de Technologie forestière*, in-8°, Berger-Levrault, 1887. — *Traité de Sylviculture*, in-8°, id., 1889.

(3) 1er cahier, in-4°, 256 pages, 1886 ; 2e cahier, 38 pages, 1888.

(4) In-8°, Berger-Levrault, 1893.

(5) *Estimations concernant la propriété forestière*, in-8°, Paris, Marchal et Billard, 1886. — *Traité d'Économie forestière* : 1re partie (Préliminaires, conception théorique de l'exploitation forestière), 1 vol. in-8°, 1888 ; 2e partie (Aménagement), 2 vol. in-8°, 1890 et 1891.

(6) *L'Aménagement des Forêts*, in-18, Paris, Rothschild. 1re édition, 1867 ; 2e édition, 1874 ; 3e édition, 1883.

à la fin de sa carrière, il voulut fixer ses idées sur l'Économie forestière, qu'il considérait avec raison comme une branche de l'Économie politique. Ce grand ouvrage ne peut servir directement à l'enseignement des élèves, il s'adresse à un public déjà en possession de connaissances complètes : il n'a peut-être pas été suffisamment apprécié, à cause de l'appareil mathématique qui rebute bon nombre de lecteurs ; mais à ceux qui persistent et ne reculent point devant une lecture ardue, il réserve de précieux dédommagements.

A l'époque actuelle, comme au temps de M. Parade, les Sciences forestières ne sont donc représentées à l'École que par deux professeurs. Comme en 1838, c'est le directeur qui, en outre de ses occupations administratives, fait fonctions de professeur de Sylviculture. Cette organisation est certainement insuffisante, d'autant que le soin des collections, dont nous verrons plus loin l'importance, incombe en partie aux professeurs d'Économie forestière, qui ne peuvent trouver d'ailleurs dans le personnel de la Station de recherches l'aide qui leur serait bien souvent nécessaire. Après une vacance de plusieurs mois, cette Station vient enfin de recevoir son titulaire : M. Jolyet, qui succède dans ce poste à M. Claudot, nommé à Épinal en avril 1896, est seul chargé de l'expérimentation forestière et des opérations dans les séries d'études de l'École, ce qui suffit à occuper tout son temps (1). Quant au second agent de la Station, M. Mer, il réside dans les Vosges une partie de l'année, s'occupe spécialement des questions de physiologie végétale, et ne peut, pas plus que son collègue, donner ses soins à l'enseignement. Les deux professeurs d'Économie forestière sont donc bien seuls pour une matière dont l'importance est capitale.

Que les promotions soient nombreuses comme autrefois, ou bien réduites à douze élèves comme aujourd'hui, la complexité des matières à enseigner reste la même, et rien ne serait plus fâcheux que cette idée préconçue de diminuer le personnel des professeurs au prorata du chiffre de leurs auditeurs. Cette remarque, que nous faisons ici au sujet des Sciences forestières, est tout aussi vraie pour les autres chaires, et notamment pour les Sciences naturelles.

Cette partie si importante des études à l'École de Nancy se trouve mentionnée en première ligne dans l'énumération faite par l'Ordonnance

(1) Arrêté du 12 avril 1897, nommant M. Jolyet, inspecteur-adjoint de 3ᵉ classe, à la Station de recherches et d'expériences de l'École, et le chargeant en outre d'assurer le service du laboratoire de chimie. Son traitement est imputé sur le chapitre de l'Enseignement.

de 1824 ; elle y est inscrite avant même l'Économie forestière. Est ce
l'effet d'un simple hasard, ou bien le rédacteur aurait il voulu marquer
par là que l'Histoire naturelle est l'indispensable *substratum* sans lequel
les autres connaissances ne peuvent être enseignées ? Cette Ordonnance
n'entre d'ailleurs dans aucun détail sur l'extension que doivent recevoir
les notions d'Histoire naturelle. Bientôt après, le Règlement de 1825
joint à l'histoire naturelle la Chimie, adjonction fâcheuse, qu'explique
la faiblesse des examens d'entrée, dont les programmes étaient alors
tout à fait insuffisants. Mais que pouvait il bien rester pour l'Histoire
naturelle proprement dite, quand l'unique professeur avait enseigné la
Chimie et ses applications ? Il fallait trouver le temps d'exposer ce que
l'on appelait alors la Géognosie, notre Géologie actuelle, puis la Botanique, l'Entomologie et l'Ornithologie. Tout cela devait être fort sommaire
ou fort incomplet. A partir de 1834, l'extension de l'enseignement dans
les Collèges royaux, grâce à la classe nouvellement installée sous le
nom de classe préparatoire aux Écoles spéciales, permit de restreindre
notablement à l'École les études théoriques de Chimie. Le nom de cette
science se trouve encore cependant au Règlement de 1835, mais il ne
s'agit plus que de la Chimie appliquée, concernant l'analyse des terres
et la fabrication des produits forestiers, c'est-à-dire des matières
rentrant dans la Technologie. Enfin en 1842 il n'est plus du tout question
de la Chimie.

Dans cet intervalle, le cours s'était très péniblement constitué.
L'heureuse fortune qu'avait eue M. Lorentz de rencontrer immédiatement
en M. Parade un digne représentant pour la chaire d'Économie forestière ne se renouvela pas dans l'organisation des autres chaires. Il
fallut prendre un peu au hasard, essayer successivement plusieurs professeurs avant de découvrir celui que ses aptitudes désignaient pour
créer définitivement cet enseignement spécial. Cette période de tâtonne-
ments, que nous constaterons également ailleurs, dura jusqu'en 1838
pour les Sciences naturelles. On débuta par un homme dont les origines
nous sont complètement inconnues : M. Masson Four, que nous voyons
installé en décembre 1824, s'est occupé activement de réunir les
premières collections de l'École ; le seul souvenir qu'il ait laissé de son
enseignement est un *Arboretum forestier* (1), simple énumération de
genres et d'espèces, qui indique bien sous quelle forme les leçons étaient

____

(1) In-8°, 34 pages, Nancy, 1825.

alors données. En octobre 1826 il démissionne. part pour Paris, et nous ne savons comment s'est terminée sa carrière (1).

Trouver immédiatement un successeur n'était pas chose facile. Les émoluments étaient modestes, l'École encore peu connue ; les candidats n'abondaient pas. M. Lorentz s'adressa d'abord au docteur Mougeot, botaniste distingué, qui malheureusement ne se soucia pas de quitter les Vosges pour venir à Nancy. C'est alors qu'on pensa à un ancien professeur de langues anciennes à l'École centrale du département de la Meurthe, le docteur François Lamoureux, alors âgé de soixante ans. Médecin. helléniste et archéologue, il n'était que médiocrement préparé à l'enseignement spécial qui lui était ainsi confié. Mais il avait un esprit curieux. ouvert à toutes les connaissances. Dans sa brochure si complète et si intéressante sur *Auguste Mathieu*, M. Fliche nous le dépeint comme le type de ces savants d'ancien régime, tels qu'on en trouvait encore à cette époque, véritables encyclopédies vivantes, mais encyclopédies telles qu'on les entendait au XVIIIe siècle. tout en surface, sans beaucoup de profondeur. Tel était l'homme, d'ailleurs excellent, qui devait professer, aux termes du programme, avec la Chimie appliquée, les trois branches des Sciences naturelles. Ce vaste cadre, le docteur Lamoureux le remplissait à sa manière ; les élèves ne s'en plaignaient pas, au contraire ; le directeur était peut-être un peu moins satisfait. A certains passages de sa correspondance, on voit qu'il se rendait très bien compte de certaines lacunes. Ainsi (avril 1831), à propos de l'Ornithologie : « Cette partie pourra être complétée..., elle n'a pas eu tout le succès désirable. mais on ne peut que savoir gré au professeur qui ne connaissait pas cette science d'en avoir fait une étude particulière pour pouvoir l'enseigner. » Cet enseignement original se poursuivit pendant dix années, et les promotions qui passèrent ce temps à l'École ont gardé du docteur Lamoureux d'inénarrables souvenirs.

Ce fut seulement en octobre 1838 que M. Parade, installé depuis peu de temps à la Direction. sut trouver pour la chaire d'Histoire naturelle un titulaire définitif, M. Mathieu, qui devait l'occuper pendant quarante-deux ans, et qui, dès ses débuts, éleva l'enseignement à un niveau que n'avaient point soupçonné ses prédécesseurs. Dans ses rapports au directeur général, en 1839, M. Parade se félicite hautement de ce choix.

---

(1) Son fils obtint de rester à l'École jusqu'en novembre 1828, comme préparateur du cours de Chimie et conservateur des collections d'Histoire naturelle. Nous ne savons comment il était rémunéré pour ce service.

« Le cours d'Histoire naturelle, — lisons-nous dans une lettre de cette époque, — par la manière simple et solide dont il est présenté, devient pour les élèves plutôt une récréation instructive qu'un travail. » Les élèves de 1839 n'étaient pas sans doute de l'avis de leur directeur : pour ceux qui avaient suivi les cours de M. Lamoureux, les leçons de son successeur paraissaient certainement beaucoup plus ardues, et la récréation instructive n'était pas du goût de tout le monde. Plus tard il y eut encore quelques réfractaires, surtout lorsque l'enseignement fut fortifié, à partir de 1840, par l'adjonction des mammifères et des poissons. A une certaine époque, on trouva même à Paris que l'Histoire naturelle était trop savamment enseignée. Ainsi, en 1852, sous le prétexte de donner plus de temps à la Topographie, en ce moment à l'ordre du jour, le directeur général demanda s'il ne conviendrait pas d'opérer des réductions sur l'Entomologie et l'Ornithologie. M. Parade s'opposa vivement à toute mesure de ce genre et, grâce à lui, l'enseignement de M. Mathieu ne fut pas alors démembré.

Ce que fut cet enseignement, M. Fliche l'a parfaitement montré en racontant la vie du maître dont il continue à l'École les traditions, la science, la parole claire et précise. Il a fait notamment ressortir quel fut le labeur de cette longue carrière, les charges multiples qui eussent été accablantes pour tout autre que cet infatigable travailleur ; il a enfin apprécié le mérite des publications de M. Mathieu, dont nous ne retenons ici que celles qui furent plus spécialement destinées à ses élèves : le *Cours de Zoologie* et la *Flore forestière*. Lorsque M. Parade, pour répondre aux ordres pressants de l'Administration, demanda aux professeurs de faire le plus promptement possible l'autographie de leurs cours, M. Mathieu fut prêt l'un des premiers, pour la *Zoologie*, celle des branches de l'Histoire naturelle qui manquait le plus d'ouvrages spéciaux. Quelques années après, l'autographie fut transformée en un livre devenu rare, et que les forestiers regrettent de voir depuis long-temps épuisé (1). Quant à la *Flore* (2), œuvre également toute spéciale aux études forestières, et à laquelle M. Mathieu travailla toute sa vie,

(1) *Cours de Zoologie de l'École royale forestière*, autographie, 314 pages, avec figures et planches, 1842. — *Cours de Zoologie*, comprenant l'histoire et la description de tous les mammifères, oiseaux, reptiles et poissons d'eau douce indigènes, et l'entomologie ou traité des insectes forestiers ; 2 volumes in-8° avec atlas, Nancy, Grimblot, 1847 ; nouvelle édition, 1859.

(2) *Flore forestière*, in-8°, Nancy, Grimblot, 1855 ; 2ᵉ édition, Nancy, 1860 ; 3ᵉ édition, entièrement revue et considérablement augmentée, Paris et Nancy, Berger-Levrault, 1877.

les développements successifs de ses trois éditions montrent avec quel soin l'auteur, qui n'était jamais satisfait de lui-même, et qui réunissait sans cesse des observations nouvelles, rapportait à ses élèves tous les fruits de son labeur.

M. Mathieu prit sa retraite en 1880. Depuis 1865 seulement, il avait auprès de lui l'un de ses anciens élèves, M. Fliche, qui d'abord succéda à M. Broilliard dans le service du cantonnement de Nancy-ouest, et garda ces fonctions jusqu'en octobre 1868. En même temps, il déchargeait M. Mathieu du soin des examens et des tournées ; il professait aussi une partie de la Botanique, et la Zoologie à partir de 1873. Devenu à son tour professeur titulaire, M. Fliche prit pour sujet de son cours la Botanique tout entière, tandis que M. Henry, aussi ancien élève de l'École, attaché en 1874, répétiteur en 1880, recevait la mission d'enseigner la Minéralogie, la Géologie et la Zoologie ; cette répartition n'a pas été changée jusqu'à l'époque actuelle.

Dans cet intervalle, M. Fliche a publié, pour l'enseignement, un *Manuel de botanique forestière* (1) faisant partie de la série réclamée par M. Faré, et qui, de même que ses similaires, donne beaucoup plus que ne semble promettre son titre restreint ; puis, en collaboration avec M. Le Monnier, la troisième édition de la *Flore de Lorraine* de Godron (2), ouvrage précieux pour la description des végétaux de toute la région de l'Est ; enfin une quatrième édition de la *Flore forestière* de M. Mathieu (3), dont plusieurs parties sont entièrement neuves. Quant à M. Henry, sans parler de nombreuses brochures sur la Minéralogie et les applications de la chimie aux produits forestiers, l'École lui doit d'abord une réédition de l'*Atlas d'Entomologie forestière* (4) de A. Mathieu, puis le *Traité des maladies des arbres* (5) de Hartig, traduit avec M. Gerschel, important ouvrage qui complète sur beaucoup de points le cours de Technologie tel qu'il est actuellement enseigné.

Depuis le temps de M. Mathieu, les cours d'Histoire naturelle se font pendant les deux années d'études, la Botanique étant professée la première, aux élèves de la 2ᵉ division. Pendant la durée du stage à l'École, la Zoologie avait été réservée à titre de cours complémentaire pour les

(1) In-12, Paris et Nancy, Berger-Levrault, 1873.
(2) 2 volumes in-8°, Nancy, 1883.
(3) In-8°, Nancy, 1897.
(4) In-8°, 48 planches avec notices, Nancy, 1891.
(5) In-8°, Nancy, 1891.

stagiaires, la Minéralogie et la Géologie formant le programme de la seconde année. Après la suppression du stage s'ouvrit une période incertaine, caractérisée par plusieurs systèmes de réorganisation successivement discutés, jusqu'à la réforme finale. L'enseignement des Sciences naturelles et ses relations avec les cours d'Économie forestière furent alors l'objet de nombreuses discussions que nous avons relatées en détail dans un chapitre précédent (1). Elles n'aboutirent, pour le moment, à aucun changement essentiel ; on tint compte cependant, lors de la rédaction du Règlement de 1887, des observations présentées par les professeurs : la minéralogie et l'étude des sols furent désormais enseignées au début de la première année, tandis que le cours d'Économie forestière commençait par la Technologie ; l'étude de la Sylviculture fut ainsi reculée jusque vers le 1er janvier.

Quelques mois se passèrent, et bientôt l'impossibilité de maintenir un enseignement surchargé dans des limites de temps trop étroites aboutit au Décret du 9 janvier 1888. Le recrutement de l'École par l'Institut agronomique devait avoir pour conséquence la suppression de tous les cours dits théoriques, considérés comme acquis aux élèves au moment de leur entrée à Nancy, où il ne devait plus être question que d'applications à la Science forestière. L'allégement semblait surtout facile du côté des Sciences naturelles, bien que la séparation fût en réalité assez délicate à opérer ; mais encore devait-il en rester une part pour l'enseignement de Nancy, et personne n'allait jusqu'à admettre la suppression complète de la chaire d'Histoire naturelle. C'est alors que parut le Règlement du 19 janvier 1889, qui réalisait en fait cette suppression : il donne à un professeur et à deux chargés de cours la mission d'enseigner « les Sciences forestières avec les applications des Sciences naturelles ». Comme auparavant, les deux chaires comptaient ensemble deux titulaires et deux répétiteurs ; c'était diminuer d'une unité le personnel enseignant. Il est vrai que, dans une autre branche, le Droit était constitué avec deux chaires, dont l'une pour l'Administration ; mais cela ne faisait nullement compensation, et quelque regrettable qu'eût été la suppression des conférences de Droit administratif, c'était en payer trop cher le rétablissement.

Sur les réclamations du Conseil d'instruction de l'École, M. Daubrée, directeur des Forêts, prescrivit d'étudier à nouveau la question et

---

(1) Chapitre 1er, pages 62-63.

demanda qu'il fût présenté des propositions nouvelles. Le Conseil fit observer que si les Sciences naturelles étaient largement enseignées à l'Institut agronomique, il restait pourtant des applications de ces sciences, telles que la Botanique et la Zoologie forestières, qui ne pouvaient être enseignées qu'à Nancy et qui motivaient suffisamment l'existence d'une chaire spéciale. En conséquence, un vœu fut émis à l'unanimité pour la modification du Règlement de 1889, et le maintien du *statu quo*, ce qui fut accordé et sanctionné par les programmes de 1890. Seulement, comme l'Administration ne voulait pas admettre le nombre de professeurs qui eût été nécessaire pour l'enseignement complet des matières juridiques, ce fut en définitive le Droit qui sortit diminué de cet incident et réduit à un seul représentant. Tristes difficultés, dans lesquelles s'est plusieurs fois débattue notre École, d'avoir à choisir entre deux enseignements, tous deux reconnus utiles, celui qu'il faut retrancher avec le moindre dommage !

Depuis 1890, nous avons à signaler la modification résultant de la Décision du 8 décembre 1894, qui réunit en un seul cours les notions concernant les sols forestiers, auparavant divisés entre les professeurs de Sciences forestières et ceux de Sciences naturelles ; actuellement ce cours est confié à M. Henry, qui doit le faire aux élèves de première année. En Zoologie, on vient d'ajouter en 1896 l'étude des poissons, conséquence du retour de la pêche au service forestier ; on rétablit ainsi simplement ce qui existait dans le Règlement de 1842 et avait été supprimé en 1862. Pour terminer ce qui concerne cette branche de l'enseignement, nous n'avons plus qu'à parler, beaucoup plus brièvement, de deux cours qui furent passagèrement professés à l'École : celui d'Agriculture, à deux reprises différentes ; celui de Chimie et de Physique météorologique, dont la durée fut encore plus éphémère.

C'est dans le Règlement de 1862 qu'on voit pour la première fois la mention de leçons d'Agriculture. Le professeur chargé de faire ces leçons fut M. Pâté, ancien élève de l'Institut agronomique de Versailles, agriculteur et rédacteur d'un journal d'Agriculture à Nancy. L'enseignement fut réparti sur les deux années et se poursuivit jusqu'en 1870. On ne le reprit pas en 1871 ; le directeur fit remarquer que les élèves n'en retiraient aucun profit : dix séances par an étaient beaucoup trop peu pour produire un effet utile. Il n'ajoutait pas que le professeur, dans sa diction un peu terne, manquait beaucoup de prestige ; enfin et surtout il eût fallu à ces cours une sanction qui faisait alors défaut. M. Pâté fut donc remercié.

Mais, quelques mois après, la Commission de réorganisation de l'École ayant maintenu au programme des cours d'agriculture, il fallut se mettre en mesure de réaliser cet enseignement dès la rentrée de 1873. Les leçons devaient être plus nombreuses et faire l'objet d'examens comptant pour le classement, comme les autres matières ; enfin le traitement du titulaire, qui avant 1871 n'avait été que de 600 et 1,000 francs, se trouvait porté à 3,000 francs ; plus tard il devait aller jusqu'à 5,000 francs, signe de l'importance que l'Administration attachait désormais à cette chaire, ainsi réédifiée. M. Nanquette s'empressa de s'assurer le concours de M. Grandeau, alors professeur à la Faculté des sciences de Nancy, dont la parole brillante devait heureusement contraster avec le modeste débit de son prédécesseur. Dans une lettre du 22 août 1871, le directeur se félicite de l'adhésion qu'il a été heureux d'obtenir : « ... M. Grandeau a une véritable passion pour l'enseignement agricole.... Il possède un laboratoire très bien outillé, qu'il mettra volontiers à la disposition de nos élèves.... Il résiliera ses fonctions de professeur à la Faculté de Nancy, pour s'adonner tout entier à l'enseignement de l'École, parce qu'en vrai philanthrope il considère qu'il peut y rendre plus de services à l'agriculture que dans sa chaire de la Faculté.... » Sur ce dernier point, le projet qu'annonçait M. Nanquette ne fut pas réalisé : M. Grandeau devint doyen de la Faculté des sciences de Nancy ; plus tard encore il se fit suppléer à l'École, à partir du mois de mars 1888. Du moins, son enseignement ne fut point stérile : dans son laboratoire, ouvert libéralement aux élèves, se formèrent plusieurs spécialistes et se décidèrent des vocations précieuses. Enfin, un ouvrage de longue haleine devait marquer le souvenir de ces leçons : il ne fut pas malheureusement poussé plus loin que le premier volume (1).

Une Décision du 23 mars 1888 donnait pour suppléant au cours d'Agriculture M. Grenier, préparateur du laboratoire de l'École, en même temps que, sur la proposition de M. Grandeau, le traitement, réduit à 3,000 francs, était réparti entre les deux professeurs (2). Mais bientôt après M. Grenier mourait, en novembre 1888, et presqu'en même temps, la première conséquence du recrutement de l'École par l'Institut agronomique était la suppression du cours d'Agriculture à Nancy. Dans l'année de transition qui s'écoula jusqu'à la mise à exécution complète

(1) *Cours d'Agriculture de l'École forestière*. Tome I⁽ʳ⁾ : Chimie et physiologie appliquées à l'agriculture et à la sylviculture. — In-8°, Berger-Levrault, 1879.

(2) 1,000 francs pour le titulaire et 2,000 francs pour le suppléant.

du Décret du 9 janvier 1888, les vingt-cinq leçons d'Agriculture furent faites par M. Doyen, professeur départemental. Notons enfin que ce cours, depuis 1871, était affecté à la seconde année d'études ; pendant la période des stagiaires, il formait l'une des branches de leur enseignement complémentaire.

Si l'introduction de l'Agriculture dans les programmes se comprenait, avant 1889, à titre de branche des Sciences naturelles appliquées, et à cause des relations très étroites qui unissent l'Agriculture aux Forêts, il était plus difficile de justifier la réapparition de la Chimie, qui avait été effacée dès 1842. La réorganisation de 1886, en oubliant la distinction nécessaire entre les sciences théoriques et les applications immédiates de ces sciences aux forêts, imposait aux élèves, sans augmentation du temps d'études, un travail excessif, et c'est fort heureusement que le nouveau cours fut définitivement supprimé en 1889. Ce n'est pas que les matières enseignées manquassent d'intérêt, ni que l'enseignement en fût donné d'une manière insuffisante : la Chimie minérale et organique était certes un utile adjuvant de la Physiologie végétale et de la Technologie forestière ; quant à la Physique météorologique, qui formait la seconde partie du cours, elle est la base de nombreuses applications de la plus haute importance ; mais, encore une fois, le temps faisait défaut. Ce cours devait être suivi par les élèves de première année ; M. Grenier le fit en 1887-1888. Après sa mort, et avant la suppression définitive de 1889, on fit appel au bienveillant concours de deux professeurs de la Faculté des sciences de Nancy. M. Arth se chargea de la Chimie et M. Millot de la Météorologie.

L'histoire de la plupart des cours de l'École est toujours la même : formation difficile, développement et plein épanouissement, puis restriction, faute de temps et de personnel ; ces phases, que nous avons parcourues au sujet des Sciences naturelles, nous allons les retrouver aussi pour les Sciences juridiques.

.On sait que l'enseignement du Droit n'a fait l'objet d'une chaire distincte à l'École qu'à partir de 1838 ; mais dès l'origine cet enseignement était prévu et ce fut seulement une raison d'économie qui fit ajourner la nomination d'un professeur spécial. Il est à remarquer que les rédacteurs de nos premiers règlements s'inquiétaient surtout des applications du Droit, bien plus que de la législation proprement dite : ainsi, dans l'Ordonnance de 1824, il est question de la Jurisprudence forestière, dans ses rapports juridiques et administratifs ; en 1825, c'est le cours d'Administration et de Jurisprudence ; ce vocable se retrouve encore en 1835. Ce n'est pas, croyons-nous, au hasard, que ces termes avaient été choisis : on voulait alors marquer la nécessité d'habituer les élèves à traiter les affaires administratives, car telle est leur mission essentielle dans le service, bien plus que de discuter sur des points de doctrine qui leur sont bien souvent indifférents.

Il faut avouer que cette conception de l'enseignement juridique fut assez mal réalisée tout d'abord, et la faute en est à la fusion malencontreuse des deux chaires de Droit et d'Économie forestière. On envisagea le sujet sous son plus petit côté ; ce furent exclusivement des textes que l'on fit apprendre aux élèves, et des textes de lois pénales ! La grande préoccupation de cette époque était de pouvoir, sur un procès-verbal donné, formuler immédiatement des conclusions, c'est-à-dire requérir les peines et trouver les articles dont l'application devait être demandée aux tribunaux correctionnels. Nous devons dire toutefois que, sur cette partie, on avait atteint de très bons résultats. Ainsi, en rendant compte des examens de fin d'année, en août 1832, le directeur est heureux de rapporter les félicitations qui lui ont été faites par les hauts fonctionnaires présents : « Le conservateur des Forêts a témoigné son étonnement sur les réponses des élèves..., il est surpris de les voir prendre des conclusions sur toutes sortes de délits, citer les articles du Code, appliquer les amendes sans avoir recours au livre.... » Il est présumable qu'alors on ne pouvait rien demander de plus ; le directeur, déjà chargé de l'Aménagement, ne faisait apprendre qu'en seconde année le Code et l'Ordonnance, sans aucun développement.

Dès qu'il fut possible d'avoir un professeur spécial, la situation fut grandement améliorée. Mais le choix de ce professeur ne fut pas facile ; une année encore se passa, après l'Ordonnance de décembre 1837, sans que le directeur ait pu faire des propositions (1). Il parvint enfin à installer dans la chaire nouvelle M. Tocquaine, ancien professeur de l'Instruction publique, licencié ès lettres, en ce moment substitut à Toul ; c'était un homme instruit et laborieux, qui se mit immédiatement à l'œuvre. En 1842, il était déjà prêt à fournir l'autographie de la plus grande partie de son cours (2) ; mais il mourut au mois de mars de

---

(1) Le 25 septembre 1838, proposition de M. Quintard pour la chaire de Jurisprudence. Nous ignorons pourquoi ce candidat ne fut pas nommé.

(2) Cette autographie forme quatre cahiers in-f°, que possède la bibliothèque de l'École. La première partie (Introduction) est seule bien complète : les trois autres (Code forestier) ne sont que des ébauches ; toute la matière des droits d'usage, notamment, n'a pas encore été approfondie.

cette année, laissant des manuscrits qui furent terminés par son successeur.

Ce successeur, M. Meaume, fut pour le Droit ce qu'était au même moment M. Mathieu pour l'Histoire naturelle, le véritable créateur de cet enseignement à l'École. Lorsqu'on réfléchit que son œuvre capitale, le *Commentaire du Code forestier* (1), commença à paraître l'année qui suivit son installation comme professeur et fut terminée trois ans après, on est étonné de la maturité de savoir dont il fit preuve à un si haut degré ; le livre s'imposa immédiatement à la pratique judiciaire, et maintenant encore, après plus de cinquante ans, sauf quelques théories qui ont vieilli, l'ensemble constitue le meilleur ouvrage que nous possédions sur notre droit spécial. L'enseignement oral de M. Meaume n'était pas moins remarquable (2), et les volumes qu'il publia successivement pour l'École montrent qu'il eut toujours à cœur l'instruction de ses élèves sur l'ensemble des connaissances nécessaires à l'agent forestier (3).

C'était donc bien inutilement que, dans une lettre de février 1852, le directeur général, M. Le Grand, insistait pour qu'on ne fit pas exclusivement du Droit forestier à l'École ; il voulait avec raison qu'on donnât auparavant aux élèves des notions approfondies de Droit civil et administratif et de procédure : M. Meaume put lui répondre que ces matières étaient depuis longtemps enseignées, avec toute l'extension désirable. M. Le Grand voulait aussi qu'il y eût des travaux pratiques, des exercices et des conférences propres à habituer les élèves au traitement des affaires. Sur ce point, c'est M. Parade qui répond que le temps manque et que le professeur n'a que le nombre de leçons suffisant pour les cours théoriques.

On avait, en effet, forcément abandonné la conception primitive de 1824 et 1835, où l'on prévoyait expressément un cours d'Administration, c'est-à-dire de pratique administrative. Les exercices pratiques étaient réduits aux requêtes d'appel, travail utile sans doute, mais absolument insuffisant pour initier les futurs agents aux affaires qu'ils devaient avoir à traiter dans leurs cantonnements. Et pourtant, dès cette époque

(1) 3 volumes in-8°, 1843-1846.

(2) Nous avons essayé de faire ressortir ce caractère de l'enseignement de M. Meaume, dans la biographie que nous lui avons consacrée : *M. Édouard Meaume, sa vie et ses œuvres.* In-8°, Nancy, 1886.

(3) *Introduction à l'étude de la jurisprudence et de la législation forestière.* In-8°, 1857. — *Programme des cours de droit à l'École forestière,* 2 volumes in-8°, un pour chaque année. 1854, 1860 et 1862.

déjà, on se plaignait d'une lacune dans l'instruction de l'École : les élèves sortis de Nancy ne savent pas former un dossier, tourner un rapport, appliquer les circulaires.... Comment auraient-ils su ce que personne n'avait mission de leur apprendre ?

Comme on ne pouvait demander à M. Meaume, seul professeur pour les deux promotions, d'organiser par surcroît un cours supplémentaire, on imagina, en 1862, de faire donner aux élèves, par des professeurs de la Faculté des lettres de Nancy, des leçons de Littérature ; des rédactions, faites après chacune de ces leçons, devaient former les jeunes gens à l'habitude d'écrire correctement et de bien exposer leurs idées. Les maîtres auxquels on demanda leur concours étaient éminents : M. Chasles d'abord, puis M. Gebhart à partir d'octobre 1865. Les sujets étaient très attrayants : on parlait des auteurs modernes, poètes et pro-sateurs, français, anglais ou italiens ; mais cette haute culture littéraire était on ne peut plus éloignée du but que l'on voulait atteindre. On s'en aperçut seulement en 1871, et les leçons de Littérature furent suppri-mées. Dans l'intervalle, on avait trouvé un procédé d'instruction plus pratique.

A la rentrée de 1868, M. Meaume, après avoir supporté seul pendant vingt-six ans le poids d'un double enseignement, obtenait enfin un adjoint du cours de Droit, et M. Puton était installé à l'École en cette qualité. Immédiatement M. Nanquette lui donna pour mission de pré-parer une suite de leçons, ou plutôt de conférences, sur le Droit administratif appliqué au service d'un cantonnement. Ces conférences furent faites pour la première fois aux anciens, en 1869-1870, et en même temps M. Puton publiait un livre (1) dans lequel étaient condensés les principes essentiels de la gestion pratique d'un cantonnement forestier. Cette utile innovation était tout autre chose qu'un *cours de circulaires*, comme on l'a appelé dédaigneusement depuis : en faisant traiter aux élèves un grand nombre d'affaires variées, on les habituait à la rédaction administrative, et le professeur, à cette occasion, trouvait le moyen de leur donner des conseils, de leur faire connaître des documents qui devaient leur être extrêmement utiles.

Ce fut pendant la période du stage à l'École que les conférences de Service administratif furent le plus largement développées : elles faisaient partie de l'enseignement complémentaire de la troisième

(1) *Service administratif des chefs de cantonnement*, In-8°, Nancy, 1870.

année. Lors de la suppression du stage, on essaya de maintenir encore quelques leçons sur cet objet ; puis, faute de temps, tout disparut en 1887. Cette suppression fut extrêmement sensible à M. Puton, qui en exprime à plusieurs reprises ses regrets dans des rapports officiels. Ainsi, en décembre 1890 : « Il est fâcheux que le nouveau Règlement (celui de 1890) n'ait pas institué un cours d'Administration à côté du cours de Droit ; c'eût été la conséquence logique de l'idée qui a conduit à faire de l'École forestière une École d'application.... Il est bon que les élèves ne considèrent pas la science du Droit comme une règle inflexible et qu'ils ne soient pas ignorants des modérations dans l'application qui font le bon administrateur.... » Et M. Puton indiquait la restauration de ce cours comme devant être la réforme de l'avenir.

Cette réforme, nous l'attendons encore. Et cependant, les plaintes sur l'insuffisance de l'enseignement de Nancy continuent, aussi vives qu'autrefois. Les agents du service actif auxquels on envoie, après une année de service militaire, ces jeunes gens qui ont à peine vu un procès-verbal, et qui ne savent que par ouï-dire ce que c'est qu'un rapport, s'étonnent de n'être pas aidés par eux dans leur besogne journalière, et les comparant aux gardes généraux sortant du rang, qui eux du moins ont quelque teinture de la pratique, n'hésitent pas à préférer ces derniers, qui leur donnent moins de peine, puisqu'ils sont déjà au courant de tous les menus détails. Pendant ce temps, les anciens élèves de Nancy, qui ne sont pas responsables d'une lacune évidente de leur enseignement, se forment comme ils peuvent, c'est à-dire aux dépens des affaires qui leur sont confiées, à moins qu'ils ne soient rebutés par ce service de bureau, dont personne ne leur facilite l'accès.

L'incident que nous venons de raconter constitue l'événement le plus important de l'histoire de la chaire de Droit à l'École, depuis la retraite de M. Meaume. L'éminent professeur quitta Nancy en 1873, et, à partir de ce moment, M. Guyot fut adjoint à M. Puton, devenu titulaire. Après que M. Puton eut été élevé à la Direction, il continua pendant deux années encore à participer activement aux leçons. De 1883 à 1889, le cours fut partagé entre M. Guyot et M. Guichet ; puis M. Guichet fut appelé à Paris, et depuis cette époque le cours de Droit n'est plus fait que par un seul professeur. Sous ce rapport, comme sous plusieurs autres, nous avons rétrogradé, et l'École se retrouve dans la situation dont elle était sortie en 1868.

Pendant cette période, le cours de Droit s'est développé suivant la marche qu'imposaient les circonstances. Beaucoup de grandes questions, sur lesquelles M. Meaume retenait longuement les élèves, les usages notamment, ont perdu leur actualité et sont passées au second plan. M. Puton s'est attaché à développer le Droit administratif et les parties du droit général dont notre Code n'est qu'une application. La chasse, professée depuis l'origine, a reçu une plus grande extension (1). Puis, la matière du Reboisement et de la Restauration des montagnes est devenue prépondérante, et toutes les notions concernant l'exécution des Travaux publics ont dû être approfondies. Enfin, la législation algérienne et, tout récemment, le Régime des eaux et la Police de la pêche ont été ajoutés au programme.

Les ouvrages consacrés à l'enseignement du droit forestier depuis M. Meaume ne sont pas très nombreux. Nous signalerons un *Manuel* de M. Puton (2), qui fait partie de la série publiée sur l'invitation de M. Faré pour l'instruction secondaire ; un volume sur la *Contrainte par corps*, de MM. Guyot et Puton (3) ; et enfin la thèse de doctorat de M. Guichet sur la *Restauration des montagnes* (4). Le Commentaire de M. Meaume reste le livre classique ; les répertoires édités par les grands recueils d'arrêts contiennent toutes les évolutions de la jurisprudence. L'incertitude actuelle sur les projets de refonte du Code forestier fait obstacle à toute œuvre nouvelle et originale sur l'ensemble de notre droit.

Sauf les différences de détail que nous avons signalées, l'histoire des trois chaires que nous venons d'étudier, — Économie forestière, Sciences naturelles et Droit, — est donc la même, en ce sens que dès l'origine elles ont été créées avec une sphère d'attributions bien délimitée, de telle sorte que leur développement s'est fait normalement, sans qu'il y ait eu rien d'essentiel à changer dans leur constitution primitive. Il en est différemment pour les Mathématiques appliquées, dont nous allons nous occuper maintenant : enfantement laborieux, transformations multiples et pénibles, nous allons rencontrer ici un ensemble de circonstances fâcheuses contre lesquelles devra lutter pendant longtemps le directeur. Moins heureux que pour l'Histoire naturelle et le Droit, il ne

---

(1) *La louveterie et la destruction des animaux nuisibles*, par A. Puton. In-8°, Paris, 1872.

(2) *Manuel de Législation forestière*. In-8°, Paris, 1876.

(3) *Contrainte par corps, en matière criminelle et forestière*. In-8°, Nancy, 1880.

(4) *Législation de la restauration et de la conservation des montagnes*. In-8°, Nancy, 1887.

trouvera pas aussi facilement l'organisateur de cet enseignement spécial.
Une erreur grave fut d'abord commise dans l'Ordonnance de 1824,
dont les rédacteurs ont d'ailleurs fait preuve d'une si remarquable
entente des besoins de l'École naissante : en ce qui concerne les Mathématiques, ils ont eu le tort de disjoindre du cours principal un accessoire très important qui devait lui être réuni ; il était inutile, il devint
bientôt dangereux de mettre le Dessin à part de la Topographie et du
Cubage des bois, qui originairement constituaient les cours théoriques.
Ces deux branches reçurent peu à peu des extensions ; les leçons de
Dessin se transformèrent en cours de Constructions forestières ; mais
une délimitation imparfaite des programmes, une tendance d'empiète-
ment de la part de l'un des professeurs, occasionnèrent des difficultés
qui durèrent jusqu'en 1836.

Au moment de la première organisation du personnel, les Mathématiques furent confiées à M. Masquelier, dont le directeur se montre très
satisfait et qui apporte le plus grand zèle dans ses fonctions. Nous
ignorons quelles furent ses origines ; nous savons seulement qu'il avait
été attaché à l'École de Saint-Cyr avant de venir à Nancy ; il devait
surtout être bon praticien et apte aux travaux de topographie sur le
terrain. Lorsqu'il dut quitter l'École forestière, en septembre 1834, pour
des raisons personnelles, l'Administration tint à lui témoigner tout
spécialement des regrets au sujet de son départ. C'est tout ce que nous
savons du premier titulaire de la chaire de Mathématiques.

Son enseignement avait été considérablement élargi par le Règlement
de janvier 1825 : c'est à partir de cette époque qu'il comprend la Physique
en même temps que les Mathématiques appliquées ; ce titre sera conservé
jusqu'en 1842. Nous voyons dans des rapports de 1831 que les leçons
étaient ainsi distribuées : en première année, l'Algèbre, la Trigonométrie,
la Géométrie descriptive ; en seconde année, la Statique, la Physique, la
Géodésie appliquée à la Topographie, le Lever des plans. Ailleurs, il est
question du cours d'*Algèbre forestière* que vient de perfectionner M. Masquelier : on doit croire qu'il s'agit des applications de l'algèbre au
solivage, c'est-à-dire au Cubage des bois, sur pied ou abattus.

Avec le Règlement de 1835, le programme de l'École est heureusement
débarrassé de toute la partie théorique : Algèbre, Trigonométrie, Géométrie descriptive, ont été transférées aux examens d'entrée. C'est dans
ces conditions que M. Regneault, successeur de M. Masquelier, peut,
un an après sa nomination comme professeur de Mathématiques, orga-

niser son cours. Mais à côté de lui, pour les mêmes matières, se trouve
un autre professeur dont les attributions ne sont pas faciles à déterminer : c'est le professeur de Dessin, M. Laurent. Arrivé à l'École de
Nancy à l'âge de trente et un ans, ancien élève de l'École polytechnique,
ayant abandonné la carrière qui s'ouvrait devant lui pour faire de la
peinture, très intelligent, mais ayant un peu trop conscience de sa
valeur, d'une activité maladive qui débordait sans cesse sur toutes
sortes de sujets, ses exigences et ses rancunes mettent souvent à l'épreuve
la patience des directeurs, depuis 1825 jusqu'à 1856.

Dès 1825, il se déclare froissé du titre de maître de Dessin que lui
donne l'Ordonnance ; il ne veut pas être confiné dans une situation
subalterne ; en même temps il revendique la conduite des élèves sur le
terrain et n'est pas disposé à recevoir d'ordres de son collaborateur. Le
directeur général refuse d'abord de lui donner le titre de professeur ;
il faut que M. Laurent s'entende avec M. Masquelier pour les exercices
du terrain ; et il ajoute : « Je serais très aise de les voir d'accord sur
tous les points. » Trois mois plus tard, sur le témoignage qui lui a été
donné du zèle et des talents du maître de dessin, M. de Boulhillier
l'autorise cependant à prendre la qualification de professeur.

L'enseignement du Dessin, vers 1830, comprenait deux parties. La
première, d'une utilité fort douteuse, consistait à faire copier aux élèves
les différents organes des végétaux forestiers : des branches avec leurs
feuilles, des fleurs et des fruits : c'était une annexe du cours d'Histoire
naturelle, qui ne tarda pas, d'ailleurs, à être supprimée. Pour le surplus,
les leçons de Dessin avaient pour objet : l'architecture forestière, les
épures de machines et de topographie, enfin le lavis des plans. C'était
donc une application des cours que le professeur de Mathématiques
faisait sur ces divers objets ; quoi qu'il en soit, M. Laurent, même avec
le titre de professeur, n'était qu'un subordonné.

En 1839, on crut bien faire de partager le cours de Mathématiques
en deux chaires distinctes : Mathématiques proprement dites et Constructions ; dans chacune de ces branches, le professeur était chargé du
dessin graphique correspondant à son cours ; le professeur de Dessin
était supprimé. Dans ce système, M. Regneault garda les Mathématiques, savoir la Mécanique, la Stéréométrie et la Topographie, auxquelles
sont jointes, sous le titre de Physique forestière, la Météorologie, ainsi
que l'étude de la densité et de la caloricité des bois. Devenu professeur
de Constructions forestières, M. Laurent traite de la connaissance et de

l'emploi des matériaux, des maisons de garde, scieries, routes forestières, ponts, appareils d'exploitation, transport et flottage des bois. Cette démarcation ne fut pas changée tant que M. Laurent demeura à l'École. Toutefois, en 1851, des modifications de détails sont décidées : dans le cours de Mathématiques, on intervertit l'ordre des matières ; la Topographie s'enseigne dorénavant en première année et la Mécanique en seconde année. Ce qui n'empêche pas de recommencer en seconde année des exercices de triangulation ; on attache, en effet, de plus en plus d'importance à la Topographie, car les arpenteurs viennent d'être supprimés, et il faut que les élèves soient en état d'exécuter les arpentages dès leur sortie de l'École : exigence bien modeste, mais sur laquelle l'Administration ne se lasse pas de revenir, à partir de 1845. Quant au cours de Constructions, aussi divisé en deux années, les maisons et les scieries font l'objet des leçons en première année, tandis que les anciens s'occupent des routes et autres moyens de transport. On décide avec raison, en 1851, qu'à propos des routes, le professeur ne devra pas recommencer la théorie du nivellement, déjà faite dans le cours de Topographie. Enfin, les dessins de croquis sont introduits, pour les instruments et les machines, dans l'un et l'autre cours.

Il nous est resté de cette période plusieurs ouvrages, qui pendant longtemps sont demeurés classiques. Les professeurs commencent l'un et l'autre par faire autographier leur cours ; puis ces autographies, revues et augmentées, deviennent des volumes, dont la plupart ont deux éditions successives. Ainsi, pour M. Laurent, le *Précis du cours de constructions* (1) ; pour M. Regneault (2), le *Traité de topographie et de*

---

(1) *Précis des leçons de travail graphique et de constructions forestières*, données à l'École royale forestière par P. Laurent, peintre, ancien élève de l'École polytechnique, professeur de dessin à l'École royale forestière. — Autogr., in-4°, 53 pages et 25 planches.

Précis des cours de constructions. 1re année. — De la construction en général, des maisons forestières et des scieries. In-8°, 320 pages, Nancy, 1840. Atlas in-4° de 10 pl. — 2e édition, in-8°, 412 pages. Nancy, 1848. *2e année. — Transport des bois, routes forestières, chemins de vidange, flottage, etc.* In-8°, Nancy, 216 pages, 1857.

(2) *Cours de physique forestière*, par E. Regneault. Autogr., in-4°, 102 pages, Nancy, 1836. (Comprenant : l'hydrostatique, l'hydrodynamique, la théorie de la chaleur, l'électricité, l'optique, l'acoustique, la physique atmosphérique ou météorologie.)

Cours de topographie et de géodésie. Autogr., in-folio, 148 pages, Nancy, 1841. — *Traité de topographie et de géodésie.* In-8°, Nancy, 1844. — 2e édition, Nancy, 1861.

Leçons de mécanique. In-8°, Paris, 1844. — *Traité de mécanique*, comprenant les premiers éléments de la science des machines et leurs applications aux scieries forestières. — 2e édition ; in-8°, Nancy, 1857.

Enfin, M. Regneault a aussi publié un *Cours de stéréométrie* appliquée spécialement au cubage des bois. In-8°, Nancy, 1847.

géodésie et le *Traité de mécanique*. Mais ni l'un ni l'autre ne se renfermaient dans les matières de leur enseignement ; ils publiaient aussi divers ouvrages n'ayant avec leurs cours qu'une relation plus ou moins éloignée. Nous n'en parlerions pas ici, pas plus que nous ne l'avons fait pour d'autres professeurs, s'il n'en était résulté, dans les rapports entre M. Parade et M. Laurent, de graves difficultés. Lorsque M. Regneault entreprenait son *Essai sur la constitution des corps célestes* (1), les théories grandioses qu'il émettait sur l'origine et la fin des mondes ne risquaient pas de soulever le moindre conflit entre lui et ses collègues. Il en eût été de même pour M. Laurent, s'il se fût contenté de ses *Études physiologiques sur les animalcules des infusions végétales* (2) ; tout au plus empiétait-il sur le domaine des Sciences naturelles, mais M. Mathieu avait bon caractère et ne songeait pas à s'en plaindre. Seulement, le professeur de Constructions eut la malencontreuse idée, à propos des routes et des scieries, d'édifier tout un système sur le produit du sol forestier, et les conditions économiques de la production pour les futaies pleines et les taillis sous futaies. Les principes invoqués par l'auteur ne concordaient nullement avec ceux du cours de Culture ; et comme M. Laurent, non content de publier des dissertations à ce sujet (3), les introduisait dans ses leçons et obligeait les élèves à en reproduire la substance pour leurs rapports d'applications pratiques, il en résultait que, dans deux chaires de la même École, les mêmes questions recevaient deux solutions différentes. Il fallait faire cesser promptement cette anarchie morale. Le directeur invita d'abord M. Laurent à ne point s'occuper de ce qui concernait uniquement l'Économie forestière ; il répudia formellement des doctrines que leur auteur présentait comme l'expression de l'enseignement de l'École ; enfin, à la suite d'une lettre inconvenante de M. Laurent, il lui fit infliger par l'Administration un blâme sévèrement motivé (4). Ceci se passait en 1850 et 1851.

(1) In-8°, Nancy, 1863.

(2) 2 volumes in-8°, Nancy, 1854-1858. — C'est dans ce livre que M. Laurent a accumulé des descriptions fantastiques qui ont fait la joie des micrographes. « On ne se douterait pas, dit Claparède (*Études sur les infusoires*, t. II, p. 11), que de semblables folies s'impriment en plein XIXe siècle. »

(3) *Du produit du sol forestier.* — 1re partie : *Du produit des futaies pleines éclaircies.* In-8°, Nancy, 1848. — 2e partie : *De la conversion des taillis en futaies, de l'exécution des voies de transport des bois et du repeuplement des terrains nationaux incultes.* In-8°, Nancy, 1850.

Ces deux brochures parurent d'abord dans les Mémoires de la Société des Lettres, Sciences et Arts de Nancy (Académie de Stanislas).

(4) 10 avril 1851.

Lorsqu'on lit les documents de cette affaire, on ne peut qu'admirer la longanimité dont fit preuve M. Parade à l'égard d'un homme qui lui causait de nombreux ennuis. Pour organiser les concours, il refuse de suivre les errements adoptés par M. Regneault en Topographie, et revendique aigrement sa liberté d'action. Tous les exercices pratiques doivent se faire aux environs de Remiremont, parce que M. Laurent y possède une petite propriété, au Saut-de-la-Cuve, où il bâtit une maison et qu'il ne peut plus quitter.... Cette installation lui fut d'ailleurs fatale : c'est là que, le 12 octobre 1855, à la suite d'une rixe avec un garde, il blessa grièvement celui-ci d'un coup de pistolet ; il fut traduit pour ce fait en Cour d'assises et condamné à un an de prison. Grâce à l'intervention de M. Parade, le malheureux professeur fut néanmoins admis à la retraite, et, à l'occasion de son remplacement, l'organisation des chaires fut profondément modifiée.

Le directeur n'eut pas de peine à faire ressortir les inconvénients de la coexistence des deux cours de Mathématiques et de Constructions ; les mêmes sujets revenaient dans l'un et l'autre des programmes, sans doute à des points de vue différents, mais il était bien difficile d'éviter des répétitions et des discordances. Ainsi, les scieries, qui tenaient une large place à cette époque, étaient enseignées successivement comme applications de la Mécanique et comme l'une des constructions de la pratique forestière ; de même pour les routes et d'autres parties encore. Il fallait fusionner ces deux enseignements, les confier à un seul professeur, capable d'imposer et de maintenir l'unité de doctrine. C'est ce qui fut fait dès la rentrée de novembre 1855. M. Regneault fut chargé de l'ensemble des cours de Mathématiques et de Constructions, avec faculté de se faire aider par M. Barré, attaché à l'École sous le titre d'agent chargé des travaux topographiques, mais qui devint bientôt professeur suppléant. Au même moment, le cours de Cubage était distrait de la chaire de Mathématiques et remis à M. Nanquette, comme suite de la Technologie.

Cette heureuse modification fut sanctionnée par le Règlement de 1862 et conservée par tous les Règlements postérieurs. Depuis lors, l'ensemble des matières qui composent ce que l'on appelle à l'École les Mathématiques appliquées a toujours été professé par deux personnes : un titulaire et un adjoint, suppléant ou répétiteur. Les titulaires furent d'abord M. Regneault, qui prit sa retraite en 1866, puis M. Barré, qui lui succéda dans cette fonction de 1866 à 1879. Dans cet intervalle,

M. Roussel fut répétiteur et devint ensuite professeur ; mais lors de la réorganisation du 3 novembre 1880, un empêchement d'ordre budgétaire n'ayant pas permis de lui conserver le titulariat et le grade de chargé de cours lui ayant été seulement conféré, M. Roussel demanda et obtint sa mise en disponibilité. On appela pour le remplacer M. Bert, alors inspecteur à Sartène, ancien élève de l'École polytechnique, qui ne resta que deux années dans le personnel enseignant. A la rentrée de 1882, M. Thiéry, répétiteur depuis 1879, devint chargé de cours ; il est titulaire depuis 1877. Ses suppléants furent, d'abord M. Guérin, qui mourut en fonctions, après cinq mois de professorat, puis M. Petitcollot, arrivé en avril 1884.

A partir de 1855, nous n'avons à signaler aucun changement important. Nous relèverons seulement, à partir de 1882, l'introduction dans l'enseignement des nouveaux instruments stadimétriques, et en même temps des détails beaucoup plus complets sur la construction des scieries. Dans le programme de 1887, nous remarquons, au contraire, que l'étude des scieries est réduite à de simples notions, à cause de l'extension considérable que prend la correction des torrents. Le même programme mentionne des leçons de Photographie, qui d'ailleurs ne furent jamais faites, l'insuffisance des crédits ayant empêché l'installation du matériel nécessaire. Puis, en 1890, aux voies de vidange sont ajoutés les chemins de fer forestiers ; enfin, en 1896, les travaux d'hydraulique motivent un développement considérable. Le cours de Mathématiques appliquées suit donc pas à pas les extensions nouvelles des attributions administratives, qui imposent de plus en plus à l'agent forestier l'obligation de faire œuvre d'ingénieur : si, dans un avenir peut-être prochain, l'Administration des Eaux et Forêts est rétablie sur ses anciennes bases, l'importance du cours ne fera que s'accroître, et la création d'un emploi de chef des travaux pratiques deviendra indispensable.

Nous aurons terminé cette importante matière en indiquant la distribution actuelle des leçons entre les deux années et les publications faites en vue de l'enseignement à partir de 1856. L'ordre des cours n'a pas varié depuis fort longtemps : en première année, la Topographie et les Voies de vidange ; en seconde année, la Mécanique appliquée et les Constructions, y compris l'Hydraulique et les torrents. Quant aux ouvrages classiques, ils ont bien changé depuis le temps de M. Regneault. D'abord, pour toute une branche des connaissances mathématiques, la Topographie et ses applications, les livres ne sont pas tout, le maniement des instruments a une importance considérable : sous ce rapport, depuis M. Barré, qui fut un véritable initiateur à cet égard, l'enseignement a progressé sans interruption depuis trente ans. Chaque professeur a marqué sa trace par des publications plus ou moins

Topographie : Plantation du premier signal.
(D'après un croquis de M. A. Gérardin)

étendues. MM. Barré et Roussel ont composé un *Manuel d'arpentage et de lever des plans* (1) complétant la collection désirée par M. Faré, puis un volume de *Formules et tables numériques*, pour les calculs de Topographie, de routes et de constructions (2). Pendant son séjour si restreint à l'École, M. Bert eut le temps d'autographier un *Cours de topographie* (3). Son successeur, M. Thiéry, qui a débuté par l'autographie de son *Traité sur les scieries* (4), a donné successivement une *Notice sur les*

(1) In-8° avec 4 planches, 1874.
(2) In-8°, Paris et Nancy, 1877.
(3) In-4°, 1880-1882.
(4) In-4°, 2 volumes, 1881.

instruments stadimétriques (1), puis un traité complet de la *Restauration des montagnes* (2) ; enfin, deux traités sur les moyens de vidange des produits forestiers par les chemins de fer et les câbles aériens (3).

Après les quatre chaires fondamentales de l'École, dont l'étude nous a retenus un peu longtemps peut-être, nous aurons un travail plus facile pour deux autres, l'Allemand et l'Art militaire, qui, malgré leur intérêt, ne sont pas en relation aussi intime avec l'enseignement forestier proprement dit.

L'Allemand présente cette particularité de n'avoir pas été toujours compris dans nos programmes : après avoir été enseigné pendant vingt ans, il est abandonné, pour ne reparaître qu'en 1871. Au sujet de ce cours, de sa nécessité et de son organisation, les opinions ont plusieurs fois varié. Au début, en 1824, tous nos auteurs classiques étaient allemands, et la base de l'enseignement forestier se trouvait être une traduction fort incorrecte de Hartig. Il importait alors que les élèves pussent lire couramment dans les originaux et que le professeur leur fît sentir facilement la valeur des termes techniques si souvent défigurés par Baudrillart. Plus tard, lorsqu'eurent paru le *Cours de culture* de Lorentz et Parade, le *Cours d'aménagement* de Salomon, cette sorte d'utilité ne fut plus aussi pressante, et l'on s'habitua peu à peu à ne considérer l'Allemand comme nécessaire que pour les agents qui devaient être appelés en Alsace ou dans certains cantons de la Sarre : comme si, de nos jours, on organisait un cours d'Arabe à cause des forêts algériennes.

Ce qui nuisit aussi à cette chaire, ce fut la difficulté de son recrute ment et le traitement médiocre qui s'y trouvait attaché : même en 1830, 600 à 700 francs, pour un professeur chargé de faire des cours aux deux promotions, était par trop insuffisant. Nous ne comptons pas moins de quatre titulaires, de 1825 à 1845. Le premier, M. Wilhelm, mourut en fonctions en 1827. Son successeur, M. Flotron, démissionne en novembre 1830. Il est remplacé par M. Hinschliffe, qui démissionne à son tour en 1838 ; toutefois, le directeur se loue à plusieurs reprises de ses services, le cours est parfaitement tenu ; on s'occupe en première année à des traductions de « littérature facile », en seconde année on aborde les œuvres de Cotta. M. Vagner, qui fut ensuite titulaire pendant sept ans,

(1) In-8°, Paris et Nancy, 1885.
(2) In-8°, Paris, 1891.
(3) *Étude sur les petits chemins de fer forestiers* (In-8°, Nancy, 1893. — *Les transports par câbles aériens* (en collaboration avec Ch. Demonet). In-8°, Nancy, 1896.

était une personnalité très en vue dans le monde politique et religieux de Nancy ; une condamnation qu'il encourut comme gérant du journal l'*Espérance,* amena sa révocation, qui fut prononcée le 2 juin 1845.

Jusque-là, M. Parade n'avait eu que des éloges pour le zèle du professeur et le succès de son cours. Toutefois, lorsqu'il s'agit de remplacer M. Vagner, le directeur avoue que les résultats de la chaire d'Allemand ont toujours été médiocres, malgré les efforts tentés pour fortifier cet enseignement ; il y a peu d'espoir de mieux réussir à l'avenir, parce qu'il faudrait consacrer plus de temps à l'Allemand et que ce temps est nécessaire pour d'autres matières d'un intérêt plus immédiat. La conclusion est la suppression de la chaire (octobre 1845). Conformément à cette demande, M. Vagner ne fut pas remplacé, et l'étude de la langue allemande cessa de figurer au programme de l'enseignement. Par une contradiction assez singulière, on maintenait cependant des épreuves d'Allemand dans les examens d'entrée, comme une dernière indication de l'intérêt assez platonique que l'Administration accordait à cet ordre de connaissances.

Vingt-six ans se passent, et voici qu'immédiatement après la guerre la Commission de réorganisation de l'enseignement forestier ordonne le rétablissement de la chaire d'Allemand, à partir de la rentrée de novembre 1871. Cette date est caractéristique et explique jusqu'à un certain point les motifs pour lesquels on se décidait à renouveler une expérience qui avait cependant paru concluante : l'École demeurant à Nancy, à deux pas de la frontière nouvelle, on ne voulait pas admettre que l'Allemand n'y fût pas enseigné ; raison de sentiment, qui eut au moins autant d'influence que l'intérêt très réel de se tenir en communication avec les abondantes publications de la littérature forestière d'outre-Rhin.

Le cours reconstitué fut confié à M. Gerschel, agrégé de l'Université, qui l'a continué jusqu'à ce jour. Tout d'abord il lui est affecté un temps suffisant pour produire d'utiles résultats ; notamment pendant la période du stage à l'École, l'enseignement se continue jusqu'à la fin de la troisième année. Puis, le nombre et la durée des leçons diminuent. Au même moment, les difficultés résultant d'une préparation insuffisante avant l'entrée à l'École se font de nouveau sentir : les élèves ne sont pas tous capables de faire couramment les traductions d'auteurs qui devraient être le but essentiel de leurs études ; les leçons de grammaire absorbent inutilement une partie du cours.

La réduction des crédits du personnel, conséquence du Décret du 9 janvier 1888, eut pour effet la mise à la retraite de M. Gerschel, et l'on pouvait croire que la chaire d'Allemand allait être de nouveau supprimée ; elle l'était en effet dans le Règlement du 9 janvier 1889, qui, nous l'avons vu au sujet des Sciences naturelles, ne reçut pas d'exécution. Le professeur retraité revint à l'École, chargé de faire trente conférences à chacune des deux promotions. Le recrutement par l'Institut agronomique n'a fait que rendre plus sensible l'insuffisance de préparation des élèves, et l'on a vu que c'est en partie pour parer à cet inconvénient qu'a été pris le Décret du 2 juillet 1894. Quels que puissent être les résultats de cette mesure, les difficultés que nous venons de signaler tiennent uniquement, il est à peine besoin de le dire, à l'organisation défectueuse de l'enseignement, et le professeur distingué chargé de la tâche ingrate de faire marcher ensemble des élèves de forces presque toujours très diverses, ne saurait en être rendu responsable (1).

Quant à l'Enseignement militaire, qu'il nous reste à examiner pour achever cette revue des chaires de l'École, il ne date que de 1874. A l'origine, les agents forestiers n'avaient aucun rapport avec l'armée, et tous les documents relatifs au service militaire avant 1872 ne sont que la trace des efforts plusieurs fois renouvelés dans le but d'exonérer complètement les élèves de ce service. Ce privilège, un instant obtenu en vertu de l'Ordonnance du 27 septembre 1826, fut perdu en 1832 ; en 1841, on se crut à la veille de le reconquérir, mais il fallut bientôt abandonner cet espoir, et malgré des pétitions adressées aux Chambres (2) les élèves demeurèrent soumis au droit commun : lorsqu'ils étaient appelés au service, ils n'avaient d'autre ressource que le remplacement. Mais les Lois du 27 juillet 1872 et du 24 juillet 1873 firent entrer le personnel des Forêts dans la composition des forces militaires du pays ; les élèves, pendant leur séjour à l'École, furent considérés comme présents sous les drapeaux, et le Décret du 20 mars 1876 détermina les emplois d'officier auxquels ils pouvaient être appelés après leur sortie. La Loi du 15 juillet 1889, qui les astreint à un engagement de trois ans (3), leur donne aussi le privilège de faire, en qualité d'officiers, la

____

(1) M. Gerschel a publié, pour les besoins de son enseignement, un *Vocabulaire forestier* allemand-français et français-allemand, parvenu aujourd'hui à sa 3e édition. (In-8º, Nancy, 1876, 1883, 1896.)

(2) Une notamment, en 1858, par M. Prudot, père d'un élève en ce moment à l'École.

(3) Voir ci-dessus, chapitre II, page 89.

Cliché de M. du Vachat

Phototypie J. Royer, Nancy.

EXERCICE DE TIR A LA FORÊT DE HAYE

1896

troisième année de leur service. Ces avantages exceptionnels n'ont été accordés que contre engagement pris par l'Administration de faire donner aux élèves, pendant leur séjour à l'École, une instruction militaire suffisante. Telles sont les origines de la chaire d'Art militaire à Nancy.

Le premier titulaire de cette chaire fut M. le commandant Vincent, qui entra en fonctions au mois de février 1874. Dans les propositions faites à cette époque pour l'organisation des cours, le directeur prévoit la nécessité d'adjoindre au professeur, en outre de plusieurs sous-officiers pour les manœuvres, un officier avec le titre de professeur-adjoint. Cet officier fut le capitaine Montignault, qui fut nommé en cette qualité en janvier 1875. M. Vincent reprit du service dans l'armée en 1877, et, le 2 août, M. Montignault fut nommé professeur, charge qu'il conserva jusqu'à sa mort, le 12 mars 1895. Mais le professeur-adjoint ne fut pas remplacé. Cependant, le Règlement de novembre 1876 mentionne pour l'Enseignement militaire un officier et un garde général spéciale-ment chargé de surveiller les exercices de tir ; ce garde général ne fut jamais choisi. Les règlements postérieurs ne contiennent plus pour cette partie qu'un professeur ou chargé de cours. L'aide nécessaire au commandant militaire est demandé à l'un des régiments de la garnison de Nancy, qui fournit un adjudant et un nombre variable de caporaux et de sergents. Il en est encore ainsi actuellement, depuis qu'à M. Mon-tignault a succédé M. le lieutenant-colonel Hanet-Cléry.

L'enseignement militaire à l'École de Nancy, créé par M. Vincent, fut définitivement constitué par M. Montignault. Plein d'ardeur pour son métier, extrêmement sympathique aux élèves, ce brave officier, quoique souffrant cruellement d'une blessure reçue à Reischoffen, sut toujours satisfaire aux exigences d'une instruction très complète donnée à la fois aux deux divisions de l'École, sans compter les nombreuses périodes d'exercices auxquelles il devait présider, tant que les agents des compagnies de chasseurs forestiers furent rassemblés à Nancy dans ce but. Il a laissé de son cours des autographies (1) qui témoignent du

(1) *Enseignement militaire ; memento pour les examens définitifs* (Nancy, autogr. Royer, in-8°, 205 p., 1882). Une seconde édition, qui date de 1888, porte seulement ce titre : *École nationale forestière ; enseignement militaire* (Nancy, autogr. Munier, in-4°, 149 p.). — Les divisions de cet ouvrage sont les suivantes : 1re année, cours de législation, d'administration, de topographie militaire ; 2e année, cours d'artillerie et de fortifications.

Du même auteur : *Conseils à un jeune sous-lieutenant de réserve sortant de l'École forestière* (in-12, Nancy, 1892).

soin minutieux et du zèle qu'il apportait à son service. Mais surtout, il
a su faire passer dans le cœur de tous ceux qui furent sous ses ordres
les sentiments d'ardent patriotisme qui l'animaient et le dévouement
dont lui-même a fait preuve pendant sa trop courte carrière. Le grade
de lieutenant-colonel et la croix d'officier de la Légion d'honneur sont
venus justement récompenser cet excellent professeur et ce vaillant
soldat.

Telle est, dans ses grandes lignes, l'historique de l'enseignement à
Nancy, qui, on le voit, a subi depuis l'origine de nombreuses modifications. Ces changements sont presque toujours intervenus sur l'initiative
du directeur de l'École, le mieux placé par ses fonctions pour apprécier
l'effet des méthodes en vigueur et en proposer l'amélioration. Cette
compétence nécessaire ne fut inscrite au règlement qu'à partir de 1842 :
l'Arrêté ministériel du 25 mars, en réservant à l'Administration centrale
la direction supérieure des études et la décision sur tous les objets qui
s'y rapportent, charge expressément le directeur de l'École de faire
toutes les propositions qu'il juge convenable (art. 9). Ce texte a été
depuis répété dans tous les règlements postérieurs ; l'Arrêté du 12 octobre 1889 (art. 2) y ajoute l'obligation, pour le directeur, de fournir chaque
année un rapport général, rendant compte des résultats obtenus pendant
l'année scolaire, de la situation des études et de tous les faits relatifs
aux progrès de l'enseignement. Ces rapports sont l'occasion naturelle
d'exposer des vues nouvelles, de signaler des changements désirables ;
ils forment un recueil du plus grand intérêt pour l'histoire de l'établissement.

Il était très naturel de faire participer les membres du corps enseignant à cette fonction du directeur : les professeurs qui sont ses
collaborateurs, chacun dans sa partie spéciale, sont aussi ses conseillers
tout désignés, et leurs avis ont une utilité évidente. Il est certain que, de
tout temps, les directeurs ne se firent pas faute de consulter leurs
subordonnés toutes les fois qu'ils avaient à formuler des propositions
importantes ; toutefois, c'est seulement en 1862 que ces consultations
furent officiellement prescrites par la formation du Conseil d'instruction
de l'École. Ce fut un nouvel organe administratif, dont le fonctionnement, assez étroitement limité dans l'Arrêté ministériel du 6 juin 1862
(art. 15 à 17), s'est depuis très largement développé. Tout d'abord, ce
Conseil comprend seulement, avec le directeur, les quatre titulaires des
chaires fondamentales ; les autres fonctionnaires participant à l'ensei-

gnement n'ont voix délibérative que dans les questions qui se rapportent à la branche d'instruction dont ils sont chargés. Le Conseil ne doit se réunir qu'une fois chaque année, généralement après les examens de clôture : assez souvent alors le chef de l'administration, présent à Nancy, en prend la présidence. En 1876, la composition du Conseil d'instruction est plus largement comprise : tous les membres de l'enseignement y assistent au même titre (1). Enfin, à partir de 1887, le Conseil peut être convoqué dans le cours de l'année, sans aucune limitation, toutes les fois que le directeur le juge nécessaire (2). En fait ces convocations sont devenues de plus en plus fréquentes ; elles sont aujourd'hui habituellement mensuelles. En outre des questions très diverses qui s'y traitent et notamment des réorganisations de l'enseignement qui y ont été discutées, le Conseil d'instruction détermine notamment, de concert avec le directeur, l'emploi du temps pour les cours et les exercices pratiques ; il remplit ainsi le rôle dévolu, dans les Universités, aux Conseils des facultés fonctionnant sous la présidence de leurs doyens respectifs.

Bien que le Conseil d'instruction, ainsi organisé, satisfasse à tous les besoins de l'École, on avait encore institué, en 1887, un rouage supplémentaire avec le titre de Conseil de perfectionnement de l'enseignement forestier. Le décret du 12 mars 1887, art. 7, après avoir fait remonter jusqu'au ministre de l'Agriculture la compétence en matière d'enseignement, place à côté de lui ce Conseil, chargé de rechercher les améliorations qu'il conviendrait d'apporter au régime des Écoles forestières. Le ministre préside et les membres de l'assemblée sont : le directeur des forêts, le directeur de l'agriculture, un officier général, trois inspecteurs généraux des forêts, le directeur de l'École de Nancy, un conservateur, et enfin le chef du personnel de l'administration forestière. Nous ne croyons pas que ce Conseil de perfectionnement ait jamais été convoqué ; quoique le décret de 1887 ne soit pas formellement abrogé, cette création ne concorde plus avec l'organisation administrative actuelle ; d'ailleurs son utilité est fort discutable et l'enseignement forestier peut se passer de ce rouage superflu.

(1) Arrêté ministériel du 10 novembre 1876, articles 19-21.
(2) Arrêté ministériel du 12 mars 1887, article 17.

Retour d'un exercice militaire.

APPENDICE

Personnel enseignant de l'École nationale forestière
et agents attachés à cette École depuis sa fondation

NOTICES INDIVIDUELLES

ARTH (Georges-Marie-Florent).
Né à Saverne (Bas-Rhin), le 7 novembre 1853.

A professé la Chimie minérale et organique à l'École forestière en 1888-1889. Chargé d'un cours de Chimie agricole et d'une conférence de Chimie industrielle à la Faculté des Sciences en 1888-1889. Actuellement professeur de Chimie industrielle à cette Faculté.

BAGNERIS (Gustave-Constant-Victor).
Né à Douai, le 18 avril 1825.

Elève de la 24e promotion. Sorti de l'École en 1846 avec le n° 1. En application à Haguenau. Sous-inspecteur à Bitche et à Vouziers.

16

Répétiteur du cours d'Économie forestière à l'École en janvier 1858.
Inspecteur sur place en octobre 1862. Professeur le 6 mai 1865. Sous-
directeur le 12 novembre 1880. Décédé à Nancy le 12 novembre 1881.

Chevalier de la Légion d'honneur le 18 juillet 1876.

BARRÉ (Henri).
Né à Dusseldorf, le 3 février 1810.

Géomètre de 1re classe du cadastre à Troyes en 1842. Attaché, à
Paris, à la Commission d'Aménagement de la Corse. Nommé arpenteur
forestier en 1843, dans la Commission d'Aménagement de Haguenau.
Garde à cheval à Vesoul en 1845. Garde général à Habsheim en 1846,
puis à Saulieu, Montbard, Phalsbourg. Sous-inspecteur des Travaux
d'art à Nancy en 1855. Chargé temporairement du cours de Dessin et de
Constructions à l'École forestière le 17 octobre 1855. Nommé définiti-
vement à ce poste le 10 novembre 1858 avec le grade d'inspecteur.
Professeur du cours de Mathématiques appliquées le 25 octobre 1866.
Admis à la retraite le 3 septembre 1879.

Chevalier de la Légion d'honneur le 25 juillet 1866.

BARTET (Eugène-Valentin-Maxime).
Né à Cessey-sur-Tille (Côte-d'Or), le 16 juillet 1852.

Élève de la 47e promotion. Sorti de l'École en 1873, avec le n° 2. En
stage à l'École forestière. Garde général à Moisans, à Champagnole, à
Nancy-Est le 28 février 1880. Sous-inspecteur sur place le 9 mars 1880.
Attaché à la Station d'expériences de Nancy le 11 mars 1882. Inspecteur
à Bagnères-de-Luchon le 4 mars 1892, à Arbois le 29 février 1896.

BERT (Anne-Pierre-Joseph-Ernest).
Né à Châlon-sur-Saône, le 8 juin 1841.

Élève de la 40e promotion. Sorti de l'École en 1865, avec le n° 1.
(Ancien élève de l'École polytechnique). En application à Autun. Garde
général à Saint-Amand, à Autun. Sous-inspecteur à Carcassonne (Travaux
d'art), en Cochinchine (mission), à Paris (Aménagements, puis Administration centrale). Inspecteur à Sartène. Chargé du cours de Mathématiques à l'École forestière du 7 décembre 1880 au 27 décembre 1882.
Inspecteur à Alger (Service extraordinaire). Conservateur à Constantine

(décembre 1888), à Carcassonne, à Bordeaux. Administrateur des forêts le 12 octobre 1893.

Chevalier de la Légion d'honneur le 5 janvier 1895.

BOPPE (Lucien).

Né à Nancy, le 3 juillet 1834.

Élève de la 31e promotion. Sorti de l'École en 1856, avec le n° 12. En application à Saint-Dié. Garde général à Vézelise. Sous-inspecteur à Moutiers, à Bar-le-Duc (Commission d'Aménagement), à Nancy (octobre 1868). Inspecteur à Nancy le 1er août 1878. Professeur titulaire d'Économie forestière et sous-directeur de l'École forestière le 14 novembre 1881. Directeur de l'École le 12 juin 1893.

Chevalier de la Légion d'honneur en 1889.

BRAMAUD-BOUCHERON (Jean-Baptiste-Charles).

Né à Limoges, le 14 novembre 1809.

Élève de la 8e promotion. Sorti de l'École en 1833 avec le n° 3. En application à Montbrison. Garde général au Puy, à Montbrison, à Chizé. Inspecteur des études à l'École forestière le 16 novembre 1838. Sous-inspecteur, avec les mêmes fonctions, le 5 mars 1840. Quitte l'École en décembre 1842. Termine sa carrière comme conservateur à Tours. Retraité en mai 1874.

Chevalier de la Légion d'honneur.

BROILLIARD (Charles-Jean-Baptiste).

Né à Morey (Haute-Saône), le 4 juillet 1831.

Élève de la 28e promotion. Sorti de l'École en 1853, avec le n° 6. En application à Colmar et au Fays-Billot. Garde général à Briançon, Mouthe, Dompaire, Bains. Sous-inspecteur à Nancy, en novembre 1863. Répétiteur du cours d'Économie forestière à l'École de Nancy le 6 mars 1865. Inspecteur sur place le 29 avril 1870. Conservateur à Mâcon le 16 juillet 1878, à Dijon le 30 décembre 1884. Retraité le 7 novembre 1891.

Chevalier de la Légion d'honneur.

CHASLES (Charles Émile).

Né à Paris, le 28 février 1827.

Professeur à la Faculté des lettres de Nancy (Littératures étrangères). Désigné le 29 novembre 1862 pour un cours de Littérature à l'École forestière. Appelé à la Faculté des lettres de Paris, octobre 1865 (Cours complémentaire des Littératures du Midi), puis inspecteur général de l'Enseignement secondaire (Langues vivantes).

CLAUDOT (Camille-Léon).

Né à Serocourt (Vosges), le 20 février 1869.

Élève de la 55ᵉ promotion. Sorti de l'École en 1881, avec le nᵒ 3. Garde général à la Conservation de Dijon, puis au Fays-Billot. Inspecteur-adjoint à Valence (Aménagements), le 23 avril 1883, puis à Épinal (*idem*). Inspecteur-adjoint sur place, le 25 mars 1889. Attaché à la Station de recherches de l'École forestière, le 4 mars 1892. Membre de la Commission d'Aménagement d'Épinal, le 21 avril 1896.

CRETTIEZ (Jean Mathieu).

Né à Maglans (Haute-Savoie), le 25 juin 1869.

Élève de la 64ᵉ promotion. Sorti de l'École en 1890, avec le nᵒ 1. Garde général à Thonon. Préparateur au laboratoire de l'École forestière, le 7 novembre 1891. Garde général à Vesoul, le 27 octobre 1893 ; à Bourgoin, le 19 novembre 1895.

Licencié ès Sciences naturelles et en Droit.

DOYEN (Pierre-Émile).

Né à Achain (Meurthe), le 17 novembre 1847.

Professeur départemental d'Agriculture à Nancy, le 17 août 1887. A professé l'Agriculture à l'École forestière en 1888-1889. Nommé en 1889 directeur de l'École primaire agricole Descomtes, à Ménil-la-Horgne (Meuse).

FLICHE (Henry-Marie-Thérèse-André).

Né à Rambouillet, le 8 juin 1836.

Élève de la 34ᵉ promotion. Sorti de l'École en 1859, avec le nᵒ 1. En application à Nancy, en mission à Cherbourg. Garde général à Mouzon, à Gérardmer (Commission d'Aménagement). Attaché à l'École le 28 mars 1865 (chef du cantonnement de Nancy-Ouest). Sous-inspecteur et répétiteur du cours d'Histoire naturelle, le 25 octobre 1866. Inspecteur le 16 décembre 1878. Professeur titulaire du cours de Sciences naturelles le 12 novembre 1880.

Chevalier de la Légion d'honneur le 6 janvier 1894.

FLOTRON (CHARLES).

Nommé professeur de Langue allemande à l'École forestière, le 19 février 1828. Démissionnaire le 31 octobre 1830.

GEBHART (ÉMILE).
Né à Nancy, le 19 juillet 1839.

Professeur de Littérature étrangère à la Faculté des Lettres de Nancy. Chargé du cours de Littérature à l'École forestière, du 31 octobre 1865 au 6 avril 1871. Professeur de Littérature étrangère à la Sorbonne depuis le 1er janvier 1880.

GERSCHEL (JULES).
Né à Wissembourg, le 3 novembre 1832.

Professeur d'Anglais et d'Allemand au Collège de Melun, 1855. Suppléant chargé de cours au Lycée de Coutances, 1861 ; au Lycée de Metz, 1862. Professeur d'Anglais et d'Allemand au Lycée de Vesoul, 1863 ; au Lycée de Metz, 1864-1871 ; puis au Lycée de Versailles.

Professeur d'Allemand à l'École forestière, le 27 septembre 1871. Admis à faire valoir ses droits à la retraite le 14 avril 1888, et chargé des leçons d'Allemand à partir du 20 avril, dans les conditions du Règlement du 12 mars 1887.

GOMIEN (ALPHONSE-ÉMILE).
Né à Nancy, le 9 février 1836.

Élève de la 33e promotion. Sorti de l'École en 1858, avec le n° 6. En application à l'Administration centrale (École des Ponts et Chaussées). Garde général à Colmar. Attaché à la Commission d'Aménagement de la forêt de Haye en janvier 1860. Garde général au cantonnement de Nancy-Est de juin 1864 à mars 1866. En disponibilité, avril 1867.

GRANDEAU (Louis-Nicolas).
Né à Pont-à-Mousson, le 28 mai 1834.

Professeur de Chimie agricole à la Faculté des Sciences de Nancy. Directeur de la Station agronomique de l'Est. Nommé le 27 septembre 1871 chargé du cours d'Agriculture à l'École forestière, cours supprimé en septembre 1889. Nommé professeur honoraire le 10 janvier 1890. Actuellement professeur d'Agriculture au Conservatoire des Arts et Métiers.

Officier de la Légion d'honneur.

GRENIER (Pierre-Lucien).
Né à Belleville (Meurthe), le 25 janvier 1855.

Licencié ès Sciences mathématiques. Nommé préparateur du laboratoire de Chimie de l'École forestière, le 1ᵉʳ novembre 1882. Chargé des manipulations de Chimie et des conférences de Physique météorologique et de Chimie agricole, le 9 septembre 1886. Décédé le 11 novembre 1888.

GUÉRIN (Alexandre-Edmond).
Né à Nancy, le 25 septembre 1848.

Élève de la 45ᵉ promotion. Sorti de l'École en 1870, avec le nᵒ 2. En stage à Rambervillers. Garde général sur place ; puis à Auxonne, Monthermé ; sédentaire à Lons-le-Saulnier. Sous-inspecteur sur place le 29 août 1879. Répétiteur du cours de Mathématiques à l'École forestière le 27 octobre 1882. Décédé le 18 mars 1883.

GUICHET (Maurice-Anselme-Victor).
Né à Paimbœuf, le 26 octobre 1856.

Sorti de l'École en 1878, avec le nᵒ 1. En stage à Sedan. Garde général sur place, le 23 janvier 1880 ; puis à Fontenay, à Baugé. Répétiteur du cours de Droit à l'École forestière le 19 juillet 1883. Inspecteur-adjoint sur place, le 9 juillet 1884. Rédacteur à l'Administration centrale le 14 novembre 1889. Inspecteur à Darney le 23 novembre 1895.

Docteur en Droit en 1887.

GUYOT (Marie-Charles-Eugène).
Né à Mirecourt, le 4 novembre 1845.

Élève de la 42ᵉ promotion. Sorti de l'École en 1867, avec le nᵒ 2. En stage à Mirecourt. Garde général à Dompaire. Attaché à l'École forestière le 6 juin 1873. Sous-inspecteur, professeur-adjoint du cours de Droit, le 27 mai 1876. Inspecteur, professeur de Droit, le 13 juillet 1883. Professeur titulaire, le 12 octobre 1889. Sous directeur de l'École, le 14 juin 1893.

Docteur en Droit en 1876.

HENRY (AUGUSTE-EDMOND).

Né à Ugny (Meuse), le 7 novembre 1850.

Élève de la 47ᵉ promotion. Sorti de l'École en 1873, avec le n° 6. En stage à l'École forestière. Garde général attaché à l'École, le 11 novembre 1874. Sous inspecteur sur place, le 9 novembre 1880. Répétiteur du cours de Sciences naturelles, le 13 novembre 1880. Inspecteur sur place, le 22 août 1892.

Licencié ès Sciences naturelles, 16 juillet 1879.

HANET-CLÉRY (LOUIS-ERNEST).

Né à Bordeaux, le 31 mars 1837.

Chef de bataillon d'infanterie en retraite. Nommé le 7 mai 1895 professeur d'Enseignement militaire et commandant militaire de l'École. Lieutenant-colonel à la suite du 41ᵉ régiment territorial (Décret du 4 mars 1896).

Officier de la Légion d'honneur.

HINSCHLIFFE (GEORGE).

Nommé professeur de Langue allemande à l'École forestière, le 19 novembre 1830. Démissionnaire le 3 novembre 1838.

HUFFEL (GUSTAVE).

Né à Haguenau, le 4 février 1859.

Élève de la 55ᵉ promotion. Sorti de l'École en 1881, avec le n° 6. En stage à Orchamps, puis titulaire du cantonnement le 30 septembre 1882. Garde général à Grenoble, Pont-à-Mousson (28 mars 1885). Inspecteur-adjoint à Gap (10 septembre 1887), puis à Montmédy. Mis à la disposition du Gouvernement roumain, 13 octobre 1888. Inspecteur-adjoint, chargé du cours d'Aménagement à l'École forestière, le 12 octobre 1889.

JOLYET (Antoine-Marie-Augustin).

Né à Plancher-les-Mines (Haute-Saône), le 29 juillet 1867.

Élève de la 63ᵉ promotion. Sorti de l'École en 1889, avec le nᵒ 2. Garde général à Lille. Préparateur au laboratoire de l'École forestière, le 12 octobre 1889. Garde général à Saint-Sauveur, le 12 mars 1892, puis à Héricourt. Préparateur au laboratoire de l'École forestière, le 27 octobre 1893. Inspecteur-adjoint à la Station de recherches et d'expériences de l'École, chargé en outre du service du laboratoire, 12 avril 1897.

Licencié ès Sciences naturelles, 11 juillet 1891.

LAMOUREUX (Jean-Baptiste François-Xavier).

Né à Nancy en 1766.

Docteur en Médecine. Ancien professeur de Langues anciennes à l'École centrale du département. Professeur d'Histoire naturelle à l'École forestière, du 20 octobre 1826 au 15 octobre 1838. Mort à Nancy en 1852.

LANIER (Timoléon-Quentin).

Né à Metz, le 2 décembre 1808.

Élève de la 7ᵉ promotion. Sorti de l'École en 1832, avec le nᵒ 4. En application à Sarreguemines. Sous-inspecteur en novembre 1842, chargé des fonctions d'inspecteur des études à l'École. Inspecteur à Sarrebourg en janvier 1845 ; puis maintenu à l'École comme inspecteur des études. Inspecteur à Metz en décembre 1857. Retraité le 1ᵉʳ avril 1871.

LARRIEU (Jean-François-Maximien).

Né à Pau, le 15 décembre 1810.

Élève de la 9ᵉ promotion. Sorti de l'École en 1834, avec le nᵒ 6. En application à Blois. Garde général à Chinon. Inspecteur des études à l'École forestière, le 16 novembre 1838. Sous-inspecteur le 5 décembre 1840, restant chargé des mêmes fonctions. Inspecteur à Baccarat en janvier 1845 ; à Bordeaux en mai 1849. Retraité en décembre 1868.

LAURENT (Paul).

Né à Paris, le 29 novembre 1794.

Ancien élève de l'École polytechnique. Maître de Dessin à l'École forestière, le 1ᵉʳ janvier 1825. Professeur de Constructions forestières, le

27 décembre 1838. Inspecteur, le 4 avril 1846. Admis à la retraite le
1er février 1856. Décédé à Saint-Amé (Vosges), en 1862.

LORENTZ (BERNARD).
Né à Colmar, le 25 juin 1775.

Sous-inspecteur des Forêts à Mayence, le 12 floréal an VII. A Ribeauvillé, en 1806. A Wissembourg, en 1814. A Pontarlier, en 1817. Inspecteur à Caudebec, en 1820. A Saint-Dié, le 11 décembre 1820. Directeur
de l'École forestière de Nancy, professeur d'Économie forestière et de
Jurisprudence à cette École, le 1er décembre 1824. Administrateur des
Forêts le 1er octobre 1830. Mis à la retraite le 15 septembre 1839. Mort à
Colmar, le 5 mars 1865.

Chevalier de la Légion d'honneur le 25 mai 1825.

MABARET (JOSEPH-ANTOINE).
Né à Saint-Léonard (Haute-Vienne), le 23 mars 1837.

Élève de la 34e promotion. Sorti de l'École en 1860, avec le n° 8. En
application à Colmar. Garde général à Kaysersberg, à Moulins. Sous-
inspecteur à Rouffach, à Gray. Chargé du cantonnement de Nancy-Est,
du 8 octobre 1874 au 28 février 1880. Inspecteur à Montbéliard, à Gex.
Conservateur à Ajaccio, le 8 novembre 1887.

Chevalier de la Légion d'honneur (pour fait de guerre) en 1871.

MASQUELIER.

Professeur de Mathématiques à l'École forestière, du 1er janvier 1825
au 15 novembre 1834.

MASSON-FOUR

Professeur d'Histoire naturelle à l'École forestière, en décembre
1824. Démissionnaire le 26 septembre 1826.

MATHIEU (ANTOINE-AUGUSTE).
Né à Nancy, le 12 mars 1814.

Élève de la 10e promotion. Sorti de l'École en 1835, avec le n° 1. En
application à Colmar. Garde général à Haguenau. Professeur d'Histoire
naturelle à l'École, en novembre 1838. Inspecteur, avec les mêmes

fonctions, en février 1851. Sous-directeur de l'École, le 6 mars 1865. Conservateur, avec les mêmes fonctions, le 30 juin 1874. Retraité le 27 septembre 1880. Décédé à Nancy, le 13 novembre 1890.

Chevalier de la Légion d'honneur, août 1863.

Officier en 1878.

MEAUME (ÉDOUARD).

Né à Rouen, le 20 janvier 1812.

Professeur à l'École forestière, le 5 avril 1842. Sous-inspecteur (avec les mêmes fonctions), le 22 avril 1847. Inspecteur (*idem*), le 12 février 1851. Admis à la retraite le 26 décembre 1873. Décédé à Neuilly, le 6 mars 1886.

Chevalier de la Légion d'honneur en 1856.

MER (PAUL-ÉMILE).

Né à Metz, le 22 mai 1841.

Élève de la 37e promotion. Sorti de l'École en 1862, avec le n° 23. En application à Dôle. Garde général au Châtelard, à l'Isle-Adam, à Chaumont (Commission d'Aménagement). En disponibilité, sur sa demande, le 9 novembre 1871. Attaché à la Station de recherches de l'École, le 24 juin 1886. Inspecteur-adjoint sur place, le 17 avril 1889.

MICHAUD (PAUL-JUSTIN).

Né à Metz, le 26 novembre 1843.

Élève de la 39e promotion. Sorti de l'École en 1864, avec le n° 5. En application à Sarrebourg. Garde général à Ferrette, Munster, Auxonne. Sous-inspecteur à Toulon ; mêmes fonctions à Nancy-Ouest (service de l'École), du 29 janvier 1877 au 25 octobre 1882. Inspecteur à Remiremont, Mirecourt, Lille, Grenoble. Conservateur à Gap, 26 février 1897.

MILLOT (CHARLES).

Né à Nancy, le 22 septembre 1847.

Ancien lieutenant de vaisseau (démissionnaire en 1878). Chargé d'un cours complémentaire de Météorologie à la Faculté des Sciences de Nancy depuis 1883. A professé la Physique météorologique à l'École forestière, en 1888-1889.

MONTIGNAULT (Joseph-Victorin).

Né à Bulligny, près Toul, le 20 juillet 1837.

Élève de l'École spéciale militaire, le 4 novembre 1857. Retraité comme capitaine au 38e régiment d'infanterie, le 8 mars 1874. Professeur-adjoint d'Enseignement militaire à l'École forestière, le 4 janvier 1875. Professeur, le 2 août 1877. Lieutenant-colonel du 12e régiment territorial, le 14 février 1890. Décédé à Nancy, le 12 mars 1895.

Chevalier de la Légion d'honneur le 20 août 1870 (blessé à Reischoffen). Officier le 30 décembre 1884.

NANQUETTE (Pierre-François-Henri).

Né à Revin (Ardennes), le 11 août 1815.

Élève de la 13e promotion. Sorti de l'École en 1838, avec le no 2. En application à Angoulême, à Haguenau. Sous-inspecteur chargé des fonctions d'inspecteur des études à l'École, en mars 1845. Inspecteur, avec les mêmes fonctions, en septembre 1852. Sous-directeur et professeur d'Économie forestière, en novembre 1860. Conservateur et directeur de l'École, le 11 septembre 1864. Inspecteur général des Forêts, admis à la retraite le 27 septembre 1880.

Chevalier de la Légion d'honneur le 7 février 1864. Officier en juillet 1875.

PARADE (Louis-François-Adolphe).

Né à Ribeauvillé (Alsace), le 11 février 1802.

Élève de l'École forestière de Tharand (Saxe), 1817-1818. Garde forestier à Étival, le 27 avril 1822, puis garde-chef à Ormont (Vosges). Garde à cheval et répétiteur du cours d'Économie forestière à l'École de Nancy, le 8 février 1825. Arpenteur, le 18 juillet 1826. Garde général, le 6 mai 1828. Sous-inspecteur, sous-directeur de l'École forestière et chargé du cours de Sylviculture, le 29 octobre 1830. Directeur de l'École, le 26 juin 1838. Mort à Amélie-les-Bains, le 29 novembre 1865.

Chevalier de la Légion d'honneur le 29 avril 1841. Officier le 16 août 1860.

PATÉ (Jacques-Auguste).

Né à Brulange (Lorraine), le 29 juillet 1827.

Élève à l'Institut agronomique de Versailles, de 1848 à 1852. Chargé du cours d'Agriculture à l'École forestière, du 27 novembre 1862 au 6 avril 1871. Décédé à Saint-Max, près Nancy, le 7 avril 1891.

PETITCOLLOT (Nicolas-Émile).
Né à Verdun, le 18 décembre 1845.

Élève de la 41e promotion. Sorti de l'École en 1866, avec le no 21. En application à Wissembourg. Garde général au Thillot, à Étain. Sous-inspecteur le 1er février 1827, à Valence (Reboisements), à Chaumont (Travaux d'art), à Bar-le-Duc. Professeur-répétiteur du cours de Mathématiques à l'École forestière, le 6 avril 1883. Inspecteur sur place, le 15 avril 1884. Chargé de l'inspection des études à l'École, juin 1893.

DE PEYERIMHOFF (Marie-Paul).
Né à Colmar, le 5 octobre 1873.

Élève de la 70e promotion. Sorti de l'École en 1896, avec le no 6. Garde général stagiaire à Senones, le 5 septembre 1896. Attaché à l'École forestière (Service du laboratoire), le 31 décembre 1897.

PUTON (François-Alfred).
Né à Remiremont, le 22 mars 1832.

Élève de la 28e promotion. Sorti de l'École en 1853, avec le no 3. En application à Remiremont. Garde général à la Petite-Pierre, aux Grandes-Ventes, à Dompaire, à Remiremont. Sous-inspecteur à Remiremont (Commission d'Aménagement, puis Service ordinaire). Professeur-adjoint du cours de Droit à l'École, le 7 septembre 1868. Inspecteur (mêmes fonctions), le 3 août 1872. Professeur titulaire du cours de Droit, le 7 février 1874. Conservateur et directeur de l'École forestière, le 23 septembre 1880. Inspecteur général des Forêts (mêmes fonctions), le 6 mars 1882. Mort le 13 mai 1893.

Chevalier de la Légion d'honneur le 10 juillet 1883.
Officier le 31 décembre 1887.

REGNEAULT (Émile-Emmanuel).
Né à Nancy, le 22 avril 1803 (2 floréal an XI).

Docteur ès Sciences mathématiques. Professeur de Mathématiques à l'École forestière, le 8 octobre 1834. Inspecteur (mêmes fonctions), le

6 août 1847. Admis à la retraite le 11 octobre 1866. Décédé à Nancy le 19 août 1870.

Chevalier de la Légion d'honneur le 16 août 1863.

REUSS (Louis-Henri-Eugène-Albert).
Né à Saverne, le 19 décembre 1847.

Élève de la 45e promotion. Sorti de l'École en 1870, avec le n° 1. En stage à Villers-Cotterets. Garde général sur place (Commission d'Aménagement, puis chef de cantonnement). Sous-inspecteur sur place, le 10 octobre 1879. A l'Administration centrale, le 12 avril 1880. Attaché à l'École forestière, le 10 novembre 1880. Répétiteur du cours d'Économie forestière, le 22 juillet 1881. Inspecteur à Alger, le 11 octobre 1889 ; à Fontainebleau, le 13 novembre 1897.

ROUSSEL (Edmond).
Né à Lunéville, le 30 juin 1831.

Élève de la 28e promotion. Sorti de l'École en 1853, avec le n° 9. En application à Lunéville. Garde général à Audun-le-Roman, Guebwiller, Nancy. Sous-inspecteur à Nancy (Commission d'Aménagement), puis à Nancy-Est (Service ordinaire), du 14 mars 1866 au 8 octobre 1874. Sous-inspecteur à Gray à cette date. En disponibilité, sur sa demande, février 1875. Admis à la retraite, novembre 1888.

ROUSSEL (Lucien).
Né à Lunéville, le 10 février 1833.

Élève de la 29e promotion. Sorti de l'École en 1854, avec le n° 7. En application à Lunéville. Garde général à Neuviller, Cirey, Phalsbourg, Haguenau. En disponibilité, avril 1864. Sous-inspecteur, répétiteur du cours de Mathématiques à l'École, le 25 octobre 1866. Inspecteur sur place, 8 juillet 1875. Professeur, le 8 novembre 1879. En disponibilité, sur sa demande, 7 décembre 1880.

DE SALOMON (Dagobert).
Né à Colmar, le 12 août 1783.

Entré comme élève forestier dans les bureaux du conservateur de Strasbourg, en 1801. Garde général à Eguisheim en 1805, à Altkirch en 1813. Sous-inspecteur en 1820, à Château-Salins, Phalsbourg, Abreschwiller, Rouffach. Inspecteur à Wissembourg, en 1825 ; à Colmar, le

6 avril 1829. Directeur de l'École forestière, du 10 septembre 1830 au 11 juin 1838. Conservateur à Colmar jusqu'à sa retraite, le 4 novembre 1851. Décédé à Colmar, le 13 février 1854.

Chevalier de la Légion d'honneur en 1831.

Officier en 1850.

THIÉRY (Edmond-François).
Né à Limey (Meurthe), le 16 septembre 1841.

Élève de la 37e promotion. Sorti de l'École en 1862, avec le n° 14. En application à Colmar. Garde général à Massevaux, Raon-l'Étape, Nancy. Sous-inspecteur sur place, 19 février 1874. Attaché à l'École (même grade), répétiteur du cours de Mathématiques, 3 septembre 1879. Inspecteur sur place, 10 février 1882. Chargé de cours, 27 octobre 1882. Professeur titulaire, le 18 juillet 1887.

TOCQUAINE (François-Melchior).
Né à Remiremont, le 16 février 1802.

Licencié ès Lettres. Substitut à Toul, le 18 novembre 1835. Professeur de Droit à l'École forestière, le 26 novembre 1838. Décédé à Nancy, en mars 1842.

(4 ans et 3 mois de services dans l'Université ; 3 ans et 10 jours dans la magistrature.)

VAGNER (Nicolas).
Né à Nancy, le 4 février 1811.

Professeur d'Allemand au Collège royal de Nancy, du 25 mai 1841 au 17 novembre 1842. Nommé professeur de Langue allemande à l'École forestière, le 13 novembre 1838. Révoqué le 2 juin 1845 (à la suite d'une condamnation politique encourue comme gérant du journal *L'Espérance*). Décédé à Nancy, le 14 avril 1886.

VINCENT (François-Pierre).
Né à Dunkerque, en janvier 1826.

Entré à l'École spéciale militaire le 29 novembre 1844. Chef de bataillon au 109e de ligne, le 22 août 1870. Installé le 23 février 1874 comme chargé de l'Instruction militaire des élèves de l'École forestière. Remplacé dans ses fonctions de professeur le 13 août 1877. Retraité comme colonel du 130ᵉ régiment d'infanterie, le 11 juillet 1884. Décédé à Lille, le 5 juillet 1893.

Chevalier de la Légion d'honneur le 13 août 1859.

Officier le 23 mai 1871.

WILHELM (Michel).

Nommé professeur de Langue allemande à l'École forestière, le 26 janvier 1825. Décédé le 22 janvier 1828.

Excursion dans les Alpes.

(D'après une photographie de M. Fenn.)

CHAPITRE VI

L'Enseignement (*suite*)

Les Collections, les Exercices pratiques.

———

Sommaire : *Formation des collections de l'École. Période antérieure à 1855 ; depuis 1855 jusqu'à nos jours. Conséquences des grandes expositions ; œuvre de M. Mathieu. Distribution des collections dans les bâtiments de l'École. — Bibliothèque. Laboratoires. — Jardin de l'École. — Exercices des élèves au dehors ; la pépinière de Bellefontaine. Cantonnements attachés à l'École ; la Conservation n° 5 bis. Travaux pratiques des stagiaires. — Suppression, en 1882, de la Conservation de l'École. — Création de la Station de recherches et d'expériences. — Missions des professeurs. Excursions des élèves ; les courses, extension progressive.*

A nature toute spéciale des connaissances nécessaires au forestier exige un complément indispensable de l'enseignement oral : les phénomènes que décrit le professeur à ses élèves, les plantes dont ils étudient les besoins, les instruments dont ils auront à se servir, doivent passer sous leurs yeux autrement que par les gravures

17

plus ou moins exactes du livre. Tout ce monde extérieur qui va devenir leur domaine, ils doivent en prendre possession dès l'École et ne pas se borner à de vagues aperçus. En attendant qu'on leur montre la forêt, les élèves doivent trouver à l'École des exemplaires réels qui fixeront leurs idées et seront le meilleur commentaire des leçons. Les professeurs eux-mêmes ont besoin, pour leurs recherches, de collections complètes, de laboratoires, de champs d'expériences, aussi bien que d'une bibliothèque tenue au courant de toutes les publications scientifiques.

Nous allons examiner comment s'est formé à Nancy cet outillage intellectuel, destiné à la fois aux professeurs et aux élèves ; nous verrons ensuite quel parti en a été tiré pour l'enseignement, et nous serons ainsi conduit à préciser de quelle manière et dans quelles proportions les études théoriques et les applications ont été dirigées depuis l'origine de l'École jusqu'à l'époque actuelle.

Trois des cours fondamentaux exigent des collections : les Sciences forestières, les Sciences naturelles et les Mathématiques. Pour les deux premiers surtout, ces collections ont une importance capitale. Aussi nous ne nous étonnerons pas de voir, dès les premières années, cet objet entrer dans les préoccupations du directeur, et tenir dans sa correspondance autant de place que l'organisation des cours et l'installation des bâtiments. En cela, M. Lorentz ne faisait que se conformer aux intentions de l'Administration elle même, car si l'Ordonnance de 1824 est muette sur cet élément essentiel, nous trouvons du moins, dans le Règlement de 1825, un article 8, qui prévoit la formation d'un cabinet contenant une collection des objets nécessaires à l'étude de l'Histoire naturelle, de la Physique et de la Chimie. L'Ordonnance réglementaire de 1827, article 43, parle aussi d'un cabinet d'Histoire naturelle, qui doit se trouver dans la maison affectée à l'École. C'est en vertu de ces textes que les collections de l'École de Nancy ont été créées et ont pris peu à peu le développement que nous constatons aujourd'hui.

Si nous faisons, pour le moment, abstraction de la Physique et de la Chimie, sur lesquelles nous reviendrons plus loin, on voit que, dans les prévisions de l'Administration, il ne s'agit que de collections d'Histoire naturelle. La confusion faite à ce point de vue entre les Sciences forestières et naturelles persista très longtemps, et c'est seulement lorsque la Technologie fut enseignée d'une manière quelque peu approfondie qu'il y eut intérêt à spécialiser. Même actuellement, il y a toute une série de nos collections, et non la moins importante, — les échantillons de bois, — qui est nécessairement une dépendance commune des deux cours. Ceci explique comment ce furent les professeurs d'Histoire naturelle qui eurent une part prépondérante dans l'ensemble de cette organisation.

Bien que la réunion de tant d'objets divers ait été l'œuvre de chaque jour et qu'il soit difficile de suivre pas à pas une aussi longue élaboration, nous pouvons distinguer deux périodes principales, deux étapes assez caractéristiques. D'abord, jusque vers 1855, une série d'acquisitions partielles, forcément restreintes par l'exiguïté des crédits et l'étroitesse des locaux ; puis, concordant avec la première Exposition universelle, effet indirect de cette Exposition et de celles qui l'ont suivie, de larges accroissements, favorisés bientôt par une installation matérielle de plus en plus parfaite.

Au début, ce fut surtout par des dons que se constitua ce *cabinet* mentionné dans nos premiers textes. Les envois sont faits tout d'abord de Paris, soit de l'Administration sans indication de provenance, soit « des administrateurs du Muséum au Jardin du Roi », et cette seconde source est de beaucoup la plus importante. Concurremment, ce sont des particuliers qui s'intéressent à l'École ou qui répondent à des appels du directeur ; plus tard, des agents forestiers, et notamment d'anciens élèves. Les premières caisses dont l'arrivée ait été mentionnée par M. Lorentz proviennent de M. Mougeot, l'éminent naturaliste vosgien : elles contiennent des roches, des fossiles, un herbier des Vosges (octobre 1825). Puis on reçoit de M. Meslier de Rocan des oiseaux empaillés ; du baron Sers, préfet du Cantal, des roches volcaniques du Plateau central, etc. Enfin, on commence quelques achats : en 1826, facture de 57 échantillons de minéraux ; en 1828, sur la demande du docteur Lamoureux, qui a suivi la tournée forestière que les élèves ont faite dans le Palatinat, acquisition à Heidelberg, pour 66 francs, d'échantillons de bois, écorces et fruits, plus cent modèles de cristaux en carton vernissé ; en 1829 et années suivantes, une grosse dépense de 500 francs pour une collection de minéralogie, venant aussi d'Heidelberg et contenant de 5 à 600 échantillons, dont quelques-uns fort rares ; en 1835, 250 francs pour une partie des oiseaux de la collection Richard, de Lunéville. C'est surtout la Minéralogie et l'Ornithologie qui paraissent préoccuper le professeur. Lorsqu'en 1838 M. Mathieu succéda au docteur Lamoureux, il dirigea aussitôt vers l'accroissement des collections ses remarquables aptitudes, mettant lui-même la main à l'œuvre et y consa-

crant une grande partie de son temps. Par ce moyen, on arrivait peu à
peu à former un ensemble plus satisfaisant que ne le ferait croire la
seule énumération des crédits alloués. Ainsi, vers 1845, la dépense varie
entre 350 et 400 francs pour le cabinet d'Histoire naturelle et le laboratoire de Chimie ; en 1851, on descend même jusqu'à 250 francs, vu, dit
le rapport du directeur, le bon état des collections.

Pendant la même période, les collections du cours d'Économie
forestière commençaient à se former, bien lentement, il est vrai, car les
mentions qui les concernent, dans la correspondance du directeur, sont
fort espacées. Ainsi, en 1842, au moyen d'un crédit spécial de 500 francs,
M. Parade fait acheter à Hohenheim des instruments d'exploitation et
de reboisement : haches, scies, semoirs, plantoirs, etc. Du comte Demidoff, qui fait instruire en ce moment un jeune homme à l'École, on
reçoit (1846) des échantillons de bois du gouvernement d'Arkangel (1) ;
de M. Royer, garde général à Blida, 52 échantillons de bois d'Algérie
(1846) ; enfin, en 1853, M. Mathieu demande un crédit pour mettre entre
les mains des élèves des bois façonnés en petits volumes, qui doivent
leur servir à déterminer les essences.

Tout cela ne tenait pas beaucoup de place ; on peut facilement s'en
rendre compte par la médiocre étendue des locaux, qui n'ont pas
changé. C'est au rez-de-chaussée de la maison du directeur que se trouvaient les deux salles affectées aux collections : l'une, sur le jardin, où
se passent maintenant les examens ; l'autre, sur la rue, de l'autre côté
du corridor. M. Parade les avait décorées de très beaux noms : la
première s'appelait salle Buffon (2) ; la seconde, salle Duhamel. De
grandes vitrines garnissaient les murs, et sur les frises se développaient
d'imposantes devises latines (3), réminiscences classiques bien conformes
au goût de cette époque, que partageait pleinement le directeur. Ces
deux salles contenaient donc à la fois Ornithologie et Minéralogie, bois
et instruments ; tout ce qui concernait les Mathématiques, la Physique
et la Chimie, objets dont nous parlerons plus loin, se trouvait renfermé
dans une pièce unique, au rez de chaussée de la maison Bert.

(1) Le comte Demidoff envoyait en même temps de superbes échantillons de minéraux de l'Oural, qui sont un des plus beaux ornements de nos collections.

(2) C'était le nom officiel, mais les élèves ne connaissaient que la salle des Oiseaux.
Aller « aux Oiseaux » était le terme en usage pour désigner le passage des grands
examens, qui avait lieu déjà dans cette salle.

(3) D'un côté : *Arbore sulcamus maria, arbore ædificamus tecta* (Pline, *Histoire
naturelle*, livre XII) ; et de l'autre : *Arbores ornamentum pacis, subsidium belli*.

Mais voici 1855 ; l'ère des Concours et des Expositions universelles va s'ouvrir à Paris, et ces grandes exhibitions auront pour les collections de l'École les plus heureux résultats. Si en 1855 l'École n'expose pas encore, en 1860, 1867, 1878, elle manifeste de plus en plus largement sa vitalité et elle recueille chaque fois des trésors plus nombreux. Aux crédits annuels, médiocres et difficilement dépassés, succèdent des ressources abondantes : pour paraître dignement dans ce que l'on doit appeler les grandes assises du travail et de l'industrie, l'Administration donne sans compter, et l'École, en utilisant cette bonne volonté toute nouvelle, travaille pour son accroissement en même temps que pour le bon renom du service forestier qu'elle représente. Sans méconnaître la part que purent prendre à ces travaux d'autres personnes, nous pouvons dire que M. Mathieu fut à Nancy le grand metteur en œuvre des matériaux puisés dans toutes les forêts de France, qui, après avoir figuré à Paris, sont revenus prendre, dans les galeries de l'École, leur place définitive.

En 1855, M. Parade s'était borné à demander qu'il fût réservé pour l'École une partie des objets exposés au Palais de l'Industrie ; il parvint à obtenir ainsi des collections de bois d'Amérique, de Corse et des colonies françaises, enfin un certain nombre d'instruments des exploitations forestières. Mais, en 1860, il fut décidé que Nancy représenterait la Sylviculture française au « Concours général et national de l'Agriculture ». M. Mathieu fut autorisé à correspondre avec quarante-cinq agents du service actif pour réunir des échantillons de tous les bois de France et d'Algérie, et des crédits qui se montèrent successivement à près de 3,000 francs furent mis à sa disposition. Au mois de juin, tout était prêt : M. Mathieu partait pour Paris en même temps que les caisses contenant les objets préparés par lui. « Depuis six mois, — témoigne M. Parade, — il y travaille avec un zèle qu'on ne saurait trop signaler. » L'organisation sera la même en 1867 et 1878.

Chaque fois, un catalogue imprimé, œuvre de M. Mathieu, décrit avec détails l'exposition forestière ; ces trois publications sont très intéressantes à parcourir : en même temps qu'elles nous montrent la part de l'Administration dans chaque concours, elles peuvent servir à mesurer l'accroissement progressif des collections de l'École. Les *Notices* (1) de 1860 décrivent notamment une collection de 900 articles

_____

(1) *Notices sur l'exposition de l'École impériale forestière au Concours général et national de l'Agriculture, à Paris, en 1860.* — In-8°, 64 pages, Nancy, 1860.

environ, embrassant l'ensemble des bois indigènes et naturalisés, dont les échantillons, recueillis dans toute la France et préparés à l'École, motivent des observations générales sur leurs qualités et leurs modes d'emploi, et sont successivement étudiés sous les rubriques suivantes : bois de marine, de construction, de travail et de chauffage. Ces bois étaient uniformément présentés sous forme de volumes, dont le dos est constitué par l'écorce, tandis que la tranche et le plat, s'étendant jusqu'au cœur de l'arbre, permettent d'étudier sous toutes ses faces l'essence ainsi figurée.

Le *Catalogue raisonné* de 1867 (1) contient d'abord la description de la carte forestière de France. Cette carte, œuvre de patience minutieuse, est déjà mentionnée en 1860 ; mais elle était alors incomplète, parce que les feuilles de l'État-Major, sur lesquelles avaient été reportés les massifs forestiers, étaient loin de comprendre à cette époque l'ensemble du territoire. En 1867, la carte est achevée, les forêts y sont figurées à l'échelle du quatre-vingt millième, et la nature géologique des terrains sur lesquels elles reposent se trouve indiquée par des teintes plates, d'après les travaux de Dufrénoy et Élie de Beaumont.

Vient ensuite une collection de bois sous forme de volumes ; elle est plus importante qu'en 1860 (1,300 échantillons) ; la description en est incomparablement plus précise, elle comprend notamment une colonne pour les densités, résultat de déterminations faites à l'École. Puis, les principales essences forestières sont représentées sous forme de rondelles (223 échantillons), dont les premières avaient été réunies en 1861, lors de la création du chalet Lorentz, et qui depuis avaient été largement augmentées en vue de l'Exposition. Venaient enfin des graines et des fruits, un ensemble de produits forestiers, lièges et écorces, résines et charbons ; des instruments, des plans en relief, et notamment les premières figurations de périmètres de reboisement, œuvre des agents de ce service spécial, mais qui, comme tout le reste, fut attribué aux collections de l'École de Nancy. Les crédits alloués à M. Parade dans les deux exercices 1866 et 1867 permettent d'apprécier l'importance de la préparation qui, dans cet intervalle, incombait à l'École : 11,000 francs environ furent dépensés, y compris les frais de retour, que nous voyons soldés en janvier 1868.

(1) *Exposition universelle de 1867. Catalogue raisonné des collections exposées par l'Administration des Forêts.* — In-8°, 157 pages, Imprimerie impériale, 1867.

Le *Catalogue* de 1878 (1 a été aussi rédigé par M. Mathieu. Cette fois, le programme de l'Exposition, conçu par le directeur général, M. Faré, est beaucoup plus large, et la collaboration des agents du service extérieur s'y manifeste avec plus d'ampleur. Pour nous restreindre aux parties qui intéressent spécialement nos collections ou qui ont motivé surtout l'intervention des agents de l'École, nous citerons d'abord 1,317 échantillons des bois de France et d'Algérie, un herbier forestier en six volumes, 61 cadres renfermant un ensemble de l'Entomologie forestière, le tout préparé par les soins de M. Mathieu. Il faut y joindre une collection paléontologique provenant du gisement de Céreste (Basses-Alpes), signalée par M. Goret, recueillie avec des fonds alloués par l'Administration, étudiée et disposée scientifiquement par M. Fliche; des recherches chimiques sur le sol forestier, par MM. Grandeau, Fliche et Henry; une étude sur le contrôle et la comptabilité des forêts, par M. Boppe; les résultats de onze années d'observations météorologiques poursuivies par M. Mathieu, dans des conditions que nous exposerons plus loin; et enfin une *Statistique forestière de la France.* Cette *Statistique* (2), dont les éléments ont été fournis par tous les agents du service actif, fut élaborée à Nancy par une commission composée de la plupart des professeurs et agents de l'École, sous la présidence de M. Mathieu; parmi ceux qui furent particulièrement chargés de sa rédaction, il faut citer M. Puton, dont l'active intervention permit de mener à bien cette œuvre capitale.

La part faite à Nancy en 1878 était donc considérable. Comme en 1867, les crédits nécessaires furent libéralement accordés; ainsi, en janvier 1878, nous relevons une première allocation de 7,000 francs, qui est loin d'exprimer la totalité des dépenses effectuées. L'École ne recueillit pas seulement les objets exposés par ses soins : l'Administration lui réserva en outre tout ce qui, soit au Champ-de-Mars, soit au Trocadéro, pouvait présenter de l'intérêt pour l'enseignement; c'est ainsi, notamment, que des instruments d'exploitation et des outils, des bois ouvrés, et surtout l'ensemble des plans-reliefs représentant les travaux de reboisement, de correction des torrents et de fixation des dunes, vinrent enrichir les séries déjà commencées à Nancy.

On voit, par ce rapide exposé, comment, grâce aux Expositions, les

---

(1) *Exposition universelle de 1878. Catalogue raisonné des collections exposées par l'Administration des Forêts.* — In-8°, 224 pages, Imprimerie nationale, 1878.

(2) Deux volumes in-4°, plus un atlas. Imprimerie nationale, 1878-1879.

collections de l'École ont pu s'accroître depuis 1855 dans une énorme proportion. En même temps, l'installation de cette masse d'objets divers était devenue possible, grâce à l'extension des bâtiments, réalisée surtout pendant la direction de M. Nanquette, comme nous l'avons vu dans un chapitre précédent. Cette progression parallèle ne doit pas être perdue de vue dans l'histoire qui nous occupe, afin de reconnaître à chacun sa part de mérite : c'est en vain qu'auraient travaillé M. Mathieu et ses collaborateurs, si M. Faré et M. Nanquette n'étaient pas venus donner à l'œuvre entreprise son cadre indispensable.

En dehors des Expositions dont nous venons de parler, l'École a reçu pour ses collections, pendant cette période, soit par dons, soit par acquisitions séparées, des objets d'importances très diverses, que nous ne devons pas oublier, mais qu'il est impossible d'énumérer séparément dans notre texte. Nous nous bornerons donc à les consigner en note, par ordre de matières, dans un tableau d'ensemble que l'on trouvera plus loin. Auparavant, nous allons cependant nous arrêter sur la troisième branche des collections de l'École, que nous n'avons fait encore qu'indiquer : celle qui concerne les Mathématiques appliquées.

A l'origine, comme la Physique entrait dans le plan d'enseignement de l'École, c'est pour la constitution d'un cabinet de Physique que sont faites les premières dépenses. En 1825 et 1826, plusieurs caisses d'instruments arrivent successivement de Paris ; elles sont reçues par les professeurs Masquelier et Laurent, qui ont recours aux conseils de M. de Haldat, alors inspecteur d'Académie à Nancy, dont la notoriété comme physicien était grande. Il est même remarquable que les sommes allouées pour la Physique sont plus considérables que celles destinées au même moment à l'Histoire naturelle : ainsi, en août 1830, on solde à Pixii, constructeur à Paris, une facture de 886 francs. En 1842, l'étude de la Physique disparaissait des programmes de Nancy : on garda encore quelques années le « cabinet », devenu inutile ; puis, il fut question de le céder à la ville de Pont-à-Mousson, pour son collège ; en définitive, il fut vendu en 1851 à M. Gaiffe, opticien, pour une somme très minime.

Quant aux autres parties des Mathématiques, tant que dura la distinction des deux chaires de Constructions et de Mathématiques proprement dites, chacune conserva séparément une collection nécessaire à son enseignement. Celle qui correspond aux Constructions forestières n'a jamais été bien nombreuse ; on peut y rattacher des modèles de scieries qui, à plusieurs reprises, furent construits pour l'École ; ainsi, en 1857, la réduction d'une scierie à turbine horizontale fut exécutée par un préposé des Vosges ; en 1864, deux autres types de ces usines forestières furent payés 1,600 francs. Les reliefs de torrents, qui contiennent la figuration des différents barrages et autres ouvrages d'art, et qui nous sont arrivés si nombreux depuis 1867, peuvent aussi être rangés dans cette catégorie. Le cours de Stéréométrie ou de Cubage, qui dépendait à l'origine, comme maintenant, de la chaire de Mathématiques, comporte une collection nombreuse d'appareils, simples ou compliqués, dont la série se continue, depuis l'instrument inventé par M. Masquelier, qui fut considéré en son temps comme une perfection, jusqu'au dendromètre Raoult et d'autres aussi savants. En cette matière, les inventeurs ne se lassent pas de produire, de sorte que l'École possède un musée assez complet de ces objets, qui tous ont eu leur moment de vogue, mais dont la plupart sont rarement utilisés.

Une dernière partie, et non la moins importante, des collections du cours de Mathématiques, comprend les instruments de Topographie et de Géodésie. C'est là aussi que l'on trouve une sorte de musée historique, depuis les boussoles et les graphomètres de 1826 jusqu'aux planimètres et aux instruments stadimétriques qui caractérisent la Topographie actuelle. Les transformations de la boussole-éclimètre, celles des théodolites qui ont successivement servi aux triangulations, ressortent ainsi parfaitement, de même qu'elles se trouvent mentionnées dans la correspondance des directeurs, à propos des crédits, souvent considérables, alloués dans ce but.

Depuis 1878, l'accroissement des collections de l'École, qu'il s'agisse de la Sylviculture, des Sciences naturelles ou des Mathématiques, n'a plus été aussi rapide. D'abord elles ont souffert en 1884, par suite de l'obligation, imposée par ordre supérieur, d'en faire figurer une partie à l'Exposition des Arts décoratifs, à Paris. De nombreuses détériorations furent la conséquence de ce voyage ; la belle suite d'instruments d'exploitation dont la réunion avait été autrefois si laborieuse, est notamment revenue sans étiquettes, et a ainsi perdu beaucoup de sa valeur. Les quelques objets attribués à l'École après cette Exposition sont loin de compenser le dommage. Maintenir les collections au lieu où elles ont été formées devrait être une règle absolue, à laquelle il ne faudrait apporter aucune exception.

Après la part brillante prise par l'École à l'Exposition de 1878, on pouvait s'attendre à voir continuer en 1889 une participation si profitable pour son enseignement. Et en effet, dès 1886, on s'inquiéta de décider sous quelle forme le concours des professeurs serait utilisé. Il parut inutile de renouveler l'œuvre si brillamment exécutée précédemment par M. Mathieu et ses collègues : on dut se borner, dans cet ordre d'idées, à un herbier sous verre, à un ensemble d'échantillons représentant les difformités et les maladies des arbres, enfin à des cadres comprenant les insectes nuisibles aux bois, avec l'indication de leurs ravages. Mais l'effort devait surtout porter sur une série importante de publications de nature à faire connaître le mérite et l'étendue de l'enseignement de Nancy : l'autographie de tous les cours de l'École, une Bibliographie forestière ancienne et moderne, constituaient les deux articles essentiels du programme. Seulement, lorsqu'on se rendit compte des frais que nécessitaient ces travaux, les crédits nécessaires parurent trop énormes et ne furent pas alloués ; les cours, déjà partiellement rédigés, ne furent point autographiés ; quant à la Bibliographie, achevée grâce au labeur prolongé de tous les fonctionnaires de l'École, elle forme quatre gros in-folios qui sont restés manuscrits. Une simple différence de chiffres montre bien à quel obstacle vint se heurter la bonne volonté des professeurs : au lieu des dépenses considérables autorisées en 1867 et 1878, une médiocre somme de 2.519 francs comprend l'ensemble des crédits accordés.

L'augmentation alors réalisée par les collections fut relativement assez faible. Sans doute, les objets envoyés de Nancy revinrent à l'École, et pour le cours de Technologie notamment, ils constituent un appoint intéressant. Sans doute aussi, nous recueillîmes à cette époque, par un don spécial de l'auteur, une très belle collection mycologique de M. d'Arbois de Jubainville, sans compter des échantillons remarquables de Paléontologie végétale, etc. Mais de nombreuses séries intéressant la Sylviculture, la Technologie forestière et la Restauration des montagnes, qui eussent dû trouver leur place à Nancy, furent distribuées ailleurs.

Avec cette dernière étape, nous avons fini de décrire les phases essentielles d'accroissement de nos collections et d'indiquer leurs provenances principales. Nous renvoyons pour le détail au tableau qui les comprend dans leur ensemble (1). Il nous suffira maintenant de donner une description sommaire des locaux qui servent à abriter ces collections et de leur affectation actuelle ; à ce dernier point de vue, nous

---

(1) Voir *infrà*, page 268.

nous bornerons à quelques mentions : nous avons déjà parlé de ces locaux au chapitre concernant les bâtiments ; ensuite, il serait inutile d'être plus précis, à cause des remaniements probables qui se poursuivront dans un avenir prochain.

Aujourd'hui, les collections de l'École forment quatre groupes principaux. Le premier de ces groupes occupe les quatre salles des galeries Mathieu, au rez-de-chaussée du pavillon Faré : c'est là le domaine de la Minéralogie et de la Paléontologie, puis des bois exotiques, enfin des oiseaux et des mammifères. Le second groupe se trouve au premier étage du pavillon Nanquette ; nous y rencontrons d'abord, dans le laboratoire du professeur de Sciences naturelles, divers objets importants relatifs à ce cours ; plus loin, dans des salles aménagées pendant la direction de M. Puton, tout ce qui concerne la Botanique, l'Entomologie et la Mycologie. Devant le laboratoire de Chimie, deux salles sont consacrées aux instruments de Mathématiques et aux modèles du cours de Constructions forestières. Tout auprès, s'ouvre le pavillon de Mahy ; on y voit en entrant des plans-reliefs de massifs forestiers, des figurations de torrents et de dunes, tout un ensemble de démonstrations nécessaires au cours de Restauration des montagnes ; plus loin, la série des rondelles de bois indigènes, les volumes de ces mêmes essences, et enfin une dernière collection de bois exotiques. Le dernier groupe se forme actuellement au pavillon Daubrée ; deux grandes galeries de dimensions égales s'étendent de chaque côté du *hall* central, encore inoccupé : dans l'une, les spécimens de débits et bois ouvrés qui remplissaient auparavant l'ancien chalet Lorentz ; dans l'autre, les maladies des bois et les différents produits des industries forestières.

Le tableau qui suit permettra d'ailleurs de mieux apprécier la variété et la disposition de tous ces objets que nous n'avons pu qu'énumérer rapidement et qu'il importe de détailler surtout en ce qui concerne les Sciences forestières et naturelles.

TABLEAU des principaux objets composant les Collections de l'Ecole (Sciences naturelles et forestières).

DESCRIPTION DES OBJETS	PROVENANCE	PLACE QU'ILS OCCUPENT ACTUELLEMENT
Minéralogie (Echantillons des principaux minéraux de France et de l'étranger).	Dons divers et acquisitions de M. Mathieu. (Principaux fournisseurs : Marande, à Remiremont et Pisani, à Paris).	Galeries Mathieu, salle d'entrée sur la cour.
Id. (Echantillons de sols forestiers).	Collection formée par M. Henry.	Pavillon de Mahy, 1re salle.
Géologie (Echantillons d'animaux fossiles).	Recueillis en partie par M. Mathieu : le reste acheté.	Galeries Mathieu, 2e salle à gauche sur la cour.
Id. (Paléontologie animale et végétale).	Collection formée à l'Ecole.	Id. 2e salle sur la rue.
Id. (Paléontologie végétale).	Dons divers : M. Jutier, ingénieur : M. Fabre, inspecteur à Autun ; M. Grandeury, professeur à l'Ecole des Mines de St-Etienne, corresp. de l'Institut, etc.	Id. 3e salle sur la cour.
Id. (Paléontologie végétale, collection de Céreste).	Exposition de 1878. Don de l'Administration.	Id. Id.
Id. (Paléontologie végétale, terrain houiller et grès verts).	Exposition de 1889. Don de l'Administration.	Id. Id.
Carte forestière de France.	Faite à l'Ecole sous la direction de M. Mathieu. Exposition de 1867.	Id. Salle de droite sur la cour.
Zoologie (Mammifères : principaux habitants des forêts de France).	Dons et acquisitions (Les petites espèces seules se trouvaient dans l'ancienne salle Buffon).	Id. 3e salle sur la rue.
Id. (Ornithologie).	Collection formée à l'Ecole (Le principal préparateur de M. Mathieu a été Mayer, naturaliste à Nancy).	Id. 2e salle sur la rue.
Id. (Œufs des oiseaux de France).	Collection formée par M. Mathieu.	Id. 2e salle à gauche sur la cour.
Id. (Poissons des cours d'eau de France).	Id.	Id. Id.
Id. (Entomologie, types principaux).	Collection d'étude, formée pour l'Ecole par M. Mathieu.	Id. Id.
Id. (Entomologie, grande collection complète, sauf les Lépidoptères).	Collection particulière de M. Mathieu. Donnée à l'Ecole, par son gendre et sa fille, M. et Mme François.	Pavillon Nanquette, 1er étage.
Id. (Entomologie, ravages des insectes nuisibles aux forêts).	Collection formée par M. Henry (Exposition de 1889).	Id. Id.
Botanique (Herbier forestier).	Commencé par M. Mathieu, augmenté par des dons divers, notamment de M. Grandeau et de M. Lambert (pour l'Algérie).	Pavillon Nanquette, laboratoire du prof. de Sciences naturelles.
Id. (Stirpes cryptogamarum Vogeso - rhenanarum).	Don de M. Mougeot, de Bruyères.	Id.
Id. (Collection mycologique).	Don de M. d'Arbois de Jubainville (Exposition de 1889).	Pavillon Nanquette, 1er étage.
Id. (Coupes de bois de Nordlinger, ex. complet).	Acquisition.	Laboratoire du professeur de Sciences naturelles.
Id. (Coupes microscopiques de bois, clichés phot.)	Don de M. Thil (Exposition de 1889).	Id. Id.
Id. (Collection carpologique, essences indigènes)	Formée à l'Ecole.	Galeries Mathieu, 1re salle sur la rue.

DESCRIPTION DES OBJETS	PROVENANCE	PLAGE QU'ILS OCCUPENT ACTUELLEMENT
Botanique (Collection de graines agricoles et pastorales).	Don de la maison Vilmorin, de Paris.	Galeries Mathieu, salle de droite sur la cour.
Id. (Collection de fruits et graines de cycadées).	Don du Jardin botanique de Kew (Angleterre).	Id. 1re salle sur la rue.
Bois indigènes (Grande collection de rondelles).	Commencée dès 1861, au chalet Lorentz, successivement complétée depuis.	Pavillon de Mahy, 2e salle.
Id. (Coll. de volumes.)	Id.	Id. Id.
Bois exotiques (Rondelles, planches et tiges : Canada, Japon, Indes, etc.	Exposition de 1878.	Id. Id.
Id. (Collection de volumes : Mexique et colonies espagnoles).	Exposition de 1855.	Galeries Mathieu, salle de droite sur la cour.
Id. (Collection de volumes : Réunion, Australie, Brésil).	Expositions de 1867 et 1878.	Id. Id.
Id. (Collection de volumes : Guyane).	Don de M. Fliche, ingénieur des constructions navales, 1867.	Id. Id.
Id. (Collection de volumes : Indes anglaises).	Splendide collection, préparée par les agents du service des Indes sur les indications de M. Mathieu, exposée à Paris en 1878, puis donnée à l'Ecole par le Gouvernement anglais.	Id. 1re salle sur la rue.
Id. (Collection de volumes : Japon).	Exposition de 1878.	Id. Id.
Id. (Collection de volumes : Amér. du Nord).	Exposition de 1878. Don de M. Sargent.	Id. Id.
Id. (Collection de volumes : Divers).	Dons, provenant surtout du Muséum d'histoire naturelle de Paris (MM. Brongniart et Bureau).	Id. Id.
Technologie : Débits des bois.	Collection formée à l'Ecole.	Pavillon Daubrée, galerie de gauche.
Id. Outils des exploitations forestières.	Acquisitions à l'étranger et dons à la suite des expositions universelles.	Id. Id. et Pavillon de de Mahy, 2e salle.
Id. Bois ouvrés.	Dons divers (provenant surtout d'expositions régionales).	Id. Galerie de gauche.
Id. Signaux des bois de marine.	Don de l'Administration (vers 1857).	Id. Galerie de droite.
Id. Liéges, résines, produits chimiques, divers.	Exposition de 1878 (Don de l'Administration).	Id. Id.
Id. Défauts des bois.	Collection formée à l'Ecole par M. Boppe et Exposition de 1889.	Pavillon Daubrée, galerie de droite.
Id. Défauts des bois.	Collection Colombain. Don de la Compagnie P. L. M.	Id. Id.
Id. Effets de l'élagage sur les feuillus.	Collection Martinet. Exposition de 1878.	Id. Id.
Modèles et plans (Plans-reliefs de forêts, torrents, périmètres de reboisement).	Exposition de 1878 (Don de l'Administration).	Pavillon de Mahy, 1re salle
Id. (Dunes de La Coubre).	Id. (Don de l'Administration et de M. de Vasselot).	Id. Id.
Id. (Modèles de scieries).	Exécutés à des dates diverses, au moyen de crédits spéciaux.	Id. Id.
Id. (Modèle du vaisseau de ligne le « Montebello ».	Don du ministère de la marine, 1857.	Id. Id.

On peut se rendre compte, par cette description sommaire, des richesses de l'École forestière. Elles sont considérables ; elles servent très efficacement aux études des professeurs et à l'instruction des élèves. Elles doivent nécessairement s'accroître, car il est de la nature des collections de ne jamais être complètes ; ce sera l'œuvre de l'avenir. Pour le présent, il est plusieurs améliorations dont la réalisation est urgente : en premier lieu, nous manquons d'un inventaire méthodique, classant chaque objet d'après sa nature et sa provenance ; ce catalogue permanent, qui devra être ensuite tenu à jour, se poursuit actuellement, aussi vite que le permet le personnel restreint dont l'École dispose. La seconde amélioration doit consister dans un groupement plus didactique, que l'étroitesse des locaux a pendant longtemps rendu très difficile ; il conviendrait que chaque branche de l'enseignement eût sa collection distincte, sans mélange d'objets dépendant des services voisins, et placée immédiatement dans les attributions de chaque professeur. L'utilisation toute récente de la nouvelle galerie Daubrée rend déjà possible une meilleure répartition dans ce sens ; il en résulte, de plus, des places libres dans la plupart des salles, qui seront prêtes à recevoir les adjonctions que la prochaine Exposition ne peut manquer de nous valoir : car il faut espérer que, dans l'histoire de nos collections, 1900 sera une date importante, aussi bien marquée que l'a été 1878. Enfin, par-dessus tout, l'entretien de ce matériel si varié doit être confié à un conservateur spécial, qui en ait la responsabilité, qui puisse y consacrer le temps et l'argent nécessaires ; sinon, tous ces objets, si laborieusement rassemblés, mais que menacent tant d'ennemis, sont voués à une destruction rapide.

A côté des collections, que nous venons de parcourir, se trouve la bibliothèque, dont l'importance est aujourd'hui très grande. Elle aussi a commencé dès l'origine de l'École et s'est successivement augmentée ; seulement, à la différence des collections proprement dites, c'est surtout par voie d'achats qu'elle s'est constituée, bien que nous puissions relever aussi, en ce qui la concerne, un certain nombre de libéralités ; les envois d'auteurs, notamment, sont de plus en plus fréquents. Tout d'abord, le directeur se bornait à demander à Paris les ouvrages les plus nécessaires aux professeurs pour la préparation de leurs cours. C'est ainsi qu'à partir de 1825 on reçoit, par envois successifs, les œuvres de Hartig, le dictionnaire de Baudrillart, etc. Puis, le directeur est autorisé à faire des propositions annuelles, qui comprennent des

La collection des rondelles, au pavillon de Mahy.

listes de livres assez longues : il peut ainsi acheter pour 555 francs en 1832, pour 456 francs en 1834. Un crédit spécial pour la bibliothèque se trouve ensuite annuellement prévu, dans le crédit général du matériel de l'École ; ce crédit est pendant longtemps de 3 à 400 francs, pour abonnements aux publications périodiques, reliures et quelques achats. Il monte à 600 francs en 1865, à 1,000 francs en 1876 ; il est actuellement de 1,500 francs pour l'ensemble des dépenses du service.

Des acquisitions extraordinaires ont, de plus, été possibles en différentes circonstances, grâce à des crédits particuliers : c'est ainsi qu'à la mort de M. Tocquaine, beaucoup d'ouvrages nécessaires pour l'étude du droit, tels que ceux de Merlin, Duvergier et Dalloz, constituèrent un premier fonds, largement augmenté depuis ; de même en 1862, lorsque fut vendue une importante collection de livres anciens réunie par un agent forestier, M. Grandjean d'Alteville, l'École eut une partie de ceux concernant la Sylviculture et le Droit. Enfin c'est par le même moyen que, depuis quelques années, des suites de publications relatives aux Sciences naturelles, interrompues vers 1888 à cause de la réduction des crédits du matériel, peuvent être complétées.

Quant aux dons, en outre des envois d'auteurs dont nous avons déjà parlé, ils proviennent surtout des Ministères, qui font profiter l'École de la plupart des publications officielles intéressant les Forêts. C'est à partir de 1853 que des envois sont faits régulièrement de Paris ; par ce moyen ont été réunies, par exemple, les importantes séries de cartes du Ministère de la Guerre, les cartes géologiques de la France et les descriptions qui les accompagnent, en même temps que de nombreux ouvrages de statistique. Quelques libéralités provenant de particuliers sont venues aussi augmenter certaines sections : ainsi, en 1861, à la mort du comte de Buffévent, qui a laissé dans le monde forestier un nom respecté, — l'un de ceux qui, en 1851, intervinrent efficacement en faveur de l'École menacée, — son neveu, M. Liffort, fit don de 150 volumes de sa bibliothèque, la plupart en allemand. Enfin, de l'étranger, les envois gratuits prennent une certaine importance : le Ministère des Indes anglaises, auquel nous sommes redevables de si riches collections de bois, doit être aussi nommé en première ligne, en ce qui concerne les livres (1) ; de même les États-Unis d'Amérique, le Gouvernement impérial de Russie, l'Italie, la Roumanie et l'Espagne.

(1) Notamment pour les *Palœontologica indica*, etc.

L'installation matérielle de cette bibliothèque s'est améliorée peu à peu, au fur et à mesure de son accroissement. On lui a consacré, tout d'abord, la troisième salle du rez-de-chaussée du pavillon de la Direction, concurremment avec une partie des collections. En octobre 1848, le directeur expose que la bibliothèque comprend un certain nombre de rayons ouverts, et que les élèves qui fréquentent les collections peuvent y déplacer les livres, ce qui constitue un grave inconvénient; on y remédie par la construction d'armoires fermées à clef, avec des volets garnis de treillis en laiton. Cette distribution a toujours été continuée depuis, même après que le transfert des collections eût permis de réserver exclusivement aux professeurs l'accès de la salle destinée aux livres. En 1873, la nouvelle organisation des collections dans les bâtiments récemment construits rendit disponibles les anciens locaux qui leur étaient affectés : la salle Buffon fut à ce moment réunie à la salle primitive de la bibliothèque, et une large baie de communication fut ouverte dans le mur séparatif. Enfin, après 1880, de nouvelles armoires furent installées dans l'ancienne salle Duhamel, qui contient notamment toutes les brochures et une partie des périodiques.

Pour qu'un ensemble de livres aussi important puisse être utilisé facilement et sans danger pour la conservation des volumes, deux conditions sont nécessaires : un personnel spécial et un bon catalogue. Or, le personnel a toujours manqué et fait encore défaut aujourd'hui. En 1839, au moment où l'institution du casernement nécessitait une réorganisation générale, M. Parade, exposant les grandes lignes de cette réorganisation et les dépenses qu'elle devait entraîner, estimait nécessaire la création d'un bibliothécaire. Cette création lui fut refusée, par des motifs d'économie, et il dut pourvoir à cette partie du service au moyen de son sédentaire, qui devint l'agent comptable de la Direction. Ce qui était insuffisant à cette époque l'est bien davantage encore actuellement. L'agent comptable se trouve dans l'impossibilité de satisfaire à tous les besoins : la tenue d'un registre d'entrées et d'un livre de prêts constitue le seul travail auquel il puisse se livrer. La disposition des livres, cartes et brochures, la rédaction et la mise à jour des catalogues, incombent nécessairement à d'autres. Naturellement, ces soins multiples furent dévolus à M. Mathieu, dont nous avons déjà marqué le rôle important pour les collections proprement dites ; sous son impulsion fut notamment rédigé, en 1869, un répertoire par ordre de numéros, qui, continué depuis cette époque, est devenu le registre des entrées. Il présida aussi à la confection du catalogue par ordre de matières ; mais le plan de ce catalogue est loin d'être parfait, et surtout la nécessité de confier sa rédaction au personnel subalterne a causé de nombreuses erreurs, qui rendent ce répertoire difficilement utilisable. Un catalogue par fiches, alphabétique par noms d'auteurs, composé vers 1882 et continué depuis, complète ces moyens d'utilisation d'une bibliothèque qui compte aujourd'hui plus de huit mille volumes (1).

Lorsque, dans un avenir qu'il est permis de prévoir, l'École sera dotée d'un personnel suffisant pour les services multiples auxquels elle doit pourvoir, le projet de M. Parade devra être mis à exécution, et, en outre de la garde des livres et de leur arrangement, le bibliothécaire, tel que nous le comprenons, aura pour fonction de faire connaître au public forestier, par une de ces revues bibliographiques si nécessaires aujourd'hui avec les complications de la science moderne, tous les ouvrages français ou étrangers, dont beaucoup restent inutilisés, parce qu'on ignore où il serait possible de les consulter.

Cette bibliothèque, dont nous venons d'étudier les développements, est exclusivement destinée aux études des professeurs ; ils ont, de plus, à leur disposition les richesses de la bibliothèque publique de Nancy, une des plus complètes et des plus libéralement organisées qui soient en France. Non seulement les professeurs sont autorisés, depuis 1839, à y prendre à titre de prêts les volumes dont ils ont besoin, mais, de plus, la municipalité a toujours réservé une place à un représentant de l'École dans la Commission administrative de cet établissement.

Notons enfin que les élèves, s'il ne leur est pas permis d'emprunter directement à la bibliothèque de l'École, ont aujourd'hui une bibliothèque qui leur est spécialement affectée et qui comprend les livres les plus utiles dont l'acquisition n'a pu leur être imposée. L'origine de cette institution est une Décision ministérielle du 11 janvier 1893.

Nous arrivons maintenant au troisième élément de l'outillage scientifique dont nous poursuivons la description : les laboratoires. Chaque cours doit avoir le sien, car il est nécessaire que le professeur, quelle que soit la matière qu'il traite, ait sous la main ses livres, ses instruments, les objets usuels nécessaires à son enseignement. Nous savons qu'il a été pourvu à ce besoin, dans une mesure à peu près suffisante,

---

(1) Au 31 décembre 1896, le répertoire accuse 7,607 volumes : mais il faut remarquer que pour beaucoup de périodiques on n'a compté qu'un seul volume pour la série entière. L'estimation de la bibliothèque, à cette même date, est de 58,319 francs.

par l'affectation faite en 1886 d'une partie du premier étage du pavillon Nanquette. Nous n'avons à nous occuper spécialement ici que du laboratoire de Chimie. Dans sa forme actuelle, il est de création récente, puisqu'il date seulement de 1878; encore ne fut-il complètement organisé qu'en 1882. Il avait bien existé à l'origine un cabinet de Chimie, complément du cabinet de Physique constitué du temps de M. Lamoureux ; mais l'un et l'autre disparurent à la même époque, vers 1842, au moment de la suppression des cours spéciaux dont ils étaient des annexes. Moins encore que pour la Physique, ce premier laboratoire de Chimie ne devait pas avoir grande importance : ce n'était pas un instrument de recherches, il ne servait au professeur que pour les expériences démonstratives qui accompagnaient ses leçons. Tout autre était le but que l'on se proposait en 1878 : on voulait surtout alors habituer les élèves aux manipulations chimiques, aux analyses de terres et de végétaux ; le temps employé à ces travaux devait être nécessairement assez considérable. Dès que le stage fut supprimé à l'École, il devint impossible de trouver ce temps indispensable. Alors le laboratoire changea de caractère et fut exclusivement consacré aux travaux des professeurs ; telle est encore son affectation actuelle.

Quand fut créée à l'École la Station de recherches et d'expériences, en 1882, le laboratoire devint une dépendance essentielle de cette Station. À ce moment fut nommé le premier préparateur, M. Grenier, qui fut notamment chargé de toutes les analyses demandées par les professeurs et par les agents du dehors. En 1886, M. Henry, chargé du cours de Sciences naturelles, est institué chef du laboratoire, ayant sous ses ordres le préparateur ; il a publié un compte rendu des travaux effectués de 1886 à 1891 (1), qui fait connaître l'organisation de l'établissement et les services qu'on peut en attendre. Mais, alors déjà, les dépenses du laboratoire étaient estimées fort lourdes pour un budget difficile à équilibrer ; jamais cependant elles n'ont dépassé 3,700 francs, pour le personnel et le matériel. Malheureusement, les préparateurs (2) sont de plus en plus employés à des occupations étrangères à leur mission spéciale ; depuis le mois d'avril 1897, le dernier titulaire, M. Jolyet, est chargé de gérer la Station de recherches et participe de plus aux excur-

(1) Bulletin du Ministère de l'Agriculture, 1892, pages 737-750.

(2) M. Grenier, de février 1882 à novembre 1888 ; M. Jolyet, d'octobre 1889 à mars 1892 ; M. Cretticz, de novembre 1891 à octobre 1893. M. Jolyet est revenu à l'École en octobre 1893.

sions des élèves (1). Il en résulte, comme nous l'avons déjà précédemment
montré, qu'un excellent instrument d'études, malgré sa bonne installation matérielle (2), devient peu à peu inutile.

Quelle que soit cependant l'importance d'un laboratoire de Chimie
à l'École forestière, il est un dernier élément de l'instruction pratique
dont la nécessité est encore plus évidente, eu égard à la nature de
l'enseignement sylvicole : c'est un champ d'études et d'expériences,
dont il nous reste à examiner la constitution et les accroissements. Nous
parlerons successivement, à ce sujet, du jardin, de la pépinière de
Bellefontaine, enfin des forêts rattachées à l'École et dont la gestion est
confiée à ses professeurs.

L'Ordonnance de création de l'École (1er décembre 1824) mentionne
déjà (art. 16) l'affectation d'un terrain destiné à former une pépinière
forestière. Pareillement, l'Ordonnance réglementaire de 1827 dispose
(art. 43) que l'École sera pourvue d'un terrain pour les pépinières et
cultures forestières nécessaires à l'instruction des élèves. C'est en vertu
de ces textes que, dès l'origine, on s'occupa d'établir ce champ d'études
dont l'histoire n'est pas la moins intéressante de toutes celles qui
rentrent dans notre sujet.

Ce que l'on entendait surtout alors par une pépinière forestière,
c'était un *arboretum*, une collection vivante de tous les arbres et arbustes
des forêts. Mais on voulait de plus initier les élèves aux « cultures
forestières », c'est-à-dire aux opérations de semis et de plantations. Ces
deux objets ont toujours été poursuivis parallèlement par M. Lorentz et
ses successeurs. M. Lorentz, le premier, ne s'est pas montré moins actif
pour organiser ce qu'il appelait le « Jardin botanique de l'École » que
pour les autres parties de l'enseignement ; sa correspondance à ce sujet
est très abondante, elle commence en février 1825 et se continue ensuite
sans interruption.

L'un des grands inconvénients de l'installation provisoire de la rue
des Jardins était le peu d'étendue du terrain situé derrière l'hôtel. Le
directeur avait d'abord jeté les yeux sur un vaste espace alors inutilisé
et situé en dehors des habitations : les bastions et les fossés des

---

(1) Depuis que ces lignes ont été écrites, une Décision du 31 décembre 1897 a mis à
la disposition du directeur M. de Peyerimhoff, garde général stagiaire, en le chargeant
de coopérer aux travaux du laboratoire.

(2) La construction du laboratoire, en 1878, a coûté environ 16,000 francs : l'installation intérieure, 8,000 francs, instruments et approvisionnements compris.

anciennes fortifications de la citadelle. Ils avaient été attribués aux Domaines, en vertu d'une Loi du 23 septembre 1814, et M. Lorentz estimait qu'on pouvait y placer, dans des conditions excellentes, cultures et plantations. En conséquence, M. de Bouthillier se mit en mesure de faire affecter ces terrains à l'École ; mais il se heurta à un véto du Ministère de la Guerre, qui entendait s'en réserver l'usage exclusif. Plus tard, la ville de Nancy devait échouer aussi dans une demande semblable, et il a fallu les événements de 1870 pour arracher au Génie militaire ces vieilles fortifications, qui ne lui servaient à rien.

Malgré cet échec, M. Lorentz ne voulut pas attendre et perdre un temps précieux pour l'instruction des élèves. On fit quand même, dès 1825, des semis et plantations, d'abord dans le terrain de la rue des Jardins, puis dans une partie du Jardin botanique de la ville, que le maire avait mis gracieusement à la disposition de l'École, en consentant d'avance à l'enlèvement des plantations, lorsque le directeur aurait trouvé un emplacement définitif. L'année suivante, le choix de la maison de la rue Girardet fut principalement déterminé parce que le terrain attenant était d'une contenance double de celui de la rue des Jardins. Cet espace n'en restait pas moins assez médiocre ; il suffit, pour s'en rendre compte, de remarquer qu'actuellement les surfaces non bâties atteignent à peine un hectare ; or, à l'acquisition de 1826 devaient se joindre, pour compléter le jardin actuel, le terrain de la maison Bert et la parcelle acquise en 1884.

Ce fut principalement pour les « cultures » qu'on se trouva le plus vite à l'étroit ; les exercices de semis et de plantations ne pouvaient être en effet profitables aux élèves que dans des conditions se rapprochant davantage de celles des repeuplements forestiers. M. Lorentz eut alors l'idée de transporter au dehors ces utiles travaux, et ce fut ainsi qu'à partir de 1830, grâce à des arrangements amiables avec les municipalités suburbaines de Malzéville et de Dommartemont, des coteaux alors dénudés qui bornent à l'est l'horizon de Nancy servirent de champ d'études à l'École forestière. Les communes fournissaient le terrain et une partie des graines ; le surplus de ces graines, les plants et la main-d'œuvre étaient à la charge de l'État. Nous trouvons dans nos archives des traces de ces opérations jusqu'en 1850 ; mais nous savons qu'elles se sont continuées plus longtemps encore, au moins jusqu'en 1858. Des massifs importants furent ainsi créés, au profit des communes, en même temps que l'instruction des élèves était assurée facilement.

Dans cet intervalle, la plantation du jardin proprement dit se poursuivait patiemment. Pendant les premières années, ce fut exclusivement du Jardin des Plantes de Paris que vinrent les sujets et les graines. Baudrillart, qui a rendu à l'Administration de si nombreux services, se trouvait en relations étroites avec André Michaux et de Mirbel. Par son intermédiaire, l'École obtint plusieurs envois importants : ainsi, en mars 1825, 130 plants forestiers formant 51 espèces ; en décembre, 200 plants correspondant à 100 essences différentes, etc. Ce qui est particulièrement remarquable dans ces envois, c'est qu'ils sont constitués, dans une très forte proportion, par des essences exotiques : celles de l'Amérique septentrionale et de l'Asie y tiennent une large place. Il ne faut pas oublier que l'acclimatation était alors à l'ordre du jour, et nous ne nous étonnerons pas de voir M. Lorentz, dans une lettre du 7 mars 1830, insister pour que l'on joigne aux essences indigènes le plus grand nombre possible d'arbres étrangers susceptibles de prospérer dans nos climats. C'est ainsi que fut formée, dans le jardin de l'École, une collection d'arbres très curieuse ; la plupart, malheureusement, n'ont pu résister au terrible hiver de 1879-1880.

Quant aux arbres de France, M. Lorentz demanda dès 1827 à se les procurer par voie d'achats au commerce local. Ce fut principalement en Alsace qu'il s'adressa, aux pépinières de Baumann, situées à Bolwiller (Haut-Rhin). Cette tradition fut suivie par M. de Salomon, et aussi par M. Parade : jusqu'en 1856, nous trouvons trace d'envois de Bolwiller, dans les listes dressées par M. Mathieu. Toutefois, le jardin s'est aussi peuplé d'arbres fournis ailleurs : on achetait notamment aux frères Simon-Louis, de Metz, à André-Leroy, d'Angers, et à Arnould, de Nancy.

Outre ces plantations d'alignement, dont les sujets étaient destinés à atteindre leur complet développement, le jardin comprit de bonne heure une collection d'arbres et d'arbustes exclusivement indigènes, systématiquement rabattus à une assez faible hauteur, pour permettre l'étude des bourgeons et des feuilles : c'est l'*école* de Botanique réservée spécialement à l'instruction des élèves, dans laquelle, le jour des examens, on vient couper la *botte* servant aux déterminations. Cette *école* a eu plusieurs vicissitudes. En 1854, notamment, elle a été presque entièrement détruite par les travaux de reconstruction de la voûte du canal Saint-Thiébaut, qui traverse souterrainement une partie du jardin ; mais on s'empressa de la rétablir au même

JARDIN DE L'ÉCOLE FORESTIÈRE

CASERNEMENT, ANCIEN CHALET LORENTZ

endroit (1). En 1884, M. Puton en fit installer une partie dans le terrain qu'il venait de faire acquérir. Tout dernièrement enfin, ce terrain étant occupé par la nouvelle galerie Daubrée, les plants ont été reportés au nord de la grande allée, dans une partie du jardin qui formait jusqu'alors le potager du directeur. C'est également sur cet emplacement qu'ont été récemment construites les cases de végétation qui doivent servir à étudier les exigences des différentes essences, en faisant varier les conditions physiques et chimiques de leur croissance.

En somme, ce jardin de l'École, malgré son étendue trop peu considérable, est un élément indispensable de l'instruction des élèves ; mais il ne peut pas suffire et doit recevoir son complément au dehors. Ce complément, M. Lorentz l'avait bien cherché dans les terrains communaux du voisinage, mais là l'École n'était plus chez elle et M. Parade supportait impatiemment ces emprunts, qui lui semblaient peu dignes d'un grand établissement. Malheureusement, par suite de diverses circonstances, on attendit trop longtemps pour faire un choix, et, dans l'intervalle, beaucoup de terrains à proximité de Nancy, qui eussent pu être acquis sans grosses dépenses, prirent une grande valeur, à cause de l'accroissement de la population urbaine. Lorsque l'Administration se décida à la création de cette pépinière-modèle qu'avait toujours rêvée le directeur, il était bien tard. Dans un rapport du 19 juin 1863, M. Parade constate qu'à Nancy même les emplacements voisins de l'École coûteraient de 6 à 10,000 francs l'hectare ; or, il faut trois ou quatre hectares pour le moins, dans lesquels il soit possible de cultiver toutes les essences forestières importantes, indigènes ou naturalisées : on devra y bâtir une maison pour le logement de deux employés, un hangar pour l'emballage et l'expédition des plants, enfin un local suffisamment vaste pour y réunir les élèves, en cas de mauvais temps. Tel est le programme : M. Parade estime qu'à proximité de la ville il serait très difficile de le remplir ; pour diminuer la dépense, il propose d'aller s'installer sur le sol domanial, en pleine forêt de Haye, où le terrain pourra être gratuitement affecté à l'instruction des élèves. Ce qui fut adopté.

Le choix du directeur et de l'Administration se porta sur une parcelle

(1) Ces travaux faillirent amener un procès avec la Ville. Il s'agissait de savoir qui supporterait les frais d'élargissement du canal, dont les dimensions étaient devenues insuffisantes. L'affaire, entamée en 1848, ne fut réglée qu'en 1854. Le directeur fit remarquer, avec raison, que l'augmentation de débit du cours d'eau provenait surtout de la construction des nouveaux égouts qui venaient s'y déverser et que l'État ne pouvait être considéré comme responsable des obstructions qui s'étaient produites.

de forêt sise au canton de Noirval, en face du village de Champigneulles, à cinq kilomètres environ de l'École ; l'accès en était relativement facile, et surtout on trouvait à proximité des sources abondantes, qui furent captées et heureusement utilisées. On détacha ainsi cinq hectares de la forêt domaniale ; cinquante ares furent en outre achetés à un propriétaire voisin. Les bâtiments, qui s'élevèrent rapidement, sont bien construits et suffisamment vastes. M. Parade avait une prédilection toute spéciale pour cet établissement de Bellefontaine, œuvre de ses dernières années ; aussi, c'est à juste titre qu'on a placé là le monument élevé à sa mémoire et à celle de M. Lorentz (1). Aujourd'hui, sur une contenance exacte de 5 hectares 58 ares, 1 hectare 16 ares seulement sont utilisés comme pépinière ; la plus forte part, 3 hectares 47 ares, forme un *arboretum ;* le surplus est occupé par les chemins et les bâtiments. Les élèves y sont conduits chaque année et plusieurs séances sont consacrées à l'enseignement pratique des semis et plantations. Les plants ainsi produits sont d'abord utilisés pour le service de la forêt domaniale ; ils sont surtout concédés sous forme de menus produits, à des prix très modérés, aux propriétaires de la région, ce qui constitue une prime indirecte au reboisement des terres incultes, actuellement assez nombreuses dans certaines parties des départements de l'Est.

Malgré ces résultats, assurément fort utiles, il est permis de se demander s'il n'eût pas été préférable, en 1863, de prendre un autre parti (2) : les dépenses, surtout en constructions, ont été très élevées ; l'éloignement relatif de Bellefontaine est cause qu'on ne peut y transporter les élèves aussi souvent qu'il le faudrait ; le sol ne convient nullement à une pépinière ; enfin, la situation choisie s'est trouvée détestable au point de vue du climat. Cet étroit vallon du Noirval n'a pour lui que son aspect pittoresque : il est en réalité une véritable Sibérie, où les gelées tardives et les froids rigoureux rendent très difficile l'éducation des jeunes plants et font périr un grand nombre

(1) Obélisque de granit, inauguré en 1869. Voir, sur cette cérémonie, *Revue des Eaux et Forêts,* pages 311-319. C'est sur les fonds de la souscription de 1864, qui réunit plus de 45,000 francs, que fut payé ce monument, ainsi que les bustes dont nous avons parlé précédemment.

(2) Même à cette époque, on pouvait acquérir dans d'excellentes conditions de sol et de situation plusieurs hectares de terrain, qui ont été depuis couverts de constructions, du côté de Villers-les-Nancy. Seulement, M. Parade, avec la ténacité qui était une de ses qualités maîtresses et qui, dans d'autres circonstances, lui a permis de réaliser tant de projets importants, ne voulut pas entendre parler de changer un emplacement qu'il avait depuis longtemps choisi. Ce fut, on peut le dire, une grosse erreur.

d'arbres qui pourraient supporter le climat moyen de la Lorraine. Des conditions aussi défavorables font regretter que la pépinière-modèle de l'École n'ait pas été autrement installée.

Depuis 1863, Bellefontaine a été géré par l'École, sauf pendant un intervalle de quelques mois (1). C'est là que M. Mathieu a beaucoup travaillé, aidé de son fidèle Noirtin, le garde de la pépinière ; les plantations de l'*arboretum* ont été faites par lui ; c'est à ses soins et à la collaboration de M. Broilliard, alors sous-inspecteur à Nancy, que l'établissement doit son harmonieuse disposition, qui surprend agréablement le visiteur. Enfin c'est à Bellefontaine que fut établie l'une des Stations d'expériences udométriques dont les résultats ont fait honneur à l'École et à M. Mathieu. Ces expériences avaient été provoquées en 1865 par le maréchal Vaillant, qui proposait à l'Administration forestière d'instituer des recherches comparatives entre les sols boisés et les sols agricoles, au point de vue de la répartition des pluies et de leur effet sur les sources. Le 17 août 1865, M. Mathieu exposa dans quelles conditions ces projets lui paraissaient réalisables ; ses conclusions furent immédiatement adoptées. En 1866, deux Stations de météorologie furent créées, aux Cinq-Tranchées et à Amance ; l'année suivante, des admidomètres étaient installés à Bellefontaine, qui reçut en 1868 le complément nécessaire pour les constatations udométriques et thermo-métriques (2). C'est ainsi qu'avec de très faibles moyens on put obtenir des résultats remarquables pour les études météorologiques. Les observations inaugurées en 1866 ont été poursuivies sans interruption jusqu'à l'époque actuelle : elles sont un exemple des services que peut rendre à la science un centre d'instruction tel que l'École forestière.

Ces cinq hectares de pépinière ajoutés au jardin constituaient déjà un champ d'expériences convenable. Mais M. Parade n'estimait pas cette adjonction suffisante ; il rêvait autre chose : une forêt d'études spécialement affectée à l'École, gérée par son personnel, où il fût entièrement maître d'appliquer l'aménagement, de régler les coupes, de diriger les exploitations ; après la pépinière-modèle, le cantonnement-type. C'est ce qu'il appelle, dans son rapport du 30 janvier 1863, le couronnement de l'édifice. Ce rapport, adressé au directeur général,

---

(1) Du 5 mai 1881 au 27 février 1882. Voir *infrà*, au sujet de la Station de recherches et d'expériences.

(2) Les rapports de M. Mathieu sur la météorologie ont été publiés année par année, de 1866 à 1872, en sept brochures distinctes, qui ne sont que les tirages à part des insertions faites dans les volumes des circulaires de l'Administration forestière.

M. Vicaire, débute d'un ton solennel ; on dirait un testament, par lequel
M. Parade veut clore sa carrière qui va bientôt finir : « Le moment est
venu de réaliser l'importante mesure que vous méditez depuis si longtemps.... » Il s'agit de joindre à l'École les 6,452 hectares de la forêt de
Haye : le moment est propice, l'aménagement vient d'être achevé par
des professeurs de l'École, il importe que ce soient ces mêmes professeurs qui en suivent l'application.

Cette mesure était assez grave pour qu'il fût nécessaire d'y réfléchir
mûrement. On se trouvait, en effet, en face d'obstacles de l'ordre
administratif, et c'était une dérogation formelle aux règles de l'organisation forestière qui devait résulter d'une telle proposition. Jusqu'alors,
à plusieurs reprises, ainsi que nous le verrons bientôt, l'École avait été
chargée de travaux plus ou moins importants à diriger dans les forêts
domaniales : constructions de routes et surtout aménagements. Mais
c'étaient là des missions temporaires, qui ne dérangeaient aucunement
le cadre ordinaire de la hiérarchie administrative ; la gestion des forêts
dans lesquelles opérait l'École n'en demeurait pas moins aux mains des
agents locaux. Convenait-il de rompre cette hiérarchie, de donner à des
professeurs la qualité d'agents de gestion qui pouvait paraître incompa-
tible avec leurs fonctions principales ? La question était délicate ; ce qui
le prouve, c'est que plus tard elle s'est posée de nouveau et qu'elle a été
successivement résolue dans deux sens différents.

Aussi M. Parade avait-il soin de restreindre autant que possible la
portée de ce changement. Sans doute, quant à la gestion du cantonnement-type, le directeur devait recevoir les attributions d'un conservateur
et le sous-directeur celles d'un inspecteur du service ordinaire ; le chef
du cantonnement, les brigadiers et les gardes devaient relever exclusivement de la Direction. Mais la circonscription nouvelle ne devait pas
dépasser les limites du sol domanial, afin d'éviter les relations plus
complexes qu'entraîne l'administration des forêts communales ; certaines
fonctions, telles que l'adjudication des coupes, demeuraient au conservateur de Nancy ; enfin, M. Parade estimait qu'un simple Arrêté ministériel pouvait suffire pour sanctionner l'organisation ainsi établie.

Mais M. Vicaire, une fois décidé à donner ce couronnement de
l'édifice si ardemment réclamé par l'École, n'hésita pas à trancher plus
largement : en vertu du Décret du 30 mai 1863, c'est le cantonnement
tout entier de Nancy-Ouest qui est détaché de la Conservation, sans
distinguer entre les forêts domaniales et communales ; de plus, le

directeur reçoit, sans aucune exception, toutes les attributions d'un conservateur. La voie étant ainsi ouverte, on devait aller ensuite beaucoup plus loin. En 1871, les relations de M. Nanquette avec M. Faré rappelaient par leur cordialité celles de M. Vicaire et de M. Parade : le directeur en profite pour obtenir une nouvelle adjonction motivée par l'organisation de la troisième année d'études ; il fait remarquer, en outre, qu'à d'autres points de vue la mesure prise en 1863 est insuffisante : toutes les forêts du cantonnement de Nancy-Ouest sont dans les mêmes conditions de sol et d'essences, elles sont soumises au même traitement ; le cantonnement de Nancy-Est offre des sols différents, se trouve notamment placé dans une situation très avantageuse pour étudier la culture du chêne. En conséquence, ce second cantonnement fut joint au premier, par Décret du 25 avril 1873, pour constituer la Conservation n° 4 *bis*, qui eut ainsi une contenance de 13,450 hectares.

Enfin, le stage à l'École paraissant définitivement implanté par l'Arrêté du 15 novembre 1876, M. Nanquette réclame une organisation plus complète de la Conservation de l'École : le sous-directeur, M. Mathieu, qui a le titre de conservateur depuis 1874, ne peut plus remplir les fonctions d'inspecteur : il sera adjoint comme suppléant au directeur dans ses attributions administratives ; on créera un nouveau poste d'inspecteur dépendant de l'École, et cette inspection comprendra, outre les deux cantonnements de Nancy, Est et Ouest, ceux de Pont-à-Mousson et de Vézelise. C'est ce qui fut décidé par les.Arrêtés ministériels des 1er et 2 août 1878. Les forêts d'études de l'École devaient ainsi s'étendre sur plus de 25,000 hectares.

Une gestion administrative aussi considérable ne pouvait manquer de prêter à la critique : le champ d'études, qui ne devait être qu'un accessoire de l'enseignement, n'allait-il pas devenir le principal et absorber dans une trop forte proportion le temps et les soins du personnel ? La réponse à cette objection était facile tant que ce personnel demeurait assez nombreux pour satisfaire à sa double mission. Et puis, en outre des avantages très réels qu'offrait cette vaste étendue de forêts pour l'instruction pratique des stagiaires, par suite de la diversité des affaires qui y étaient traitées, il y avait un autre motif pour lequel ce rattachement était précieux : nous voulons parler de la formation du personnel enseignant lui-même. Sans doute, cette raison ne se trouve nulle part explicitement donnée dans la correspondance de M. Parade et de M. Nanquette, mais il n'est pas douteux qu'elle ne fût pour eux d'un grand poids. Par la force des choses, les agents de la Conservation de l'École devaient être une pépinière de futurs professeurs, au moins pour le cours d'Économie forestière et peut-être aussi celui de Sciences naturelles. C'est grâce à cet intermédiaire que M. Broilliard, chef du cantonnement de Nancy-Ouest, devint professeur d'Aménagement ; que M. Fliche, qui lui succéda dans ses fonctions administratives, obtint d'être adjoint à M. Mathieu ; que M. Boppe enfin, créé inspecteur dans l'organisation de 1878, se trouva désigné pour prendre la chaire de M. Bagneris.

Quoi qu'il en soit, cette organisation de 1878 n'eut qu'une durée éphémère. D'abord, le cantonnement de Vézelise fut presque aussitôt détaché pour constituer, avec l'un des cantonnements de Lunéville, une inspection distincte de l'École. Bientôt ensuite, la troisième année d'études, le stage à l'École, fut supprimé : il devenait dès lors bien difficile de maintenir l'institution de cette Conservation n° 4 *bis*, que l'étude des affaires administratives par les stagiaires avait jusque-là justifiée. Mais tout au moins ne pouvait-on revenir à l'état antérieur au stage, garder deux cantonnements, ou même un seul, celui de la forêt de Haye, le plus anciennement incorporé, dans lequel l'application des méthodes d'aménagement et de culture avait été le plus particulièrement suivie par les soins des professeurs ?

M. Puton fut d'avis qu'étant donné la situation nouvelle résultant de la suppression de l'année d'application, il était préférable de tout abandonner. Il lui sembla que les professeurs devaient se renfermer dans l'étude des questions techniques, et que la gestion administrative ne devait pas être de leur ressort. En conséquence, il proposa lui-même la remise de tous les services de la Conservation de l'École entre les mains du conservateur de Nancy, et cette remise fut ordonnée par un Décret du 19 avril 1881. Non seulement la gestion des cantonnements fut rendue au service ordinaire, mais, par une interprétation qu'il est permis de trouver excessive, le sous-secrétaire d'État décida (5 mai 1881) que la pépinière de Bellefontaine, considérée comme partie intégrante de la forêt de Haye, et même que les trois Stations de Météorologie installées aux environs de Nancy devaient cesser d'être administrées par l'École. L'exécution de ces mesures radicales produisit dans le corps enseignant une véritable stupeur. Il semblait aux anciens professeurs que l'on rétrogradait de vingt ans : dépouillée de ses forêts d'études, n'ayant plus un pouce de terre en dehors de son jardin,

l'École paraissait incomplète, découronnée, et l'on reprochait généralement à M. Puton d'être allé trop vite et trop loin.

Mais il n'avait jamais été dans les intentions du directeur de se
résigner à cette situation amoindrie sans s'assurer un équivalent qu'il
considérait comme aussi précieux pour l'enseignement que la possession
des anciens cantonnements : cet équivalent devait consister dans une
Station de recherches et d'expériences, qui fut organisée à l'École en
vertu d'un Arrêté ministériel du 27 février 1882. Le but de cette institution était de doter la France d'un instrument scientifique qui lui
faisait défaut et dont l'utilité se trouvait démontrée par les résultats des
établissements similaires déjà créés en Allemagne. L'historique de ces ,
établissements d'Outre Rhin, leur organisation, leurs procédés, furent
exposés dans une remarquable étude composée par M. Reuss, chargé
du cours d'Aménagement de l'École, et M. Bartet, agent spécialement
attaché à la Station nouvelle, à la suite d'une mission qui leur fut
confiée, à l'automne de 1882, en Autriche et dans l'Allemagne du Sud (1).
Cette étude contient le programme des expériences à entreprendre en
France et constitue ainsi le préambule des travaux déjà féconds qui
sont dus à la Station de Nancy.

On pouvait aussi apprécier dans cet ouvrage les conditions du fonctionnement des Stations allemandes, leurs larges installations : forêts
d'études, personnel et matériel, crédits abondants, qui se chiffrent par
plus de 150,000 francs par an. On n'espérait certes pas, surtout dans le
début, atteindre ce modèle ; il importait cependant de créer immédiatement une œuvre viable : M. Puton y consacra tous ses efforts. L'Arrêté
de 1882 accorde à la Station la gestion technique de cinq séries à
désigner dans les forêts domaniales voisines, en spécifiant que, dans ces
parties de forêts, l'École sera chargée de l'assiette, de la marque et de
l'estimation des coupes, dont les produits devaient être vendus par le
service local. C'est, on le voit, à peu près la distinction que proposait
M. Parade en 1863, avec cette différence toutefois que l'ensemble du
massif de Haye devait être alors englobé, de manière à assurer l'unité
de vues dans l'aménagement qui venait d'être autorisé, tandis qu'en
1882 on choisissait ici et là les séries d'études, qui présentaient ainsi

(1) Décision du directeur des Forêts, M. A. Lorentz. Le travail de MM. Reuss et
Bartet a pour titre : *Étude sur l'expérimentation forestière en Allemagne et en
Autriche.* (In-8°, 207 pages, Paris et Nancy, Berger-Levrault, 1884.) Il parut d'abord
dans les *Annales de la science agronomique,* dirigées par M. Grandeau.

une contenance totale beaucoup moindre, mais en revanche une plus grande variété pour le sol, les essences et les modes d'exploitation. Il était, de plus, entendu qu'à cette gestion était jointe celle de la pépinière de Bellefontaine, du laboratoire de Chimie, et que les observations météorologiques commencées par M. Mathieu seraient continuées.

Le 13 mars 1882, une décision du directeur des Forêts déterminait les séries de l'École dans les massifs de Haye et d'Amance (1) ; le champ d'études ainsi reconstitué comprenait 2,536 hectares ; des adjonctions postérieures dans la forêt du Ban-d'Étival (Vosges) le portèrent ensuite à 2,642 hectares (2). Dans ses rapports officiels, M. Puton se montre très satisfait de ce résultat. Il ne regrette nullement l'organisation antérieure : « Le Décret du 19 avril 1881 ayant supprimé la Conservation n° 4 *bis*, a heureusement débarrassé l'École d'une gestion devenue inutile…. » (Rapport du 10 novembre 1882.) « Les opérations dans les séries de l'École sont faites par M. Bartet avec le concours des professeurs d'Économie forestière…. Le partage d'attributions avec le service local n'a donné lieu à aucun inconvénient. » (Du 13 décembre 1883.) Quelques années après, le 30 juin 1887, intervenait un règlement du directeur des Forêts pour établir d'une manière définitive le fonctionnement de la Station et du laboratoire.

Mais l'institution nouvelle ne peut produire tous ses fruits qu'autant que deux éléments essentiels ne lui seront pas marchandés : des hommes et de l'argent. Or, sur ces deux points, M. Puton fut loin d'obtenir satisfaction. Il éprouva tout d'abord une déception pour l'application de l'article 8 du Règlement de 1887, portant que le directeur des Forêts ordonne, s'il y a lieu, l'impression des travaux émanant des professeurs ou des agents de la Station. M. Puton espérait fonder par ce moyen une publication périodique, des *Annales* analogues à celles de l'Institut agronomique ; dans ses rapports, il revient à plusieurs reprises sur cette idée, en insistant sur les avantages que présenterait la réunion dans un même recueil de tous les documents manifestant l'activité de l'École. Jusqu'à présent, rien de semblable n'a pu être exécuté : d'abord,

---

(1) Haye : deux séries de conversion en futaie pleine, une de taillis sous futaie, une de taillis simple. Champenoux (Amance) : une série de conversion. Dans cette dernière, un Décret du 15 octobre 1885 a distrait une surface de 67 hectares, destinée à être traitée par la méthode dite *du contrôle*.

(2) Décrets des 15 octobre 1885 et 12 novembre 1887, détachant de la forêt domaniale du Ban-d'Étival trois parcelles, ensemble 105 hectares, pour expérimenter trois formes différentes de la méthode du jardinage.

beaucoup de travaux et de documents intéressants sont restés manuscrits ; les autres sont épars, soit dans le *Bulletin officiel du Ministère*, soit dans des publications diverses, où il est peu commode de les consulter.

Puis vinrent les années de crise, pendant lesquelles, l'existence même de l'École étant en jeu, on ne pouvait pas songer à demander des améliorations, quelqu'utiles qu'elles pussent être. La Station et le laboratoire ne se développèrent point avec l'ampleur désirable : ils ont plutôt végété, non par la faute d'un personnel d'élite qui fut toujours à la hauteur de sa tâche, mais par l'effet de circonstances fâcheuses, qui n'ont pu être dominées. Actuellement, l'institution est debout, comme un bâtiment dont la façade est intacte, mais dont on a supprimé les aménagements intérieurs. On se borne au strict nécessaire, l'entretien de la pépinière et le balivage des coupes ; le laboratoire est désert, et lorsque les agents du service extérieur, s'autorisant du Règlement de 1887, demandent des analyses ou réclament des conseils, on éprouve de réelles difficultés à les satisfaire.

On avait espéré autre chose en 1882. Cette situation se prolongeant, il n'est pas étonnant qu'aujourd'hui ceux qui ont mission de préparer l'avenir de l'École se demandent si l'on n'a pas fait fausse route, et s'il ne conviendrait pas de revenir au point où l'on se trouvait en 1863. « D'après notre conviction personnelle, — écrit M. Boppe (rapport du 10 décembre 1896), — c'est dans la voie du directeur-conservateur plutôt que dans celle du directeur-professeur qu'il faut chercher la solution économique du problème. On pourrait aussi renforcer la Station de recherches et en faire une sorte de stage où les candidats professeurs feraient l'épreuve de leurs aptitudes..... » Quelle que soit la voie suivie et sous quelque forme que l'Administration intervienne, la question est urgente, car elle intéresse au plus haut point la prospérité de l'École et le recrutement de son personnel ; nous espérons qu'elle sera résolue sans porter atteinte à aucun des organes déjà existants, qu'il importe seulement d'alimenter et de perfectionner.

On estimera peut-être que nous nous arrêtons bien longuement à ces formations accessoires, qui ne font en définitive que compléter l'École et venir en aide à l'enseignement. Ces détails trouveront leur justification lorsque nous examinerons le profit qui en est résulté pour l'instruction pratique des élèves. De plus, les professeurs eux-mêmes y ont puisé les éléments indispensables de leurs leçons, et peut-être à cet égard les

collections, les forêts d'études, étaient elles aussi nécessaires au personnel
enseignant qu'à ses jeunes auditeurs. Cette formation délicate du
professeur, pour tout ce qui se rapporte aux Sciences forestières, ne se
fait pas seulement dans les livres, mais surtout au dehors, et même, pour
enseigner soit l'Économie forestière, soit les Sciences naturelles
appliquées aux forêts, il faut avoir parcouru, étudié, non seulement la
forêt d'une région déterminée, mais toutes les forêts de France et même
celles de l'étranger (1).

Il convient donc, pour achever notre programme qui est l'histoire
de l'Enseignement forestier, de voir comment les professeurs de Nancy
ont élargi peu à peu le cercle de leurs travaux au moyen de missions et
de voyages dans les principales régions boisées du territoire.

Pendant longtemps, on avait pu reprocher à l'École de considérer
d'une manière par trop exclusive les forêts du Nord-Est, et à son
enseignement de revêtir un caractère *rosgien* plutôt que français ; nous
avons vu, à cet égard, les critiques qu'eurent à supporter MM. Lorentz
et Parade, et les épithètes injurieuses de Tudesques, d'Allemands, qui
leur furent prodiguées. Ces tendances germaniques, qu'il serait inutile
de nier, s'expliquent parfaitement chez nos premiers maîtres : après
l'interruption violente causée par la Révolution, c'est en Allemagne
qu'avait été recueilli l'héritage des sylviculteurs français ; c'est par
l'Allemagne que leurs doctrines nous étaient revenues, avec l'empreinte toutefois que leur avaient laissée les forestiers d'Outre-Rhin.
M. Lorentz, dont l'éducation s'était faite dans les pays rhénans ;
M. de Salomon, qui n'avait pas quitté ces contrées ; enfin M. Parade,
élève de Tharand, étaient naturellement portés à ne pas voir au-delà de
ce cercle de leurs premières études, à ignorer un peu trop le reste de
la France, ou tout au moins à vouloir faire rentrer dans le même cadre
des forêts entièrement dissemblables, dont les caractères ne leur étaient
point connus (2). Cette méconnaissance fut certainement un mal qui
fut trop long à disparaître ; les doctrines par trop exclusives que l'on a
pu blâmer dans le *Cours de culture* n'ont pas d'autre origine.

Ce soit surtout les missions confiées par l'Administration qui
donnèrent aux professeurs de l'École cette notion du dehors dont ils
avaient besoin pour généraliser leur enseignement ; mais ces missions
se firent trop longtemps attendre. Quand M. Lorentz visita les Alpes et

les Pyrénées, en 1840, il n'était plus à Nancy, et lorsqu'en 1862 M. Parade put voir pour la première fois le Sud-Est et le Midi, sa carrière touchait à sa fin. Toutefois, ce serait mal apprécier la largeur d'esprit de ces deux hommes que de croire qu'ils se sont volontairement confinés dans la Lorraine et dans l'Alsace : il ne faut pas oublier que la plupart des agents sortant de Nancy se faisaient honneur de rester en relations étroites avec le directeur de l'École forestière ; la volumineuse correspondance de MM. Lorentz et Parade en fait foi. Ces agents, véritables missionnaires envoyés pour propager au loin la bonne parole, racontaient à leurs maîtres ce qu'ils avaient sous les yeux, ce qu'étaient leurs forêts, ce qu'ils voulaient en faire. Sans doute, ces descriptions, surtout à l'origine, nous semblent un peu trop empreintes d'un parti-pris de dénigrement qui devait être injuste : on rapporte tout à Haguenau et aux forêts d'Alsace, tout ce qui ne se fait pas comme à Nancy doit nécessairement être mauvais. Mais, plus tard, ces mêmes correspondants prennent de l'expérience, arrivent à une appréciation plus juste, et leurs communications, dont beaucoup sont de véritables mémoires, éclairent d'un jour tout nouveau des faits dont l'enseignement doit profiter à son tour (1).

La première initiative des missions données aux membres du corps enseignant appartient à M. Bresson, qui fut directeur général des Forêts de 1840 à 1843. Il délégua pour la première fois M. Parade, en 1840, comme représentant de l'Administration française au Congrès des forestiers de l'Allemagne du Sud, à Baden ; l'année suivante, même délégation à Stuttgart. Mais ces voyages, quelque intéressants qu'ils pussent être, ne se faisaient qu'à l'étranger, alors que c'était surtout la France qu'il importait de connaître. Plus tard, sous la direction de M. de Forcade, M. Nanquette, alors professeur d'Économie forestière, fut envoyé en 1857 et 1859 à Brest et à Cherbourg, pour y étudier l'utilisation des bois de marine : sujet très intéressant à cette époque, mais qui ne comportait la visite d'aucune forêt.

C'est M. Vicaire, l'éminent administrateur trop tôt enlevé aux Forêts, le directeur général si sympathique à l'École de Nancy, qui comprit le premier la nécessité d'utiliser la haute compétence de M. Parade en dehors de l'étroit rayon de ses excursions habituelles. Le but de M. Vicaire, lorsqu'il envoyait, le 5 septembre 1860, M. Parade dans les

(1) Déjà la correspondance de M. Lorentz à cet égard est instructive ; à plus forte raison celle de M. Parade.

Alpes, était principalement d'obtenir son avis sur l'œuvre du Reboisement que l'on inaugurait alors : et, en effet, le rapport de cette mission roule surtout sur le Reboisement des montagnes ; il contient notamment des vues et des conseils fort justes : ne pas trop reboiser, constituer plutôt des montagnes pastorales que des massifs pleins, se défier de l'utopie qui consiste à supprimer le pâturage, alors qu'il s'agit seulement de le réglementer. Mais, en même temps, M. Parade prit sur lui d'ajouter à son programme la Provence et une partie du Languedoc, saisissant ainsi l'occasion de faire connaissance avec ces essences méridionales dont il avait si souvent entendu parler et dont il voulait apprécier l'importance.

Bien plus large encore fut l'itinéraire de 1862. Accompagné de son ancien élève, M. Serval, qui devait ensuite devenir le chef du personnel des Forêts et jouir à ce titre d'une très légitime influence, M. Parade commence par le Jura, avant d'aborder le Dauphiné, les Hautes et Basses-Alpes ; il descend jusqu'à Nice, arrive par les Cévennes à la chaîne des Pyrénées, qu'il parcourt toute entière ; il revient ensuite par Toulouse, l'Aveyron et l'Ardèche, et termine par le Plateau central, qui était bien pour lui, comme le reste, la terre inconnue dont il avait tout à apprendre. Le souvenir de ce second voyage nous est resté, non seulement dans le mémoire officiel qui en fut l'objet, mais surtout dans une correspondance journalière que M. Parade entretint avec M. Vicaire. Les lettres du directeur général témoignent de l'intérêt passionné qu'il attachait à cette mission et des féconds résultats qu'il s'en promettait ; il va jusqu'à demander à son subordonné de rédiger immédiatement ses principales observations, pour en faire l'objet d'une circulaire qui sera portée à la connaissance du service.

Nous avons insisté sur ces deux voyages, parce qu'ils sont le point de départ caractéristique d'une période dans laquelle l'École, rompant avec des habitudes de claustration trop longtemps prolongées, va de plus en plus se répandre au dehors. Non seulement le directeur, mais les professeurs eux-mêmes, tiendront désormais à faire leur tour de France, soit au moyen de missions officielles, soit même à leur compte personnel, lorsque des crédits spéciaux ne leur auront pas été accordés. Cette habitude devient de plus en plus générale ; elle continue à s'affirmer de nos jours, au grand avantage de l'instruction des maîtres et de l'enseignement.

Il serait trop long de détailler ici toutes ces missions et leurs conséquences. Le premier après M. Parade, ce fut M. Mathieu qui fut appelé en 1864 à étudier sur place les Alpes et le Midi (1). Puis MM. Bagneris et Broilliard parcoururent en 1869 les forêts du Nord et du Centre. Après 1870, les missions devinrent plus fréquentes. Bientôt il s'agit, pour l'organisation de la troisième année d'études, de préparer les lieux de stage que devaient occuper les jeunes agents sous le contrôle de leurs professeurs. A partir de 1882, l'application de la loi sur la Restauration des montagnes motiva plus spécialement les études des professeurs de Mathématiques appliquées en vue de la correction des torrents. Actuellement, il n'est pas d'année qui ne soit signalée, dans les rapports du directeur, par des voyages plus ou moins étendus ; on ne se borne même plus à la France continentale ; en 1885, M. Fliche a visité la Corse, en 1891 l'Algérie ; en 1896, M. Henry a, lui aussi, parcouru l'Algérie. Ce que les cours gagnent en précision à ces voyages des professeurs, il est facile de le comprendre.

Les exercices pratiques des élèves se sont développés en même temps, grâce aux mêmes moyens et à l'organisation plus complète des services de l'École. Cours et exercices, ce sont les deux formes de l'enseignement forestier à Nancy ; nous allons les voir concurremment employées dès l'origine. Il est intéressant de consulter, à ce sujet, les textes de nos règlements successifs et de voir comment ils ont été exécutés : cette étude sera le complément nécessaire du présent chapitre.

Les rédacteurs de l'Ordonnance du 1er décembre 1824 avaient parfaitement compris la nécessité d'allier, dans l'enseignement forestier, la pratique à la théorie. L'article 11 de cette Ordonnance pose en principe que chaque année, aux époques déterminées par le directeur général, les élèves seront conduits en forêt, pour faire l'application des connaissances théoriques qu'ils auront acquises. C'est l'institution des tournées forestières ou des *courses*, qui se trouve ainsi fondée. A côté de ces courses, qui nécessitent un déplacement d'assez longue durée, le Règlement du 31 janvier 1825 prévoit des *excursions* (art. 12), qui seront faites dans les longs jours de l'été, sans que la marche des leçons en soit interrompue, et qui dès lors ne pourront avoir pour but que les bois les plus rapprochés de Nancy. Ces deux formes des exercices pratiques ont persisté depuis cette époque : les courses se feront plus tard dans un rayon de plus en plus étendu, les excursions seront concentrées dans

---

(1) Les résultats de ce voyage ont été très justement appréciés par M. Fliche dans la *Notice* précitée.

les forêts d'études attribuées à l'École. Les mêmes principes sont développés dans les règlements postérieurs : l'Ordonnance du 1er août 1827, article 48 ; l'Arrêté ministériel du 31 août 1835, articles 6, 7 et 8 ; l'Arrêté du 26 janvier 1839. Le Règlement de 1835 précise, en outre, dans le tableau de l'emploi du temps, que les excursions pendant la durée des cours auront pour objet la Géodésie et la Dendrométrie, la Botanique et la Géognosie : c'était réserver spécialement les tournées proprement dites à la Sylviculture et à l'Aménagement.

Les détails sur l'exécution de ces prescriptions sont fort nombreux dans la correspondance des directeurs. Notamment dans celle de M. Lorentz, il est bien plus souvent question de ce que l'on appelle les applications que des cours proprement dits. La prépondérance, à l'origine, des exercices sur les cours est remarquable ; elle se comprend d'ailleurs parfaitement, si l'on se reporte à ce que nous avons exposé pour l'organisation des chaires. Nos premiers professeurs étaient des praticiens, qui se trouvaient quelque peu gênés pour l'exposé didactique : l'habitude de la leçon faite en chambre, les livres qui eussent pu les guider dans cette tâche toujours difficile, leur faisaient complètement défaut. Sur le terrain, au contraire, ils se sentaient dans leur élément; ils étaient donc naturellement disposés à entraîner les élèves au dehors. Cette propension, que l'on remarque chez M. Lorentz, est plus évidente encore chez M. de Salomon, qui avait très peu de goût pour l'enseignement théorique, et dont le procédé consistait à montrer en forêt le résultat des coupes, en disant aux élèves : « Voilà comme on fait (1). »

Dès 1825, au début de l'installation de l'École, nous voyons M. Lorentz se préoccuper de l'enseignement pratique et adresser dans ce but au directeur général des demandes pressantes. Il obtient facilement d'abord qu'au moyen d'une entente avec le service local, les élèves participent aux balivages de l'inspection de Nancy. Il faut ensuite quelque chose de mieux : ces forêts ne sont pas encore aménagées en futaie : qu'on charge l'École de cette opération importante, qu'on lui donne cette marque de confiance, de procéder à des aménagements *vrais*, qui seront réellement appliqués ; les élèves et leurs maîtres, ayant conscience de leur responsabilité, feront une œuvre profitable à la fois pour l'Administration et pour leur instruction. Une Décision en ce sens fut prise à la date du 31 août 1825, et immédiatement on se mit à l'œuvre dans les cantons du Fays d'Amance et de la Cornée de Mazerules. L'arpentage

____

(1) *Notice nécrologique sur M. de Salomon* (signée Lelouvier). — Annales forestières, 1834, page 185.

était fait sous la direction du professeur de Mathématiques, M. Masquelier ; M. Lorentz s'occupait spécialement du parcellaire, des comptages,
de la rédaction du procès-verbal.

Dans le cours de cette première campagne, qui servit d'initiation
pour les suivantes, M. Lorentz est presque journellement en correspondance avec le directeur général : on s'est installé à Champenoux dès la
fin d'avril ; le temps est fort mauvais, mais les élèves bravent le vent et
la pluie ; M. Masquelier est d'un zèle admirable ; le garde à cheval
Parade fait là ses premières armes ; l'opération sera vraiment excellente.... Encouragé par ces heureux résultats, le directeur demande
qu'on lui assure pour l'avenir d'autres travaux du même genre : une
Ordonnance du 14 mai 1826 lui donne satisfaction, tant pour Amance et
La Bouzule que pour le grand massif de Haye. Ce dernier, toutefois, ne
fut abordé qu'en 1830, et l'année suivante on entamait en même temps
l'aménagement de la forêt de Ribeauvillé, qui devait servir de thème au
traité de M. de Salomon. Ces opérations *réelles,* auxquelles tenait tant
M. Lorentz, et après lui son successeur, ne furent pas toutefois continuées plus tard que 1833 : on ne pouvait exécuter chaque année dans le
massif de Haye qu'une série, soit 800 hectares en moyenne, et le service
local se plaignait vivement de ce que la besogne ne marchât pas plus
vite ; il fallut la laisser terminer en dehors de l'intervention des élèves.
En 1836 toutefois, nous voyons encore l'École coopérer à un aménagement dans la forêt de Remiremont ; mais ce fut tout : à l'avenir, les
aménagements durent être fictifs ; ce changement coïncide avec l'arrivée
de M. Parade à la Direction.

Pendant cette période, la tournée de la seconde division eut lieu
presque chaque année, du moins pour une partie de sa durée, de l'autre
côté de la frontière : M. de Salomon surtout aimait à passer le Rhin.
Nous avons un certain nombre des rapports envoyés par le directeur, au
retour de ces voyages : ils manifestent une grande admiration pour
tout ce qui se fait en Allemagne, et un profond mépris pour les forêts
des Vosges et d'Alsace, dans lesquelles les coupes par éclaircies n'ont
pas encore été pratiquées. Mais, à partir de M. Parade, il fut décidé
qu'on ne franchirait plus la frontière : le nouveau directeur, tout aussi
partisan des méthodes allemandes, estimait néanmoins qu'il valait
mieux, pour l'instruction des élèves, voyager moins, mais parcourir des
forêts étudiées d'avance ; on gagnait ainsi le temps qui devenait nécessaire pour organiser d'une manière plus complète les applications sur

le terrain des cours d'Histoire naturelle et de Mathématiques appliquées, restées jusqu'alors à peu près embryonnaires. En 1839, M. Mathieu prend part aux courses de première année : auparavant déjà, M. Lamoureux avait fait de même (1) ; seulement, à partir de cette époque, les herbiers sont appréciés pour les notations, en même temps que les autres travaux. Les exercices de Topographie deviennent plus nombreux ; on divise les promotions en sections de quatre à cinq élèves, pour que le maniement des instruments leur soit plus facilement enseigné. C'est aussi en 1839 qu'on inaugure les études de scieries, aux environs de Raon l'Étape. Enfin, pour stimuler l'amour-propre des élèves, il est décidé que chaque année les meilleurs *journaux* de tournées seront envoyés à Paris et mis sous les yeux du chef de l'Administration.

Nous arrivons ainsi à 1842, qui est une date importante pour l'organisation de l'enseignement pratique. Le Règlement du 25 mars 1842 contient à ce sujet des dispositions précises, qui n'existaient pas dans les textes antérieurs. Les exercices pratiques dureront désormais trois mois, sans préjudice des applications pendant la période des cours, qui doivent consister dans des rédactions, croquis, travaux de cubage et d'estimation, semis et plantations, requêtes d'appel, etc. Pour bien marquer l'importance que l'on attache à cette partie de l'enseignement, le Règlement (art. 44) entre dans de minutieux détails sur les coefficients des travaux aux premier et second semestres, ce qui n'était pas inutile, à cause des réclamations assez graves soulevées en 1840 par quelques élèves, au sujet de l'appréciation des travaux dans les classements. Ces innovations sont l'œuvre de M. Parade, qui se montre très satisfait de les voir acceptées par l'Administration. Ainsi, dans cette lettre du 15 mai 1842 : «...Les études théoriques doivent être terminées à la fin du septième mois. Jusqu'ici, les cours se prolongeaient jusqu'à la fin de juin, souvent même en juillet, nous laissant à peine le temps de faire un voyage forestier avec la deuxième division et un lever avec la première. Les cours d'Aménagement, de Jurisprudence, de Construction, de Cubage et de Mécanique restaient sans exercices pratiques. Grâce au mode nouveau, l'École va devenir tout à fait une École d'application.... »

En 1843, nous voyons prévu pour la première fois un tracé de route, qui aura lieu à Répy, près Raon. L'aménagement se fera à Framont, autour du Donon. En 1844, on introduit l'excursion géologique dans les

____

(1) Du temps de M. Lamoureux, on faisait aussi, aux environs de Nancy, et avant les tournées d'été, quelques herborisations.

Vosges ; les élèves de la première division sont conduits à plusieurs au-
diences de la Cour royale, pour voir juger des affaires forestières. Cette
même année, un garde général stagiaire sortant de l'École s'étant refusé à
faire des arpentages, sous le prétexte qu'on n'enseignait pas ce travail
à l'École, le directeur se montra fort ému d'une telle allégation : pour
que pareil incident ne se renouvelle plus, le temps consacré aux arpentages sera augmenté de huit jours, avec obligation pour chaque élève de
se servir de ses propres instruments.

Une excursion de Botanique au Hohneck. — Le repos de midi.

Ces détails montrent que le directeur tenait essentiellement à ce que
les prescriptions du règlement concernant les applications fussent
strictement suivies. De toutes les innovations apportées à cette époque,
la plus importante peut-être fut l'exploitation de la coupe dite de l'École,
dont M. Parade fait honneur à l'initiative du directeur général : « Dans
le but de fortifier les élèves dans l'art des estimations, vous avez eu la
précieuse pensée de mettre à la disposition de l'École une coupe de la
forêt de Haye, pour être exploitée sous la direction immédiate des
jeunes forestiers... (1). » Il s'agissait de faire exécuter par les mêmes
élèves et sur le même point la série complète des opérations que
nécessite la réalisation des produits d'une coupe, depuis l'assiette et le
balivage jusqu'à la vente des marchandises fabriquées : pour cela, le
mode d'exploitation dit *par économie* devait nécessairement être adopté,
afin, dit M. Parade, de laisser aux jeunes gens toute latitude pour
diriger selon leurs vues l'abatage et le débit des bois. Mais comme ce

(1) Lettre du 18 octobre 1843.

mode exceptionnel dérangeait les habitudes du service local, il y eut à plusieurs reprises des difficultés, que l'Administration trancha toujours, du reste, en vue des intérêts de l'École. La première coupe ainsi exploitée dans la forêt de Haye fut désignée au canton de Petite-Haye ; elle avait 6 hectares 90 ares. Cet exercice fut trouvé tellement avantageux qu'il fut ensuite continué sans interruption jusqu'en 1870.

Voici, à titre d'exemple, le tableau résumé de l'emploi du temps pour les travaux pratiques de 1848. En première division : route à Gérardmer, aménagement à Framont, topographie et arpentage de coupes aux environs de Nancy. En seconde division : étude de scieries, courses de Géologie et de Botanique à Gérardmer, tournée de Culture dans le département du Bas-Rhin.

En 1850, on alla plus loin encore dans la voie des exercices pratiques : les cours furent clos le 1er avril ; le temps resté libre avant les grandes courses fut occupé, en seconde année, par l'exploitation de la coupe, puis par un lever topographique d'étendue restreinte, devant servir de préparation à l'opération géodésique ultérieure. Dans cet intervalle, les élèves de première année faisaient des levers, plans et devis de maisons forestières, et un assez grand nombre d'excursions de Botanique. L'année suivante, les rédactions furent multipliées pendant le semestre d'hiver : il y eut en moyenne, à partir de cette époque, vingt rédactions cotées, distribuées dans les différents cours. M. Parade espérait répondre ainsi aux critiques qui lui venaient de Paris, sur l'ignorance dont faisaient preuve, disait-on, les élèves sortant de l'École, pour le service de bureau et l'instruction des affaires. — « Mais c'est l'affaire du stage, répondait le directeur. Si vous voulez que les élèves vous arrivent tout dressés de l'École, laissez-les nous douze mois de plus ; nous compléterons leur instruction pratique par des cours supplémentaires et des missions au dehors.... » Cette lettre, du 25 février 1852, est remarquable, en ce qu'elle contient, tout formé, le programme de la troisième année d'études, tel qu'il fut appliqué à partir de 1873.

Sauf quelques changements de détails, la marche des exercices pratiques reste la même pendant toute la direction de M. Parade. Le Règlement du 6 juin 1862 ne modifie en rien, à cet égard, les textes de 1842, et M. Nanquette continue les errements de son prédécesseur. Nous ne pouvons entrer dans l'exposé de ces petites variations annuelles ; il nous suffira de quelques observations d'ensemble. Ainsi, nous remarquons que le mois d'avril, réellement employé dans son entier, vers

1853, à des exercices pratiques, notamment pour les estimations, arpentages, martelages et levers topographiques, change peu à peu d'affectation et finit par être à peu près absorbé par l'examen de clôture des cours, qui se passait auparavant en mai. Les grandes courses commencent ainsi plus tôt, notamment à partir de 1866.

La nature, la durée et même les lieux d'application se modifient d'ailleurs assez rarement, pour les courses du second semestre. En ce qui concerne la Sylviculture, ce sont les inspections de Sarrebourg, de la Petite-Pierre et de Schlestadt ; quant à l'Aménagement, Haguenau est toujours la *forêt classique*, suivant l'expression de M. Parade, autour de laquelle l'École gravitera constamment jusqu'en 1870. On y trouve le grand avantage d'un terrain parfaitement connu des professeurs, d'une partie feuillue et d'une partie résineuse, enfin d'un grand nombre de séries, permettant de ne pas donner chaque année le même cadre aux travaux. En 1856 et années suivantes, on y fait même la triangulation, et cette concentration des exercices pratiques est motivée par le directeur en invoquant la présence de M. Barré, auquel ce pays est tout à fait familier.

La Décision ministérielle du 26 avril 1859, qui charge trois professeurs de l'École de préparer l'aménagement de la forêt de Haye, devait avoir pour l'organisation des tournées une grande importance. Cette forêt, à laquelle l'École travaillait déjà vers 1830, avait éprouvé depuis plusieurs vicissitudes : ramenée du régime de la futaie à celui du taillis en 1839, elle avait subi des exploitations très diverses : les unes, de 1839 à 1851, prudentes et assises quand même en vue d'une transformation ultérieure ; d'autres, modérées, suivant la pratique ancienne des taillis sous futaie ; d'autres encore, absolument destructives, pratiquées suivant la règle impitoyable des cinquante baliveaux à l'hectare, qui risquaient de faire disparaître tout le matériel accumulé. Enfin M. de Forcade, qui avait déjà l'intention de réserver cette forêt pour les applications de l'École, ordonna, en vue d'un nouvel aménagement, des études qui aboutirent au Décret du 26 mars 1859, établissant le régime de la futaie dans les cinq sixièmes environ de la contenance totale de ce vaste massif.

La lettre du directeur général qui annonce à M. Parade cet heureux résultat porte que les travaux d'aménagement, confiés à trois professeurs (1), seront exécutés avec la participation de l'École forestière. On

---

(1) MM. Nanquette, Bagneris et Barré. L'année suivante, M. Gomien, garde général des travaux d'art à Nancy, fut adjoint à la Commission.

aurait donc pu se croire revenu au temps de M. Lorentz, alors que professeurs et élèves faisaient ensemble des aménagements *réels* à Amance et à La Bouzule. Ce n'est pas ainsi, toutefois, que le Décret de 1859 reçut son exécution : la Commission opéra seule ; mais il n'en résulta pas moins pour l'enseignement un grand avantage. On était sûr, désormais, que la forêt de Haye allait être conduite conformément aux théories admises à l'École ; on pouvait la donner comme exemple aux élèves et les faire coopérer du moins aux coupes, sans avoir à critiquer les principes suivant lesquels les martelages étaient exécutés. Tout naturellement, les exercices pratiques se firent de plus en plus à la forêt de Haye, même avant que sa gestion eût été complètement remise entre les mains du directeur. Haguenau ne fut pas cependant tout à fait abandonné, mais on n'y fit plus qu'un seul exercice, les autres ayant pour théâtre les environs de Nancy. Certaines années, il y eut même trois travaux d'aménagements successifs : à Nancy pour les conversions de taillis en futaie, dans la montagne des Vosges (Framont ou ailleurs) pour les futaies résineuses, et seulement Haguenau pour les futaies feuillues.

Pendant que les courses de seconde année se concentraient ainsi dans un rayon toujours plus restreint, en première année la « tournée forestière et d'Histoire naturelle » recevait, à partir de 1867, une extension remarquable. Pour la première fois, cette année, on dépassa les Vosges et l'Alsace : sur l'initiative de M. Broilliard, le Jura fut enfin abordé, et l'École parcourut, comme étapes principales, Dôle, Arbois, Poligny, Saint-Claude et Pontarlier. Cette date de 1867 est mémorable ; on rompait ainsi le cercle étroit dans lequel l'École tournait depuis quarante ans ; ce changement était le présage des grandes améliorations qui étaient alors déjà projetées. La désignation officielle de cette tournée montre aussi que, sur le terrain, l'enseignement de la Botanique et de la Géologie marchait de front avec la Sylviculture ; pendant quelques années, il y avait eu des courses spéciales d'Histoire naturelle, mais on reconnut bien vite l'avantage de traiter sur le même terrain les deux branches essentielles de l'enseignement forestier : sauf quelques variations de peu de durée, à partir de 1852 cette manière de procéder est considérée comme définitive.

On parvint ainsi à 1870. Après que les cours, suspendus pendant la guerre, eurent repris avec les mêmes programmes, les applications reçurent d'importantes modifications, résultant surtout de l'organisation de la troisième année d'études. Dès la rentrée de 1871, cette organisation, théorique et pratique, fut arrêtée entre M. Nanquette et M. Faré, et l'année suivante vit sa première exécution. Pendant la saison d'hiver, concurremment avec les cours dits complémentaires, les stagiaires furent affectés à la gestion d'un certain nombre de forêts domaniales et communales ; ils étaient aussi chargés, par groupes de deux, d'espèces de petits cantonnements dont l'administration leur était confiée, sous la surveillance des agents de la Conservation de l'École. Du 1er avril au 15 mai, ils participaient à toutes les opérations forestières. Au 15 mai commençaient les missions, qui duraient jusqu'au 15 août. Chaque groupe de deux stagiaires recevait successivement trois missions, d'un mois environ, l'une dans les Vosges ou le Jura, une autre dans le Centre ou le bassin de Paris, la dernière dans les Alpes. Pendant ce temps, les professeurs allaient des uns aux autres, parcourant avec eux les régions qui leur étaient assignées et se rendant compte de leurs travaux. Ainsi, en 1874, ces tournées d'inspection furent faites par MM. Nanquette et Broilliard pour le Centre, M. Mathieu pour les Vosges et le Jura, M. Fliche pour les Alpes.

Théoriquement, cette organisation pouvait paraître parfaite : on ne peut rien désirer de mieux. Non seulement les élèves tirent grand profit de ces études variées, mais aussi les professeurs complètent, grâce à ces voyages, des notions qu'ils n'eussent pu acquérir autrement. Malheureusement, les moyens d'exécution étaient insuffisants. Passe encore pour le semestre d'hiver : la charge était sans doute pesante pour les agents de la Conservation de l'École, et la surveillance incessante des jeunes stagiaires, tant en forêt qu'au bureau, s'ajoutant au travail administratif ordinaire, devait absorber tout leur temps. Mais, enfin, ils n'avaient pas à s'inquiéter des deux autres divisions, tandis que les professeurs, dont le nombre n'avait pas été augmenté, devaient faire marcher de front l'instruction dans chacune des trois années d'études. En été, la charge devenait vraiment accablante. Les tournées d'inspection des stagiaires, absolument nécessaires pour assurer le succès des missions, exigeaient des voyages longs et pénibles ; et c'était précisément en cette saison que les exercices de 1re et de 2e années devaient être entrepris. Il eût fallu doubler le personnel enseignant pour satisfaire à un tel labeur.

L'insuffisance numérique de ce personnel ne fut pas la seule cause de la suppression de la troisième année d'études. En outre de l'absence de sanctions réglementaires, dont nous avons montré les effets, l'organisation des missions soulevait des difficultés d'ordre administratif assez délicates. Sans doute, les conservateurs et les agents sous leurs ordres avaient fait bon accueil aux jeunes gens qui venaient étudier leurs forêts et aux maîtres qui les visitaient ; néanmoins, ces études, les rapports qui en étaient la conclusion, la discussion de ces rapports, aboutissaient souvent à la critique des opérations conduites par le service local, d'où une sorte de contrôle, que certains chefs estimaient contraire aux règles hiérarchiques, et des froissements que la modération des uns, la bonne volonté des autres, ne parvenaient pas toujours à conjurer (1). Le service extérieur était donc peu favorable aux missions des stagiaires et fut loin de regretter leur disparition.

Dans cette période, qui dura jusqu'en 1879, les travaux pratiques des élèves subirent des modifications rendues nécessaires par la perte de l'Alsace. Haguenau fut remplacé par Coucy et Saint-Gobain, où se fit la principale étude d'Aménagement, celle qui concerne les futaies feuillues. Une autre, pour les résineux, eut lieu dans les Vosges, habituellement à Gérardmer ; la troisième, dans les forêts de Haye et de Champenoux, eut comme précédemment pour objet les conversions de taillis en futaie. Pour les élèves de première année, la tournée de Sylviculture et d'Histoire naturelle, en outre des Vosges et du Jura, s'étendit dans les départements de l'Oise et de l'Aisne (2) : les superbes massifs de Compiègne et de Villers-Cotterets, si caractéristiques des résultats de l'ancien tire-et-aire dans le bassin de Paris, furent ajoutés fort judicieusement aux forêts de montagne, qui auparavant étaient à peu près exclusivement visitées.

Quant aux autres cours, nous signalerons d'abord les reconnaissances militaires, auxquelles participent les deux divisions, et qui furent introduites à partir de 1874. Les élèves des deux années faisaient aussi un certain nombre d'arpentages de coupes. Les études de scieries et la

---

(1) Ces difficultés se manifestent, d'une manière discrète, dans la correspondance du directeur. Ainsi cette lettre du 28 février 1878 : « Jusqu'à présent, on a laissé au directeur de l'École le soin de correspondre officieusement avec les agents du service actif.... Il semble plus conforme aux règles administratives que ces agents soient à l'avenir directement prévenus par le chef de l'Administration et invités par lui à donner leurs soins aux jeunes gens envoyés en mission sous leurs ordres. »

(2) Ce ne fut pas immédiatement que ce nouvel itinéraire parvint à être fixé : on marcha d'abord un peu au hasard, une année dans la plaine lorraine, une autre année dans la Côte-d'Or, avant de trouver un champ d'études convenable.

triangulation pour la première division, les deux levés topographiques et le tracé de route pour la seconde, complètent le programme.

Nous arrivons ainsi au moment où la troisième année d'études, successivement réduite, finit par disparaître. Les Règlements de 1876 sont arrivés trop tard et sont trop incomplets. Mais on ne veut pas admettre que le généreux effort de 1871 soit resté sans résultat : on n'abandonnera rien des programmes qui avaient été largement développés à cette époque ; on va s'efforcer de les faire rentrer tous dans le cadre des deux premières années. Seulement, ce sera nécessairement aux dépens des exercices pratiques : le temps qui leur était alloué va être diminué : de quinze jours en 1880, d'un mois en 1887. Le Règlement du 2 mars 1887 porte, en effet (art. 12), qu'il sera consacré deux mois et demi aux applications sur le terrain, à la préparation de l'examen de fin d'année et à cet examen même ; or, pour ces deux derniers objets, étant donné le nombre des matières, trente jours au moins doivent être employés. En conséquence, la première division ne quitte plus les Vosges ; la seconde ne peut ajouter aux forêts lorraines qu'une courte excursion dans le Jura (1) ou à Villers-Cotterets. C'est à cette époque aussi que les études de scieries disparaissent à peu près complètement ; elles sont remplacées par la Tachéométrie.

Il est assez remarquable qu'à ce moment précis où le temps se trouvait si étroitement mesuré, on commença pour la première fois à voyager au loin. L'École fit enfin, en 1888, une tournée dans les Alpes, pour y étudier les travaux de Restauration des montagnes. On ne peut que s'étonner qu'elle ait tant tardé. Depuis 1860, les agents forestiers sont chargés du Reboisement des montagnes ; sous l'impulsion d'hommes d'énergie et de talent, à la tête desquels il convient de placer M. P. Demontzey, de grands travaux ont été entrepris et menés à bonne fin ; toute l'Europe vient admirer dans les Alpes les heureux résultats auxquels sont arrivés les forestiers français : l'École seule semblait les ignorer. Tant qu'avait duré la troisième année d'études, les missions des stagiaires avaient partiellement comblé cette lacune ; eux partis, il fallait cependant étudier sur place la correction des torrents, et ce furent les exercices d'Aménagement qui payèrent les frais du voyage. En 1888 et 1889, on séjourna dans les Alpes du Dauphiné et de la Savoie ; mais si les deux travaux d'Aménagement, à Nancy et à Celles, furent nomina-

______

(1) Et même pendant quelques années la tournée du Jura fut complètement abandonnée.

lement maintenus, le temps qui leur était affecté fut diminué de moitié.
Après avoir complètement négligé les torrents, l'École semblait vouloir
négliger les forêts, comme si elle n'avait plus à former que des ingénieurs.

Heureusement, cette pénible alternative ne dura que deux années.
Les questions de réorganisation une fois tranchées et le recrutement par
l'Institut agronomique admis, il fut permis d'alléger les programmes et
de diminuer le nombre des cours. Les amputations devant lesquelles on
avait reculé en 1880 s'imposaient logiquement, afin de ne pas recommencer inutilement des matières déjà traitées à Paris. En conséquence,
les cours théoriques se termineront de nouveau au 1er mai, et cette
disposition du Règlement de 1889 a été maintenue en 1893. Grâce à ce
changement, les applications sont devenues plus complètes et les tournées ont pris un nouvel essor. En première année, après avoir visité les
Vosges et le Jura, on peut aller étudier dans le Perche les belles forêts
de Bellème et de Bercé, cette terre classique de la régénération naturelle
du chêne. En seconde année, outre les aménagements dans les Vosges et
à Nancy, outre la tournée des Alpes, il est possible de voir la Provence
comme en 1895, les Landes et les Pyrénées comme en 1896. Toutefois,
cette extension si désirable du côté du Midi présente encore un écueil :
à se laisser entraîner dans ces régions si intéressantes, mais si vastes et
si éloignées, on risque de ne plus donner assez de temps aux travaux
de l'ingénieur, à cette étude des torrents qui doit rester l'objectif principal des courses dans les montagnes du Sud-Est. Il est donc nécessaire
de gagner encore du temps.

C'est pour concilier ces deux intérêts d'importance capitale dans
notre enseignement pratique, ceux du cours d'Aménagement et ceux des
Mathématiques appliquées, que la mesure prise en vertu de la Décision
du 13 septembre 1895, dont nous avons déjà parlé, peut être très utile ;
grâce à la réorganisation du cours de Géologie, quinze jours de plus
sont accordés aux exercices pratiques de seconde année, et ce résultat,
obtenu sans rien retrancher des notions enseignées, conduit sûrement
vers une meilleure solution de ce problème poursuivi depuis soixante-
dix ans : faire de l'École de Nancy l'École d'application qu'elle doit être,
surtout avec le recrutement actuel.

Ainsi que nous le disions en commençant cette étude, on voit
combien il a fallu de remaniements successifs pour passer de l'enseignement embryonnaire de 1825 à l'organisation savante et compliquée

de l'École actuelle. La science forestière a-t-elle gagné à toutes ces transformations ? On ne saurait le nier. Il y a pourtant des impatients qui s'étonnent de ne pas voir cette science encore plus avancée, et qui reprocheraient volontiers à l'École de s'attarder dans des théories surannées et des formules vieillies. A ceux-là, nous demandons de faire avec nous la revue des soixante-dix années écoulées, de comparer les livres et les méthodes de 1825 avec l'enseignement d'aujourd'hui : l'étude que nous avons essayée leur permettra d'apprécier les différences.

N'oublions pas que c'est surtout dans la gestion des forêts que les erreurs coûtent cher : telle doctrine hasardée, telle opération préconisée à la légère et dont les conséquences n'auraient pas été mûrement étudiées, peuvent avoir des résultats désastreux, qui se feront sentir pendant un siècle et plus. Il est donc nécessaire, en Sylviculture, de ne marcher que sûrement, et l'École ne peut, par son exemple et par les doctrines qu'elle professe, encourager des illusions dangereuses, qui conduiraient à des déceptions dont elle serait justement ensuite rendue responsable. Les observateurs impartiaux voudront bien réfléchir que la science forestière est presque née d'hier, qu'elle ne peut s'étayer que sur de longues et patientes expérimentations ; alors peut-être se montreront-ils moins sévères, et ne refuseront-ils pas de reconnaître les services que, depuis bientôt trois quarts de siècle, l'École de Nancy a rendus à l'Administration et à la France.

Une visite au pays des torrents.

CHAPITRE VII

Examens, Classements, Sortie.

CET enseignement, dont nous avons décrit l'organisation, risquerait fort de ne pas produire tous ses résultats, si les élèves n'étaient obligés au travail par des examens, dont les notations servent à établir le rang et les conditions de la sortie. Nous allons exposer en quoi consistent les sanctions des études à l'École de Nancy, les textes nombreux qui les établissent et les modifications fréquentes intervenues à ce sujet. Nous aurons ainsi conduit le jeune forestier depuis ses débuts, consistant dans la préparation de ses études, jusqu'à son entrée dans les fonctions actives, et notre tâche se trouvera terminée.

Pour cette question des examens, comme pour tout le reste, d'ailleurs, l'Ordonnance du 1er décembre 1824 est très brève et ne fait que poser un principe qui sera développé plus tard. On n'y prévoit qu'un examen général, après les deux années d'études ; on mentionne aussi des comptes-rendus périodiques du directeur, pour renseigner l'Administration sur la conduite et l'assiduité des élèves, mais rien de plus. L'Arrêté ministériel du 31 janvier 1825 est déjà plus explicite : il doit y avoir deux examens généraux, à la fin de chaque année, au mois de septembre ; ces examens sont faits par les professeurs et maîtres, sous la présidence d'un délégué du directeur général (1) ; nous voyons également que chaque partie de l'enseignement doit être évaluée proportionnellement à son importance et que la conduite des élèves doit être appréciée. Toute cette matière, concernant ce que nous appelons aujourd'hui les coefficients, était ainsi laissée à l'entière discrétion du jury d'examen. Notons enfin que les comptes-rendus du directeur doivent être envoyés tous les trois mois. L'Ordonnance réglementaire du 1er août 1827 (art. 49 à 52) ne change rien à cette situation.

Avec les Règlements de 1835, nous trouvons déjà une organisation plus complète. Les lacunes évidentes des textes de 1825 n'avaient pas tardé à être aperçues, et, à plusieurs reprises, dans sa correspondance, M. de Salomon demande qu'il soit établi des règles précises pour le classement. En envoyant le procès-verbal des examens de 1834 (2), il expose de quelle manière le jury a procédé jusqu'à ce jour, et il exprime le désir que les mesures prises en vertu des pouvoirs conférés par l'Arrêté de 1825 soient sanctionnées définitivement. On était obligé, en effet, de proposer pour la première fois l'exclusion pour cause d'examens insuffisants : il n'était donc que juste de faire connaître par avance aux élèves suivant quelles règles cette grave sanction pourrait être appliquée à l'avenir.

(1) Les examens généraux étaient entourés, au début, d'une certaine solennité. Ainsi, en 1832, le conservateur de Nancy et plusieurs agents de la région avaient été invités à y assister. Le directeur est heureux de rapporter combien le conservateur s'est montré satisfait des réponses des élèves.

(2) Déjà, dans une lettre du 20 avril 1832, le directeur demande que les punitions encourues par les élèves entrent en ligne de compte pour le classement : c'est l'origine de la note de conduite, que nous verrons introduite plus tard. Ceci prouve qu'à ce point de vue, l'indication générale de 1825 n'avait encore conduit à aucun résultat pratique.

Il fut fait droit à ces observations par l'Arrêté ministériel du 31 août 1835 et l'Arrêté du directeur des Forêts du 20 octobre de la même année : ces textes reproduisent à peu près identiquement les propositions formulées l'année précédente par M. de Salomon. Outre le classement général de fin d'année, il y a trois classements trimestriels (31 janvier, 30 avril, 31 juillet). Pour ceux-ci, l'Arrêté ministériel ne parle que de notes qui seraient données par les professeurs ; mais l'Arrêté du directeur des Forêts est plus explicite ; c'est bien de trois examens trimestriels qu'il s'agit. On précise, de plus, de quelle manière la « valeur des connaissances acquises » sera déterminée pour chaque matière ; cette valeur est proportionnelle aux chiffres suivants : 30 pour l'Économie forestière et le Droit, 20 pour les Mathématiques et l'Histoire naturelle, 15 pour le Dessin et l'Allemand. Ces notations trimestrielles sont combinées avec la notation de fin d'année pour arriver au classement définitif ; il est dit seulement à ce sujet que la moyenne des examens de trimestre ne peut entrer pour plus de moitié dans la détermination de la moyenne générale ; nous croyons que c'est cette proportion de moitié qui fut précisément admise dans la pratique.

En 1839, on modifie l'importance relative des matières de l'enseignement, qui est exprimée proportionnellement par des maxima ainsi fixés : Économie forestière, 40 ; Législation, 35 ; Physique et Mathématiques, 30 ; Constructions et Dessin, 30 ; Chimie et Histoire naturelle, 25 ; Allemand, 25. C'est à-dire : plus de valeur donnée à l'Économie forestière et aux Sciences mathématiques, mais beaucoup moins aux Sciences naturelles. Autre changement considérable : il n'y a plus que deux examens, au lieu de trois, avant l'examen général (fin mars et fin juillet). Le classement définitif s'opère d'ailleurs comme en 1835.

Mais presque aussitôt M. Parade réclame de nouveaux changements. D'abord, il est essentiel de tenir compte dans les notations de tout ce qui constitue les travaux d'application, notamment des épures, herbiers et calepins. Ensuite, les deux examens de mars et juillet prennent beaucoup de temps ; on pourrait se contenter d'un seul, après la clôture des cours. Pendant le semestre d'hiver, pour tenir les élèves en haleine et apprécier leurs progrès, le directeur propose l'institution d'interrogations dites *de cabinet*, faites par le professeur que la matière concerne, par conséquent sans constitution d'un jury d'examen, à des intervalles irréguliers, mais toujours suffisamment rapprochés. Cette innovation, autorisée provisoirement au commencement de l'année 1841, est consacréé par les Règlements de 1842, qui vont durer pendant vingt ans, et qui ont servi de cadre à toutes les modifications postérieures.

En vertu de l'Arrêté ministériel du 25 mars 1842, il n'y a plus qu'un examen, avant les épreuves générales de fin d'année. Il est procédé à cet examen, à la clôture des cours théoriques, par une Commission composée du directeur de l'École, du professeur du cours et d'un inspecteur des études. L'article 41 mentionne aussi l'effet des interrogations de cabinet et des notations obtenues pour les rédactions et autres travaux exécutés pendant-la durée des cours. La forme des interrogations est ainsi déterminée dans l'Arrêté du directeur des Forêts (19 avril 1842) : le directeur de l'École désigne, à l'heure de l'étude, c'est-à-dire au moment même où l'examen doit être passé, les élèves à interroger ; les questions portent soit sur une section déterminée du cours, indiquée à la division au moins trois jours d'avance, soit sur la matière des dix dernières leçons. M. Parade voulait ainsi, suivant son expression, que les élèves fussent toujours tenus en haleine, constamment sous le coup d'un de ces examens partiels, pour éviter cette fâcheuse habitude, de tout temps trop fréquente chez les jeunes gens, qui consiste à négliger de revoir jour par jour les leçons enseignées, et à remettre au moment de l'examen final une préparation devenue alors impossible.

Le classement annuel se fait, d'après ce Règlement de 1842, en prenant pour base une moyenne générale ainsi composée : pour moitié de la notation de fin d'année ; pour un quart de la notation de l'examen général de clôture des cours ; pour l'autre quart d'une cote de mérite formée des notations obtenues aux examens de cabinet, et de celles concernant les rédactions ou autres travaux exécutés pendant la durée des cours. On introduit aussi une cote spéciale pour la Conduite, le zèle et l'aptitude au service forestier, qui doit se joindre aux résultats des examens, tant à celui de clôture des cours (examen de mai) qu'à celui de fin d'année.

Enfin, l'importance relative des matières est établie par de vrais coefficients, et l'évaluation de l'examen étant toujours faite d'après l'échelle de 0 à 20, la note obtenue, multipliée par le chiffre du coefficient donne désormais très simplement le nombre de points afférent à chaque matière. Ces coefficients sont assez semblables aux bases de proportionnalité admises en 1839 : 12 pour l'Économie forestière, 10 pour le Droit, 9 pour les Mathématiques, autant pour les Constructions,

7 seulement pour l'Histoire naturelle, enfin 3 pour la cote nouvelle
concernant la Conduite, la discipline et l'aptitude. On voulut même
aller plus loin dans la voie de la précision, et comme l'appréciation des
exercices pratiques avait donné lieu à des difficultés, on détermina,
dans le même Arrêté ministériel, la répartition du coefficient entre les
examens et les travaux. Cette mesure avait des avantages; il est permis
de trouver cependant que les rédacteurs du Règlement ont été bien
minutieux à cet égard : la répartition change pour chaque matière trois
fois dans la même année; d'abord pour les épreuves subies pendant la
durée des cours, puis pour l'examen des cours, enfin pour l'examen
de clôture, enfin pour l'examen général. C'était une complication
gênante et assez inutile. Toutefois, l'ensemble de ces dispositions,
conçues avec la netteté qui caractérisait l'esprit de M. Parade, réalisait
un grand progrès. Aussi, pendant très longtemps, il n'intervint que des
modifications de détail.

En 1846, pour rendre plus facile le choix des questions à poser dans
chaque examen, les professeurs rédigent des questionnaires, groupant
dans un certain nombre de numéros toutes les matières du cours ;
l'élève tire au sort avant son examen, et ne peut être interrogé que sur
les parties contenues dans son numéro. Ces questionnaires ont depuis
toujours été continués : seulement, le nombre des articles, primitivement
de 50 pour chaque cours, a été diminué. L'année suivante, des difficultés
assez singulières se produisirent pour la composition du jury d'examen :
le Règlement voulait qu'en fin d'année ce jury comprît quatre personnes,
savoir : le directeur général, président ; le directeur de l'École ; le
professeur du cours et un des inspecteurs. En l'absence du chef de
l'Administration et lorsqu'il ne s'était pas fait représenter, on complétait
le nombre réglementaire par l'adjonction d'un autre professeur. Or, il
arriva que ce choix, fait par le directeur de l'École, fut l'origine de
réclamations, de rivalités, de prétentions regrettables. On ne nous dit
pas quel fut l'auteur de l'incident ; nous croyons que M. Laurent était
le coupable. Nous ne citons ce fait minime que parce qu'il jette un jour
assez vif sur les relations du personnel d'alors. La difficulté fut tranchée
par la suppression du quatrième examinateur (août 1847).

Dans les années qui suivirent, le directeur s'appliqua surtout à
organiser de plus en plus fortement les interrogations de cabinet, « qui
sont la consécration obligée des bonnes études »; il en augmente le
nombre, de manière à faire passer en moyenne vingt fois chaque élève

devant les différents professeurs. Les cotes pour rédactions et autres travaux écrits sont à peu près aussi nombreuses. En 1851, il demande à l'Administration d'approuver un usage. qui a tou-jours été suivi à Nancy pour l'ordre de passage des examens de fin d'année : au commencement du temps affecté à la préparation, les élèves de chaque division tirent au sort leur rang d'examen ; le chef de promotion soumet la liste au directeur, qui l'arrête définiti-vement et la fait afficher. Il en est de même pour désigner les élè-ves auxquels échoit, dans cha-que faculté, l'honneur de passer un exa-

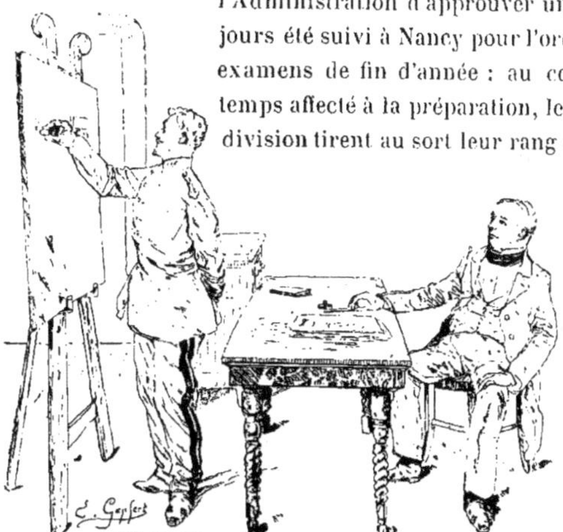

L'examen de cabinet (d'après un dessin de M. Lambert).

men devant le directeur général. Nous voyons aussi, dans la correspon-dance de M. Parade, qu'en 1854 tous les élèves de la promotion sortante passent cet examen ; dix de leurs camarades de première année font de même : les autres demandent alors et obtiennent leur exeat dès qu'ils ont terminé, sans attendre la fin des opérations du jury. Plus tard, lorsque les promotions devinrent nombreuses, le directeur général ou son représentant n'assiste plus qu'à des examens de seconde année ; c'est ce qui se pratique encore de nos jours.

Nous arrivons ainsi aux Règlements de 1862. Ils contiennent, pour les coefficients, des modifications rendues nécessaires, d'abord par la suppression déjà ancienne du cours de Constructions et de l'Allemand, ensuite par l'introduction récente de la Littérature et de l'Agriculture. Ces deux derniers cours se trouvèrent fusionnés, l'un avec le Droit, l'autre avec l'Histoire naturelle, et le directeur général fut chargé de régler la proportion dans laquelle le coefficient unique serait réparti. La mesure était critiquable, en ce qu'elle avait pour effet de diminuer l'importance relative du Droit et de l'Histoire naturelle. M. Parade avait aussi demandé un relèvement pour le coefficient de l'Économie forestière, mais ce vœu ne fut pas accueilli. Les coefficients se trouvent donc ainsi fixés : 12 pour l'Économie forestière, 10 pour la Législation et la Littérature, 10 pour les Mathématiques, 8 pour l'Histoire naturelle et l'Agriculture ; enfin, la Conduite, zèle et aptitude au service conservait son coefficient 3. On remarquera aussi, en comparant ce tableau avec celui de 1842, une notable diminution d'importance pour les Mathématiques appliquées : précédemment, les Mathématiques proprement dites et les Constructions étaient les unes et les autres affectées d'un coefficient 9, tandis que les mêmes matières, fusionnées en un seul cours, n'avaient plus que le coefficient unique 10. Quant à l'appréciation des travaux pratiques, la part du coefficient d'ensemble qui leur est attribuée ne se trouve plus dans l'Arrêté ministériel : le directeur général doit la fixer chaque année, sur la proposition du directeur de l'École ; il n'en est donc plus fait mention dans le Règlement.

Une autre innovation, d'une utilité contestable, fut introduite dans l'Arrêté du 6 juin 1842 : elle consiste à donner une influence aux résultats des examens de première année sur ceux de la seconde. L'intention était bonne : on voulait avertir ainsi les élèves d'avoir à travailler davantage dès le début, en leur garantissant qu'il serait tenu compte de leurs premiers efforts jusqu'au classement final. L'inconvénient était que l'élève mal noté en première année, et qui aurait eu des velléités de mieux faire, risquait trop souvent de se décourager, à cause des résultats médiocres des premiers examens, dont il ne pouvait entièrement se débarrasser. Suivant ce système, pour les élèves sortants, la moyenne générale est ainsi formée : les notations de fin d'année entrent pour deux cinquièmes, celles de l'examen de clôture des cours pour un cinquième, les interrogations de cabinet et les travaux du premier semestre encore pour un cinquième ; enfin, les points obtenus dans le classement de la première année comptent pour le dernier cinquième (1).

En 1876, d'autres changements s'imposent. De nouveaux cours ont été introduits : l'Allemand et l'Enseignement militaire ; puis, une troi-

---

(1) L'influence des études de première année était également assurée par un autre moyen : d'après le Règlement de 1842, l'examen final porte sur toutes les matières enseignées pendant les deux années d'études. La même disposition se trouve dans le Règlement de 1862. En conséquence, les questionnaires, rédigés comme on l'a vu plus haut, contenaient pour les examens de la première division, dans chacun de leurs numéros, une question au moins du cours de première année. Ils n'ont été modifiés à cet égard qu'à la suite d'une délibération du Conseil d'instruction du 28 août 1881 : les questions ne portent plus maintenant que sur les matières enseignées pendant la seconde année.

sième année d'études est installée à l'École, et il faut pourvoir, en ce qui la concerne, à une organisation que l'on peut croire définitive. On ne se borna pas, toutefois, aux modifications strictement nécessaires, et la refonte des règlements anciens fut l'occasion de remaniements plus profonds des textes antérieurs. Une mesure importante, dans cet ordre d'idées, consiste dans la suppression de l'examen dit de clôture des cours, ou examen de mai, qui immobilisait pendant un mois presque entier professeurs et élèves, à une époque de l'année où ils eussent été bien plus utilement employés au dehors. Depuis longtemps, cette suppression était réclamée : on faisait remarquer que le classement du premier semestre pouvait fort bien être établi en se fondant uniquement sur les notations des interrogations de cabinet, sur les notes données aux compositions et travaux divers faits depuis le commencement de l'année scolaire. C'est ce qui fut enfin accordé par l'Arrêté du 10 novembre 1876, et l'expérience a prouvé que cette simplification ne présentait pour les études aucun inconvénient.

Les coefficients des diverses matières de l'enseignement sont réglés de la manière suivante : 12 pour l'Économie forestière, 10 pour la Législation, ainsi que pour les Mathématiques, l'Histoire naturelle, l'Agriculture et l'Allemand, 5 pour l'Enseignement militaire, et enfin 3 pour la notation concernant la Conduite, le zèle et l'aptitude au service forestier. L'enseignement de la troisième année a des coefficients identiques pour les cinq matières qui le constituent (1). Nous ferons remarquer dans ce tableau la progression constante du chiffre attribué à l'Histoire naturelle ; on ne la relègue plus au dernier rang, et même, si l'on tient compte de l'Agriculture, elle tend à prendre une importance prépondérante. C'est un signe des idées nouvelles, qui fait pressentir d'autres changements plus graves.

Pour le classement de fin d'année, on continue à suivre le système inauguré en 1862 ; seulement, la proportion dans laquelle interviennent les notations déjà obtenues n'est plus la même. Pour la seconde division, la moyenne servant de base au classement est ainsi formée : un tiers provenant du classement du premier semestre, deux tiers de l'examen de fin d'année. Pour la première division, le classement semestriel vaut un quart, la notation de fin d'année un demi, et le classement de première année un quart. Enfin, pour les stagiaires, leur classement final est ainsi établi :

(1) Économie forestière, Administration et Droit, Histoire naturelle, Agriculture, Allemand.

deux cinquièmes à l'examen de clôture des cours de troisième année ; deux cinquièmes aux travaux, mémoires et autres exercices pratiques de cette même année ; un cinquième à la notation résultant du classement, après les deux premières années d'études.

Dès son arrivée à la Direction de l'École, M. Puton exprima le désir que les règles du classement, telles que les édictaient les Règlements de 1862 et 1876, fussent modifiées. Il n'était point partisan du système qui établit une relation entre les notations concernant chacune des deux années d'études ; il voulait ces deux années indépendantes, le travail s'évaluant de la même manière pour l'une et pour l'autre. Il obtint gain de cause sur ce point par l'Arrêté du 3 mai 1882. Dorénavant, dans chaque division, le classement doit s'établir suivant la même proportion : un tiers pour les épreuves du premier semestre, deux tiers pour les exercices pratiques et les examens généraux. Mais, pour tenir un juste compte du travail de première année, l'Arrêté de 1882 dispose que le rang d'entrée dans l'Administration se détermine par le nombre total des points obtenus en première et en seconde année ; nous retrouverons plus loin cette innovation, en parlant des conditions de la sortie.

Une autre critique, celle-ci moins importante, était adressée par M. Puton au Règlement, en ce qui concerne la note pour Conduite, zèle et aptitude. Il n'admettait pas qu'il fût possible, dès l'École, d'apprécier l'aptitude d'un élève pour le service forestier, et il lui était facile de citer de nombreux exemples de jeunes gens qui, après avoir été médiocrement estimés sur les bancs, n'avaient pas moins fourni une carrière distinguée. Il demandait donc qu'on ne considérât que la conduite, et que les punitions infligées fussent la seule base servant à déterminer mathématiquement la cote de chaque élève. C'était ainsi changer complètement le caractère de cette *cote d'amour*, ainsi qu'on l'appelait pittoresquement à l'École, parce qu'elle était *restée* jusque-là à la discrétion du directeur. L'Administration résista d'abord à cette transformation ; puis elle céda, et, dans les Arrêtés des 20 mars 1882 et 17 octobre 1885, il n'est plus question que de « Conduite et travail ». Comment se fait-il qu'ensuite le Règlement du 2 mars 1887 la passe complètement sous silence ? Les inconvénients de cette omission furent immédiatement exposés par le directeur dans un rapport conforme à l'avis du Conseil d'instruction. Heureusement, la faute fut réparée dans le Règlement de 1889 ; la rubrique fut seulement modifiée : le coefficient 3 de ce Règlement s'applique à la « Conduite et tenue ». Il en est de même d'après le texte de 1893, actuellement en vigueur.

On voit par cet exemple combien de fois, pour une question secondaire, il a été pris de décisions depuis 1880. Cette période est, en effet, caractérisée par une intervention pour ainsi dire fébrile de l'autorité supérieure : on change, on supprime d'une année à l'autre, et il s'en faut qu'une telle instabilité soit avantageuse pour la marche des études et la prospérité de l'enseignement. Cet inconvénient apparaîtra mieux encore dans l'exposé qui va suivre.

Les coefficients ne demeurèrent pas longtemps tels qu'ils avaient été fixés en 1876. D'abord, sur la réclamation du ministre de la Guerre, l'Enseignement militaire vit son importance augmentée : de 5, son coefficient fut porté à 10, égal à celui des autres matières, sauf l'Économie forestière (1). Puis, en 1885, changement complet : l'Économie forestière est élevée à 16, les Mathématiques à 14, l'Histoire naturelle et le Droit à 12 ; les autres matières seules gardent le coefficient 10. Cette innovation, apportée par l'Arrêté du 17 octobre 1885, fut consacrée en 1887, 1889 et 1893. Quant à la répartition entre les examens et les travaux, au lieu d'être variable d'année en année, comme le voulait le Règlement de 1876, elle est établie d'une manière fixe, pour la première fois, dans l'Arrêté du directeur général du 20 octobre 1885 (2), et pareillement dans ceux de 1887, 1890 et 1894 (3).

En revanche, rien n'a été modifié, dans les textes au moins, pour le nombre, l'époque des examens et la manière dont ils sont subis. Nous ne mentionnerons, à cet égard, que le changement apporté à différentes reprises pour l'organisation des interrogations de cabinet. Nous avons vu qu'à l'origine de l'institution ces interrogations étaient considérées comme des moyens de tenir les élèves constamment en haleine, en les obligeant à être prêts, sans avoir été prévenus d'avance. Ce caractère leur fut conservé de 1841 jusqu'à une époque peu éloignée de 1850. Puis, chaque cours fut divisé en un certain nombre de sections, indiquées d'avance, sur chacune desquelles la promotion était successivement examinée ; ce système dura jusqu'en 1866, époque à laquelle les élèves furent de nouveau appelés, sans ordre déterminé, à répondre sur la matière des dernières leçons. Enfin, depuis 1893, ces interrogations sont

(1) Arrêté ministériel du 11 novembre 1879.

(2) Les sous-coefficients afférents aux travaux sont, en 1885 : 4 pour l'Économie forestière et les Mathématiques appliquées, 2 pour l'Histoire naturelle et le Droit, 5 pour l'Allemand.

(3) Ces trois textes sont identiques : 4 pour les Sciences forestières et les Mathématiques, 2 pour les Sciences naturelles et le Droit, 5 pour l'Art militaire et l'Allemand.

devenues de vrais examens périodiques, passés devant le professeur seul, trois ou quatre fois dans le semestre, suivant l'étendue des cours, mais d'après un ordre arrêté dès le commencement de l'année. Nous sommes ainsi revenus, sous une forme un peu différente, à ce qui se passait vers 1835.

Ces examens, dont l'organisation nous est ainsi connue, nous devons maintenant en étudier les sanctions, c'est-à-dire exposer quelles conséquences ont pour les élèves les notes plus ou moins bonnes obtenues à la suite de ces épreuves. Ici encore, nous allons rencontrer un grand nombre de dispositions réglementaires, se modifiant les unes les autres, et qu'il est nécessaire de détailler méthodiquement.

Dans cet ordre d'idées, nous nous bornerons à signaler d'abord des sanctions d'un caractère plutôt disciplinaire, qui ne produisent leur effet que pendant le séjour des élèves à l'École, sans avoir d'influence sur leur avenir. Très naturellement on a été amené à établir une relation entre les permissions de faveur que peuvent obtenir les élèves et les notes de leurs examens. Plus celles-ci ont été satisfaisantes, plus facilement le directeur autorise les sorties, qui sont, au contraire, refusées à ceux qui se sont montrés insuffisants. Ce genre de sanction est donc surtout l'accompagnement des interrogations de cabinet et des travaux du premier semestre ; c'est dans les règlements du directeur de l'École qu'il faut en étudier le fonctionnement. L' « Ordre général » actuellement en vigueur (1) dispose qu'une note au-dessous de la moyenne 10 entraîne une privation de permission pendant une semaine, si cette note est comprise entre 7 et 10, et pendant deux semaines, si elle est inférieure à 7. Ensuite, l'élève dont la moyenne générale est d'au moins 14 jouit d'une permission supplémentaire, non comprise dans la sortie générale du samedi (2). Ces moyens d'émulation, dont il ne faut pas s'exagérer l'importance, ont cependant leur utilité et concourent à assurer la régularité des études.

Les sanctions proprement dites ont une toute autre portée. Ce sont celles qui, de tout temps, ont été reconnues nécessaires pour ne laisser entrer dans les rangs des agents forestiers que les élèves suffisamment instruits et pour rejeter les autres. Après une première sélection faite au moyen du concours d'entrée, vient donc se placer, à la fin de l'ensei-

(1) Du 8 juillet 1894.

(2) Articles 5 et 33 de l'Ordre général. On retrouve des dispositions analogues dans les documents antérieurs.

gnement, une seconde élimination, pour ceux dont les examens ont démontré l'incapacité. Cette conséquence si grave, bien qu'elle soit nécessaire, des mauvaises études, la radiation, est connue à l'École de Nancy sous une appellation qui ne manque pas de saveur forestière, c'est la *sécheresse*. L'élève *sec*, c'est le chêne mort en cime, c'est le sapin dont les branches ont perdu leur verdure et que la hache doit faire disparaître. A côté de cette peine capitale, nous en trouvons une autre, également introduite dès l'origine : le redoublement, c'est-à-dire l'obligation de recommencer une année ; c'est un sursis accordé, une dernière chance offerte à l'élève de se relever, d'échapper à l'exclusion définitive. Les conditions de la radiation et du redoublement ont, nous allons le voir, changé très fréquemment.

D'après l'Ordonnance de 1824, l'instruction des élèves est appréciée à la fin des deux années d'études ; si, à ce moment, ils sont reconnus insuffisants, on les condamne à faire une troisième année, après laquelle seulement, s'ils ne se sont pas améliorés, la radiation est prononcée. Ainsi, d'une part, le jury ne peut opter entre l'une ou l'autre des deux peines ; d'autre part, à la fin de la première année, aucune mesure ne peut encore être prise, aucun avertissement ne peut être donné à l'élève qui néglige ses devoirs. On crut d'abord pouvoir combler cette lacune par une simple disposition du règlement : l'Arrêté ministériel de 1825 dispose que le redoublement peut être infligé aux élèves qui, ayant déjà une année d'études, n'ont pas été jugés assez instruits pour passer à la première division. Une adjonction aussi grave était d'une légalité douteuse ; aussi le jury hésitait à appliquer le redoublement à la fin de la première année. L'Ordonnance réglementaire de 1827 n'apporta aucun remède à la situation : elle reproduit sans changement le texte antérieur ; comme en 1824, elle ne prévoit dans le cours des études que la radiation pour écarts graves de conduite (1). La correspondance du directeur déplore cette incertitude : les examens de première année n'ont pas de sanction sérieuse, de mauvais élèves donnent aux autres des exemples pernicieux qu'il importerait de faire cesser ; sinon, plus d'émulation, et les professeurs se découragent.... (Du 9 novembre 1834.)

C'est une modification à l'Ordonnance de 1827 qu'aurait désirée M. de Salomon. Elle ne lui fut pas accordée. Mais le Règlement de 1835

---

(1) Nous voyons cependant ainsi trois élèves de la 4ᵉ promotion, condamnés à passer à l'École une troisième année, qui obtiennent leur grâce le 5 mai, en considération de la bonne volonté qu'ils ont montrée.

autorisa quand même le doublement en première année, et l'Administration, dès lors moins timorée, n'hésita plus à appliquer cette sanction. On fit toutefois cette réserve, qui devait être répétée dans tous les textes postérieurs, que le même élève ne pouvait être admis au redoublement plus d'une fois ; dans tous les cas, il ne pouvait passer à l'École plus de trois ans. C'était interpréter d'une manière fort libre l'article 52 de l'Ordonnance réglementaire, quel que pût être, d'ailleurs, l'avantage de cette interprétation.

A la même époque, on détermina pour la première fois ce qu'il fallait entendre par cette « instruction suffisante » dont parlaient les règlements et qui était nécessaire pour échapper au redoublement ou à la radiation. Jusqu'alors, le jury d'examen était absolument libre de trancher comme il l'entendait cette grave question sans avoir à fournir de justification. A vrai dire, cette absence de toute règle était tellement exorbitante qu'elle semblait intolérable aux juges eux-mêmes, qui s'étaient tracé à cet égard une ligne de conduite. Ainsi, en 1834, nous voyons un élève condamné au doublement parce qu'il n'a obtenu pour l'ensemble des points que 53.9. La limite, officieusement posée, et par conséquent variable au gré du jury, fut sanctionnée et fixée par l'Arrêté du directeur des Forêts du 20 octobre 1835 : pour passer de première en seconde année, tout élève doit réunir au moins 50 points, et 60 au moins pour sortir à la fin de la seconde année (1). Remarquons cette différence d'exigences entre les deux années d'études : on croit devoir demander davantage à l'élève de seconde année ; on suppose que l'intensité du travail doit aller croissant jusqu'à la fin, ce qui n'est pas nécessairement conforme à la réalité ; nous verrons que cette conception singulière se maintiendra jusqu'en 1876. On changea seulement, à plusieurs reprises, le nombre des points requis, sans qu'il soit possible de donner les raisons de ces changements : en 1839, on demande 115 points en première année et 135 en seconde ; en 1842, il faut respectivement 540 et 640 ; enfin, le Règlement de 1862 exige 473 et 559 (2).

Dès 1835, l'Administration s'est complètement dépouillée du scrupule

(1) Pour rendre ces chiffres comparables avec ceux qui résultent de notre manière actuelle de compter, nous dirons qu'ils équivalent à une cote générale de 10 en première année et de 12 aux examens de sortie.

(2) Comme nous l'avons fait ci-dessus, nous allons donner l'équivalence de ces minima, pour permettre de les comparer avec ceux d'aujourd'hui.

En 1839, cotes 12.4 et 14.6.

En 1842, — 10.8 et 12.8.

En 1862, — 11 et 13.

qu'elle avait éprouvé dans l'interprétation de l'Ordonnance. La peine du doublement est donc appliquée d'une manière de plus en plus large, aussi bien en première qu'en seconde année. Mais cette arme, dont on attendait de bons résultats, fut vite émoussée : certains élèves acceptaient très facilement l'obligation de passer un an de plus à Nancy ; c'était pour eux la prolongation d'une vie agréable, meilleure à coup sûr que celle qui les attendait dans leurs cantonnements ; ils manœuvraient donc de manière à se tenir un peu en-dessous du nombre de points minimum, et les exemples de spéculations de ce genre étaient on ne peut plus fâcheux. Les redoublants finissaient par encombrer le casernement : en 1841, on en comptait 9 sur 36 élèves, juste le quart ! A ce moment, M. Parade signale le doublement comme une plaie, dont il faut se débarrasser au plus vite, et l'exposé du directeur paraît si convaincant que cette année même on modifie dans le sens qu'il a désiré l'article 52 de l'Ordonnance. Dorénavant, le doublement ne peut être autorisé, en première ou seconde année, que pour cause de maladie grave dûment constatée, ayant entraîné une interruption de travail d'au moins quarante-cinq jours. Et comme il importait de donner une sanction aux examens de première année, le nouveau texte dispose que la radiation, à défaut d'instruction suffisante, peut être prononcée après l'une ou l'autre des deux années d'études. Ces modifications, introduites cette fois par l'autorité compétente, sont très importantes pour notre matière ; l'Ordonnance du 15 décembre 1841 qui les consacre va durer jusqu'en 1887.

A partir de 1841, la radiation est donc devenue la peine unique, et, malgré son énormité, cette sanction a été assez souvent appliquée pendant la direction de M. Parade, dans les conditions du Règlement de 1842. En 1862, on estima que les précautions prises pour assurer « l'instruction suffisante » n'étaient pas complètes ; c'est de ce moment que date l'adjonction des minima dits spéciaux, qui existent encore de nos jours, et dont il est facile de justifier l'utilité, ainsi que de préciser le fonctionnement. Un nombre total de points supérieur au minimum réglementaire peut être obtenu au moyen de notes généralement suffisantes dans toutes les matières de l'enseignement ; c'est ce qui arrive d'ordinaire aux bons élèves, soucieux de faire tout marcher de front, de ne laisser en arrière aucune branche des connaissances qu'ils devront utiliser ensuite dans leur carrière. Mais il peut arriver aussi qu'un élève applique tous ses efforts à certains cours, qui lui paraissent plus

faciles ou plus agréables, et néglige systématiquement tous les autres :
il pourra peut-être ainsi, au moyen de très bonnes notes dans ses
matières préférées, atteindre le nombre total de points requis et entrer
ainsi dans l'Administration, tout en étant nul ou à peu près sur le reste
du programme. C'est pour éviter cet inconvénient qu'il est utile
d'exiger, outre un ensemble de points ou minimum général, un nombre
déterminé pour chaque matière enseignée séparément.

En 1862, ces minima spéciaux, conformément aux idées qui étaient
alors adoptées, ne sont pas les mêmes pour les deux années : ils sont
plus forts pour les anciens, auxquels on réclame un travail plus considérable. En première année, il faut obtenir au moins 120 points pour
l'Économie forestière, 80 pour le Droit et les Mathématiques et 60 pour
l'Histoire naturelle; en seconde année, ces nombres sont respectivement
140, 100 et 80 (1). En 1876, le principe fut maintenu, mais avec plus de
simplicité dans l'application : on réduisit à un seul, le même pour
toutes les matières, ainsi que pour l'une et l'autre année, tous les
minima de 1862 ; outre la moyenne générale de 10, ce fut la cote spéciale
de 7 qui devint obligatoire. En 1887, on distingue de nouveau, suivant
les matières : 9 pour l'Économie forestière et l'Histoire naturelle, 6 pour
les autres branches de l'enseignement. Enfin, le Règlement de 1889, qui
a été copié sur ce point par celui de 1893, s'arrête aux cotes 8 et 6,
applicables comme précédemment.

Actuellement, le doublement est redevenu plus facile, et, à cet égard,
l'Ordonnance de 1841 a été modifiée. Mais ce n'est pas du premier coup
que l'on est revenu à l'état actuel ; l'histoire des tentatives faites à ce
sujet est même assez remarquable. Ce fut M. Lorentz, alors directeur
des Forêts, qui prit l'initiative du changement, en rédigeant, *proprio
motu*, l'Arrêté ministériel du 21 septembre 1882 ; cet Arrêté porte, en
substance, que l'insuffisance résultant soit d'un nombre total de points
inférieur à la moyenne générale, soit d'un minimum spécial en n'importe
quelle autre matière, permet d'appliquer, en première ou en seconde année, la radiation ou le redoublement. Comme jadis, le jury se trouvait de
nouveau investi du plus large pouvoir d'appréciation, pour se décider à
l'une ou à l'autre de ces sanctions. L'étonnement causé par cette mesure
fut très grand à Nancy, car les inconvénients du doublement facultatif
étaient encore présents à la mémoire de tous. Le Conseil d'instruction

(1) Comparaison avec notre manière actuelle de compter : en première année, ces minima
spéciaux sont respectivement 10, 8, 7.5 ; en seconde année, ils s'élèvent à 11.7, 10 et 10.

demanda le retrait de l'Arrêté du 21 septembre ; ce vœu fut très vivement appuyé par M. Puton, dans plusieurs rapports. M. Lorentz se borna à répondre que la mesure devait être exécutée. Mais, en 1884 (1), M. Lorentz n'occupant plus la Direction des Forêts, on revint purement et simplement à l'état antérieur. Puis, le Règlement de 1887 imagina un moyen terme, auquel on s'est tenu jusqu'à ce jour : on distingue entre les deux sortes d'insuffisances qui peuvent être relevées à la charge d'un élève. Le minimum général (moins de moitié du nombre maximum des points, sur l'ensemble des matières) est réputé le plus grave : il doit toujours avoir pour sanction la radiation. Mais on admet que les minima spéciaux (cote inférieure dans une matière déterminée) peuvent permettre plus d'indulgence : pour ceux-ci seulement, le choix est permis au jury entre la radiation et le redoublement. Comme auparavant, d'ailleurs, quarante-cinq jours d'interruption pour cause de maladie donnent droit aussi au redoublement ; pareillement, sous aucun prétexte, un élève ne peut rester plus de trois ans à l'École.

Enfin, un Arrêté ministériel du 9 janvier 1897 vient d'établir une règle nouvelle pour le calcul de la moyenne générale. Jusqu'à ce jour, cette moyenne était acquise en additionnant tous les points obtenus dans l'ensemble des matières. Or, il arriva en 1896 que les deux derniers élèves de la promotion de première année n'obtinrent leur moyenne générale de 10 que grâce à des notes élevées en Enseignement militaire et en Allemand, tandis qu'ils étaient faibles sur les matières fondamentales de l'Enseignement forestier, bien que n'étant point descendus jusqu'à un minimum spécial. Le Conseil d'instruction, sur la proposition du directeur, fit remarquer cet inconvénient de laisser passer en seconde année et ensuite dans l'Administration des jeunes gens dont l'instruction professionnelle serait aussi douteuse. Pour y remédier, l'Arrêté de 1897 dispose que la moyenne générale sera formée par l'addition des points obtenus dans les quatre matières fondamentales seulement, savoir : les Sciences forestières et naturelles, le Droit et les Mathématiques appliquées. Les minima spéciaux à l'Enseignement militaire et à l'Allemand sont d'ailleurs maintenus.

Pendant longtemps, le règlement ne s'est pas occupé du sort des élèves radiés ; ils sont rejetés de l'École, et tout est dit. Mais pourtant, parmi ces malheureux, il en est qui veulent quand même se consacrer à la carrière forestière ; ne doit-on pas accueillir leur bonne volonté

(1) Arrêté ministériel du 22 mars 1884.

tardive et se prêter à une réhabilitation dont plusieurs se sont montrés dignes ? Autrefois, on se bornait à les faire entrer dans les bureaux, sans leur donner aucune garantie d'avenir. Le **Règlement** de 1862 dispose pour la première fois que les élèves rayés des cadres peuvent être nommés brigadiers sédentaires, s'ils en font la demande dans le mois de leur radiation ; ils sont admis ensuite, lorsqu'ils ont atteint l'âge de vingt-trois ans, à passer l'examen pour le grade de garde général-adjoint. Des dispositions analogues ont été maintenues jusqu'à ce jour. Ainsi, d'après l'Arrêté ministériel de 1893 (1), la nomination des radiés au grade de brigadier a lieu dès qu'ils ont satisfait à la loi militaire ; après être restés deux ans au moins dans ces fonctions, ils sont autorisés à passer les examens de sortie de l'École devant le même jury que les élèves, et, en cas de succès, ils sont nommés gardes généraux stagiaires lorsqu'ils ont accompli leur vingt-cinquième année. La loi militaire du 15 juillet 1889 a rendu, dans la plupart des cas, beaucoup plus pénible la situation de ces jeunes gens, obligés de faire dans un régiment, comme simples soldats, une année ou deux de service, alors que leurs camarades ont rang d'officiers lorsque leur temps d'École est terminé.

Au moyen des mesures qui précèdent, on peut être assuré qu'aucun membre ignorant ou indigne n'entrera dans le corps forestier. Mais ce n'est pas assez pour la garantie des bonnes études. Il ne suffit pas de réprimer les défaillances ; il faut en même temps stimuler l'amour-propre, faire naître l'émulation, obtenir non seulement un travail suffisant, mais aussi la plus grande somme de travail possible. On pourrait croire que les élèves n'ont pas besoin de ces stimulants, qu'ils sont assez raisonnables pour savoir que les connaissances qu'ils acquièrent à l'École leur serviront pendant toute leur carrière et que leur intérêt les pousse suffisamment à ne perdre aucune occasion de s'instruire. Sans doute, on rencontre de ces heureux caractères qui travaillent par goût, ou encore par le sentiment inné du devoir, sans s'inquiéter du rang, de la moyenne et des autres avantages qui leur arriveront par surcroît. Mais ce serait mal connaître les jeunes gens que de compter sur de nombreuses exceptions de ce genre. Ce qu'il faut à la jeunesse, c'est un but immédiat, une récompense prochaine, vers lesquels tous les élèves marcheront avec plus d'ardeur que s'ils envisa-

(1) Il en était ainsi déjà en 1889.

geaient uniquement les exigences lointaines de leurs fonctions futures.

De très bonne heure, on a donc songé à instituer à Nancy de ces primes offertes aux meilleurs. Nous allons examiner successivement ces institutions : d'abord les concours, puis les bénéfices du rang de sortie. Nous serons amené, à cette occasion, à parler encore une fois du stage, ce prolongement du temps de formation du jeune fonctionnaire, et à indiquer quelle est l'influence du classement pour la durée du stage ainsi que pour le choix de la première résidence d'application.

L'organisation primitive des concours se trouve dans le Règlement de 1842. Un concours sera organisé chaque année ; son objet sera la rédaction d'un mémoire sur l'une des matières enseignées en Économie forestière, Mathématiques appliquées ou Constructions ; le prix consistera en instruments ou en ouvrages scientifiques. Ainsi, on ne fait pas mention de l'Histoire naturelle : nous avons déjà vu que cette matière n'est pas estimée alors comme elle le sera plus tard. On ne parle pas non plus du Droit : M. Parade supposait, bien à tort, qu'on ne pouvait disposer du temps nécessaire pour un concours sérieux dans cette branche d'enseignement. Le texte de 1842 ne précise pas non plus quels élèves seront admis à concourir ; mais l'habitude s'introduisit immédiatement de limiter le concours aux élèves de seconde année. Enfin, le mémoire objet du concours ne fut autre que l'un des exercices pratiques du second semestre ; les prix servirent donc à récompenser surtout le travail des tournées : mémoire d'aménagement, exercice de route ou triangulation. Il en résultait une difficulté très réelle pour le choix des lauréats : les travaux sur le terrain, se faisant par sections ou groupes de plusieurs élèves, sont en quelque sorte impersonnels.

A l'origine, les prix consistent surtout en livres. Pendant plusieurs années, ce sont les œuvres de Duhamel qui sont données au premier, et celles de Baudrillart au second. Puis, on n'achète plus que des instruments : en 1853, par exemple, un théodolite de 350 francs et un niveau de pente de 100 francs.

Le but de l'Administration était de répandre le plus possible dans le service l'emploi de ces instruments, à cause de la grande importance qu'on attachait en ce moment aux applications de la Topographie. Ce choix parut même si avantageux, que pendant trente ans il ne fut pas changé, au grand regret des élèves, qui eussent désiré plus de variété : un trop grand nombre de lauréats, se sentant peu de goût pour la Géodésie, s'empressaient de vendre leur théodolite, avant même de

quitter Nancy. A la suite d'observations répétées du directeur, une
Décision ministérielle du 20 février 1884 lui conféra la faculté de régler,
sur l'avis du Conseil d'instruction, tout ce qui concerne les concours.
Cette année-là, les prix furent encore des instruments : une boussole
nivelante de 455 francs et un niveau à lunettes de 245 francs. Mais
ensuite on changea fréquemment ; ainsi, en 1887, le premier prix du
concours d'Aménagement fut une bourse de 500 francs pour un voyage
forestier ; cette idée était très séduisante, et, de fait, le voyage, effectué
dans les Alpes en compagnie de deux professeurs, a dû être très profitable ; seulement, l'heureux vainqueur dut y consacrer entièrement ses
vacances, et l'Administration ne lui accorda point de prolongation de
congé ; aussi fallut-il abandonner ce genre de récompenses. Aujourd'hui,
les crédits sont bien diminués pour ce chapitre ; on distribue des
médailles, et les prix consistent en livres ou instruments divers.

Une autre innovation plus grave concerne les matières dans lesquelles
le concours peut avoir lieu. Le Règlement de 1876 ne désigne encore
que l'Économie forestière et la Topographie. En 1887, l'Histoire naturelle
est mise à la place des Mathématiques appliquées. Enfin, depuis 1889,
un roulement est établi entre les quatre branches fondamentales de
l'enseignement : Sciences forestières, Sciences naturelles, Droit et
Mathématiques. Le Règlement de 1893 veut que le mémoire ne soit pas
la seule base d'appréciation : les notes des examens de l'année doivent
entrer pour un tiers dans le classement. Depuis 1895, les notes de
première année sont également comptées, et le sujet du concours est
publié un an d'avance.

Dès que l'Enseignement militaire fut installé à l'École, on institua en
sa faveur deux autres prix, qui diffèrent des précédents, non seulement
par la nature des objets distribués (armes de chasse ou de combat,
médailles ou instruments), mais aussi en ce que les élèves des deux
divisions sont appelés en même temps à concourir. L'un de ces prix est
spécialement affecté aux exercices de tir, l'autre à l'ensemble des cours
et des travaux concernant la matière. C'est dans le Règlement de 1876
qu'il en est fait mention pour la première fois.

Ces divers concours produisent de bons résultats. Ils donnent assez
souvent l'occasion d'apprécier des aptitudes spéciales chez des élèves
qui, sans cela, ne s'en seraient pas doutés eux-mêmes. On doit donc en
désirer le maintien, et il serait fâcheux que la diminution des crédits
affectés aux prix n'en vînt faire disparaître l'attrait. Heureusement, à

cet égard, la fondation du « Prix Mathieu » (1) est un excellent présage
d'avenir : on peut espérer que l'exemple ainsi donné sera suivi et que
l'initiative de généreux donateurs, dans toutes les branches de l'enseignement, viendra augmenter des subsides qui ne seront jamais trop
élevés pour récompenser les bonnes études.

Si les concours sont utiles pour encourager le travail des spécialités,
à plus forte raison le travail d'ensemble, la moyenne générale la plus
élevée, mérite une récompense : on le comprit à Nancy avant même que
les concours fussent créés. Le Règlement de 1839 porte, en effet, que
l'élève sortant de l'École avec le numéro 1 jouira immédiatement du traitement de garde général en activité, plus élevé que celui de stagiaire.
Cette mention est répétée en 1842. Mais tous n'étaient pas en état de
briguer le premier rang ; cet avantage d'un traitement supérieur ne
pouvait donc être un moyen d'émulation que pour une élite assez
restreinte ; on résolut d'aller plus avant dans cette voie, de manière à
encourager ainsi un plus grand nombre d'élèves. Nous n'avons pas
retrouvé la date précise à laquelle fut prise cette mesure ; nous savons
seulement que ce fut dans le cours de 1859. Dans un rapport du 13 juin,
le directeur s'en félicite en ces termes : « La décision ministérielle qui
permet de nommer gardes généraux de 3ᵉ classe les *cinq* premiers
sortants donne au travail une impulsion qui se fait sentir à peu près sur
la promotion tout entière. » Cette disposition se trouve insérée successivement dans les Règlements de 1862 et de 1876.

Actuellement, le bénéfice du rang se trouve acquis dans des conditions un peu différentes. En 1889, le directeur avait fait remarquer que
puisque le but de la mesure était de récompenser la plus grande somme
de travail, il pouvait être injuste de la limiter suivant les résultats du
classement et qu'il était plus équitable de fixer un nombre de points à
partir duquel l'avantage d'un grade et d'un traitement plus élevé se
trouverait acquis. C'est ce qui fut admis par l'Arrêté ministériel du
25 juillet 1881 : il fallut dorénavant atteindre une moyenne générale de
15, et l'expérience a prouvé que cette moyenne est difficile à obtenir ;

(1) Décret du 8 juillet 1896, autorisant le ministre de l'Agriculture à accepter au
nom de l'État, pour l'École nationale forestière, le don d'une somme de 2,000 francs,
offerte à cette École par M. Fliche, représentant le Comité du monument Mathieu.
Cette somme sera placée en rentes sur l'État. Les arrérages seront employés à la
formation d'un prix portant le nom de « Prix Mathieu » et qui sera décerné tous les
quatre ans, à la suite d'un concours entre les élèves, d'après un programme arrêté par
le directeur des Forêts, sur la proposition du Conseil d'instruction de l'École.

du moins le nombre des bénéficiaires n'est pas limité, et, pourvu qu'ils remplissent cette condition unique, le rang importe peu. Ces dispositions sont encore en vigueur aujourd'hui. Les résultats de cette mesure sont devenus, depuis 1881, le critérium le plus sûr de la force des promotions et du niveau des études : on a vu déjà deux promotions dans lesquelles personne n'a pu arriver à ce niveau élevé ; le nombre 5 n'a été atteint qu'une seule fois.

Enfin, le classement produit encore d'autres effets, après la sortie de l'École, en ce qui concerne la première résidence du jeune agent. C'est toujours une décision importante, que le choix du poste de début ; il en résulte fréquemment, pour la suite, de graves conséquences. On comprend facilement quelle influence peut avoir un inspecteur sur ce garde général qui lui arrive, d'ordinaire plein de bonne volonté, mais n'ayant aucune idée de la pratique du service, et auquel il s'agit de donner ce feu sacré si nécessaire pour tout le reste de sa carrière. C'est un métier ingrat, que celui de former un stagiaire, et qui ne peut être imposé à tous. Dès l'origine, l'Administration s'en remettait au directeur de l'École du soin de proposer les résidences dites d'applications. Cette désignation était alors plus délicate qu'aujourd'hui : on tenait essentiellement à ne confier les élèves sortants qu'à des inspecteurs imbus de ce qu'on appelait les bons principes, c'est-à-dire partisans de la futaie pleine ; or, leur nombre était encore fort restreint. On faisait entrer aussi en ligne de compte des considérations personnelles, car il a toujours été de règle dans notre Administration de traiter les jeunes gens aussi paternellement que possible. Ainsi, nous voyons en 1834 le directeur de l'École, envoyant son état de proposition, expliquer que cet état a été dressé en tenant compte, autant que possible, des convenances des familles, de l'importance des services et de leur direction. Pendant cette première période, le rang de sortie n'avait donc aucun effet direct sur le choix du stage, qui appartenait entièrement au chef de l'Administration.

C'est dans le Règlement de 1839 que nous constatons pour la première fois une relation entre le classement et l'attribution de la résidence de début : les trois premiers sortants ont l'avantage de choisir, parmi les inspections qui leur sont désignées, celles où ils passeront leur temps d'application. On fit un pas de plus en 1842 : tous les élèves purent désormais choisir leur stage, dans l'ordre de sortie, sur la liste dressée par l'Administration. Le directeur de l'École se montre très heureux des effets de cette mesure pour l'émulation des élèves ; il voudrait encore

quelque chose de plus, une distinction plus marquée entre les premiers
de la promotion et les autres. Ne pourrait-on, par exemple, comme il a
été fait accidentellement en 1843, attribuer au stage une durée plus ou
moins longue, suivant le rang de sortie, décider que les derniers de la
promotion n'entreront en activité qu'un certain temps après l'année
réglementaire d'application ? Par contre, il serait très mauvais, même
pour les premiers, de trop réduire et à plus forte raison de supprimer
le temps d'application par la pratique des *intérims*, qui est tout à fait
contraire à l'idée et au but du stage. Enfin, il convient de ne jamais
désigner Nancy comme lieu d'application, à cause des inconvénients
constatés à cette époque par suite des relations entre les stagiaires et les
élèves de l'École. De tous ces desiderata, le dernier seul fut accueilli.

Peu de temps après, l'Administration s'occupa bien de la question du
stage, mais dans un sens qui était loin de donner satisfaction à
M. Parade : un Arrêté du directeur des Forêts, du 31 août 1848, décida
que le stage se ferait désormais auprès des sous-inspecteurs du service
actif. Cette innovation, qui semble porter sur un simple détail d'application, avait pourtant une réelle gravité, et l'on pouvait en apercevoir
tous les inconvénients dans les motifs allégués pour la justifier :
« Considérant... que les sous-inspecteurs sont parfois surchargés de
travail et que, par ce motif, le concours d'un auxiliaire leur permettra
de répondre avec plus de promptitude et de régularité aux exigences de
leurs fonctions.... » L'intention du directeur des Forêts apparaît bien
nettement : désormais, les stagiaires seront des auxiliaires, des suppléants ;
le nom du stage sera conservé, sa durée sera même augmentée, mais ce
sera dans un but d'économie mal entendu, afin de donner aux jeunes
agents, aussi longtemps que possible, le traitement de 1.200 francs,
celui des gardes généraux adjoints (1).

M. Parade ne se méprit pas sur les dangers de la nouvelle institution ;
il vit immédiatement que l'École allait être rendue responsable des
lacunes inévitables qui seraient constatées dans l'instruction pratique
des stagiaires. Aussi saisit-il toutes les occasions pour réclamer énergiquement des modifications au système inauguré officiellement en 1848.
Dans un rapport de 1852, que nous avons déjà mentionné précédemment,
il se plaint de ce que « le stage a été complètement dénaturé, faussé,
depuis que les stagiaires ont été considérés, non plus comme des élèves

____

(1) Voir Circulaire du 4 novembre 1848.

ayant franchi le premier degré de leur instruction spéciale pour entrer dans le second, mais comme des subalternes institués pour accomplir toutes les corvées qui peuvent se présenter. Dans le régime créé en 1825, le stage... devait fortifier les études faites à l'École, étendre les connaissances forestières et administratives, par une pratique éclairée, sous des guides instruits et expérimentés.... Sa dénaturation, on pourrait dire sa suppression... a réagi de la manière la plus fâcheuse sur la première partie de l'éducation forestière, en étouffant dans leur germe les connaissances acquises à l'École. Ce n'est donc pas au système de 1825 que l'on doit attribuer l'insuffisance de certains élèves dans leur début, c'est bien moins encore à l'École elle-même.... C'est par le stage que le système fait défaut, et c'est l'Administration, il faut le dire, qui a voulu qu'il en fût ainsi (1). »

Nous nous sommes longuement arrêté sur ce document, qui conclut en formulant le projet de compléter à l'École même l'éducation des stagiaires, parce que la question est toujours pendante et a maintenant encore conservé tout son intérêt. La critique qui précède, si juste et si véhémente, ne produisit d'ailleurs, pour le moment du moins, aucun effet (2).

Nous signalerons toutefois deux tentatives faites sous la direction de M. de Forcade, dans le but de donner à l'élite des promotions un complément d'instruction de nature à mettre en relief et d'utiliser ensuite des aptitudes spéciales. Par Décision du 29 juillet 1858, quelques élèves sortants de l'École forestière durent être envoyés chaque année, en qualité d'externes, à l'École des Ponts et Chaussées. Ils étaient choisis parmi ceux qui avaient montré le plus de dispositions pour les travaux d'art. Un projet de règlement, fourni par M. Parade, prévoyait que ces jeunes gens seraient astreints, de plus, à travailler dans les bureaux de l'Administration centrale ; à la clôture des cours théoriques de l'École des Ponts et Chaussées, ils devaient être envoyés en missions forestières, accrédités à la fois auprès d'un inspecteur des Forêts et de l'ingénieur de la circonscription, et tenus de fournir un journal, relatant les travaux auxquels ils auraient participé. Nous ne savons si ce règle-

---

(1) Rapport de M. Parade à M. le Directeur des Forêts (1852) au sujet de la réorganisation de l'enseignement. (Archives de l'École.)

(2) Dans la lettre d'avis adressée aux stagiaires de 1858, nous voyons qu'ils sont placés sous les ordres d'un inspecteur, mais c'est avec le chef de cantonnement qu'ils travaillent. Ils ne reçoivent que 1,000 francs à la sortie de l'École : le traitement annuel de 1,200 francs ne court que du 1er janvier 1859.

ment fut de tous points suivi ; il est remarquable en ce qu'il contient déjà une partie des dispositions qui furent prises en 1874, pour le stage à l'École forestière. Une autre mesure analogue fut arrêtée en avril 1859 : elle consistait à envoyer, pendant la durée du stage, quelques élèves dans les ports, pour étudier les conditions d'emploi des bois dans les constructions de la marine de l'État. M. Parade se montre très satisfait de cette mesure : « ... Les élèves l'ont accueillie avec enthousiasme ; dès cette année, elle portera les plus heureux fruits.... » (Lettre du 8 avril 1859.) Mais ce double essai d'organisation du stage fut éphémère ; M. de Forcade disparu, il n'en fut plus question (1) ; bien plus, la durée des applications, au lieu d'être augmentée, fut parfois très réduite. Les doléances du directeur de l'École sont fréquentes à ce sujet.

Nous parvenons ainsi à l'année 1874. Grâce à la pressante initiative de M. Nanquette et au concours bienveillant de M. Faré, on va réaliser la grande idée de M. Parade, le stage à l'École sous forme d'une troisième année d'études : nous avons étudié déjà comment fut comprise cette institution et pourquoi, malgré ses excellents résultats, elle ne put se maintenir. Nous signalerons seulement, dans l'ordre d'idées qui nous occupe, une proposition du directeur de l'École, en date du 8 mai 1874, tendant à faire conférer immédiatement le grade de garde général de 3ᵉ classe aux cinq stagiaires classés les premiers à la fin de la troisième année ; ce bénéfice important leur fut accordé et nous le trouvons consacré dans le Règlement de 1876.

Puis la troisième année d'études est supprimée ; le stage se trouve réglé par l'Arrêté du 25 juillet 1881 : les élèves choisissent, d'après leur rang de sortie, et sur une liste dressée par l'Administration, la Conservation où ils désirent faire leur stage ; la durée en est subordonnée au degré d'aptitude dont font preuve les jeunes agents et aux besoins du service. Ces dispositions sont conservées dans le Règlement de 1882. En 1884, on décide très inopinément que les élèves qui, ayant dépassé la moyenne générale, n'auront pas obtenu la cote 7 dans un cours quelconque, ne pourront choisir leur résidence de stage qu'à la fin de la liste. Mais cet Arrêté du 22 mars 1884 est abrogé l'année suivante, et désormais on s'en tient au texte de 1882. Ainsi, d'après le Règlement de 1893, actuellement en vigueur, le classement de sortie, qui est le rang

---

(1) En 1858, quatre élèves sont envoyés à Paris, pour suivre les cours des Ponts et Chaussées ; trois en 1859. Ce fut tout. Les missions dans les ports n'eurent lieu qu'en 1859 : trois élèves vont à Cherbourg, quatre à Lorient.

d'entrée dans l'Administration, donne droit de choisir la résidence de stage parmi les postes que désigne le directeur des Forêts.

Depuis 1891, à l'issue des examens généraux, c'est même un double choix que doivent faire les élèves, puisque au stage forestier est venu s'ajouter un stage militaire. D'après l'article 28 de la Loi du 15 juillet 1889, les jeunes gens admis à l'École, qui ont contracté lors de leur entrée un engagement de trois ans, sont nommés sous-lieutenants de réserve et accomplissent en cette qualité, après leur sortie, la troisième année du service militaire dans un régiment de ligne ou un bataillon de chasseurs à pied. Ils sont, en conséquence, autorisés à présenter une liste des corps où ils désirent passer cette troisième année, après laquelle seulement ils reprendront des occupations forestières.

Il résulte de cette combinaison que la nécessité d'un stage forestier s'impose encore plus qu'autrefois. Ces jeunes gens qui ne savent rien des détails du service, qui pendant une année n'ont fait que leur métier militaire, comment se tireront-ils de ce cantonnement qui presque immédiatement va leur être confié ? Car, il faut bien le dire, le stage forestier, autrefois déjà insuffisant, se réduit maintenant à peu près à rien. Depuis 1882, l'habitude est prise de diminuer considérablement sa durée normale, quand on ne le supprime pas tout à fait. Cette durée normale devrait être au moins d'une année ; au lieu de cela, c'est seulement quelques mois.

Comment pourra-t-on revenir à une situation meilleure ? Il ne faut plus songer, tant que subsistera l'organisation actuelle de l'École, à la troisième année rêvée par M. Parade, et c'est sans doute par un allongement progressif qu'il sera possible de récupérer le temps nécessaire. Mais le temps n'est pas tout dans le stage ; il faut, de plus, que les agents d'élite auxquels on envoie des stagiaires dans le but de perfectionner leur éducation soient choisis avec soin, et qu'on leur tienne compte du surcroît de travail résultant de cette mission de confiance qui leur est imposée. Ces améliorations si désirables produiraient promptement, nous n'en doutons pas, les plus heureux résultats.

En attendant, le bon renom de l'École de Nancy souffre de ce provisoire : les chefs de service s'étonnent de voir les jeunes gens qu'on leur envoie si lents à se débrouiller, si peu capables de tenir leur bureau et de traiter les affaires les plus minimes. Cette période de tâtonnement inévitable une fois passée, nous avons confiance que nos élèves savent promptement se faire apprécier. Mais, dans l'intervalle, on est conduit à établir entre eux et d'autres agents issus d'une origine différente de fâcheuses comparaisons ; pour l'honneur de l'École, pour le bien du service, il importe que le remède ne tarde pas trop longtemps.

Un stage effectif nous semble donc, à tous égards, indispensable. Cette amélioration est-elle la seule que l'on doive souhaiter, et d'autres mesures encore ne seraient-elles pas utiles, afin notamment que les jeunes agents conservent dans le service le désir de s'instruire, l'émulation de bien faire, dont ils ont pris l'habitude pendant leur séjour à l'École ? On se plaint quelquefois de ce que la plupart des agents forestiers ne travaillent plus, dès qu'ils ont acquis leur premier grade ; on les accuse de se laisser aller doucement à l'ancienneté, en s'inquiétant uniquement de venir à bout de la besogne journalière. Nous n'avons pas besoin de remarquer qu'il faut faire des réserves sur cette appréciation, car généraliser une telle manière de voir serait certainement injuste. Il y a pourtant une part de vérité dans cette critique, qui pourrait s'étendre à d'autres fonctionnaires qu'aux forestiers. Mais quel remède apporter à cet état d'esprit ? Serait-il possible de transporter chez nous ce qui se fait dans d'autres Administrations françaises, ces examens qui doivent être subis dans le cours de la carrière, et par lesquels chaque grade devient le prix d'un concours ? Nous n'avons pas la prétention de croire qu'il suffirait d'une institution de ce genre pour modifier complètement une situation qui tient à des causes fort complexes. La question, néanmoins, mérite d'être étudiée, et nous espérons qu'elle le sera un jour. C'est un vœu que nous exprimons en terminant, et il ne paraîtra pas déplacé à la fin de ce livre, car l'intérêt de l'École et celui de l'Administration forestière ne peuvent être séparés.

TEXTES ET PIÈCES JUSTIFICATIVES [1]

I

ORDONNANCE ROYALE DU 1er DÉCEMBRE 1824
organisant l'Ecole forestière de Nancy [2]

Art. 1er. — L'Ecole royale forestière, créée par l'Ordonnance du 26 août 1824, sera établie à Nancy : les cours commenceront du 1er janvier 1825.

Art. 2. — Le nombre des élèves sera de 24. Ils auront le rang de gardes à cheval et seront nommés par nous, sur la proposition de notre ministre des Finances.

(1) Parmi tous les textes signalés dans cet ouvrage, nous avons fait un choix de ceux qui nous ont paru le plus utiles à consulter, et nous les publions, soit *in extenso*, soit en nous bornant aux passages indispensables. Il y a enfin des pièces que nous nous contentons de résumer, comme les règlements et les programmes.
(2) Baudrillart, *Règlements forestiers*, III, 205-96.

Art. 3. — Nul ne sera admis à l'Ecole forestière s'il ne remplit les conditions exigées par les Articles 4 et 5 de la présente Ordonnance.

Art. 4. — Chaque aspirant à une place d'élève devra adresser au directeur général des Forêts les justifications suivantes, savoir : 1° un acte de naissance constatant qu'il a 19 ans accomplis et qu'il n'a pas plus de 22 ans ; 2° un certificat signé d'un docteur en médecine ou en chirurgie, attestant qu'il est d'une bonne constitution et qu'il a été vacciné : 3° une obligation par laquelle ses parents s'engagent, en cas d'admission, à lui fournir pendant son séjour à l'Ecole forestière une pension de 1200 fr. et une de 600 fr. jusqu'à ce qu'il ait atteint l'âge nécessaire pour exercer des fonctions actives, ou la preuve qu'il possède lui-même un revenu égal ; 4° un certificat en forme constatant qu'il a terminé ses cours d'humanités.

Art. 5. — Avant leur admission, les aspirants aux places d'élèves seront examinés sur les objets ci-après : savoir, l'écriture, la grammaire française, la traduction d'un poète ou d'un historien latin, les éléments de géométrie et le dessin.

Art. 6. — Les examinateurs seront nommés par notre ministre des finances, sur la présentation du directeur général des forêts.

Art. 7. — Les élèves seront choisis parmi les aspirants qui auront satisfait aux conditions prescrites.

Art. 8. — Les élèves seront vêtus d'un uniforme, qui consistera dans l'habit, le gilet et le pantalon de drap vert, avec boutons de métal blanc, portant pour exergue : Ecole royale forestière. Deux feuilles de chêne et un gland seront brodés en argent au haut de l'angle de l'habit, qui sera boutonné sur la poitrine ; le chapeau sera à trois cornes avec une ganse blanche.

Art. 9. — L'enseignement dans l'Ecole aura pour objet : l'Histoire naturelle appliquée aux forêts : l'Economie forestière en ce qui concerne spécialement la Culture, l'Aménagement et l'Exploitation des forêts ; les Mathématiques nécessaires pour opérer la mesure des solides et la levée des plans ; la Jurisprudence forestière dans ses rapports judiciaires et administratifs : la. Langue allemande ; le Dessin.

Art. 10. — Les cours seront divisés en deux années : ils commenceront le 1er novembre de chaque année et se termineront le 1er septembre suivant. Ils seront faits par trois professeurs nommés par nous, sur la présentation du ministre des Finances, savoir : un professeur d'Histoire naturelle, un professeur de Mathématiques, un professeur d'Économie forestière qui sera chargé d'enseigner la Jurisprudence forestière ; il sera, en outre, attaché à l'École un maître d'Allemand, un maître de Dessin : l'un des trois professeurs remplira les fonctions de directeur de l'École.

Art. 11. — Chaque année, aux époques qui seront déterminées par le directeur général, les élèves seront conduits en forêts, pour faire l'application des connaissances théoriques qu'ils auront acquises.

Art. 12. — Après deux années d'études dans l'École, les élèves subiront un nouvel examen. Ceux qui justifieront des connaissances nécessaires pour entrer dans le service actif seront, s'ils ont l'âge requis par les lois. nommés aux premières places de garde général vacantes, mais sans que le nombre puisse excéder moitié des places à nommer chaque année, l'autre moitié demeurant réservée pour les gardes à cheval en activité.

ART. 13. — Dans le cas où les élèves, après avoir terminé les cours, n'auraient pas l'âge requis pour exercer des fonctions dans le service actif, ils jouiront du traitement de garde à cheval et seront provisoirement employés, soit près de l'Administration centrale, à Paris, soit près des conservateurs ou des inspecteurs dans les arrondissements les plus importants.

ART. 14. — Les élèves qui, après les deux années révolues, n'auront point été jugés avoir acquis l'instruction nécessaire pour exercer les fonctions, seront admis à suivre les cours pendant une troisième année; mais si, après cette troisième année, ils sont de nouveau rejetés, ils seront rayés du tableau des élèves. Seront également rayés du tableau des élèves, ceux qui, d'après les comptes périodiques qui seront rendus au directeur général par le directeur de l'École, ne suivraient pas exactement les cours ou n'auraient pas une conduite régulière.

ART. 15. — Nul ne sera admis, à l'avenir, à remplir les fonctions de garde général ou d'agent forestier, si préalablement il n'a pas fait partie de l'École forestière, ou s'il n'a exercé, pendant deux ans au moins, les fonctions de garde à cheval.

ART. 16. — Il sera affecté à l'École forestière une maison où le directeur de l'École sera logé, et un terrain destiné à former une pépinière forestière.

ART. 17. — Les dépenses de l'École royale forestière sont fixées à 24,000 francs; elles seront réglées par notre ministre secrétaire d'État des Finances, sur la proposition du directeur général des Forêts.

II

ORDONNANCE RÉGLEMENTAIRE DU CODE FORESTIER DU 1ᵉʳ AOUT 1827
(Dispositions concernant le Recrutement et l'Enseignement.)

ART. 40. — Il y aura, sous la surveillance de notre directeur général des Forêts : 1° une École royale destinée à former des sujets pour les emplois d'agent forestier ; 2° des Écoles secondaires pour l'instruction d'élèves-gardes.

ART. 41. — L'enseignement dans l'École royale aura pour objet : l'Histoire naturelle, dans ses rapports avec les forêts ; les Mathématiques appliquées à la mesure des solides et à la levée des plans ; la Législation et la Jurisprudence, tant administratives que judiciaires, en matière forestière ; l'Économie forestière, en ce qui concerne spécialement la Culture, l'Aménagement et l'Exploitation des forêts, et l'éducation des arbres propres aux constructions navales ; le Dessin ; la Langue allemande.

ART. 42. — Notre ministre des Finances nommera, pour être attachés à l'École royale forestière, trois professeurs, savoir : un professeur d'Histoire naturelle, un professeur de Mathématiques, un professeur d'Économie forestière, de Législation et de Jurisprudence. Les cours seront de deux années. Ils commenceront le 1ᵉʳ novembre de chaque année et se termineront au 1ᵉʳ septembre suivant. L'un des professeurs remplira les fonctions de directeur de l'École. Un maître de Dessin et un maître d'Allemand seront attachés à l'École royale.

ART. 43. - L'École royale forestière sera établie à Nancy. Il sera affecté à cette École : 1° une maison pour servir aux cours des professeurs, à l'établissement d'une bibliothèque et d'un cabinet d'Histoire naturelle, et au logement du directeur ; 2° un terrain pour les pépinières et cultures forestières nécessaires à l'instruction des élèves.

ART. 44. — Le nombre des élèves est fixé à 24. Les aspirants seront examinés, tant à Paris que dans les départements, par les examinateurs des Écoles royales militaires, dans le même temps et dans les mêmes lieux. Pour être admis au concours à une place d'élève, chaque aspirant devra adresser au directeur général des Forêts : 1° son acte de naissance, constatant qu'à l'époque du 1ᵉʳ novembre l'aspirant aura 19 ans accomplis et n'aura pas plus de 22 ans ; 2° un certificat signé d'un docteur en médecine ou en chirurgie, et dûment légalisé, attestant que l'aspirant est d'une bonne constitution et qu'il a été vacciné ou qu'il a eu la petite vérole ; 3° un certificat en forme, constatant qu'il a terminé son cours d'humanités ; 4° la preuve qu'il possède un revenu de 1,200 francs, ou, à défaut, une obligation par laquelle ses parents s'engagent à lui fournir une pension de pareille somme pendant son séjour à l'École forestière, et une pension de 400 francs depuis le moment où il sortira de l'École jusqu'à l'époque où il sera employé comme garde général en activité.

ART. 45. — Les candidats seront examinés sur les objets ci-après, savoir : 1° l'Arithmétique complète et l'exposition du nouveau système métrique ; 2° la Géométrie élémentaire ; 3° la Langue française ; 4° ils traduiront, sous les yeux de l'examinateur, un morceau d'un des auteurs latins, poète ou prosateur, qu'on explique en rhétorique. Les candidats ne seront examinés que sur les objets indiqués par le programme ; mais on aura égard aux connaissances plus étendues qu'ils pourront posséder, surtout en Algèbre, en Trigonométrie, en Physique et en Chimie.

ART. 46. — Les élèves seront nommés par notre ministre des Finances, selon le rang d'instruction et de capacité qui aura été assigné aux aspirants d'après le résultat des examens. Ils auront, pendant la durée de leur séjour à l'École, le rang de gardes à cheval. (Garde général-adjoint : Ordonnance du 25 juillet 1844.)

ART. 47. — Leur uniforme est réglé ainsi qu'il suit : habit et pantalon de drap vert ; boutons de métal blanc, portant les mots : École royale forestière ; l'habit boutonné sur la poitrine ; deux légers rameaux de chêne de la longueur de 5 centimètres, et un gland, brodés en argent, de chaque côté du collet ; le gilet blanc ; le chapeau français, avec ganse en argent.

ART. 48. — Les élèves feront chaque année dans les forêts, aux époques qui seront indiquées par le directeur général, et sous la conduite du professeur qu'il aura désigné, des excursions qui auront pour but la démonstration et l'application sur le terrain des principes qui leur auront été enseignés.

ART. 49. — A la fin de chaque année, un jury composé de trois professeurs, et présidé par le directeur général ou par l'administrateur qu'il aura délégué, procèdera à l'examen des élèves qui auront complété leurs deux années d'études.

ART. 50. — Les élèves qui auront satisfait à l'examen de sortie auront le grade de garde général et obtiendront, dès qu'ils auront l'âge requis ou qu'il leur aura été accordé par nous des dispenses d'âge, les premiers emplois vacants de ce grade. Toutefois, la moitié de ces emplois demeurera expressément réservée pour l'avancement des gardes à cheval en activité. (Abrogé par l'Ordonnance du 15 décembre 1837.)

ART. 51. — Si les élèves, après avoir terminé leurs cours et fait preuve des connaissances requises, n'ont pas atteint l'âge de 25 ans, ni obtenu de nous des dispenses d'âge, ou s'il n'existe point d'emplois de garde général vacants, ils jouiront du traitement de garde à cheval et seront provisoirement employés, soit près de la Direction générale, à Paris, soit près des conservateurs ou des inspecteurs dans les arrondissements les plus importants. Dès qu'ils auront satisfait à la condition d'âge et que des vacances auront lieu, les premiers emplois de garde général leur seront acquis par préférence aux autres élèves qui auraient postérieurement terminé leurs cours.

ART. 52. — Ceux qui, après les deux années d'études révolues, n'auront point fait preuve devant le jury d'examen de l'instruction nécessaire pour exercer des fonctions actives, seront admis à suivre les cours pendant une troisième année ; mais si, après cette troisième année, ils sont encore reconnus incapables, ils cesseront de faire partie de l'École et de l'Administration forestières. Quant à ceux qui, d'après les comptes périodiques rendus au directeur général des Forêts par le directeur de l'École, ne suivront pas exactement les cours ou dont la conduite aura donné lieu à des plaintes graves, il en sera référé à notre ministre des Finances, qui ordonnera, s'il y a lieu, leur radiation du tableau des élèves.

ART. 53. — Notre ministre des Finances fixera par un règlement spécial la division des cours, le classement des élèves, l'ordre et les heures des leçons, la police de l'École et les attributions du directeur.

ART. 54. — Il sera établi des Écoles secondaires dans les régions de la France les plus boisées. Elles seront destinées à former des sujets pour les emplois de garde. La durée des cours sera de deux ans.

ART. 55. — L'enseignement dans les Écoles secondaires aura pour objet : 1° l'Écriture, la Grammaire et les quatre premières règles de l'Arithmétique ; 2° la connaissance des arbres forestiers et de leurs qualités et usages, et spécialement celle des arbres propres aux constructions civiles et navales ; 3° les Semis et plantations : 4° les principes sur les Aménagements, les estimations et les exploitations ; 5° la connaissance des dispositions législatives et réglementaires qui concernent les fonctions des gardes, la rédaction des procès-verbaux et les formalités dont ils doivent être revêtus : les citations ; la tenue d'un livre-journal et l'exercice des droits d'usage.

ART. 56. — Nous déterminerons par une Ordonnance spéciale les lieux où les Écoles secondaires seront établies, le nombre des élèves, les conditions d'admissibilité et les moyens de pourvoir à l'entretien et à l'enseignement des élèves de ces Écoles.

III

ORDONNANCE DU 5 MAI 1834
concernant le nombre des élèves de l'École et les examens d'entrée (1)

LOUIS-PHILIPPE.... Vu : 1° L'article 44 de l'Ordonnance rendue le 1er août 1827 pour l'exécution du Code forestier, qui fixe à 24 le nombre des élèves de l'École forestière ; 2° L'article 45, qui détermine les connaissances sur lesquelles seront examinés les candidats pour l'admission à cette École ; — Considérant que le nombre des élèves à admettre doit être réglé sur le nombre des élèves sortants que l'Administration peut placer chaque année dans le rang de ses agents ; — Considérant, en outre, que l'instruction dans les Collèges royaux a reçu depuis quelques années un développement qui permet d'exiger des candidats des connaissances plus étendues, et que les élèves, ayant un plus haut degré d'instruction préliminaire, pourront, dès leur arrivée à l'École, se livrer plus spécialement à l'étude de l'Économie forestière ; — Sur le rapport de notre ministre secrétaire d'État des Finances, — Nous avons ordonné et ordonnons ce qui suit :

ART. 1er. — A l'avenir, le nombre des élèves à admettre à l'École forestière sera fixé chaque année par le ministre des Finances, en raison des besoins de l'Administration des Forêts.

ART. 2. — Les candidats qui se présenteront pour être admis seront examinés sur les objets ci-après, savoir : 1° l'Arithmétique complète et l'exposition du nouveau système métrique ; 2° la Géométrie élémentaire ; 3° l'Algèbre, jusqu'au binôme de Newton inclusivement ; 4° la Trigonométrie ; 5° les éléments de Géométrie descriptive ; 6° le Dessin ; 7° les éléments de Physique, répondant aux six premières sections de physique mécanique de Fischer, traduits par Biot ; 8° la Langue française ; 9° la traduction d'un morceau de l'un des auteurs latins qu'on explique en rhétorique.

IV

ORDONNANCE DU 31 OCTOBRE 1838
sur l'organisation de l'École forestière (2)

ART. 1er. — Les cours de l'École royale forestière sont dirigés par six professeurs, savoir : un professeur d'Économie forestière ; un professeur de

(1) Baudrillart, *Règlements forestiers*, V, 41-42.
(2) Vise l'Ordonnance du 16 décembre 1837.

Législation et de Jurisprudence ; un professeur de Mathématiques et de Physique : un professeur d'Histoire naturelle et de Chimie ; un professeur de Constructions forestières et de Dessin : un professeur de Langue allemande. Deux inspecteurs sont attachés à l'École.

ART. 2. — Les professeurs et les inspecteurs font partie du jury d'examen institué par l'article 49 de l'Ordonnance du 1ᵉʳ août 1827.

ART. 3. — Les fonctions d'inspecteur sont d'assurer l'exécution journalière des règlements concernant la police et l'instruction et de surveiller les travaux et la conduite des élèves, tant dans l'intérieur qu'à l'extérieur de l'établissement.

ART. 4. — Notre ministre des Finances déterminera les traitements des professeurs et inspecteurs et leur avancement dans l'intérieur de l'École. Ceux de ces fonctionnaires qui seront pris parmi les agents forestiers conserveront leurs droits à l'avancement dans le service actif.

Arrêté ministériel du 16 février 1839
pris en exécution de l'Ordonnance du 31 octobre 1838.

ART. 1ᵉʳ. — Le directeur, les professeurs et les inspecteurs des études de l'École royale forestière sont assimilés, pour le grade et le traitement, savoir : le directeur, aux conservateurs : les professeurs, aux sous-inspecteurs et aux inspecteurs ; les inspecteurs des études, aux gardes généraux et aux sous-inspecteurs. La disposition du présent article concernant les professeurs n'est pas applicable au professeur de Langue allemande.

ART. 2. — Le directeur ne pourra être promu à une classe supérieure de son grade qu'après quatre années au moins d'exercice dans la classe immédiatement inférieure. L'avancement des professeurs et des inspecteurs des études ne pourra également être accordé qu'après quatre années au moins d'exercice dans la classe ou le grade inférieur.

V

ORDONNANCE DU 12 OCTOBRE 1840
organisant le jury d'admission de l'École forestière (1)

LOUIS-PHILIPPE.... Voulant, en ce qui concerne l'admission des aspirants à l'École royale forestière, établir des règles analogues à celles faites pour l'organisation des Écoles spéciales militaires de la Guerre et de la Marine ; — Vu l'article 46 de l'Ordonnance du 1ᵉʳ août 1827, rendue pour l'exécution du Code forestier....

ART. 1ᵉʳ. — Tous les ans. après les tournées d'examen, il sera formé, à Paris, un jury chargé de prononcer sur l'admission à l'École forestière des

(1) Baudrillart, *Règlements forestiers*, VI, 326.

candidats examinés dans tout le royaume. Ce jury se compose du directeur général des Forêts, président ; des sous-directeurs de l'Administration, du directeur de l'École, des quatre examinateurs d'admission et du professeur de belles-lettres, qui sera chargé annuellement, par notre ministre des Finances, sur la proposition du directeur général, du travail relatif aux compositions littéraires.

Art. 2. — Le jury dressera une liste, par ordre de mérite, de tous les candidats jugés admissibles, et notre ministre des Finances arrêtera les admissions, suivant l'ordre de cette liste, en raison du nombre de places à remplir.

VI

ORDONNANCE ROYALE DU 25 JUILLET 1844 (1)
portant institution des gardes généraux-adjoints (2)

Art. 1er. — A l'avenir, il ne sera plus nommé de gardes à cheval.

Art. 2. — La Direction générale des Forêts aura sous ses ordres des gardes généraux-adjoints.

Art. 3. — Ils seront choisis parmi les gardes à cheval actuels et parmi les brigadiers ayant au moins deux ans d'exercice dans ce grade.

Art. 4. — Les gardes généraux-adjoints ne pourront être promus au grade de garde général s'ils n'ont au moins deux années d'exercice dans leur grade.

Art. 5. — Les gardes à cheval qui ne seront pas nommés gardes généraux-adjoints conserveront leurs titres et leurs fonctions.

VII

ARRÊTÉ DU MINISTRE DES FINANCES DU 10 AVRIL 1861
réglant les conditions d'admission des préposés
pour les grades de garde général et de garde général-adjoint (3)

Art. 1er. — Les gardes généraux-adjoints seront choisis parmi les brigadiers domaniaux et communaux qui auront subi avec succès les épreuves déterminées par le programme n° 1 joint au présent Règlement.

Art. 2. — Nul n'est admis à ces épreuves s'il n'a rempli pendant deux années les fonctions de brigadier dans le service actif. Sont exceptés de cette disposition les élèves de l'École forestière nommés brigadiers par application de l'article 45 du Règlement ministériel du 25 mars 1842. Ces brigadiers

(1) *Bulletin des Annales forestières*, II, 137.
(2) Vise l'article 11 de l'Ordonnance réglementaire du 1er août 1827.
(3) *Bulletin des Annales forestières*, VIII, 538-543.

seront admis à l'examen de garde général-adjoint dès l'âge de vingt-trois ans, mais ils ne pourront être nommés à ce grade qu'après avoir accompli leur vingt-cinquième année.

Art. 3. — Les préposés qui désireront prendre part aux épreuves devront en faire la demande dans l'année qui précèdera celle où ils auront l'intention de se présenter. Les demandes seront remises aux conservateurs, qui les adresseront au directeur général avec leur avis et des renseignements détaillés sur la moralité, l'aptitude et l'instruction des candidats.

Art. 4. — Le directeur général arrête, d'après lesdites notes, la liste des préposés admissibles aux épreuves

Art. 5. — La composition des commissions d'examen, le lieu et l'époque de leur réunion sont déterminés par le directeur général des Forêts. Néanmoins, les agents de la Conservation à laquelle appartient un candidat ne pourront, dans aucun cas, faire partie de la commission chargée de l'examiner.

Art. 6. — Le directeur général prendra toutes les mesures d'ordre nécessaires pour assurer la sincérité du concours en isolant les candidats de toute assistance étrangère. En cas de fraude constatée, le candidat qui s'en serait rendu coupable serait exclu du concours et ne pourrait plus être admis à concourir ultérieurement.

Art. 7. — Les épreuves sont appréciées à l'Administration centrale, au vu des pièces qui en constatent les résultats, par des correcteurs spéciaux désignés par le directeur général. Toutefois, l'épreuve de sylviculture sur le terrain est appréciée par la commission chargée d'y présider. Cette commission rédige, en conséquence, un procès-verbal détaillé de cette partie du concours et assigne aux réponses des candidats des valeurs numériques suivant qu'il est indiqué au paragraphe 3 du programme n° 1 ci-annexé.

Art. 8. — Nul ne peut être déclaré admissible au grade de garde général-adjoint s'il n'a obtenu au moins le tiers du maximum des points pour chaque épreuve, et la moitié de ce maximum pour l'ensemble des épreuves.

Art. 9. — Seront exclus du concours les candidats dont les compositions accuseront une connaissance insuffisante de la langue française.

Art. 10. — Le directeur général, après avoir pris l'avis du Conseil d'administration, arrête la liste des candidats admissibles au grade de garde général-adjoint. Les candidats admis seront nommés au fur et à mesure des besoins du service.

Art. 11. — Les gardes généraux-adjoints ne pourront être nommés gardes généraux qu'après deux ans de service dans leur grade et après avoir subi l'examen spécial dont les conditions et les épreuves sont déterminées dans le programme n° 2 ci-annexé.

Art. 12. — Les dispositions des articles 3, 4, 5 et 6 du présent Règlement sont applicables à l'examen pour le grade de garde général.

Art. 13. — Nul ne sera admis à concourir plus de trois fois pour chacun des deux grades.

(Suivent les programmes : 1° pour l'admission au grade de garde général-adjoint ; 2° pour l'admission des gardes généraux-adjoints au grade de garde général.)

VIII

ARRÊTÉ DU DIRECTEUR GÉNÉRAL DES FORÊTS
DU 1er JUIN 1863

pour la création d'un enseignement préparatoire au grade de garde général-adjoint (1)

ART. 1er. — Il sera institué chaque année, aux lieux désignés par l'Administration, des cours d'instruction théorique et pratique destinés à former des préposés pour le grade de garde général-adjoint.

ART. 2. — Ces cours seront faits par des agents choisis par l'Administration, et comprendront les matières indiquées par le programme de l'examen pour l'admission au grade de garde général-adjoint fixé par la Décision ministérielle du 10 avril 1861 (programme n° 1).

ART. 3. — Les cours auront lieu du 1er décembre au 15 mars. L'enseignement complet durera deux ans.

ART. 4. — Seront seuls admis à prendre part à l'enseignement les gardes et brigadiers du service actif domanial.

ART. 5. — Nul ne sera admis s'il est âgé de plus de quarante ans, et s'il n'a deux ans d'exercice dans le service actif, ou un an au moins s'il a fait partie du service sédentaire.

ART. 6. — Il sera alloué aux préposés, pendant la durée des cours, une indemnité de séjour calculée à raison de 1 fr. 50 par jour. Il leur sera en outre alloué, pour se rendre de leur résidence au centre d'enseignement et réciproquement, une indemnité de route calculée d'après le tarif fixé par l'Arrêté ministériel du 24 décembre 1862. Toutefois, cette dernière indemnité ne s'applique qu'à ceux des préposés qui auront à parcourir une distance de 40 kilomètres et au-dessus.

ART. 7. — A la fin de chaque année, l'agent chargé de la direction des cours adressera à l'Administration, par l'intermédiaire du conservateur, un rapport sur l'aptitude, le degré d'instruction, la conduite et la tenue de chaque préposé. Cet agent indiquera en outre les mesures qui lui paraîtront utiles pour perfectionner l'enseignement.

ART. 8. — Les centres d'enseignement seront placés sous l'autorité et la haute direction du conservateur dans la circonscription duquel ils seront établis. Toutes les mesures de police et de discipline nécessaires pour assurer le bon emploi du temps et le succès des études seront prises par ce chef de service, en vertu d'un Règlement approuvé par le directeur général.

ART. 9. — Il n'est dérogé à aucune des prescriptions de l'Arrêté du ministre des Finances du 10 avril 1861, relatif aux conditions pour l'admission aux grades de garde général-adjoint et de garde général.

(1) *Bulletin des Annales forestières*, IX, 539-540.

Circulaire explicative du 3 juin 1863, n° 835 (1)

Les examens institués pour l'admission au grade de garde général-adjoint n'ont pas donné jusqu'ici les résultats qu'on en attendait. Les candidats sont peu nombreux et leur instruction laisse beaucoup à désirer. Un grand nombre de brigadiers ayant de l'aptitude et le désir légitime de l'avancement éprouvent le regret de ne pouvoir profiter de l'avantage qui leur est offert par l'Administration. Il est difficile, en effet, à des préposés isolés, éloignés de tout moyen d'instruction, absorbés par un service souvent pénible, de s'assimiler les notions diverses qui forment la matière de l'examen. Afin d'obvier à cet inconvénient et de procurer aux préposés le moyen d'acquérir les connaissances exigées, j'ai décidé, avec l'approbation de S. E. le Ministre des Finances, qu'un enseignement à la fois théorique et pratique serait donné, pendant les mois d'hiver, par des agents choisis à cet effet, à ceux des préposés qu'une aptitude suffisante désignerait au choix de l'Administration....

IX

RÈGLEMENT DU 6 JANVIER 1867

approuvé par le directeur général des Forêts, concernant les études des élèves forestiers anglais destinés au service de l'Inde

Art. 1er. — Les élèves seront envoyés à Paris munis de lettres d'introduction adressées au directeur général des Forêts par le secrétaire d'État de S. M. Britannique pour l'Inde. Ils se présenteront à la Direction générale des Forêts le 1er mars.

Art. 2. — Du 1er mars au 1er novembre suivant, les élèves seront envoyés à Haguenau, ou dans toute autre résidence choisie par M. le Directeur général, pour y être initiés à la pratique du service forestier et y recevoir le commencement d'instruction qui pourra leur être nécessaire pour suivre avec fruit les cours de l'École impériale forestière. Ils y seront placés sous les ordres d'un inspecteur des Forêts, qui les visitera dans leurs études et exercera sur eux une surveillance générale.

Art. 3. — Les élèves seront tenus d'assister aux opérations des agents forestiers et de participer aux travaux de toute nature, sur le terrain et au cabinet, qui leur seront indiqués par l'inspecteur. Ils tiendront un livre-journal mentionnant jour par jour l'emploi de leur temps, et ils rédigeront des rapports ou mémoires sur les opérations, travaux et autres questions de service qui leur seront indiquées par leur chef. Ces rapports ou mémoires, ainsi que le livre-journal, seront soumis à l'examen et au visa de l'inspecteur. Ils devront, en outre, se familiariser le plus possible avec la langue française et compléter leurs connaissances en Chimie, en Physique, en Arithmétique, en

(1) *Bulletin des Annales forestières*, IX, page 337.

Géométrie, en Trigonométrie, Arpentage et Dessin linéaire, de façon à se mettre
au niveau du programme exigé des candidats de l'École forestière. Sous ce
rapport, comme pour le service forestier, ils devront se conformer aux indica-
tions et aux ordres donnés par l'agent près duquel ils seront placés.

ART. 4. — Dans la dernière quinzaine du mois d'octobre, les élèves seront
examinés par l'inspecteur sur toutes les matières qu'ils auront eu à étudier.
Le résultat de cet examen, joint à un rapport sur leur conduite, sera envoyé
au directeur général des Forêts, pour être transmis au ministre de l'Inde et au
directeur de l'École, à Nancy.

ART. 5. — Les élèves seront rendus à Nancy pour le 1er novembre et se
présenteront au directeur de l'École, pour recevoir ses instructions. La durée
de leur séjour à Nancy sera de vingt-deux mois.

ART. 6. — En règle générale, les élèves anglais seront soumis, pour les
études et la discipline, aux ordres du directeur. Ils suivront tous les cours, ils
prendront part à tous les exercices d'application sur le terrain, et ils subiront,
comme les élèves français, tous les examens prescrits par les règlements de
l'École.

ART. 7. — Au mois de mai et au mois de septembre, immédiatement après
les examens généraux de clôture des cours et de fin d'année, le directeur de
l'École adressera au directeur général des Forêts, pour être transmis au
ministre de l'Inde, un bulletin de notes et de renseignements sur le travail et
la conduite de chaque élève. Ce bulletin donnera la cote de tous les examens
que l'élève aura subis, et la place qu'il aurait occupée dans le classement
général de tous les élèves, français et anglais, de la division dont il suit les
cours.

ART. 8. — Les parents des élèves anglais devront leur assurer une somme
de 3,600 francs par an, pour pourvoir à tous leurs besoins pendant leur séjour
en France. Sur cette somme, 2,400 francs, pour les huit mois que les élèves
devront passer chez l'inspecteur, seront versés d'avance entre les mains d'un
banquier. Ce banquier sera désigné par l'inspecteur et ne remettra des fonds
aux élèves que sur son autorisation. Le restant de la somme sera versé par
semestre et d'avance entre les mains de l'agent-comptable de l'École, pour le
temps du séjour des élèves à Nancy.

ART. 9. — Afin de stimuler le zèle des élèves, le secrétaire d'État de
S. M. Britannique accordera une subvention de 60 livres sterling (portée
ensuite à 100 livres) à ceux des élèves qui se seront distingués par leur
travail, leur aptitude et leur conduite, soit pendant leur temps de préparation
auprès d'un inspecteur. soit pendant leur séjour à l'École. Au contraire,
ceux dont le travail ou la conduite donnerait lieu à des plaintes sérieuses
seront, sur l'ordre du secrétaire d'État de S M. Britannique, renvoyés
dans leurs familles et rayés de la liste des candidats au service forestier
anglais.

X

ARRÊTÉ MINISTÉRIEL DU 8 AVRIL 1870

organisant l'enseignement préparatoire des préposés, réglant les conditions de leur admission au grade de garde général-adjoint et à celui de sous-inspecteur (1).

CHAPITRE PREMIER

ENSEIGNEMENT PRÉPARATOIRE DES PRÉPOSÉS

Art. 1ᵉʳ. — Il sera institué chaque année, à Villers-Cotterets, Épinal, Grenoble et Toulouse, des cours d'instruction théorique et pratique destinés à former des préposés pour le grade de garde général-adjoint

Art. 2. — Ces cours seront faits par des agents désignés par le directeur général des Forêts et comprendront les matières indiquées dans un programme préparé par l'Administration et approuvé par le ministre des Finances.

Art. 3. — Les cours auront lieu du 1ᵉʳ novembre au 1ᵉʳ mars. L'enseignement complet durera deux ans.

Art. 4. — Les conservateurs adresseront à l'Administration, avant le 1ᵉʳ septembre de chaque année, avec leurs observations et leurs avis, les demandes d'admission aux cours.

Art. 5. — Aucun préposé ne sera admis s'il est âgé de plus de quarante ans et s'il n'a un an d'exercice dans le service actif.

Art. 6. — Il sera alloué aux préposés domaniaux ou mixtes, pendant la durée des cours, une indemnité de séjour calculée à raison de 3 francs par jour. Il leur sera en outre alloué, pour se rendre de leur résidence au centre d'enseignement, ainsi que pour le retour, une indemnité de route calculée d'après le tarif fixé par Arrêté ministériel du 24 décembre 1862.

Art. 7. — A la fin des cours de chaque année, il est procédé à des examens d'après un règlement arrêté par le directeur général des Forêts.

Art. 8. — Ces examens seront faits par les professeurs de chaque centre d'enseignement réunis en jury, sous la présidence d'un chef de bureau de l'Administration centrale des Forêts délégué par le directeur général.

Art. 9. — Le directeur général désigne, d'après le résultat de ces examens, et sur l'avis du Conseil d'administration : 1º ceux des préposés de première année qui sont admis aux cours de seconde année ; 2º ceux qui sont autorisés à redoubler soit la première, soit la seconde année ; 3ª ceux qui sont déclarés admissibles au grade de garde général-adjoint.

Art. 10. — Les préposés du grade de garde déclarés admissibles au grade de garde général-adjoint recevront immédiatement le titre de brigadier.

Art. 11. — Les centres d'enseignement sont placés sous l'autorité et la haute direction du conservateur dans la circonscription duquel ils sont établis.

(1) Répertoire de la *Revue des Eaux et Forêts*, V, 50-66.

Toutes les mesures de police et de discipline nécessaires pour assurer le bon emploi du temps et le succès des études seront prises par le chef de service.

ART. 12. — Une indemnité annuelle de 1,000 francs sera allouée à chacun des agents des cours d'enseignement des préposés.

CHAPITRE II

ADMISSION AU GRADE DE GARDE GÉNÉRAL-ADJOINT

ART. 1er. — Les gardes généraux-adjoints seront exclusivement choisis parmi les brigadiers qui auront subi avec succès les épreuves exigées par l'admissibilité au premier de ces deux grades.

ART. 2. — Les élèves de l'École forestière nommés brigadiers, par application de l'article 31 du Règlement ministériel du 6 juin 1862, ne pourront être nommés au grade de garde général-adjoint avant d'avoir accompli leur vingt-cinquième année.

ART. 3. — Sont abrogées les dispositions de l'Arrêté ministériel du 10 avril 1861, portant règlement pour l'admission des préposés aux emplois d'agents forestiers.

CHAPITRE III

ADMISSION AU GRADE DE SOUS-INSPECTEUR

ART. 1er. — Aucun garde général ne sera promu au grade de sous-inspecteur, si préalablement il n'a fait partie de l'École forestière ou s'il n'a subi avec succès l'examen déterminé dans le dernier paragraphe de l'article 25 de l'Arrêté ministériel du 6 juin 1862, portant règlement de cette École. Cette disposition n'est point applicable aux gardes généraux nommés antérieurement à la date du présent Arrêté.

ART. 2. — L'examen spécifié dans l'article précédent aura lieu à la même époque et devant le même jury que les examens de sortie des élèves de l'École forestière.

ART. 3. — Le directeur général prononce, d'après le résultat de cet examen, et sur l'avis du Conseil d'administration, l'admissibilité des candidats au grade de sous-inspecteur.

(Suivent les programmes.)

XI

LOI DU 24 JUILLET 1873
sur l'organisation militaire

ART. 36. — Les élèves de l'École polytechnique et de l'École forestière qui ont satisfait aux examens de sortie desdites Écoles et ne sont pas placés dans un service public reçoivent un brevet de sous-lieutenant auxiliaire ou une

commission équivalente au titre auxiliaire et restent dans la disponibilité, dans
la réserve de l'armée active, dans l'armée territoriale, pendant le temps durant
lequel ils y sont astreints en conformité de la Loi du 27 juillet 1872, article 36.
Toutefois, est déduit, conformément à l'article 19 de la Loi du 27 juillet 1872,
le temps passé par eux dans ces Écoles. Un Règlement d'administration
publique, rendu pour chacun des services dans lesquels sont placés les élèves
de l'École polytechnique qui ne font pas partie des armées de terre ou de mer
et les élèves de l'École forestière entrés dans le service forestier, détermine les
assimilations de grades et les emplois qui peuvent, en cas de mobilisation,
leur être donnés dans l'armée, selon la position qu'ils occupent dans les
services publics auxquels ils appartiennent.

Décret du 20 mars 1876

Les assimilations de grade et les emplois qui, en vertu de l'article 36 de la
Loi du 24 juillet 1873, peuvent être donnés dans l'armée aux élèves de l'École
forestière entrés dans le service forestier, sont déterminés par le tableau suivant : Garde général en stage, sous-lieutenant de réserve ou de l'armée territoriale..., etc.

Décret du 2 avril 1875

ART. 6. — Les élèves de l'École forestière recevront une instruction militaire pendant leur séjour à l'École. Un officier désigné par le ministre de la
Guerre sera chargé de cet enseignement.

XII

ARRÊTÉ DU DIRECTEUR GÉNÉRAL DES FORÊTS
DU 15 NOVEMBRE 1876
concernant le stage à l'École forestière (1)

ART. 1er. — Les élèves de l'École forestière admis dans les rangs des
agents forestiers par suite des examens de sortie compléteront leur instruction
par un stage de dix mois, du 1er novembre au 1er septembre suivant, dans
ladite École.

ART. 2. — L'instruction donnée aux élèves-gardes généraux comprend
deux parties : l'enseignement théorique et l'enseignement pratique.

ART. 3. — L'enseignement théorique embrasse : 1° l'Économie politique et
la Statistique appliquée aux questions forestières, le Boisement des dunes et
des montagnes ; 2° un cours d'Administration comprenant spécialement la
gestion des chefs de cantonnement, les lois sur la Chasse et le Reboisement,
l'instruction des affaires administratives ; 3° la Zoologie appliquée à l'étude des

(1) Pris en vertu de l'Arrêté ministériel du 10 novembre 1876, portant Règlement
pour l'École forestière.

animaux utiles ou nuisibles aux forêts et à l'agriculture ; 4° l'Agriculture limitée aux principes généraux de cette science ; 5° la Langue allemande.

Art. 4. — L'enseignement pratique consiste dans la participation des élèves-gardes généraux à toutes les opérations du service extérieur dans les forêts administrées par l'École. Les élèves-gardes généraux sont en outre exercés à traiter, dans les bureaux de l'inspecteur et des chefs de cantonnement, toutes les affaires qui s'y présentent. Des missions dans les centres forestiers les plus importants de la France pourront leur être données, sur la proposition du directeur de l'École.

Art. 5. — L'enseignement théorique aura lieu pendant le semestre d'hiver ; il sera suivi d'un examen sur l'ensemble des matières de chaque cours.

Art. 6. — Cet examen se fera devant un jury composé : du directeur général des Forêts ou de son délégué, président ; du directeur ou du sous-directeur de l'École ; des professeurs du cours sur lequel portera l'examen.

Art. 7. — (Échelle des notations, de 0 à 20.)

Art. 8. — (Coefficients:) Économie forestière, 12 ; Administration et Droit, 10 ; Histoire naturelle, 10 ; Agriculture, 10 ; Langue allemande, 10.

Art. 9. — Le classement définitif des élèves-gardes généraux, à la fin de l'année d'application, aura pour base une moyenne générale formée : pour deux cinquièmes, de la notation de l'examen de clôture des cours ; pour deux cinquièmes, de la notation des travaux exécutés pendant les missions ou à leur suite, de l'aptitude au service forestier, de la capacité montrée dans l'instruction des affaires, la rédaction et les exercices sur le terrain ; pour un cinquième, enfin, de la notation qui a déterminé le classement à la fin des deux premières années d'études.

Art. 10. — Les élèves-gardes généraux qui, dans le classement définitif, réuniront un nombre de points égal ou supérieur à la moitié du nombre total maximum, seront immédiatement classés parmi les gardes généraux en activité. Ceux qui n'auraient pas obtenu ce nombre de points pourront, sur la proposition du jury, être maintenus une année de plus en stage à l'École. En cas de nouvel insuccès, le directeur général pourra, toujours sur la proposition du jury, prononcer leur mise en disponibilité ou leur révocation.

Art. 11. — Les élèves-gardes généraux qui obtiendront les cinq premiers rangs dans le classement définitif seront nommés gardes généraux de 2° classe.

Art. 12. — Le procès-verbal de classement des élèves-gardes généraux est dressé en double minute, signé par tous les membres du jury ; l'un de ces doubles, revêtu de la décision du directeur général, est renvoyé au directeur de l'École.

Art. 13. — Les élèves-gardes généraux portent la tenue réglementaire des gardes généraux. Cette tenue, sans armes, est obligatoire dans l'intérieur de l'École.

Art. 14. — Les élèves-gardes généraux doivent assister régulièrement à tous les cours, études ou exercices indiqués au tableau de l'emploi du temps arrêté par le directeur de l'École. Ils sont également tenus d'assister à tous les travaux et exercices du service intérieur prescrits par le tableau précité, en se conformant aux ordres qu'ils recevront des professeurs et des chefs de cantonnement.

Art. 15. — Les peines disciplinaires pour infraction aux règlements ou pour tout autre acte répréhensible sont : 1° la réprimande simple, verbale ou écrite ; 2° la réprimande, avec mise à l'ordre du jour ; 3° la retenue de traitement ; 4° la descente de grade ; 5° la révocation. Ces peines sont prononcées, savoir : la réprimande simple, par tous les chefs ; la réprimande écrite et la réprimande avec mise à l'ordre du jour, par le directeur de l'École ; la retenue de traitement et la descente de grade, par le directeur général ; la révocation, par le directeur général, après délibération du Conseil d'administration.

XIII

DÉCISION MINISTÉRIELLE DU 2 AVRIL 1879
concernant les tableaux d'avancement (1)

1° Pour le grade de conservateur : Les candidats qui auront atteint l'âge de 55 ans ne pourront plus être portés au tableau ou cesseront d'y figurer. La durée du service dans le grade d'inspecteur devra être de six années au moins pour qu'un candidat puisse être porté au tableau.

2° Pour le grade d'inspecteur : Les candidats qui auront atteint l'âge de 52 ans ne pourront plus être portés au tableau ou cesseront d'y figurer. La durée du service dans le grade de sous-inspecteur devra être de six années au moins pour qu'un candidat puisse être porté au tableau....

XIV

ARRÊTÉ DU SOUS-SECRÉTAIRE D'ÉTAT
DU 11 NOVEMBRE 1879
au sujet du stage à l'École

Vu l'Arrêté du directeur général des Forêts du 15 novembre 1876, concernant le stage à l'École forestière ;

Vu la délibération du Conseil d'instruction de cette École, du 27 août 1879 ;

Arrête :

Les articles 10, 11, 15 de l'Arrêté susvisé sont modifiés ainsi qu'il suit :

Art. 10. — Les gardes généraux stagiaires qui, dans le classement définitif, réuniront un nombre de points égal ou supérieur à la moitié du nombre

(1) Circulaire n° 306 de l'Administration forestière.

total maximum, seront immédiatement classés parmi les gardes généraux en activité. Ceux qui n'auront pas obtenu ce nombre de points pourront être, sur la proposition du jury, descendus au grade de garde général-adjoint, par arrêté du sous-secrétaire d'État....

Art. 11. — Les élèves-gardes généraux qui, au classement définitif, obtiendront dans l'ensemble de leurs notations une moyenne générale de 15 au moins, seront nommés gardes généraux de 2° classe....

Art. 15. — Les peines disciplinaires pour infraction aux règlements ou pour tout autre acte répréhensible sont : 1° la réprimande simple, verbale ou écrite ; 2° la réprimande avec mise à l'ordre du jour ; 3° les arrêts dans l'intérieur de l'École, pour une durée qui n'excède pas un mois ; 4° la retenue de traitement ; 5° la descente de grade ; 6° la révocation. Ces peines peuvent être prononcées, savoir : la réprimande, verbale ou écrite, par tous les chefs ; la réprimande avec mise à l'ordre du jour et les arrêts, par le directeur de l'École ; la retenue de traitement et la descente de grade, par le président du Conseil d'administration ; la révocation, par le président du Conseil d'administration, après délibération du Conseil.

XV

DÉCRET DU 3 NOVEMBRE 1880
organisant l'École forestière

Art. 1er. — Le personnel administratif et de surveillance de l'École forestière comprend : un directeur, un sous-directeur, un inspecteur des études, un agent-comptable, des adjudants de surveillance.

Art. 2. — Le directeur est nommé par nous, sur la proposition du Ministère de l'Agriculture et du Commerce ; il est choisi exclusivement parmi les conservateurs des Forêts, les inspecteurs portés au tableau d'avancement et les professeurs ayant exercé les fonctions actives d'agent forestier pendant quatre ans au moins. Son autorité s'étend sur toutes les parties du service et sur tout le personnel administratif et enseignant. Il jouit du traitement de conservateur dans les conditions de classe déterminées par le ministre et reçoit en outre, à titre de frais de représentation, une indemnité annuelle de 2,000 francs.

Art. 3. — Le sous-directeur est choisi parmi les professeurs ayant exercé les fonctions actives d'agent forestier pendant quatre ans au moins ; il est nommé par le ministre, sur la proposition du sous-secrétaire d'État, président du Conseil d'administration des Forêts. En cas d'absence ou de maladie du directeur, le sous-directeur le remplace dans toutes ses attributions.

Art. 4. — Les fonctions d'inspecteur des études sont exercées par un professeur ou un répétiteur désigné par le sous-secrétaire d'État, président du Conseil d'administration des Forêts. Elles ont spécialement pour objet d'assurer, sous l'autorité immédiate du sous-directeur, l'exécution des règlements de police et le maintien de la discipline, tant à l'intérieur qu'à l'extérieur de l'École.

Art. 5. — L'agent-comptable est nommé par le ministre. Ses fonctions spéciales sont déterminées par un règlement ministériel.

Art. 6. — Les adjudants de surveillance sont nommés par le sous-secrétaire d'État, président du Conseil d'administration des Forêts, qui fixe leur nombre et règle leurs attributions.

Art. 7. — Le directeur, le sous-directeur, l'inspecteur des études et les adjudants sont logés à l'École.

Art. 8. — Le personnel enseignant de l'École forestière comprend : un professeur d'Économie forestière, un professeur d'Histoire naturelle, un professeur de Législation et de Jurisprudence, un professeur de Mathématiques appliquées, un professeur d'Agriculture, un professeur d'Art militaire, un professeur de Langue allemande, et des répétiteurs en nombre déterminé par le ministre.

Art. 9. — Les professeurs sont nommés par le ministre de l'Agriculture et du Commerce, sur la proposition du sous-secrétaire d'État, président du Conseil d'administration des Forêts. Ils forment deux catégories : 1º Les titulaires, choisis parmi les agents forestiers et professant l'Économie forestière, l'Histoire naturelle, la Législation, les Mathématiques appliquées. Leur traitement est ainsi fixé : 1re classe, 9,000 francs ; 2e classe, 8,000 francs ; 3e classe, 7,000 francs. — 2º Les chargés de cours, professant l'Agriculture, l'Art militaire, la Langue allemande. Leur traitement est fixé par le ministre, sans que le chiffre maximum puisse, en aucun cas, dépasser 6,000 francs.

Art. 10. — Les agents forestiers nommés titulaires cessent de figurer dans les cadres du personnel et de concourir pour l'avancement dans le corps. Le ministre pourra, toutefois, confier temporairement les fonctions de professeur ou de chargé de cours à des agents forestiers maintenus dans les cadres du personnel, et qui recevront, à cette occasion, une indemnité fixe et annuelle de 2,000 francs, outre le traitement afférent à leur grade administratif.

Art. 11. — Les répétiteurs sont choisis parmi les agents forestiers et nommés par le sous-secrétaire d'État, président du Conseil d'administration des Forêts. Une indemnité fixe, annuelle, de 1,000 francs leur est attribuée, outre le traitement afférent à leur grade administratif.

Art. 12. — Les agents forestiers attachés à l'École forestière, soit comme professeurs temporaires, conformément aux dispositions du dernier paragraphe de l'article 10 précédent, soit comme chargés de cours ou comme répétiteurs, conserveront leurs droits à l'avancement dans les cadres du personnel, jusqu'au grade d'inspecteur inclusivement.

XVI

ARRÊTÉ DU 25 JUILLET 1881
concernant la mise en stage des élèves sortant de l'École forestière (1)

Le sous-secrétaire d'État, président du Conseil d'administration : — Vu l'article 11 de l'Arrêté ministériel du 10 novembre 1876, réglant l'organisation de l'École forestière ; — Vu notre Arrêté du 4 avril dernier, rapportant l'Arrêté du directeur général des Forêts en date du 15 novembre 1876....

ART. 1er. — Le stage que les élèves de l'École forestière, admis dans les rangs des agents forestiers, par suite des examens de sortie, sont appelés à faire, en vue de compléter leur instruction, aura lieu sous la direction immédiate de conservateurs désignés par l'Administration. La durée en sera subordonnée au degré d'aptitude dont ces jeunes gens feront preuve et aux besoins du service du personnel.

ART. 2. — Seront nommés gardes généraux de 3° classe et pourront être dispensés du stage, les élèves qui, au classement définitif, auront obtenu dans l'ensemble des notations une moyenne générale de 15.

ART. 3. — Les élèves choisiront, d'après leur rang de sortie, et sur une liste arrêtée chaque année par l'Administration, la Conservation où ils désireront faire leur stage.

ART. 4. — Les gardes généraux en stage seront employés plus spécialement à faire l'intérim des cantonnements vacants. A défaut d'intérim, ces jeunes gens seront appelés de préférence à accompagner dans ses tournées de balivage et de récolement un des inspecteurs en résidence au chef-lieu de la Conservation. Ils pourront encore être utilement employés à préparer à diriger et à surveiller des travaux de construction de routes, de maisons forestières, etc. Enfin ils seront chargés de traiter, dans les bureaux de la Conservation, quelques-unes des affaires courantes qui se présentent le plus souvent dans la gestion d'un cantonnement.

XVII

DÉCRET DU 7 NOVEMBRE 1881
concernant les bourses à l'École forestière (2)

(Vise les Décrets des 31 juillet 1856, les Arrêtés ministériels des 17 septembre 1856 et 28 juin 1877.)

ART. 1er. — Les bourses instituées en faveur des élèves de l'École fores-

---

(1) Répertoire de la *Revue des Eaux et Forêts*, X, 78.
(2) *Id.*, X, 188.

tière de Nancy pourront être concédées à l'avenir à tous les élèves, sans distinction.

ART. 2. — Ces bourses pourront être divisées en demi-bourses.

ART. 3. — Les dispositions du Décret de 1856, non contraires aux présentes, sont maintenues.

Arrêté ministériel du 8 novembre 1881
(Même objet)

ART. 1ᵉʳ. — Sont rapportées les dispositions des articles 2 de l'Arrêté du 17 septembre 1856 et 7 de l'Arrêté du 28 juin 1877, réservant aux seuls fils d'agents et de préposés forestiers les bourses instituées en faveur des élèves de l'École forestière de Nancy.

ART. 2. — Ces bourses pourront être divisées en demi-bourses. Elles s'appliqueront non seulement à la pension annuelle de 1,500 francs que les parents sont tenus de servir à leurs enfants pendant leur séjour à l'École, mais encore à la pension annuelle de 500 francs qu'ils ont à leur servir à leur sortie de l'École en qualité de gardes généraux stagiaires.

ART. 3. — Les dispositions des Arrêtés susvisés, non contraires aux présentes, sont maintenues.

XVIII

ARRÊTÉ MINISTÉRIEL DU 27 FÉVRIER 1882
instituant une Station de recherches et d'expériences à l'École de Nancy (1)

ART. 1ᵉʳ. — Une Station de recherches et d'expériences est établie à l'École forestière de Nancy, avec le concours des professeurs de cette École, et placée sous l'autorité du directeur. Un agent du grade de sous-inspecteur est attaché à cette Station.

ART. 2. — Indépendamment des expériences et recherches qui pourront être effectuées dans les forêts domaniales voisines, la Station aura pour champ spécial d'études la série d'Amance (forêt domaniale de Champenoux), deux séries de conversion, une série de taillis composé et une série de taillis simple à désigner dans la forêt domaniale de Haye.

ART. 3. — Dans ces cinq séries, l'École forestière sera chargée de l'assiette, de la marque et de l'estimation des coupes, dont les produits seront vendus par les soins du service forestier local.

ART. 4. — La Station comprendra encore la gestion de la pépinière de Bellefontaine et les observations météorologiques établies dans les forêts de Haye et d'Amance.

(1) Circulaire de l'Administration forestière n° 299.

XIX

DÉCRET DU 6 MAI 1882
pour l'admission à l'École forestière des élèves de l'Institut agronomique (1)

Art. 1ᵉʳ. — Les élèves de l'Institut agronomique ayant 22 ans au plus au 1ᵉʳ janvier de l'année du concours d'admission à l'École forestière, bacheliers ès sciences et ayant reçu le diplôme de sortie après avoir obtenu une moyenne générale de 15 points et une cote au moins égale en Sylviculture, Génie rural et Mécanique, pourront être admis à l'École forestière, au nombre de deux chaque année.

Art. 2. — La limite d'âge fixée à l'article 1ᵉʳ sera reculée, pour les jeunes gens ayant satisfait à la loi militaire, de tout le temps qu'ils auront passé sous les drapeaux.

XX

DÉCRET DU 1ᵉʳ AOUT 1882
portant réorganisation du service forestier

Art. 4. — Les sous-inspecteurs des Forêts, les gardes généraux ayant satisfait aux examens de sortie de l'École nationale forestière de Nancy, les élèves de ladite École qui auront subi avec succès les mêmes examens, auront le grade d'inspecteur-adjoint jusqu'au jour où ils pourront être nommés chefs de service, avec le grade d'inspecteur. Les gardes généraux et les gardes généraux-adjoints ayant satisfait seulement aux examens de sortie des Écoles secondaires rempliront les fonctions essentiellement actives d'agent auxiliaire, sous les ordres des inspecteurs, avec le titre de garde général.

XXI

DÉCRET DU 23 DÉCEMBRE 1882
instituant un Conseil de perfectionnement de l'enseignement forestier (2)

Art. 1ᵉʳ. — Il est institué un Conseil de perfectionnement de l'enseignement forestier, chargé de rechercher et de proposer les améliorations qu'il conviendrait d'apporter à l'enseignement, aux programmes d'admission et au régime des Écoles forestières.

Art. 2. — Ce Conseil est composé ainsi qu'il suit : un sénateur, un député,

(1) Répertoire de la *Revue des Eaux et Forêts*, X, 189.
(2) Dalloz, 1883, IV, 84.

un membre du Conseil d'État, le directeur des Forêts, le directeur de l'Agriculture, le directeur de l'Hydraulique agricole, un inspecteur général des Forêts, le directeur de l'École forestière de Nancy, le directeur de l'École forestière des Barres, le directeur de l'École forestière de Villers-Cotterets, un conservateur des Forêts, un ancien agent supérieur des Forêts, le directeur de l'Institut national agronomique, un membre de la Société nationale d'Agriculture, un inspecteur général des Mines, un ingénieur en chef des Constructions navales, le professeur de Topographie à l'École supérieure de Guerre, un officier supérieur de l'armée (en tout 18 membres).

Art. 3. — Le Conseil de perfectionnement de l'enseignement forestier est présidé par le ministre de l'Agriculture, et, en son absence, par le directeur des Forêts.

Art. 4. — Le Conseil se réunit au moins une fois par année ; il peut être convoqué en séance extraordinaire par le ministre de l'Agriculture.

XXII

DÉCRET DU 23 OCTOBRE 1883
organisant le service forestier (extraits)

Art. 3. — Le titre de garde général est supprimé. (Rétabli par Décret du 27 janvier 1884.)...

Art. 4. — Les inspecteurs-adjoints sont recrutés, savoir : deux tiers parmi les élèves de l'École nationale forestière ; un tiers : 1° parmi les gardes généraux actuellement en fonctions ; 2° parmi les préposés du service actif ayant passé avec succès les examens de sortie de l'École secondaire, ou ayant quinze ans de services, moins de cinquante ans d'âge, et jugés aptes à remplir les fonctions d'agent, d'après un règlement spécial qui sera établi à cet effet.

Art. 5. — Pour faciliter aux préposés l'accès au grade d'inspecteur-adjoint et assurer leur instruction technique, une École secondaire d'enseignement professionnel théorique et pratique est établie au domaine des Barres. Seront admis à cette École les préposés ayant quatre ans de service actif, moins de trente-cinq ans d'âge, et déclarés aptes à suivre cet enseignement après un concours préalable ; il suffira de deux ans de service actif pour les fils d'agents ou de préposés anciens élèves de l'École des Barres. Le ministre fixera, par un arrêté général, les conditions concernant l'admissibilité à l'École des Barres, les attributions du directeur et des professeurs, le programme des cours et des examens d'entrée et de sortie. Le nombre des élèves à admettre à cette École sera déterminé annuellement d'après les besoins du service.

Art. 6. — Les inspecteurs-adjoints sont tous admissibles aux emplois supérieurs, sans distinction d'origine ; ils seront promus au grade d'inspecteur au choix et au vu de leur inscription au tableau d'avancement institué par l'Ordonnance royale du 17 décembre 1814, et devant faire l'objet d'un règlement ministériel....

XXIII

ARRÊTÉ MINISTÉRIEL DU 31 JUILLET 1886
réglant les conditions du stage des élèves de l'École nationale forestière

ART. 1er. — Les élèves de l'École nationale forestière qui ont satisfait à l'examen de sortie sont nommés gardes généraux stagiaires et astreints à un stage ayant pour objet de les initier à la pratique de la gestion administrative.

ART. 2. — Les élèves qui, au classement définitif, auront obtenu dans l'ensemble des notations une moyenne générale de 15. seront nommés gardes généraux de 3e classe ; mais ils accompliront leur stage conformément à la règle générale.

ART. 3. — Le stage aura lieu auprès des inspecteurs. Sa durée sera d'au moins un an ; elle pourra d'ailleurs varier au delà de cette limite, suivant le travail et les aptitudes des jeunes agents.

ART. 4. — Les stagiaires coopéreront, avec les inspecteurs auxquels ils seront attachés, à la gestion d'un cantonnement dont la résidence sera la même que celle de l'inspection ou de la chefferie.

ART. 5. — Les chefs de service seront tout particulièrement chargés de procéder, sous leur responsabilité personnelle, à l'instruction administrative des jeunes agents et de les initier à tous les détails des opérations forestières et du service de bureau.

ART. 6. — La liste des inspecteurs désignés à cet effet sera arrêtée chaque année par le ministre ; les élèves feront, sur cette liste, choix de leur résidence, suivant leur rang de sortie.

ART. 7. — Après l'accomplissement du stage, les jeunes agents seront pourvus de cantonnements ; mais ils ne pourront être nommés titulaires sur place.

XXIV

DÉCRET DU 12 MARS 1887
pour l'organisation de l'enseignement à l'École nationale forestière

ART. 1er. — L'enseignement de l'École nationale forestière comprend les matières ci-après : Économie forestière, Histoire naturelle. Droit, Mathématiques appliquées, Agriculture, Économie politique et Statistique forestière, Chimie générale, Physique météorologique et Photographie appliquée, Art militaire, Langue allemande. Cet enseignement est réglé conformément aux programmes arrêtés par le ministre de l'Agriculture. (Modifié par Décret et Arrêté ministériel du 12 octobre 1889.)

ART. 2. — Les cours sont de deux années, sauf les exceptions déterminées par l'article 5 ci-après. Ils commencent le 15 octobre de chaque année et se terminent le 15 août suivant.

Art. 3. — A la fin de chaque année, un jury composé de trois membres procède à l'examen des élèves de la première et de la seconde division. Font partie de ce jury : le directeur ou le sous-directeur de l'École, président ; le professeur ou répétiteur du cours sur lequel porte l'examen, et un professeur ou répétiteur d'un autre cours. Le directeur de l'Administration des Forêts ou son délégué assiste, quand il le juge utile, aux examens. Dans ce cas, la présidence du jury lui appartient.

Art. 4. — Sont rayés des cadres de l'École les élèves qui, après la première ou la seconde année, n'auront point fait preuve devant le jury d'examen d'une instruction suffisante.

Art. 5. — Seront admis à redoubler leur année d'études les élèves qu'une maladie grave, dûment constatée, aura obligés pendant l'année à une interruption de travail de quarante-cinq jours au moins. La faculté de doubler pourra aussi être accordée aux élèves qui, en certaines matières seulement, ne rempliront pas les conditions d'instruction exigées. Dans aucun cas, le séjour à l'École ne pourra dépasser trois ans.

Art. 6. — Les élèves rayés des cadres, dans le cas prévu par l'article 4, peuvent, lorsqu'ils ont satisfait à la loi de recrutement de l'armée, être appelés aux fonctions de brigadier dans le service sédentaire. Ils seront admis, deux ans au moins après cette nomination, à subir les examens de sortie de l'École devant le jury indiqué en l'article 3 ; mais ils ne pourront, en cas de succès, être nommés au grade de garde général stagiaire avant d'avoir accompli leur vingt-cinquième année.

Art. 7. — La direction supérieure des études et l'appréciation des méthodes d'enseignement appartiennent au ministre de l'Agriculture. A cet effet, il est institué auprès de lui un Conseil de perfectionnement de l'enseignement forestier, chargé de rechercher et de proposer les améliorations qu'il conviendrait d'apporter à l'enseignement, aux programmes d'admission et au régime des Écoles forestières. Ce Conseil, présidé par le ministre, et en son absence par le directeur des Forêts, est composé comme il suit : le directeur des Forêts, le directeur de l'Agriculture, un officier général, trois inspecteurs généraux des Forêts, le directeur de l'École nationale forestière, un conservateur des Forêts, le chef du personnel de l'Administration des Forêts. Il se réunit sur la convocation du ministre de l'Agriculture, qui nomme les membres que ne désignent point leurs fonctions.

Art. 8. — Un Conseil d'instruction est établi à l'École. Il délibère sur toutes les questions relatives au règlement intérieur et aux programmes d'enseignement et d'admission. Ce Conseil est composé, sous la présidence du directeur de l'École, et, en son absence, sous celle du sous-directeur, de tous les professeurs et répétiteurs. Il se réunit sous la convocation du président ; le sous-directeur y remplit les fonctions de secrétaire.

Art. 9. — Le ministre de l'Agriculture fixera, par un règlement spécial, les attributions du personnel de l'École, l'organisation de l'enseignement, les interrogations, examens et classements des élèves, la police, la tenue et la discipline de l'École.

XXV

ARRÊTÉ DU DIRECTEUR DES FORÊTS DU 30 JUIN 1887
portant règlement pour le fonctionnement de la Station de recherches et d'expériences de Nancy

ART. 1er. — Les opérations forestières, balivages, martelages, estimations et récolements, sont faites dans les séries affectées à la Station, par un des professeurs d'Économie forestière, assisté d'un des agents de la Station. L'arpentage des coupes est effectué dans les mêmes conditions par l'un des professeurs de Mathématiques appliquées. Les élèves de l'École sont appelés à assister ou à concourir à ces opérations, suivant le tableau de l'emploi général du temps.

ART. 2. — Les expériences et recherches sont proposées au directeur de l'École, soit par les professeurs de l'École, soit par les agents de la Station.

ART. 3. — Le programme de l'expérience est discuté et arrêté dans une conférence qui a lieu sous la présidence du directeur de l'École, entre les agents de la Station et les professeurs que la matière concerne.

ART. 4. — Un procès-verbal indiquant le but et la nature de l'expérience, et constatant son installation matérielle, est rédigé par l'agent de la Station qui en a été chargé.

ART. 5. — Le procès-verbal d'installation est transmis à la Direction des Forêts par le directeur de l'École. Il en est de même de tous les procès-verbaux constatant ultérieurement les résultats acquis.

ART. 6. — Chaque expérience reçoit un numéro d'ordre et autant que possible un nom spécial. Un dossier est ouvert à chacune sous ce numéro. Les procès-verbaux d'installation et de constatation sont, en outre, copiés à leur date et de suite en suite sur un registre tenu à la Station. Ce registre est à la disposition des professeurs qui pourraient en avoir besoin pour leurs travaux.

ART. 7. — Les analyses chimiques demandées par les agents de la Station ou par les professeurs qui suivent une expérience sont faites au laboratoire de l'École, sous les ordres du directeur.

ART. 8. — Les publications à imprimer sont rédigées par les professeurs ou par les agents de la Station, et soumises à l'examen de la Direction des Forêts, qui en ordonne l'impression, s'il y a lieu.

ART. 9. — Chaque année, dans le courant du mois de janvier, le directeur de l'École adresse à la Direction des Forêts un rapport sur les travaux de la Station et sur l'emploi des crédits qui ont été mis à sa disposition.

XXVI

DÉCRET DU 9 JANVIER 1888
réorganisant l'École nationale forestière

ART. 1er. — A partir du 1er janvier 1889, tous les élèves de l'École nationale forestière se recruteront parmi les élèves diplômés de l'Institut national agronomique, suivant le mode adopté à l'École polytechnique pour le recrutement de ses Écoles d'application. Est maintenue l'exception établie en faveur des élèves sortant de l'École polytechnique par le Décret du 15 avril 1873.

Art. 2. — Pour être admis à l'École nationale forestière, les élèves diplômés de l'Institut agronomique devront avoir eu vingt-deux ans au plus au 1er janvier de l'année courante. En ce qui concerne les jeunes gens ayant satisfait à la loi militaire, la limite d'âge sera reculée du temps qu'ils auront passé sous les drapeaux.

Art. 3. — Le nombre des élèves reçus chaque année à l'École forestière ne pourra être supérieur à 12.

Art. 4. — Il est institué annuellement dix bourses, de 1,500 francs chacune, en faveur des élèves de l'École forestière. Ces bourses pourront être divisées en demi-bourses.

Art. 5. — Un arrêté ministériel déterminera pour l'avenir les conditions d'admissibilité à l'Institut national agronomique.

XXVII

DÉCRET DU 14 JANVIER 1888
portant réorganisation du service forestier (extraits)

Art. 4. — Les gardes généraux sont recrutés : 1° parmi les élèves de l'École nationale forestière ; 2° parmi les préposés du service actif ayant subi avec succès les examens de sortie de l'École secondaire des Barres ; 3° parmi les préposés du service actif ayant quinze ans de services et jugés aptes à exercer les fonctions d'agents.

Art. 5. — Il est institué au domaine des Barres : 1° une École pratique de Sylviculture, destinée à former des gardes particuliers, des régisseurs agricoles et forestiers, et subsidiairement des candidats à l'emploi de préposés forestiers ; 2° une École secondaire d'enseignement professionnel théorique et pratique destinée à faciliter aux préposés l'accès au grade de garde général. Le nombre des élèves reçus chaque année à l'École secondaire ne pourra pas être supérieur à 6. Sont admis à cette École les préposés ayant trois ans de service actif, moins de trente-cinq ans d'âge, et déclarés aptes à suivre cet enseignement, après un examen préalable. Il suffira de deux ans de service actif pour les élèves diplômés de l'École pratique de Sylviculture.

Art. 6. — Les gardes généraux sont tous admissibles aux emplois supérieurs, sans distinction d'origine et sans limite d'âge. Ils seront promus au choix et au vu de leur inscription au tableau d'avancement institué par le Règlement d'administration publique en date du 14 janvier 1888.

XXVIII

DÉCRET DU 14 JANVIER 1888
portant réorganisation du personnel central du ministère de l'Agriculture
(Extraits) (1)

ART. 7. — Il est institué, sous la présidence du ministre ou de son délégué, un Conseil d'administration, composé des directeurs, du chef de cabinet et du chef du 1ᵉʳ bureau central, qui remplit les fonctions de secrétaire....

ART. 16. — Un tableau général d'avancement, dressé à titre consultatif pour le personnel de l'Administration centrale et du service extérieur des quatre directions (du Ministère), est arrêté à la fin de chaque année par le ministre, après avis du Conseil d'administration. Ce tableau n'est valable que pour l'année suivante ; il comprend un nombre de candidats triple de celui des vacances à prévoir dans chaque emploi ou classe pendant le cours de l'année.

XXIX

LOI DU 15 JUILLET 1889
sur le service militaire (2)

ART. 28. — Les jeunes gens reçus à l'École polytechnique, à l'École forestière ou à l'École centrale des Arts et Manufactures, qui sont reconnus propres au service militaire, n'y sont définitivement admis qu'à la condition de contracter un engagement volontaire de trois ans pour les deux premières Écoles, de quatre ans pour l'École centrale. — Ils sont considérés comme présents sous les drapeaux dans l'armée active pendant tout le temps passé par eux dans lesdites Écoles. Ils reçoivent, dans ces Écoles, l'instruction militaire complète et sont à la disposition du ministre de la Guerre. — S'ils ne peuvent satisfaire aux examens de sortie ou s'ils sont renvoyés pour inconduite, ils sont incorporés dans un corps de troupe pour y terminer le temps de service qu'il leur reste à faire. — Les élèves de l'École polytechnique admis dans l'un des services civils recruté à l'École, ou quittant l'École après avoir satisfait aux examens de sortie sans entrer dans aucun de ces services, et les élèves de l'École forestière admis dans l'Administration des Forêts, sont nommés sous-lieutenants de réserve et accomplissent en cette qualité, dans un corps de troupe, leur troisième année de service. — Ceux qui viendraient à quitter le service civil dans lequel ils ont été admis n'en resteront pas moins soumis aux

____

(1) Circulaire de l'Administration forestière n° 393.

(2) Une Loi du 11 novembre 1892 a modifié le texte ci-dessus, mais seulement en ce qui concerne l'École centrale.

obligations indiquées par le paragraphe précédent. — Ceux qui donneraient leur
démission d'officier de réserve avant l'accomplissement de leur troisième année
de service n'en resteront pas moins soumis à toutes les conséquences de
l'engagement volontaire de trois ans contracté par eux lors de leur entrée à
l'École. — Les élèves de l'École centrale des Arts et Manufactures quittant
l'École après avoir satisfait aux examens de sortie accomplissent une année de
service dans un corps de troupe. A la fin de cette année de service, ils peuvent
être nommés sous-lieutenants de réserve. — Les conditions d'aptitude physique,
pour l'entrée à ces Écoles, des jeunes gens qui, au moment de leur admission,
ne sont pas aptes au service militaire, sont fixées par un règlement d'administration publique.

XXX

DÉCRET DU 28 SEPTEMBRE 1889
réglant les conditions de l'engagement militaire des élèves
de l'École forestière

Art. 19. — Les engagements volontaires courent du 1er octobre de l'année
de l'entrée à l'École forestière. Si, pendant la durée des études, un élève est
admis à redoubler une année à l'École, cette année ne compte pas dans la
durée de l'engagement.

Art. 20. — Ces engagements sont contractés devant le maire. Le contractant n'est assujetti à aucune condition d'âge autre que celles qui sont exigées
pour l'admission à l'École. Il en justifie par la production du certificat d'admission. Il produit en outre : 1° l'extrait de son casier judiciaire ; 2° un certificat d'aptitude au service militaire. Ce certificat est délivré par le commandant
du bureau de recrutement.

Art. 21. — Les engagements sont souscrits pour l'une des armes de
l'infanterie, de l'artillerie ou du génie. L'autorité militaire désigne, au moment
de la mise en route, le corps sur lequel sont dirigés les élèves de l'École
forestière qui ne peuvent satisfaire aux examens de sortie ou qui seraient
renvoyés pour inconduite.

XXXI

DÉCRET DU 12 OCTOBRE 1889
réorganisant l'École nationale forestière

Art. 1er. — Le personnel administratif et de surveillance de l'École forestière comprend: un directeur, un sous-directeur, un inspecteur des études,

(1) Modifié par le Décret du 5 mars 1896.

un préparateur pour le laboratoire, un agent-comptable, des adjudants de surveillance.

ART. 2. — Le directeur est nommé par nous, sur la proposition du ministre de l'Agriculture. Il est choisi exclusivement parmi les conservateurs des Forêts, les inspecteurs portés au tableau d'avancement et les professeurs ayant exercé des fonctions actives d'agent forestier pendant quatre ans au moins. Son autorité s'étend sur toutes les parties du service et sur tout le personnel administratif enseignant. Il jouit du traitement de conservateur dans les conditions de classe déterminées par le ministre, et reçoit en outre, à titre de frais de représentation, une indemnité annuelle de 2,000 francs.

ART. 3. — Le sous-directeur est choisi parmi les professeurs titulaires ayant exercé les fonctions actives d'agent forestier pendant quatre ans au moins. Il est nommé par le ministre de l'Agriculture et remplit cette fonction concurremment avec celle de professeur. En cas d'absence ou de maladie du directeur, il le remplace dans toutes ses attributions.

ART. 4. — L'inspecteur des études est choisi parmi les professeurs titulaires ou les chargés de cours. Il est nommé par le ministre de l'Agriculture et remplit cette fonction concurremment avec celle de professeur ou de chargé de cours. Il est spécialement chargé d'assurer, sous l'autorité immédiate du sous-directeur, l'exécution des règlements de police et le maintien de la discipline, tant à l'intérieur qu'à l'extérieur de l'École.

ART. 5. — Un agent forestier du grade de garde général ou de garde général stagiaire est chargé des fonctions de préparateur du laboratoire.

ART. 6. — L'agent comptable est nommé par le ministre : ses fonctions spéciales sont déterminées par un règlement ministériel.

ART. 7. — Les adjudants de surveillance sont nommés par le ministre de l'Agriculture, qui fixe leur nombre et règle leurs attributions.

ART. 8. — Le directeur et le sous-directeur, l'inspecteur des études et les adjudants sont logés à l'École.

ART. 9. — Le personnel enseignant de l'École forestière comprend : un professeur de Sciences forestières, un professeur de Sciences naturelles appliquées aux forêts, un professeur de Législation forestière, un professeur de Mathématiques appliquées, un chargé de cours de Sciences forestières, un chargé de cours de Sciences naturelles appliquées aux forêts, un chargé de cours de Mathématiques appliquées, un chargé de cours d'Art militaire, un chargé de cours de Langue allemande.

ART. 10. — Les professeurs titulaires sont choisis parmi les agents forestiers et nommés par le ministre de l'Agriculture. Leur traitement est ainsi fixé : 1re classe, 9,000 francs ; 2e classe, 8,000 francs : 3e classe, 7,000 francs. Les agents forestiers nommés professeurs titulaires cessent de figurer dans les cadres du personnel et de concourir pour l'avancement dans le corps. Le ministre pourra, toutefois, confier temporairement les fonctions de professeur à des agents forestiers maintenus dans les cadres du personnel et qui recevront, à cette occasion, une indemnité fixe et annuelle de 2,000 francs, outre le traitement afférent à leur grade administratif.

Art. 11. — Les chargés de cours sont nommés par le ministre de l'Agriculture et choisis parmi les agents forestiers. Il pourra toutefois être dérogé à cette règle en ce qui concerne ceux d'Art militaire et de Langue allemande. Les agents forestiers chargés de cours reçoivent une indemnité fixe et annuelle de 1,000 francs, outre le traitement afférent à leur grade administratif ; mais le total de leurs émoluments ne pourra pas dépasser 6,000 francs. Ils conservent leurs droits à l'avancement dans les cadres du personnel jusqu'au grade d'inspecteur inclusivement. Le traitement des chargés de cours d'Art militaire et de Langue allemande est fixé par le ministre, sans pouvoir dans aucun cas dépasser 5,000 francs.

XXXII

DÉCRET DU 1er MARS 1890 (1)

relatif aux conditions d'aptitude physique, pour le service militaire, des élèves des Écoles spéciales (polytechnique, forestière, centrale)

Art. 1er. — Peuvent être admis à l'École polytechnique....

Art. 2. — Peuvent seuls être admis à l'École forestière, sans contracter l'engagement spécifié à l'article 28 de la Loi du 15 juillet 1889, les jeunes gens reçus à cette École et qui, au moment de l'entrée, n'auraient pas été reconnus aptes au service militaire pour... défaut de taille et faiblesse de constitution. L'aptitude physique de ces jeunes gens est constatée par une Commission composée : du directeur de l'École forestière, du commandant de recrutement et d'un médecin militaire désigné par le ministre de la Guerre. Les décisions de la Commission sont prises à la majorité des voix et sont sans appel.

Art. 3. — Les jeunes gens reçus à l'École centrale....

Art. 4. — Tout élève non engagé des Écoles ci-dessus visées qui est devenu apte au service militaire peut souscrire, pendant son séjour à l'École, soit avant sa comparution devant le Conseil de revision, soit au moment de cette comparution, un engagement de trois ans... remontant au 1er octobre de son entrée à l'École. Il sera soumis aux mêmes obligations que les élèves de sa promotion engagés au moment de leur admission.

Art. 5. — Tout élève non engagé desdites Écoles, appelé après sa sortie devant le Conseil de revision et reconnu apte au service militaire, ne sera tenu d'accomplir qu'une seule année de service effectif dans les conditions auxquelles il serait soumis s'il s'était engagé au moment de son admission à l'École, pourvu toutefois qu'il ait satisfait aux examens de sortie de l'École à laquelle il a appartenu.

(1) Modifié par le Décret du 5 mars 1896.

XXXIII

DÉCRET DU 18 NOVEMBRE 1890
réorganisant le corps des chasseurs forestiers

Art. 15. — Les élèves de l'École forestière reçoivent une instruction militaire pendant leur séjour à l'École. Un officier désigné par le ministre de la Guerre est chargé de cet enseignement. A leur sortie de l'École et s'ils sont admis dans l'Administration des Forêts, ils sont nommés sous-lieutenants de réserve d'infanterie et accomplissent en cette qualité le stage prévu par l'article 28 de la Loi du 15 juillet 1889.

XXXIV

DÉCRET DU 15 JUIN 1891
concernant le tableau d'avancement

Art. 1er. — Un Comité spécial dressera chaque année un tableau d'avancement pour les agents forestiers de tous grades. Ce tableau contiendra une liste de présentation pour chaque grade, jusqu'à celui de conservateur inclusivement.

Art. 2. — Le Comité d'avancement se composera du ministre de l'Agriculture, président ; du directeur des Forêts, vice-président ; des trois administrateurs, vérificateurs généraux des Forêts ; du directeur de l'École nationale forestière et du conservateur des Forêts, directeur de l'École des Barres.

Art. 3. — Nul brigadier forestier ne pourra être nommé agent et nul agent ne pourra obtenir un avancement de grade s'il ne figure au tableau d'avancement.

Art. 4. — Les conditions d'inscription au tableau seront déterminées par un Arrêté ministériel.

Art. 5. — Les tableaux d'avancement, dressés par le Comité et arrêtés par le ministre de l'Agriculture, serviront pour toutes les promotions à faire dans l'année de l'établissement du tableau. A moins d'épuisement de ces tableaux, il ne sera point établi, au cours de l'exercice, de listes supplémentaires.

Art. 6. — Les administrateurs des Forêts seront choisis parmi les conservateurs ayant deux ans au moins d'exercice dans le grade.

Arrêté ministériel du 15 juin 1891
(rendu en exécution de l'article 4 ci-dessus)

Art. 3. — Ne pourront être portés au tableau d'avancement, savoir : pour le grade de garde général stagiaire, que les brigadiers qui auront, au 1er janvier de l'année pour laquelle le tableau est arrêté, quinze années de service actif; pour le grade d'inspecteur-adjoint, que les gardes généraux, quelle que soit leur origine, ayant au 1ᵉʳ janvier de l'année de l'établissement du tableau d'avancement, au moins cinq ans de grade : pour le grade d'inspecteur, que les inspecteurs-adjoints ayant, à cette même date, au moins cinq ans de grade et trois ans de services dans des fonctions actives; pour le grade de conservateur, que les inspecteurs ayant, à cette même date, au moins cinq ans de grade, dont deux ans au moins dans le service actif.

ART. 4. — Les agents portés au tableau d'avancement qui n'auront pas été promus avant leur admission à la retraite pourront exceptionnellement, à cette époque, être élevés, à titre honorifique, au grade supérieur.

ART. 5. — Le Comité chargé de dresser les tableaux d'avancement se réunira chaque année dans le courant du mois de janvier.

ART. 6. — Le directeur des Forêts établit chaque année, au mois de décembre, après l'envoi par les conservateurs des feuilles de notes individuelles et des états de présentation, les listes générales d'avancement, qui sont divisées en autant de catégories qu'il y a de grades d'agents.

ART. 7. — Les listes préparatoires à soumettre au Comité sont établies par la Direction des Forêts (service du personnel), suivant l'ancienneté des services dans le grade.

ART. 8. — Ces listes, appuyées des feuilles de notes et des états de présentation indiqués à l'article 6, sont soumises huit jours à l'avance au Comité constitué par le Décret du 15 juin courant.

ART. 9. — Le nombre de candidats à porter sur chacun des tableaux d'avancement est préalablement déterminé par le ministre, sur la proposition du directeur des Forêts. Ce nombre est basé sur les besoins présumés du service pour l'année, dans les conditions prévues par l'Ordonnance du 17 décembre 1844.

ART. 10. — A moins de motifs spéciaux sur lesquels le Comité est appelé à statuer, les agents et les préposés conservent, sans nouvelle décision, le bénéfice de leur précédente inscription.

ART. 11. — Le vote a lieu à la majorité absolue et au scrutin secret, si la demande en est formulée au moins par trois membres. Cinq membres doivent être présents pour la validité du vote.

ART. 12. — Les nominations des agents portés aux différents tableaux ont lieu exclusivement au choix.

ART. 13. — Nul ne peut, pendant le cours de l'année, être rayé du tableau d'avancement que pour cause d'indignité ou de faute grave dûment établie à la suite d'une enquête contradictoire. Cette radiation est prononcée par le ministre, sur le rapport du directeur des Forêts, le Conseil d'administration entendu.

XXXV

ARRÊTÉ MINISTÉRIEL DU 30 OCTOBRE 1893
relatif à l'admission des auditeurs libres à l'École nationale forestière (1)

Art. 1er. — Tout élève admis par le directeur des Forêts comme externe à l'École nationale forestière doit se présenter à Nancy, au directeur de l'École, avant le 15 octobre de l'année scolaire, et faire connaître les cours qu'il désire suivre pendant cette année. Le directeur de l'École lui remet une carte personnelle indiquant les cours pour lesquels il s'est fait inscrire et l'accréditant auprès de l'inspecteur des études et des professeurs.

Art. 2. — L'élève externe, par le fait même de son inscription, s'engage à suivre régulièrement les cours, à observer les règlements et ordres généraux relatifs à la discipline intérieure et s'abstenir, au dehors, de tout acte pouvant nuire au bon renom de l'École.

Art. 3. — Les élèves externes sont admis, si les professeurs le jugent possible, aux exercices pratiques et aux excursions au dehors. Dans ce cas, ils doivent préalablement consigner, entre les mains de l'agent-comptable, les sommes présumées nécessaires pour couvrir les frais de ces excursions.

Art. 4. — Le directeur de l'École peut temporairement interdire l'entrée de l'École à tout externe qui aura troublé l'ordre pendant les leçons ou qui aura causé du scandale au dehors. L'exclusion définitive sera prononcée par le directeur des Forêts.

Art. 5. — Les élèves externes doivent conserver toute l'année les places qui leur auront été assignées par l'inspecteur des études. Ils devront être rendus aux amphithéâtres aux heures indiquées par les tableaux de l'emploi du temps. La leçon commencée, nul ne sera plus admis.

Art. 6. — Les élèves externes qui désirent obtenir un diplôme ou un certificat de capacité sont admis à passer un examen annuel sur chacun des cours pour lesquels ils se sont fait inscrire. En principe, ces examens sont passés à la fin de l'année scolaire ; il pourra être fait exception à cette règle en ce qui concerne les cours de Droit et d'Histoire naturelle, qui pourront être passés à la fin du premier semestre. Chaque examen est définitif et ne peut être renouvelé pour aucun motif.

Art. 7. — L'élève externe qui se déclare hors d'état de subir les examens

(1) Ce texte se réfère à la Décision ministérielle du 11 novembre 1861, ainsi conçue : « Des places d'auditeurs libres, au nombre de 20 à 25, seront mises, dans les amphithéâtres de l'École impériale forestière, à la disposition des Français et étrangers qui en feront la demande. Les demandes devront être adressées, avant le 1er septembre de chaque année, au directeur général des Forêts, qui statuera sur la suite à y donner. »

Une Décision du directeur général des Forêts, du 17 octobre 1882, autorise de plus le directeur de l'École à délivrer des cartes d'admission aux personnes désirant suivre des cours de l'École. Cette Décision, applicable aux personnes autres que des étudiants proprement dits, ne semble pas abrogée par l'Arrêté de 1893, qui concerne des élèves.

correspondant à son année d'études peut, sur la proposition du directeur de l'École, être admis à recommencer cette année. En aucun cas et pour quelque motif que ce soit, aucun élève ne sera autorisé à suivre pendant plus de trois années les cours de l'École.

ART. 8. — Ne seront admis à passer l'examen annuel que ceux qui auront atteint les quatre cinquièmes du nombre total des présences à l'amphithéâtre, pour chacun des cours auxquels ils sont inscrits. Les absences pour cause de maladie ne seront défalquées que si l'élève justifie d'un certificat du médecin de l'École, pour les époques correspondant à ces absences. Les absences motivées pour toute autre raison que la maladie doivent être expressément autorisées par le directeur de l'École.

ART. 9. — Le certificat de capacité sera délivré par le directeur des Forêts. Il ne pourra être accordé qu'à l'élève qui aura obtenu, dans l'ensemble des notations, une moyenne générale de 10, sans avoir eu dans aucune matière une cote inférieure à 7.

ART. 10. — Lorsque le brevet de capacité n'aura pas été obtenu, et si l'élève n'a été l'objet d'aucun reproche au point de vue de la conduite, le directeur des Forêts pourra, sur la proposition du directeur de l'École forestière, lui délivrer un certificat d'assiduité, constatant la durée de sa présence à l'École et mentionnant les cours qu'il a suivis.

ART. 11. — En dehors des frais d'excursions, l'instruction donnée aux élèves externes est entièrement gratuite ; mais ils doivent se fournir, à leurs frais, des livres et instruments qui leur sont nécessaires.

XXXVI

DÉCRET DU 2 JUILLET 1894
Concernant le recrutement de l'École nationale forestière

Vu le Décret du 9 janvier 1888....

ART. 1er. — L'article 1er du Décret du 9 janvier 1888 est abrogé et remplacé par le suivant :

ART. 1er (nouveau). — A partir du 1er janvier 1889, tous les élèves de l'École nationale forestière se recruteront parmi les élèves diplômés de l'Institut national agronomique, suivant le mode adopté à l'École polytechnique pour le recrutement de ses Écoles d'application.

Toutefois, avant d'être définitivement admis à l'École forestière, les élèves diplômés devront justifier : en ce qui concerne les Mathématiques, d'une moyenne de 15 au moins, pour l'ensemble des épreuves subies à l'Institut ; en ce qui concerne l'Allemand, de connaissances en cette langue, à la suite d'un examen spécial à la sortie de l'Institut, dans les conditions qui seront fixées par un Arrêté ministériel.

Ces justifications seront exigées, pour la première fois, des élèves qui entreront à l'Institut en 1894.

Est maintenue l'exception établie en faveur des élèves sortant de l'École polytechnique par le Décret du 15 avril 1873.

XXXVII

DÉCRET DU 9 OCTOBRE 1894
énumérant les fonctionnaires logés à l'École forestière (1)

ART. 1ᵉʳ. — Sont logés à l'École nationale forestière de Nancy :

Le directeur de l'École, le sous-directeur, l'inspecteur des études, les quatre adjudants, le portier-consigne, le jardinier, les garçons de salle, le commandant militaire, l'agent-comptable.

ART. 2. — Les décrets et arrêtés antérieurs sont abrogés.

XXXVIII

DÉCRET DU 5 MARS 1896
relatif aux engagements volontaires des candidats reçus à l'École forestière

ART. 1ᵉʳ. — L'article 2° du Décret du 28 septembre 1889 est modifié comme il suit : Ces engagements sont contractés devant le maire de l'un des arrondissements de Paris, au moment de l'admission à l'École pour les élèves de l'École polytechnique et de l'École centrale, et dès la sortie de l'Institut national agronomique pour les élèves de l'École forestière. Le contractant n'est assujetti à aucune condition d'âge autre que celles qui sont exigées pour l'admission à l'École. Il en est justifié par la production du certificat d'admission. Il produit en outre : 1° l'extrait de son casier judiciaire ; 2° le certificat d'aptitude visé à l'article 5 du présent Décret. Ce certificat est délivré : pour l'École polytechnique, par le général commandant l'École ; pour l'École forestière et pour l'École centrale, par le commandant du bureau de recrutement de la Seine.

ART. 2. — Le deuxième paragraphe de l'article 2 du Décret du 1ᵉʳ mars 1890 est modifié comme il suit :

L'aptitude physique des jeunes gens est constatée par une Commission composée d'un fonctionnaire de l'Administration des Forêts, désigné par le ministre de l'Agriculture, du commandant du bureau de recrutementdela Seine et d'un médecin militaire désigné par le ministre de la Guerre. »

XXXIX

ARRÊTÉ MINISTÉRIEL DU 20 AVRIL 1896
sur le recrutement de l'École nationale forestière

ART. 1ᵉʳ. — Les élèves de l'Institut agronomique, candidats à l'École

---

(1) Vise l'article 15 de la Loi de finances du 21 avril 1833 ; les Décrets des 31 août 1867 et 12 octobre 1889 ; les Arrêtés ministériels des 12 octobre 1889 et 1 octobre 1893.

forestière, subiront, à leur sortie de l'Institut, un dernier examen de Mathématiques portant sur les matières enseignées à l'Institut.

Les notes de cet examen entreront, pour moitié, dans le calcul de la moyenne de 15 exigée par le Décret du 2 juillet 1894.

Ces dispositions seront appliquées aux élèves de la promotion de 1895 de l'Institut agronomique. Ceux de ces élèves qui se destineront à la carrière forestière subiront, en conséquence, l'examen final de Mathématiques en 1897.

ART. 2. — L'examen spécial sur la Langue allemande comprendra les épreuves ci-après :

1º Un thème au tableau ;

2º L'explication, à livre ouvert, d'un texte allemand ;

3º Des questions posées en allemand, en vue de s'assurer si le candidat sait parler cette langue.

L'examen sera passé, à la sortie de l'Institut, devant un jury composé du directeur de l'Institut agronomique, d'un délégué du directeur des Forêts et du chargé de cours de Langue allemande à l'École nationale forestière. La note minimum exigée pour l'admission sera la note 10.

Les dispositions concernant la Langue allemande seront appliquées aux élèves de l'Institut agronomique de la promotion de 1895.

XL

DÉCRET DU 8 JUILLET 1896
Fondation d'un prix Mathieu à l'École forestière

Le Président de la République,

Sur le rapport du Président du Conseil, ministre de l'Agriculture,

Vu l'offre présentée au nom du Comité d'exécution du buste de M. Mathieu, ancien professeur à l'École nationale forestière, et ayant pour objet de faire don à ladite École d'une somme de 2,000 francs ; — Vu la délibération du Conseil d'instruction de l'École forestière, en date du 19 mai 1896, portant acceptation de ce don ; — Vu l'article 910 du Code civil ; — Vu l'Ordonnance du 2 avril 1817 ; — Le Conseil d'État entendu,

Décrète :

ART. 1er. — Le Président du Conseil, ministre de l'Agriculture, est autorisé à accepter, au nom de l'État, pour l'École nationale forestière, le don d'une somme de 2,000 francs, offert à cette École par M. Fliche, représentant le Comité d'exécution du monument élevé à la mémoire de M. Mathieu, ancien professeur.

ART. 2. — Cette somme sera placée en rentes sur l'État, dont les titres seront remis entre les mains du directeur de l'École : les arrérages en seront exclusivement employés à la formation d'un prix portant le nom de « prix Mathieu » et qui sera décerné tous les quatre ans, à la suite d'un concours entre les élèves, d'après un programme arrêté par le directeur des Forêts, sur la proposition du Conseil d'instruction de l'École.

XLI

DÉCISION MINISTÉRIELLE DU 9 JANVIER 1897
concernant la sanction des examens de l'École forestière

L'article 31, paragraphe 1er, de l'Arrêté du 10 octobre 1893 sur l'organisation de l'enseignement à l'École forestière, est modifié comme il suit :

« Sont rayés des cadres les élèves qui, à la fin soit de la première, soit de « la seconde année d'études, ne réunissent pas, pour les notes de l'année « correspondante, dans les quatre premières matières de l'enseignement spé- « cifiées à l'article 28, un nombre de points égal à la moitié du nombre total « maximum qu'il est possible d'obtenir dans ces matières. »

En ne faisant ainsi entrer en ligne de compte, pour la moyenne générale de 10, que les Sciences forestières et naturelles, la Législation et les Mathématiques appliquées, à l'exclusion des autres matières de l'enseignement, on évitera pour l'avenir, dans une mesure suffisante, la compensation qui pouvait se produire par l'appoint de points obtenus en Art militaire, en Langue allemande, en Conduite et tenue.

XLII

ARRÊTÉ DU MINISTRE DE L'AGRICULTURE
DU 16 MARS 1897
portant règlement pour l'École nationale forestière (extraits)

Art. 11. — L'enseignement de l'École comprend les matières ci-après : Sciences forestières, Sciences naturelles appliquées aux forêts, Législation forestière, Mathématiques appliquées, Art militaire, Langue allemande. Cet enseignement est réglé conformément aux programmes annexés au présent Arrêté.

Art. 12. — Les cours sont de deux années, sauf les exceptions déterminées par les articles 31 et 33. Après ces deux années d'École, les élèves qui ont satisfait aux examens de sortie sont nommés gardes généraux stagiaires, s'ils sont reconnus aptes au service militaire par la Commission instituée à cet effet. Toutefois, ils ne pourront être pourvus d'un emploi dans le service des Forêts qu'après avoir satisfait aux obligations de la Loi militaire du 15 juillet 1889....

Art. 21. — A la fin des cours, les élèves sont classés par ordre de mérite, d'après les notations des examens de cabinet, des compositions et travaux pratiques faits depuis le commencement de l'année.

Art. 22. — A la fin de chaque année scolaire, un jury composé de trois membres procède aux examens des élèves. Font partie de ce jury : le directeur ou le sous-directeur de l'École, président ; le professeur chargé du cours sur lequel porte l'examen et un professeur chargé d'un autre cours. Le directeur de l'Administration des Forêts ou son délégué assiste, quand il le juge utile, aux examens. Dans ce cas, la présidence du jury lui appartient.

ART. 23. — Le classement des élèves de première année se fait en prenant pour base une moyenne générale formée : 1º de la notation du classement fait à la suite des cours (art. 21), qui entre pour moitié de sa valeur ; 2º des notes des examens de fin d'année et des travaux d'application, qui entrent pour l'autre moitié. Le calcul des points obtenus en seconde année s'établit d'après les mêmes bases.

ART. 24. — Le classement de sortie de l'École se fait par l'addition des Points obtenus en première et en seconde année.

ART. 25. — Le classement est arrêté, à la fin de chaque année et pour chaque division, par un Comité composé, sous la présidence du directeur de l'Administration des Forêts ou de son délégué, du directeur de l'École et des professeurs et des chargés de cours....

ART. 28. — L'importance relative des matières de l'enseignement est déterminée par les coefficients suivants :

Sciences forestières........................	16
Sciences naturelles appliquées aux forêts........	12
Législation forestière	12
Mathématiques appliquées	14
Art militaire......	10
Langue allemande..........................	10
Conduite et tenue	3

ART. 29. — Les coefficients visés dans l'article précédent seront répartis entre les examens oraux et les travaux pratiques, suivant une proportion réglée par le directeur de l'Administration des Forêts, sur les propositions du Conseil d'instruction.

ART. 30. — Le classement de sortie de l'École (art. 24), qui est le rang d'entrée dans l'Administration des Forêts, donne le droit de choisir la résidence de stage. Les élèves qui, à ce classement, auront obtenu, dans l'ensemble des notations, une moyenne générale de 15, seront nommés gardes généraux de 3º classe ; ils accompliront néanmoins le stage prévu par l'Arrêté ministériel du 31 juillet 1886.

ART. 31. — Sont rayés des cadres les élèves qui, à la fin, soit de la première, soit de la seconde année d'études, ne réunissent pas, pour les notes de l'année correspondante, un nombre de points égal à la moitié du nombre total maximum (moyenne générale de 10). Sont également rayés des cadres ceux qui, ayant atteint ou dépassé ce nombre, n'auraient pas obtenu, soit en Sciences forestières, soit en Sciences naturelles, la cote 8, ou, dans les autres matières, la cote 6. Toutefois, les élèves visés dans le paragraphe précédent pourront être autorisés à redoubler leur année d'études, sans que, dans aucun cas, le séjour de l'École puisse dépasser trois années, sous la réserve des règlements militaires.

Art. 32. — Les élèves rayés des cadres dans les cas prévus par l'article précédent peuvent, lorsqu'ils ont satisfait à la loi sur le recrutement de l'armée, être appelés aux fonctions de brigadier dans le service sédentaire. Ils doivent faire connaître au directeur de l'Administration des Forêts, dans le mois qui suit leur radiation, s'ils sont dans l'intention de profiter de cette disposition. Deux ans, au moins, après leur nomination en qualité de brigadier sédentaire, ils seront admis à subir les examens de sortie de l'École devant le jury indiqué en l'article 22 ; mais ils ne pourront, en cas de succès, être nommés au grade de garde général stagiaire avant d'avoir accompli leur vingt-cinquième année.

Art. 33. — Seront admis à redoubler leur année d'études les élèves qu'une maladie grave, dûment constatée, aura obligés, pendant l'année, à une interruption de travail de quarante-cinq jours au moins....

Art. 35. — Les élèves reçoivent un traitement de 1,200 francs. Ce traitement leur est mandaté mensuellement par le directeur de l'École. Il est soumis à la retenue conformément à la Loi du 9 juin 1853. Les élèves autorisés à redoubler en vertu, soit de l'article 31, soit de l'article 33, ne bénéficient pas des dispositions du présent article.

Art. 36. — Le directeur de l'École est autorisé à faire verser dans la caisse de l'agent-comptable la portion du traitement des élèves afférente aux dix mois de leur séjour à l'École.... Ces sommes sont employées au paiement des frais de nourriture, de salaire des domestiques, de blanchissage du linge et de menus frais de casernement.... L'excédent, s'il y a lieu, sera restitué aux élèves....

Art. 40. — L'uniforme comprend deux tenues différentes : tenue de ville et tenue de travail. — Tenue de ville : Tunique-jaquette en drap vert foncé, collet droit avec cor de chasse brodé en cannetille d'argent à chaque angle ; deux rangées de cinq boutons chacune, sur le devant, en argent uni de forme demi-sphérique ; pattes à la soubise marquant la taille par derrière ; attentes en argent sur les épaules. Pantalon de drap gris en hiver et de satin de laine de même couleur en été, garni d'une double bande, avec sous-pieds, conforme au modèle prescrit pour l'uniforme des agents forestiers. Képi avec visière carrée et doublée, cor de chasse brodé sur le bandeau et fausse jugulaire en argent, le haut du bandeau garni d'un galon d'argent en lézarde de quinze millimètres sur les coutures verticales du turban ; nœud hongrois d'un seul brin sur le calot et jugulaire en cuir. Sabre droit à fourreau et garde d'acier, dragonne en cuir verni, ceinturon en cuir verni noir doublé en maroquin vert et piqué avec boucle argentée, bélière en acier, se portant sous la jaquette. Col blanc fixé à l'intérieur de la tunique, gants de couleur, les jours de la semaine ; gants blancs, les dimanches et jours fériés. — Tenue de travail : Veston demi-ajusté, passepoilé couleur du fond, croisant sur la poitrine et garni de dix boutons demi-grelots en argent, cinq de chaque côté, également espacés ; devant d'un seul morceau avec poche, manches larges et parements droits, patte à crémaillère, dans le dos à la taille, collet droit ; pattes d'épaules en drap. Pantalon comme pour la grande tenue. Casquette d'uniforme avec cor de chasse au bandeau. Col blanc fixé à l'intérieur du veston. — Vêtement de dessus : Capote-manteau en drap vert, collet rabattu avec cor de chasse brodé en argent (modèle des officiers d'infanterie), rotonde à capuchon ayant la longueur des manches à la capote....

Art. 42. — Tous les élèves sont logés à l'École. Il leur est défendu d'avoir des chambres en ville, à loyer, ou de quelque manière que ce soit....

Art. 55. — Les élèves ou leurs parents versent à la caisse de l'agent-comptable de l'École : 1° au moment de la première entrée à l'École, une somme de 1,200 francs, destinée à pourvoir à l'achat des effets d'uniforme, d'équipement et de literie, ainsi qu'à l'acquisition des instruments de topographie, livres et autres objets nécessaires à leur instruction et à leur entretien ; 2° une somme annuelle de 600 francs, payable le 15 mars de chaque année, et destinée au paiement des leçons d'équitation et aux frais de tournées.... De plus, les parents peuvent déposer entre les mains de l'agent-comptable une somme à consacrer aux menues dépenses et à l'argent de poche des élèves. Cette somme ne peut être inférieure à 300 francs ni supérieure à 600 francs par an. Elle est versée en deux termes égaux, au 15 octobre et au 15 mars de chaque année. Il est payé, en outre, par les parents ou les élèves, à l'agent-comptable, pour frais de gestion, 1 p. 100 des sommes énoncées ci-dessus....

Art. 56. — Pendant leur séjour à l'École, les élèves sont soumis aux obligations militaires résultant de la Loi du 15 juillet 1889.

Art. 57. — Les Règlements ministériels des 12 mars 1887, 19 janvier 1889, 12 octobre 1889 et 10 octobre 1893 sont rapportés.

XLIII

RÈGLEMENT MINISTÉRIEL DU 18 MARS 1897
concernant la comptabilité de l'École nationale forestière

CHAPITRE PREMIER

DISPOSITIONS GÉNÉRALES

Art. 1er. — Il est pourvu avec les fonds de l'État, en vertu des crédits ouverts au budget de l'Administration des Forêts, à l'acquittement : I. Des traitements, gratifications, indemnités et secours alloués aux fonctionnaires et aux élèves de l'École forestière, ainsi qu'aux employés de diverses catégories attachés à l'établissement. — II. Aux dépenses de matériel : 1° pour le casernement des élèves et achat de literie à leur usage ; 2° pour le chauffage et l'éclairage des salles de cours et d'étude, des cabinets du directeur, des professeurs et de l'agent-comptable, des logements des adjudants et du portier-consigne, ainsi que de la loge du garçon de salle chargé du bâtiment des études, des bibliothèques et salles de réunion des élèves, du laboratoire, des salles de collection et du bureau de la Station de recherches annexé à l'École et des appartements particuliers du directeur ; 3° pour l'éclairage des corridors des bâtiments ainsi que des cours d'entrée et de récréation ; 4° pour l'habillement des gagistes ; 5° pour les bibliothèques de l'École et des élèves, les cabinets d'Histoire naturelle et de collections, le laboratoire de Chimie, les instruments, l'armement et tous autres objets mobiliers affectés à l'enseignement ; 6° pour les impressions et frais de bureau concernant l'administration et la comptabilité de l'École ; 7° pour l'entretien des bâtiments et des logements affectés aux personnes désignées par l'article 18 de l'Arrêté ministériel du 10 octobre 1893 ; 8° pour le jardin, les pépinières et les travaux nécessités par les exercices pratiques ; 9° pour les prix du concours et le prix de tir institués par l'Arrêté ministériel du 10 octobre 1893, article 34 ; 10° pour les menues dépenses d'entretien journalier de l'intérieur de l'École.

Art. 2. — Les dépenses afférentes à l'habillement, à l'équipement des élèves, à leur trousseau de literie et toilette, à leur nourriture, aux menus frais de leur casernement, au salaire des domestiques employés pour leur service personnel, à l'acquisition des livres et instruments dont il leur est prescrit de se pourvoir, à celle des fournitures de bureau qui leur sont nécessaires, aux leçons d'équitation, aux frais de leurs tournées d'exercices pratiques, ainsi que les menues dépenses d'entretien, sont payées au moyen de fonds versés par les familles ou par les élèves.

Art. 3. — Toutes les dépenses mentionnées dans l'article précédent sont ordonnancées par le directeur de l'École.

Art. 4. — Les dépenses désignées par l'article 1er sont acquittées directement par le trésorier-payeur général, à l'exception de celles qui concernent les menues dépenses d'entretien journalier de l'École, l'emploi accidentel d'ouvriers travaillant à la journée pour le jardin et pour les pépinières et les travaux nécessités par les exrecices pratiques, lesquelles sont l'objet d'avances fournies par le trésorier-payeur général à l'Administration de l'École, sauf à celle-ci à lui remettre, dans le délai d'un mois, les justifications d'emploi desdites avances.

Art. 5. — L'encaissement des sommes que les parents ou les élèves ont à verser pour subvenir aux dépenses énumérées dans l'article 2 et l'acquittement de ces dépenses sont effectués par un agent-comptable attaché à l'École.

CHAPITRE II

AGENT-COMPTABLE

Art. 6. — L'agent-comptable est nommé par le ministre de l'Agriculture, sur la proposition du directeur des Forêts. Il est placé sous les ordres et sous la surveillance du directeur de l'École. Il fournit, avant son installation, un cautionnement de 10,000 francs en numéraire.

Art. 7. — Outre les opérations mentionnées à l'article 5, l'agent-comptable est chargé d'effectuer, sur mandats délivrés à son nom par le directeur, l'encaissement du traitement des élèves et des avances, pour travaux de régie,

qu'il y a lieu de toucher à la caisse du trésorier-payeur général, suivant
l'article 4 ; d'employer ces avances en vertu des ordres du directeur et de produire au trésorier-payeur général les justifications réglementaires dans le
délai d'un mois ; de recevoir les approvisionnements de matériel, soit à la
charge de l'État, soit à celle des fonds versés par les parents et les élèves ; de
veiller à la conservation de ces objets et de suivre les détails de leur emploi ;
de conserver le matériel de la bibliothèque, du cabinet d'Histoire naturelle, des
collections de modèles et d'instruments, et d'en suivre les mouvements, ainsi
que ceux du mobilier appartenant à l'État.

ART. 8. — L'agent-comptable est responsable de toutes les sommes
encaissées par lui, de la validité des paiements qu'il effectue, de la quantité et
de la qualité des objets de matériel à la manutention desquels il est préposé.
Il est justiciable de la Cour des comptes, à laquelle il fournit, pour chaque
année, un compte de ses opérations en deniers et un compte de ses opérations
en matières, avec les pièces nécessaires à leurs justifications.

<h3 style="text-align:center">CHAPITRE III</h3>

VERSEMENTS A EFFECTUER PAR LES PARENTS ET LES ÉLÈVES

ART. 9. — Il n'est pas perçu de frais scolaires, mais il est pourvu aux
dépenses personnelles des élèves à l'aide de versements successifs opérés
dans les conditions ci-après : Les parents ou les élèves ont à verser entre les
mains de l'agent-comptable : 1º à l'entrée à l'École, une somme de 1,200 francs,
destinée à pourvoir à l'achat de leur uniforme, de leur équipement et des
chaussures réglementaires, ainsi qu'à l'acquisition des instruments de géodésie,
des livres strictement nécessaires à leur instruction et des fournitures de
bureau ; 2º au 15 mars de chaque année, une somme de 600 francs destinée
aux leçons d'équitation, à l'acquisition de la tenue de manège, aux frais de
tournées, d'exercices pratiques et à des renouvellements successifs de fournitures de bureau ; 3º mensuellement, le douzième du traitement annuel,
déduction faite des retenues réglementaires pour la pension de retraite,
destinée à pourvoir à la nourriture des élèves, aux frais de blanchissage,
ainsi qu'au salaire des domestiques employés pour leur usage personnel, aux
dépenses accidentelles et aux frais d'exercices pratiques dans le cas spécifié à
l'article 31 ; 4º de plus, les parents ou les élèves peuvent verser, en première
et en seconde années, entre les mains de l'agent-comptable, une somme
destinée aux menues dépenses et à l'argent de poche des élèves ; cette somme
ne pourra être inférieure à 300 francs ni supérieure à 600 francs par an ; elle
sera déposée par moitié, au 15 octobre et au 15 mars.

ART. 10. — Nul n'est admis à concourir pour l'entrée à l'École nationale
forestière si ses parents n'ont pas fait parvenir à l'Administration des Forêts
une obligation signée d'eux et dûment légalisée, les engageant au paiement
de la première mise de 1,200 francs et des sommes annuelles de 600 francs
énoncées à l'article précédent. A défaut de parents, cette promesse est signée
par le tuteur, ou par l'élève lui-même, s'il est majeur. Si la solvabilité de

l'élève ou des parents ne paraît pas suffisante, le directeur des Forêts peut réclamer le cautionnement de toute personne solvable aux mêmes fins que ci-dessus. Ces pièces sont transmises à l'agent-comptable par l'intermédiaire du directeur de l'École.

ART. 11. — Immédiatement après la signature de l'engagement volontaire souscrit par application de l'article 16 du Décret du 18 novembre 1890, tout élève admis à l'École forestière doit verser entre les mains de l'agent-comptable la somme de 1,200 francs de première mise mentionnée à l'article 9. Si ce versement n'était pas effectué à l'époque ainsi fixée, l'élève ne serait point autorisé à loger dans les bâtiments de l'École ni à suivre les cours.

ART. 12. — Dans le cas où un élève serait admis à redoubler une année d'études (art. 31 et 33 de l'Arrêté ministériel du 10 octobre 1893), comme son traitement mensuel ne lui est plus servi pendant l'année de redoublement (art. 35), il doit fournir pour cette année, dans les termes et sous la même sanction que ci-dessus, une promesse spéciale ayant pour but de garantir le paiement des 600 francs, et celui de 950 francs représentant dix mensualités de traitement.

ART. 13. — Lorsque les versements autres que celui énoncé en l'article 11 n'ont pas été effectués dans le mois qui suit les termes indiqués par l'article 9, l'agent-comptable, par l'intermédiaire du directeur, prévient les élèves ou leurs familles que la prolongation de cet arriéré au delà de l'expiration du second mois entraînera l'exclusion de l'École et la poursuite, par l'agent judiciaire du Trésor, du recouvrement des sommes dont le compte de l'élève se trouvera débiteur au moment de sa sortie.

ART. 14. — Si le second mois s'écoule sans accomplissement du versement en retard, l'agent-comptable en donne avis au directeur, qui adresse à l'Administration des Forêts un rapport motivé tendant à soumettre au ministre de l'Agriculture soit l'exclusion immédiate de l'élève, soit la concession d'un dernier délai.

ART. 15. — Lorsqu'un élève est rayé des cadres pour une cause quelconque, l'agent-comptable remet au directeur, au moment de la sortie de l'élève, l'obligation souscrite par ses parents et le décompte des sommes dont son compte se trouve débiteur. Ces pièces sont transmises, avec les explications et justifications nécessaires, à l'agent judiciaire du Trésor, qui reste ensuite chargé des diligences à faire pour le recouvrement, à titre de débet, de la somme demeurée due.

ART. 16. — L'agent-comptable n'a plus à intervenir dans le recouvrement de cette somme sur les parties débitrices ; il est couvert de son montant au moyen d'un mandat qui est délivré à son nom, sur la caisse du trésorier-payeur général, par le directeur de l'École, en vertu d'un crédit spécial que l'Administration des Forêts ouvre à celui-ci sur le chapitre de ses dépenses diverses, article des avances recouvrables.

ART. 17. — Les parents ou les élèves qui désirent verser entre les mains de l'agent-comptable les allocations de fonds de poche énoncées au 4ᵉ paragraphe de l'article 9, doivent, au commencement de chaque année scolaire, en faire la déclaration écrite au directeur.

ART. 18. — Les versements obligatoires ou facultatifs des parents ou des élèves ne peuvent être effectués qu'en numéraire ou en mandats des trésoriers-payeurs généraux, sur le trésorier-payeur de Meurthe-et-Moselle. La preuve de leur accomplissement ne peut résulter que d'une quittance à souche délivrée par l'agent-comptable.

ART. 19. — Toutes les sommes reçues des parents ou des élèves, qui n'ont pas à être employées le jour même ou le lendemain de leur encaissement, sont versées, à titre de placements sans intérêts, au trésorier-payeur général des Finances de Meurthe-et-Moselle, par l'agent-comptable, qui en retire récépissé. Ces versements sont opérés en vertu d'ordres du directeur indiquant la somme qu'ils doivent comprendre, et remis au trésorier-payeur général.

ART. 20. — Lorsqu'il devient nécessaire d'effectuer des retraits sur les sommes ainsi déposées, afin de pourvoir à des dépenses imputables sur les fonds versés par les parents ou les élèves, ces retraits ont lieu au moyen de mandats de remboursement, au nom de l'agent-comptable.

ART. 21. — Le montant des placements et celui des retraits sont inscrits, en toutes lettres, à la date de chaque opération, par la Trésorerie générale, sur un livret qui reste entre les mains de l'agent-comptable.

CHAPITRE IV

ORDONNANCEMENT ET ACQUITTEMENT DES DÉPENSES

ART. 22. — L'ordonnancement, l'acquittement et la justification des dépenses à la charge de l'État sont soumis aux dispositions du Règlement de comptabilité publique du Ministère des Finances en date du 20 décembre 1866, soit qu'il s'agisse de dépenses à solder directement par le trésorier-payeur général, soit qu'il y ait à opérer par voie d'avances faites par celui-ci à l'agent-comptable de l'École. Ce qui concerne les dépenses imputables sur les fonds versés par les parents ou les élèves est réglé d'après les principes formant la base du même Règlement.

ART. 23. — La mise à exécution de tout ce qui intéresse les dépenses de matériel à la charge de l'État sera préalablement soumise à l'approbation de l'Administration des Forêts par le directeur.

ART. 24. — La nourriture des élèves chez les traiteurs où ils doivent prendre leurs repas par division, suivant le règlement constitutif de l'École, les leçons d'équitation, l'habillement, l'équipement, l'uniforme, la tenue de manège, le trousseau de literie et de toilette, font l'objet de déclarations de prix remises par les fournisseurs au directeur.

ART. 25. — Avant le 1er novembre de chaque année, le directeur de l'École établit et soumet à l'approbation du directeur des Forêts un budget d'emploi des sommes à la charge des familles et des élèves, dans lequel sont détermi-nées, uniformément par chaque élève :

1° Les portions de ces sommes affectées comme suit :

En 1re année.	1er groupe.	Première mise de 1,200 fr...	A l'achat du trousseau de literie et de toilette, ainsi que des objets d'uniforme et d'équipement à faire confectionner lors de l'entrée à l'École ; à l'achat d'instruments de géodésie, de livres et de fournitures de bureau de première mise.
	2e groupe.	Pension de 600 francs	Leçons d'équitation et achat de la tenue de manège ; fournitures de bureau en renouvellement ; frais de tournées d'exercices pratiques.
	3e groupe.	Traitement de 1,200 francs réduit à 1,045 francs par les retenues pour la caisse des retraites	Frais de tournées et exercices pratiques (en cas d'insuffisance de l'allocation à cet usage provenant des fonds du 2e groupe) ; nourriture ; blanchissage ; salaire des domestiques employés à l'usage des élèves ; dépenses accidentelles.
En 1re année.	2e groupe.	Pension de 600 francs	Comme en première année.
	3e groupe.	Traitement de 1,200 francs réduit à 950 francs par les retenues pour la caisse des retraites	Comme en première année.

2° Celles desdites sommes qui pourront être allouées mensuellement à chacun pour dépenses extraordinaires et de poche.

Les prévisions de ce budget, dûment approuvé, ne doivent pas être dépassées pour les ordonnancements relatifs à chaque groupe de dépenses, à moins d'une autorisation spéciale préalablement donnée par l'Administration des Forêts.

Art. 26. — Sur la portion qui sera imputable à chacune des périodes mensuelles sur les sommes allouées à titre de fonds de poche, il sera, chaque mois, prélevé d'abord ce qui sera nécessaire pour solder les mémoires individuels de dépenses extraordinaires ; le surplus sera remis à l'élève.

Art. 27. — Les mémoires des traiteurs devront être présentés au directeur le 1er de chaque mois pour le mois précédent. Toutes les autres dépenses faites pour le compte des élèves seront, autant que possible, réglées à ces mêmes époques. Les unes et les autres seront l'objet de mandats délivrés au nom des fournisseurs, individuellement quant à ces derniers et collectivement quant aux élèves qui auront profité des fournitures. Les remises de deniers de poche aux élèves seront l'objet de mandats collectifs appuyés d'un état nominatif des sommes à distribuer à ce titre ; cet état sera émargé par les élèves au moment où chacun d'eux recevra la somme lui revenant.

Art. 28. — Lorsque, en vertu de l'autorisation contenue dans le règlement constitutif de l'École, un élève dont les parents habitent Nancy prendra son repas chez eux, il sera fait, chaque mois, à ceux-ci, par l'agent-comptable, en vertu d'un mandat du directeur, au pied duquel ils fourniront quittance, le remboursement d'une somme égale au prix mensuel de l'abonnement payé au traiteur, pour chacun des autres élèves de la même promotion.

Art. 29. — Les dépenses de tournée des élèves sont l'objet d'avances faites aux agents ou professeurs dirigeants, contre des quittances provisoires de ceux-ci, à charge par eux de produire les justifications d'emploi aussitôt qu'ils seront rentrés à l'École.

Art. 30. — Aucun paiement pour deniers de poche ou pour dépenses des élèves autres que celles qui sont réglées par le budget approuvé ne peut être ordonnancé ni effectué au profit d'un élève, si son compte a cessé de présenter un solde actif.

Art. 31. — Au moment où chaque élève quitte définitivement l'École, la balance de son compte est établie. S'il existe un solde créditeur, le montant de ce solde est remis à l'élève contre sa quittance et avis en est adressé aux parents. Si le solde est exceptionnellement débiteur, la somme qui le compose est réclamée à l'élève sortant et, à défaut de paiement immédiat, à ses parents ; lorsque le versement de cette somme n'est pas opéré dans le délai d'un mois, il est opéré suivant le mode indiqué par les articles 14 et 15. Si le solde est créditeur à la fin de la première année, le directeur de l'École pourra, après autorisation du directeur des Forêts, en employer une partie à l'acquisition des livres reconnus indispensables à l'élève de seconde année, à l'acquisition de fournitures de bureau, s'il est reconnu que la somme allouée pour ce double usage est insuffisante, ou au paiement des frais de tournées d'exercices pratiques, s'il est reconnu que les fonds consacrés à cet usage, d'après les prévisions mentionnées au 2ᵉ groupe, sont insuffisants. Le traitement des gardes généraux stagiaires correspondant au temps écoulé entre leur sortie de l'École et leur entrée au régiment, leur sera remis le 1ᵉʳ octobre ; quant au traitement des élèves passant de la première année à la seconde année, lequel n'aura pu leur être remis pendant les deux mois de vacances, il sera versé par le comptable au compte créditeur de l'élève.

Art. 32. — Aucun mandat relatif à des fournitures d'objets de matériel ne peut être délivré par le directeur qu'autant que le fournisseur représente un certificat de réception détaché d'un registre à souche par l'agent-comptable, et énonçant, lorsqu'il y a lieu, le numéro d'inscription sur l'inventaire.

CHAPITRE VIII

Art. 48. — Sont abrogées les dispositions des Arrêtés ministériels en date des 3 juin 1858, 18 juillet 1888, 12 octobre 1889 et 10 octobre 1893, en ce qu'elles pourraient avoir de contraire aux dispositions du présent Règlement.

PROGRAMMES D'ENSEIGNEMENT
DE L'ÉCOLE NATIONALE FORESTIÈRE (1)

Sciences forestières

(150 leçons d'une heure et demie)

I. — SYLVICULTURE

Éléments de la production forestière : climats, sols, essences.

Constitution économique de la forêt.

Traitement des forêts. — Régime de la futaie. Futaie régulière, futaies jardinées. — Régime du taillis simple. Taillis simples réguliers, furetés ; tétards et arbres d'émonde. — Régime du taillis sous futaie. — Traitements temporaires. Transformations, conversions.

Gestion des forêts. — Exploitations. Améliorations. Élagages. Assainissements. Mesures de protection.

Peuplements artificiels. — Semis, plantations. Boisements d'utilité privée. Boisements d'utilité publique : restauration des montagnes, fixation des dunes.

II. — ÉCONOMIE FORESTIÈRE

Les arbres et les peuplements forestiers. Lois de leur développement. Formation de leur valeur.

Constitution et fonctionnement des exploitations forestières. — Capital forestier. Rendement en matière, en argent. Rapport du revenu au capital ; taux de production, taux de placement.

Estimations en fonds et superficie. Expertises forestières.

Aménagement des forêts (théorie). — Règlement d'exploitation, rapport soutenu, possibilité. — Principales méthodes d'aménagement.

Aménagement des forêts (applications). — Choix du mode de traitement. — Aménagement des futaies pleines, des futaies jardinées. Aménagements de transformation. Aménagements en taillis. Conversion des taillis sous futaie en futaie pleine.

Statistique forestière. — France et colonies. Autres pays d'Europe. Amérique.

Notions sur l'histoire des forêts.

III. — TECHNOLOGIE FORESTIÈRE

Produits de la forêt autres que le bois : écorces, lièges, résines, menus produits.

---

(1) Nous ne pouvons donner ici *in extenso* ces programmes, beaucoup trop développés pour notre cadre. Nous nous bornons à résumer le texte de 1897, en indiquant pour chaque matière les divisions principales.

Le bois ; sa durée, ses altérations. — Nosologie. Causes d'altération du bois sur pied. Désordres physiologiques. Parasites. Dégâts causés par les animaux Maladies traumatiques.

Conservation et préservation du bois.

Exploitation et débit des bois.

Emplois mécaniques des bois. Bois de construction, bois de sciage, bois tranché, bois de fente, débits divers.

Emplois chimiques des bois. Combustion, carbonisation, distillation, macération, emplois divers.

IV. — DENDROMÉTRIE, ESTIMATIONS, MODES DE VENTE

Dendrométrie. — Cubage des bois abattus. Cubage des bois sur pied.

Estimations. — Estimation en marchandises. Estimation en argent.

Modes de vente. — Vente après façonnage ; vente sur pied en bloc, à l'unité de produits.

V. — CULTURE PASTORALE

La montagne pastorale. Les pâturages, leur restauration. Améliorations pastorales. Prés-bois.

Sciences naturelles appliquées aux forêts
(150 leçons d'une heure et demie)

I. — APPLICATIONS DE LA BOTANIQUE

Anatomie élémentaire. Localisation des huiles essentielles, des résines, des tannins.

Organographie. Bois, production et accroissement. Écorce. Racines. Feuilles. Bourgeons. Ramification. Régénération par rejets de souche. Organes de reproduction : floraison des espèces ligneuses ; fécondation, fruit, graine, germination.

Composition chimique. Sources de l'alimentation végétale ; principes constitutifs des cendres.

Fonctions de la nutrition ; applications physiologiques aux végétaux forestiers.

Étude des milieux : air, lumière, eau, température, sol.

Nomenclature. Classification des végétaux forestiers, de ceux qui constituent les pâturages de montagne et de ceux qui servent à la restauration du sol. Cryptogames ; maladies parasitaires qu'ils produisent dans les forêts.

Distribution géographique des végétaux forestiers. Géographie botanique. Flores de France, d'Algérie et de Tunisie.

Protection des forêts contre les végétaux parasites.

II. — APPLICATIONS DE LA MINÉRALOGIE ET DE LA GÉOLOGIE

Revision de la lithologie. Classification et description des roches.

Sols forestiers. Leur formation : partie minérale ; partie organique, couverture.

Propriété des sols forestiers : qualités physiques ; action des pentes ; propriétés chimiques.

Composition. Analyse mécanique et chimique. Formation et qualités des différents types de sols forestiers.

Description géologique de la France. Répartition des diverses cultures, agricoles, pastorales et forestières, suivant les différentes régions géologiques.

Prairies et pâturages ; entretien et restauration ; améliorations pastorales. Culture forestière ; forêts de plaine, forêts de montagne.

Distribution des forêts sur le sol de la France, ses relations avec la composition minéralogique.

III. — APPLICATIONS DE LA ZOOLOGIE

Zoologie forestière : étude des animaux utiles ou nuisibles, aux forêts et aux cours d'eau.

Chasse. — Élevage du gibier. Espèces de gibiers : mammifères, oiseaux.

Pisciculture. — Principales espèces des eaux douces de France. Pisciculture naturelle, artificielle. Repeuplement des cours d'eau.

Protection des forêts contre les animaux. — Vertébrés. Invertébrés : étude spéciale des insectes ; leurs ravages dans les forêts ; moyens à employer contre leurs invasions.

Mathématiques appliquées

(100 leçons d'une heure et demie)

I. — TOPOGRAPHIE FORESTIÈRE

Planimétrie et altimétrie ; fautes et erreurs.

Instruments employés à la mesure des angles ; à la mesure des longueurs. Instruments de nivellement direct.

Opérations à exécuter sur le terrain. — Diverses méthodes de lever et de nivellement. Marche des opérations.

Rapport des plans : longueurs, angles, figuré du relief. Plans de petite, moyenne et grande étendue. Vérifications.

Calcul et division des surfaces. Applications à l'assiette des coupes, aux délimitations et bornages.

II. — CONSTRUCTIONS FORESTIÈRES

Notions générales sur les constructions ; matériaux. Rédaction des projets de travaux. Dessins et devis.

Notions de mécanique appliquée ; résistance des matériaux.

Routes forestières. Études et tracés. Construction, entretien. Travaux d'art sur les routes.

Autres modes de transport. Chemins de schlitte. Petits chemins de fer en forêt. Plans inclinés. Câbles aériens. Flottage.

Bâtiments forestiers. Murs, charpentes. Notions sommaires sur la menuiserie, la couverture, etc.

III. — HYDRAULIQUE

Jaugeage d'un cours d'eau. Canaux d'usine. Tuyaux de conduite. Règlements d'eau.

Hydraulique agricole. — Irrigations ; canaux d'arrosage. Colmatages et limonages. — Assainissement et dessèchement; curage des ruisseaux, drainage.

Principaux récepteurs hydrauliques. Roues et turbines. Organes de transmission.

Notions sommaires sur les scieries.

Correction des torrents. — Description du phénomène torrentiel. Travaux de correction ; barrages. Étude du projet. Classification des barrages. Notions spéciales sur la construction des barrages en pierres.

Législation forestière

(100 leçons d'une heure et demie)

I. — ORGANISATION ET ATTRIBUTIONS DE L'AUTORITÉ PUBLIQUE

Droit administratif. Administration forestière. Régime forestier.

II. — DE LA PROPRIÉTÉ ET DE SA PROTECTION

Propriété, possession, prescription. — Application aux forêts.

Action publique, actions civiles. — Fonctions des agents forestiers pour l'exercice des actions répressives.

III. — RÉPRESSION DES ATTEINTES DÉLICTUEUSES A LA PROPRIÉTÉ FORESTIÈRE

Détails d'une affaire forestière correctionnelle.

Délits forestiers.

IV. — ÉTUDE COMPLÉMENTAIRE DE LA PROPRIÉTÉ

Modalités diverses du droit de propriété.

Propriété et usage des eaux. Droits de l'Administration et des riverains. Grands et petits cours d'eau.

Restrictions et obligations imposées à la propriété, dans l'intérêt public ou privé. — Travaux publics.

V. — RELATIONS JURIDIQUES ENTRE IMMEUBLES

Servitudes. Usages forestiers. Affectations.

VI. — RELATIONS JURIDIQUES ENTRE IMMEUBLES ET PERSONNES

Usufruit. Usage civil. Hypothèques.

VII. — RELATIONS JURIDIQUES ENTRE PERSONNES

Vente ; adjudications forestières.

Louage ; marché de travaux forestiers.

VIII. — GESTION DES FORÊTS SOUMISES AU RÉGIME FORESTIER

Forêts domaniales. Fonctions des agents forestiers dans la gestion communale.

IX. — RESTAURATION DES MONTAGNES. DUNES

X. — CHASSE ET DESTRUCTION DES ANIMAUX NUISIBLES

XI. — PÊCHE FLUVIALE

XII. — LOIS DIVERSES

Pensions civiles. Impôts. Grande et petite voirie.

Langue allemande

(60 leçons d'une heure)

Exercices de traduction de journaux et de livres traitant des sciences forestières.

Art militaire

(100 leçons d'une heure et demie)

Manœuvres. Service intérieur. Tir. Administration. Législation.
Fortifications, passagères et permanentes.
Artillerie, de campagne et de montagne.

TABLE CHRONOLOGIQUE

Des Lois, Ordonnances, Décrets, Arrêtés et Règlements
concernant l'École forestière de Nancy (1)

1824,	26 août.	*Ordonnance organisant la Direction générale des Forêts et prévoyant la création d'une École forestière (2).
—	1er décembre.	*Ordonnance organisant l'École royale forestière.
1825,	31 janvier.	Règlement du directeur général des Forêts, approuvé par le ministre des Finances, pour l'organisation de l'École forestière.
1826,	27 septembre.	Ordonnance dispensant du service militaire les élèves de l'École.
1827,	1er août.	*Ordonnance réglementaire du Code forestier (art. 40 à 53, concernant l'École forestière).
1834,	5 mai.	*Ordonnance réglant le nombre des élèves et le programme d'admission.

(1) Les textes marqués d'un astérisque ont été reproduits précédemment, *in extenso* ou par extraits.

(2) Voir page 12. — Tous les autres textes se trouvent pages 331 et suivantes.

1835,	31 août.	Arrêté ministériel portant règlement pour l'École forestière.
—	20 octobre.	Arrêté du directeur des Forêts sur le même objet.
1837,	15 décembre.	Ordonnance pour le recrutement des gardes généraux.
—	16 —	Ordonnance créant la chaire de Législation à l'École forestière.
1838,	31 octobre.	*Ordonnance concernant le personnel de l'École.
1839,	16 février.	*Arrêté ministériel sur l'assimilation de grades de ce personnel.
—	26 avril.	Arrêté ministériel portant règlement pour l'École forestière.
1840,	12 octobre.	*Ordonnance organisant le jury d'admission de l'École forestière.
—	21 décembre.	Ordonnance fixant les conditions d'admission.
1841,	12 janvier.	Arrêté ministériel en exécution de l'Ordonnance qui précède.
—	15 décembre.	Ordonnance modifiant l'article 52 de l'Ordonnance réglementaire (sanction des examens de l'École forestière).
1842,	14 mars.	Programme, approuvé par le ministre des Finances, des conditions d'admission à l'École.
—	25 —	Arrêté ministériel portant règlement pour l'École forestière.
—	19 avril.	Arrêté du directeur des Forêts sur le même objet.
—	11 novembre.	Règlement, approuvé par le ministre, pour le concours d'admission à l'École.
1848,	10 mai.	Arrêté ministériel concernant le concours d'admission à l'École.
—	31 août.	Arrêté du directeur des Forêts sur le stage des élèves sortant de l'École.
1851,	15 avril.	Arrêté ministériel organisant le contrôle de l'Administration centrale sur l'enseignement de l'École de Nancy.
1852,	13 septembre.	Arrêté ministériel rendant obligatoire le diplôme de bachelier ès sciences pour les candidats à l'École forestière.
—	1er novembre.	Décret pour l'organisation de l'École polytechnique (art. 68, concernant l'admission à l'École forestière).

1853, 14 mars.   Arrêté ministériel pour le concours d'admission à l'École impériale forestière.

1855, 13 —   Programme, approuvé par le ministre, des conditions d'admission.

1856, 31 juillet.   Décret créant quatre bourses à l'École forestière.

— 17 septembre.   Arrêté ministériel pour l'obtention de ces bourses.

1857, 24 novembre. Arrêté du directeur général des Forêts concernant le personnel de l'École forestière.

1858, 3 juin.   Arrêté ministériel portant règlement sur la comptabilité de l'École forestière.

— 29 juillet.   Décision du directeur général des Forêts (*Id.*, 5 avril 1859), pour faire suivre à des élèves les cours de l'École des Ponts et Chaussées et les envoyer en mission dans les ports.

— 14 décembre.   Arrêté ministériel sur le programme du concours et les conditions d'admission à l'École.

1859, 26 mars.   Décret pour l'aménagement de la forêt domaniale de Haye.

1861, 11 novembre. Décision ministérielle pour l'admission d'élèves libres à l'École forestière.

1862, 6 juin.   Décision ministérielle relative aux bourses.

— 6 —   Arrêté ministériel portant règlement pour l'École impériale forestière.

— 18 —   Arrêté du directeur général des Forêts sur le même objet.

— 11 novembre.   Ordre du directeur de l'École, *idem*.

1863, 30 mai.   Décret joignant à l'École forestière le cantonnement de Nancy-Ouest.

1864, 24 février.   Arrêté ministériel réglant le programme du concours d'admission à l'École.

1866, 24 octobre.   Décision du directeur général pour les interrogations des élèves.

1867, 6 janvier.   *Règlement, approuvé par le directeur général, pour les élèves anglais destinés au service de l'Inde.

1873, 15 avril.   Décret organisant l'École polytechnique (art. 67, pour l'admission à l'École forestière).

— 25 —   Arrêté ministériel réunissant au service de l'École le cantonnement de Nancy-Est.

— 28 —   Arrêté ministériel réglant la tenue des agents et celle des élèves de l'École.

1873,	24 juillet.	*Loi sur le service militaire (l'art. 36 concerne les élèves de l'École nationale forestière).
1875,	2 avril.	*Décret sur l'enseignement militaire à l'École forestière.
1876,	20 mars.	*Décret réglant les assimilations de grades et les emplois qui peuvent être donnés aux élèves dans l'armée.
—	10 novembre.	Arrêté ministériel portant règlement pour l'École forestière.
—	15 —	Arrêté du directeur général sur le même objet.
—	15 —	*Arrêté du directeur général sur le stage à l'École forestière.
1877,	4 janvier.	Ordre du directeur de l'École pour l'application du Règlement de 1876.
1878,	1er août.	Arrêté ministériel joignant au service de l'École les cantonnements de Pont-à-Mousson et de Vézelise.
1879,	8 novembre.	Arrêté ministériel réglant la tenue des élèves.
—	11 —	*Arrêté du sous-secrétaire d'État à l'Agriculture concernant le stage à l'École forestière.
—	11 —	Arrêté ministériel sur les coefficients des matières enseignées à l'École.
1880,	3 —	*Décret organisant l'École forestière.
—	12 —	Décision ministérielle fixant à quatre le nombre des répétiteurs.
1881,	4 avril.	Arrêté du sous-secrétaire d'État à l'Agriculture supprimant le stage à l'École.
—	19 —	Décret supprimant la Conservation n° 4 bis, dite de l'École.
—	5 mai.	Décision du sous-secrétaire d'État pour la gestion de la pépinière de Bellefontaine.
—	25 juillet.	*Arrêté du sous-secrétaire d'État rétablissant le stage des élèves auprès des agents du service actif.
—	7 novembre.	*Décret relatif aux bourses de l'École forestière.
—	8 —	*Arrêté ministériel sur le même objet.
1882,	25 février.	Décision du directeur des Forêts pour les prix du concours des élèves de seconde année.
—	27 —	*Arrêté ministériel instituant à l'École une Station de recherches et d'expériences.

1882,	6 mars.	Décret donnant à l'École de Nancy le titre d'École nationale forestière.
—	13 —	Décision du directeur des Forêts constituant les séries d'études de l'École.
—	20 —	Arrêté ministériel fixant le coefficient de la notation concernant la conduite et le travail.
—	3 mai.	Arrêté ministériel relatif à la sanction des examens de l'École.
—	6 —	*Décret pour l'admission à l'École de deux élèves de l'Institut national agronomique.
—	juin.	Programmes d'enseignement de l'École forestière.
—	21 septembre.	Arrêté ministériel pour la sanction des examens insuffisants.
—	17 octobre.	Décision du directeur des Forêts autorisant la délivrance de cartes d'admission aux cours de l'École.
—	30 —	Arrêté ministériel créant l'emploi de préparateur du laboratoire de chimie à l'École.
—	23 décembre.	*Décret instituant un Conseil de perfectionnement de l'enseignement forestier.
1883,	1er février.	Décision ministérielle modifiant l'époque des vacances à l'École.
—	14 octobre.	Ordre du directeur de l'École pour l'application du règlement.
1884,	20 février.	Arrêté du directeur des Forêts pour le concours annuel des élèves de seconde année.
—	22 mars.	Arrêté ministériel pour la sanction des examens insuffisants.
1885,	15 octobre.	Décret pour l'aménagement des forêts d'études de l'École.
—	17 —	Arrêté ministériel sur les coefficients et la sanction des examens insuffisants.
—	20 —	Arrêté du directeur des Forêts pour la répartition des coefficients entre les examens et les travaux.
—	27 novembre.	Arrêté ministériel modifiant le programme d'admission.
1886,	15 mai.	Décret instituant une Commission pour la réorganisation de l'enseignement forestier supérieur.

1886, 31 juillet.   *Arrêté ministériel pour le stage des élèves sortants de l'École.

1887, 12 mars.   *Décret et Arrêté ministériel pour l'organisation de l'enseignement de l'École.

— 30 juin.   *Règlement du directeur des Forêts pour la Station de recherches et d'expériences de Nancy.

— 12 novembre.   Décret pour l'aménagement des forêts d'études de l'École.

1888, 9 janvier.   *Décret organisant le recrutement par l'Institut agronomique des élèves de l'École forestière.

1889, 19 —   Arrêté ministériel portant règlement pour l'École forestière.

— 15 juillet.   *Loi sur le service militaire (art. 28, concernant les élèves de l'École forestière).

— 17 —   Loi de finances (disposition relative au traitement des élèves de l'École).

— 28 septembre.   *Décret réglant les formes de l'engagement des élèves.

— 12 octobre.   Décret supprimant les bourses instituées à l'École.

— 12 —   *Décret réorganisant l'École nationale forestière.

— 12 —   Arrêté ministériel et Arrêté du directeur des Forêts, portant règlement pour l'École.

— 27 décembre.   Décision ministérielle pour l'admission des élèves à l'hôpital militaire de Nancy.

1890, 1ᵉʳ mars.   *Décret relatif aux conditions d'aptitude physique des élèves qui ne contractent pas d'engagement militaire en entrant à l'École.

— 15 —   Décision ministérielle autorisant les élèves à prendre des leçons gratuites dans un manège militaire.

— 18 novembre.   *Décret réorganisant les chasseurs forestiers (art. 15, concernant les élèves de l'École).

1893, 11 janvier.   Décision ministérielle créant une bibliothèque à l'usage des élèves.

— 10 octobre.   Arrêté ministériel portant règlement pour l'École nationale forestière.

— 30 —   *Arrêté ministériel concernant les auditeurs libres.

1894, 18 janvier.   Arrêté ministériel concernant un architecte de l'École.

— 31   Ordre du directeur de l'École au sujet de la bibliothèque des élèves.

1894,	23 mai.	Arrêté du directeur des Forêts, portant règlement pour l'École forestière.
—	2 juillet.	*Décret concernant l'étude des Mathématiques et de l'Allemand, pour les élèves de l'Institut agronomique se destinant à l'École forestière.
—	8 —	Ordre du directeur de l'École pour l'application du règlement.
—	9 octobre.	*Décret énumérant les fonctionnaires logés à l'École forestière.
1895,	17 juillet.	Arrêté ministériel portant règlement pour la comptabilité de l'École.
1896.	3 mars.	Décision ministérielle réglant les honoraires du médecin de l'École.
—	5 —	*Décret sur l'engagement militaire des élèves de l'École forestière.
—	20 avril.	*Arrêté ministériel pour l'application du Décret du 2 juillet 1894 (étude des Mathématiques et de l'Allemand à l'Institut agronomique).
—	8 juillet.	*Décret autorisant la fondation d'un « prix Mathieu » à l'École forestière.
1897,	9 janvier.	*Décision ministérielle concernant la sanction des examens de l'École.
—	mars.	*Programmes d'enseignement de l'École (modifiés principalement pour la pêche, la pisciculture, le régime des eaux et l'hydraulique agricole).
—	18 —	*Arrêté ministériel formant règlement pour la comptabilité de l'École.
—	16 —	*Arrêté du Président du Conseil, ministre de l'Agriculture, sur l'organisation de l'École forestière.
—	20 —	Arrêté du conseiller d'État, directeur des Forêts, sur le même objet.
—	25 —	Ordre général du directeur de l'École (*idem*).

TABLE ALPHABÉTIQUE

des Matières, des noms de Lieux et des noms de Personnes

TABLE DES PLANCHES HORS TEXTE
comprises dans l'Ouvrage.

TABLE GÉNÉRALE DES MATIÈRES

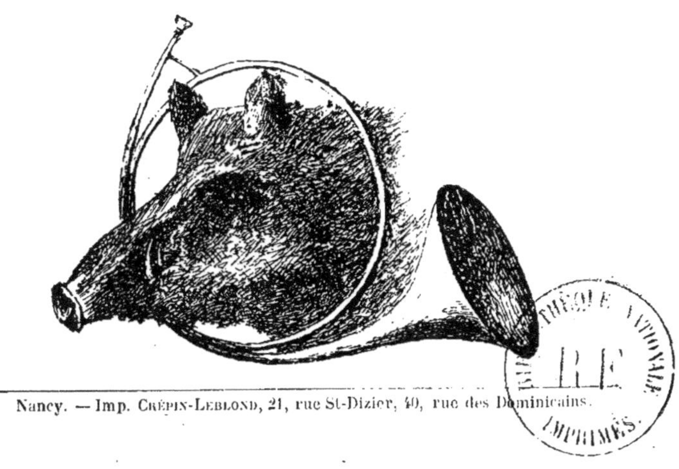